教育部生物医学工程类专业教学指导委员会“十四五”规划教材
生物医学工程实践教学联盟规划教材

医用仪器软件设计
——基于MFC

主　编　林江莉　董　磊
副主编　陈　科　钟超强
主　审　汪天富

電子工業出版社
Publishing House of Electronics Industry
北京·BEIJING

内 容 简 介

MFC 是 Microsoft 基础类库的简称，封装了 Win32 软件开发工具包（Software Development Kit，SDK）中的结构和功能，为编程者提供了一个应用程序框架。本书基于 Microsoft Visual Studio 平台，介绍医用电子技术领域的典型应用开发。本书共有 29 个实验，其中 1 个实验用于熟悉 MFC 项目的开发流程，14 个实验用于学习 C++ 语言，4 个实验用于熟悉 MFC 开发设计的核心知识点，其余 10 个实验与医用仪器软件系统开发密切相关。

本书配有丰富的资料包，包括 MFC 例程、软件包及配套的 PPT、视频等。这些资料会持续更新，下载链接可通过微信公众号“卓越工程师培养系列”获取。

本书既可以作为高等院校相关课程的教材，也可以作为 MFC 开发及相关行业工程技术人员的参考书。

图书在版编目（CIP）数据

医用仪器软件设计：基于 MFC / 林江莉，董磊主编. —北京：电子工业出版社，2022.2
ISBN 978-7-121-42792-3

Ⅰ. ①医… Ⅱ. ①林… ②董… Ⅲ. ①医疗器械－软件设计－高等学校－教材 Ⅳ. ①TH77

中国版本图书馆 CIP 数据核字（2022）第 018391 号

责任编辑：张小乐　　文字编辑：曹　旭
印　　刷：北京虎彩文化传播有限公司
装　　订：北京虎彩文化传播有限公司
出版发行：电子工业出版社
　　　　　北京市海淀区万寿路 173 信箱　　邮编：100036
开　　本：787×1092　1/16　　印张：20.25　　字数：519 千字
版　　次：2022 年 2 月第 1 版
印　　次：2023 年 3 月第 2 次印刷
定　　价：69.80 元

凡所购买电子工业出版社图书有缺损问题，请向购买书店调换。若书店售缺，请与本社发行部联系，联系及邮购电话：（010）88254888，88258888。

质量投诉请发邮件至 zlts@phei.com.cn，盗版侵权举报请发邮件至 dbqq@phei.com.cn。

本书咨询联系方式：（010）88254462，zhxl@phei.com.cn。

前　言

MFC 作为当下热门的软件平台之一，其优势在于为编程者提供了一个应用程序框架，这个应用程序框架为编程者完成了很多 Windows 编程中的例行性工作，如管理窗口、菜单和对话框，执行基本的输入和输出，使用集合类来保存数据对象等。MFC 还提供了大量的系统控件、独特的消息映射机制、丰富的 Windows API 接口和详细的开发技术手册等，使得软件开发变得更加便捷。本书主要结合医疗电子技术领域的应用来介绍 MFC 应用程序的开发设计。

本书是一本介绍 MFC 开发设计的书，从严格意义上讲，本书也是一本实训手册。本书以 Microsoft Visual Studio 2019 为平台，共安排了 29 个实验，其中，第 1 章通过 1 个实验介绍 MFC 项目的开发流程，第 3、4 章通过 14 个实验介绍 C++语言，第 5 章通过 4 个实验重点介绍 MFC 开发设计的核心知识点，其余 10 章的 10 个实验与医用仪器软件系统开发密切相关。所有实验均详细介绍了实验内容、实验原理，并且都有详细的步骤和源代码，以确保读者能够顺利完成。在每章的最后都安排了一个任务，作为本章实验的延伸和拓展。每章习题用于检查读者是否掌握了该章的核心知识点。

为了减轻初学者查找资料和熟悉开发工具的负担，能够将更多的精力聚焦在实践环节，从而快速入门，本书将每个实验涉及的知识点汇总在“实验原理”中，将 MFC 集成开发环境、常见类与控件等的使用方法穿插于各章节中。这样读者就可以通过本书轻松踏上学习 MFC 开发之路，在实践过程中掌握各种知识和技能。

本书的特点如下：

第一，本书内容条理清晰，首先引导读者学习 MFC 开发使用的 C++语言，然后结合实验对 MFC 的基础知识展开介绍，最后通过进阶实验使读者的水平进一步提高。这样可以让读者循序渐进地学习 MFC 知识，即使是未接触过程序设计的初学者也可以快速上手。

第二，详细介绍每个实验所涉及的知识点，未涉及的内容尽量不予介绍。以便于初学者快速掌握 MFC 开发设计的核心要点。

第三，将各种规范贯穿于整个 MFC 开发设计过程，如 Visual Studio 平台参数设置、项目和文件命名规范、版本规范、软件设计规范等。

第四，所有实验严格按照统一的项目架构设计，每个子模块按照统一的标准设计。

第五，配有丰富的资料包，包括 MFC 例程、软件包及配套的 PPT、视频等，这些资料会持续更新，下载链接可通过微信公众号“卓越工程师培养系列”获取。

本书中的程序严格按照《C++语言（MFC 版）软件设计规范》（LY-STD012—2021）编写。设计规范要求每个模块的实现必须有清晰的模块信息，模块信息包括模块名称、模块摘要、当前版本、模块作者、完成日期、模块内容和注意事项。

林江莉和董磊总体策划了本书的编写思路，指导全书的编写，对全书进行统稿，并参与了部分章节的编写；陈科、钟超强、郭文波和彭芷晴参与了本书部分内容的编写和实验项目的验证；

汪天富对全书进行了严格的审核。本书的例程由钟超强设计，郭文波和覃进宇审核。电子工业出版社张小乐编辑为本书的出版做了大量的工作。特别感谢四川大学生物医学工程学院、深圳大学生物医学工程学院、深圳市乐育科技有限公司和电子工业出版社的大力支持。在此一并致以衷心的感谢！

由于编者水平有限，书中难免有不成熟和错误的地方，恳请读者批评指正。读者反馈发现的问题、索取相关资料或遇实验平台技术问题，可发邮件至邮箱：ExcEngineer@163.com。

编　者

目　录

第1章 MFC开发环境

1.1 MFC概述

1.1.1 什么是MFC

MFC（Microsoft Foundation Classes）是Microsoft基础类库的简称，是微软公司提供的一个C++类库，主要封装了大部分的Windows API函数。

Visual C++是微软公司开发的C/C++的集成开发环境，利用它可以进行编辑、编译和调试等，而不用使用多种工具轮换操作，灵活性较大。MFC除了是一个类库，还是一个框架。在Visual C++中新建一个MFC工程，开发环境会自动生成一些文件。同时它还使用了动态链接库mfcxx.dll（xx为版本号），内部封装了MFC内核。因此，在代码中看不到原本的软件开发工具包（Software Development Kit，SDK）编程中的消息循环等内容，这样开发人员就可以专注于程序逻辑的设计，而不是这些每次编程都要重复的内容。但由于MFC是通用框架，没有较好的针对性，因此也丧失了一些灵活性和效率。

1.1.2 MFC的发展

Visual C++的核心是MFC。MFC封装了Win32软件开发工具包中的结构和功能，为编程者提供了一个应用程序框架，这个应用程序框架为编程者完成了很多Windows编程中的例行工作，如管理窗口、菜单和对话框，执行基本的输入和输出，使用集合类来保存数据对象等。同时，MFC使很多在过去看来很专业、很复杂的编程课题及其他的应用程序界面特性变得更加简单，如ActiveX、OLE、本地数据库和开放式数据库互联、Windows套接字和Internet应用程序设计等。

早在1989年，Microsoft的程序员便试图将C++和面向对象的编程概念应用在Windows编程中，以实现一个可以使Windows编程更加简便的应用程序框架，他们把这个应用程序框架叫作AFX。直至今天，在Visual C++和MFC中，AFX的影子随处可见，很多全局函数、结构和宏的标识符都加上了AFX前缀。

经过一年的精心规划和编码，AFX诞生了。它提供了对Windows API的高度抽象，并且建立了全新的面向对象的AFX API，但由于AFX API库与现有的Windows API不兼容，导致大量的SDK代码无法移植，因此未能被大多数Windows程序员接受。

AFX的开发者不得不重新开始，他们新创建的应用程序框架是一套封装和映射了Windows API的C++类，即MFC的前身。MFC的第一个公开版本于1992年3月随Microsoft C/C++ 7.0一起推出。一年后，MFC 2.0随Microsoft新的编程工具Visual C++ 1.0一起推出。与MFC 1.0一样，MFC 2.0也是16位的。在MFC 2.0中，增加了对OLE 1.0、Windows 3.1公用对话框的支持和消息映射等。直到1993年7月，32位的Windows NT 3.1才问世，问世一个月后，Microsoft推出了32位版本的Visual C++和MFC 2.1。1994年9月，32位的MFC 3.0伴随着Visual C++ 2.0一起推出。为了同步版本，Visual C++跳过了MFC 3.0，与MFC 4.0一起推出了Visual C++ 4.0。但是，Visual C++ 5.0中使用的MFC版本不是MFC 5.0，而是

MFC 4.21。1998 年，Microsoft 推出的 Visual C++ 6.0 成为 C++的经典 IDE，Visual C++ 6.0 集成了 MFC 6.0，至今仍有很多开发者使用。

发展至今，MFC 已成为一个稳定和涵盖极广的 C++类库，被成千上万的 Win32 程序员使用。MFC 类库是可扩展的，到目前为止，它与 Windows 技术的最新发展始终是同步的。并且，MFC 类库使用了标准的 Windows 命名约定和编码格式，有经验的 Windows SDK 程序员很容易过渡到使用 MFC。MFC 结合了 Windows SDK 编程概念和面向对象程序设计技术，具有极大的灵活性和易用性。

1.2　搭建 MFC 开发环境

1.2.1　计算机配置要求

在安装 Visual Studio 2019 之前，为了保证开发顺畅，建议选用配置较高的计算机。计算机的配置要求如下。

（1）操作系统：Windows 7 及以上版本（本书基于 Windows 10，推荐使用 Windows 10）。

（2）CPU：主频不低于 2.0GHz。

（3）内存：4GB 或更大，推荐 8GB。

（4）硬盘：80GB 或更大。

1.2.2　安装 Visual Studio 2019

很多初学者在搭建 MFC 开发环境时，由于操作系统差异、软件安装不当等原因，走了很多弯路，从而放弃了对 MFC 的学习。为避免以上情况的发生，建议严格按照以下步骤安装软件。

本书用到的软件安装文件位于配套资料包的“02.相关软件”文件夹中。在安装 Visual Studio 2019 之前，先安装.NET Framework 4.6 框架，双击运行“02.相关软件\.NET Framework 4.6”文件夹中的“NDP46-KB3045557-x86-x64-AllOS-ENU.exe”文件，如果在安装过程中弹出“这台计算机中已经安装了.NET Framework 4.6 或版本更高的更新”提示信息，就不必再安装了。注意，Visual Studio 需在联网状态下安装。使用 Windows 7 操作系统安装时，若遇到无法联网下载的情况，可以尝试安装“02.相关软件\补丁文件”文件夹中的两个补丁文件“KB4490628”和“KB4474419”来解决该问题，双击运行即可开始安装。

双击运行本书配套资料包“02.相关软件\Visual Studio Community 2019”文件夹中的“vs_community__408779306.1590572925.exe”软件，在弹出的如图 1-1 所示的对话框中，单击“继续”按钮。

弹出如图 1-2 所示的安装界面，等待准备就绪。

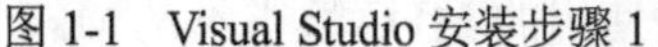
图 1-1　Visual Studio 安装步骤 1

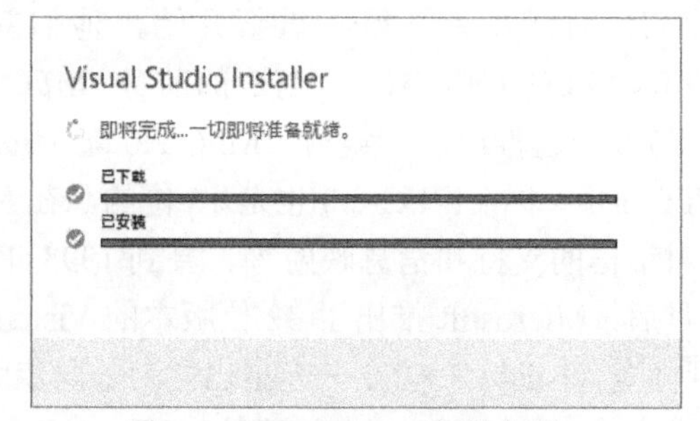

图 1-2　Visual Studio 安装步骤 2

在安装界面的“工作负载”标签页下勾选“.NET 桌面开发”和“使用 C++的桌面开发”复选框，并在“可选”列表中勾选“适用于最新 v142 生成工具的 C++ MFC”复选框，如图 1-3 所示。

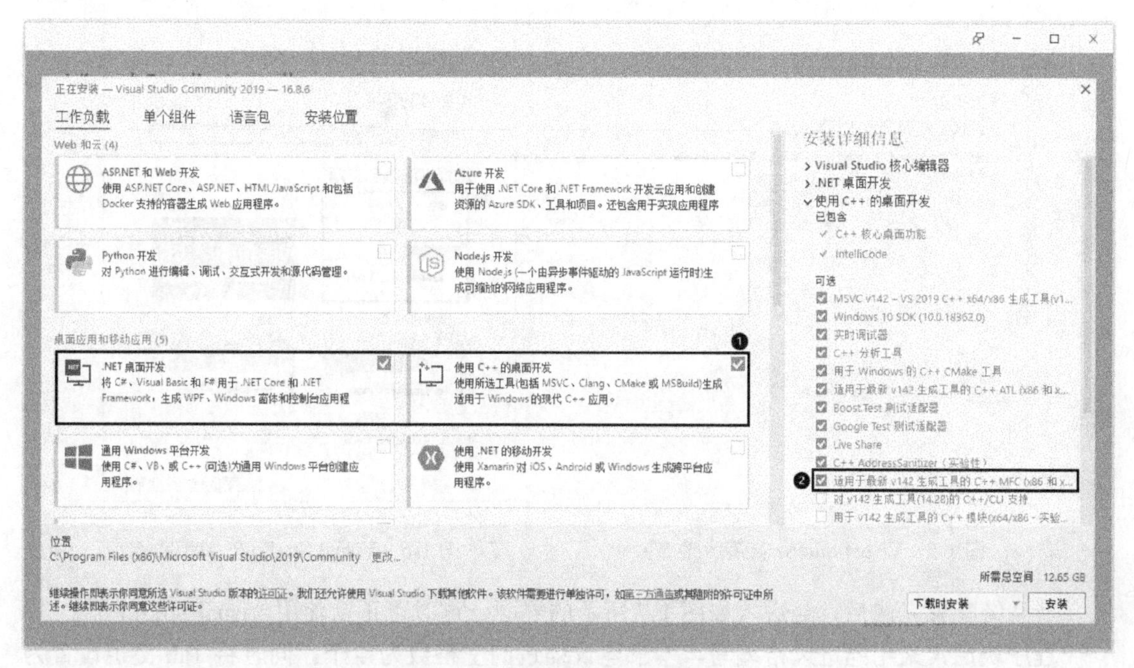

图 1-3　Visual Studio 安装步骤 3

在如图 1-4 所示的界面中显示了下载和安装进度。

图 1-4　Visual Studio 安装步骤 4

安装完成后，弹出如图 1-5 所示的对话框。若有账号则可以登录，若没有账号则建议创建一个。

如图 1-6 所示，在“开发设置”下拉列表中选择“Visual C++”选项，选择合适的颜色主题后，单击“启动 Visual Studio”按钮。

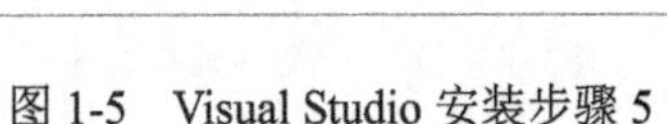
图 1-5　Visual Studio 安装步骤 5

图 1-6　Visual Studio 安装步骤 6

待系统配置完成后，会进入如图 1-7 所示的界面，这时可正常使用 Visual Studio 了。

程序块通常采用缩进风格编写，本书建议缩进的空格数为 4 个。同时将 Tab 键也设置为 4 个空格，以防止使用不同的编辑器阅读代码时出现代码布局不整齐的现象。注意，由开发工具自动生成的代码可以布局不一致。针对 Visual Studio Community 2019，设置制表符大小和缩进大小的具体方法如图 1-8 所示：①在 Visual Studio Community 2019 软件中，执行菜单命令“工具”→“选项”；②在弹出的“选项”对话框中，依次单击“文本编辑器”→“C/C++”→“制表符”节点，选中“插入空格”单选按钮；③在“制表符大小”和“缩进大小”文本框中均输入 4，即可完成设置。

图 1-7　Visual Studio 安装步骤 7

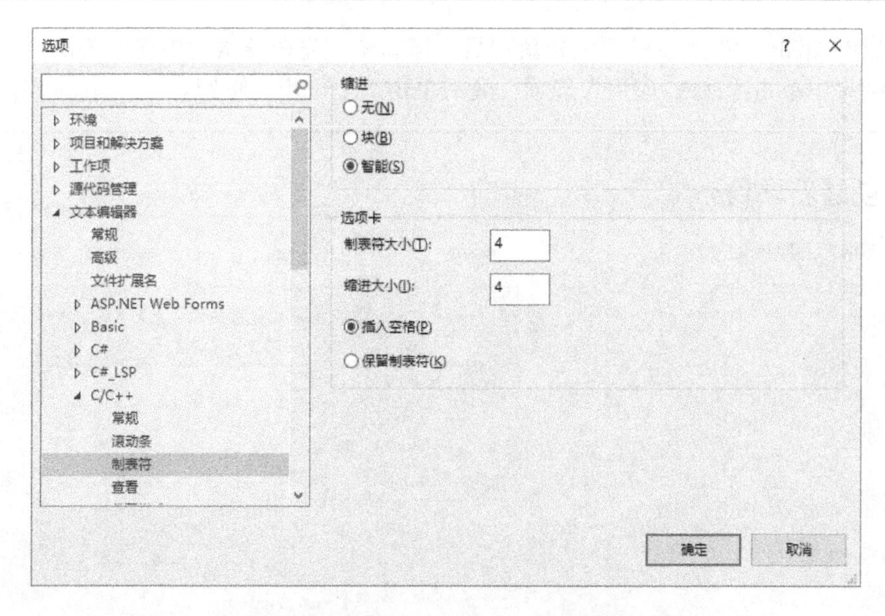

图 1-8　Visual Studio Community 2019 软件设置

1.3　第一个 MFC 项目

1.3.1　新建 HelloWorld 项目

在安装完成 Visual Studio 2019 后，便可以创建第一个 MFC 项目了。在计算机的 D 盘中新建一个 MFCProject 文件夹，然后打开 Visual Studio 2019 软件，在弹出的如图 1-9 所示的窗口中单击“创建新项目”按钮。

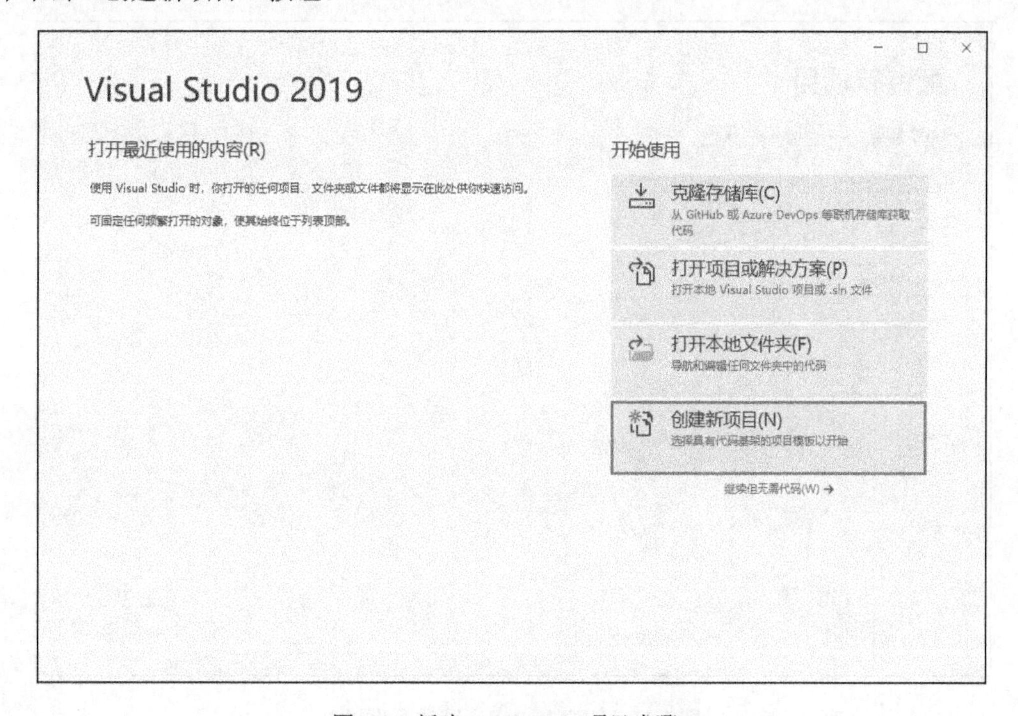

图 1-9　新建 HelloWorld 项目步骤 1

在弹出的如图 1-10 所示的“创建新项目”窗口中，先在搜索栏中输入关键字 MFC，然后在搜索结果中单击“MFC 应用”选项，最后单击“下一步”按钮。

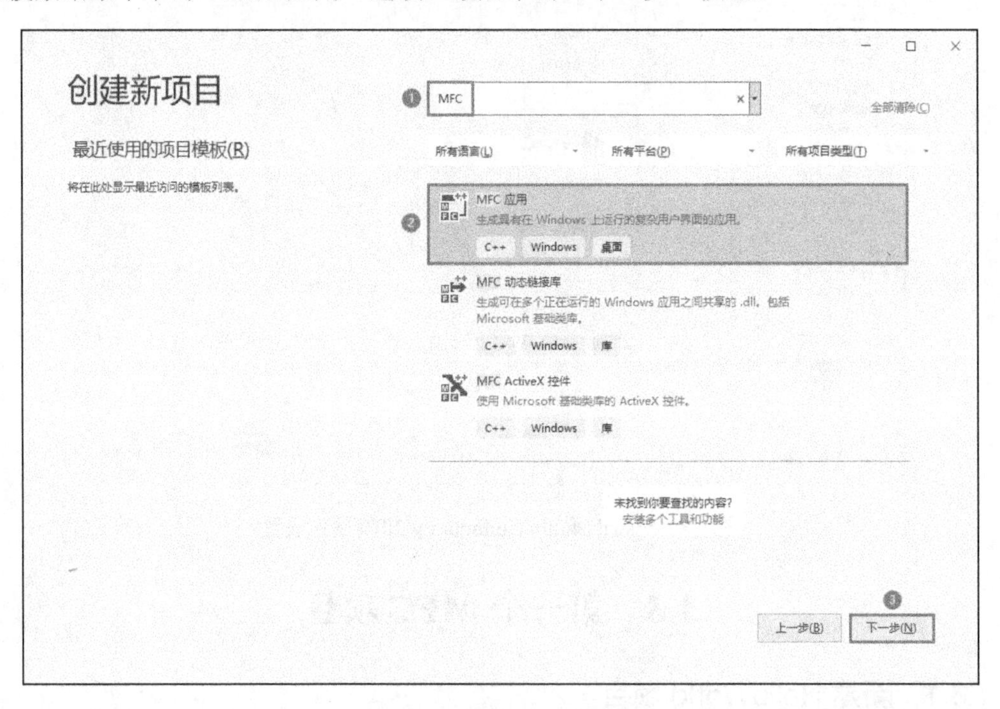

图 1-10　新建 HelloWorld 项目步骤 2

在弹出的如图 1-11 所示的窗口中，将项目名称设置为“HelloWorld”，将位置选择为“D:\MFCProject\”，然后单击“创建”按钮。

图 1-11　新建 HelloWorld 项目步骤 3

在弹出的如图 1-12 所示的对话框中找到“应用程序类型”下拉列表，选择“基于对话框”选项，然后找到“使用 MFC”下拉列表，选择“在静态库中使用 MFC”选项，最后单击“完成”按钮。

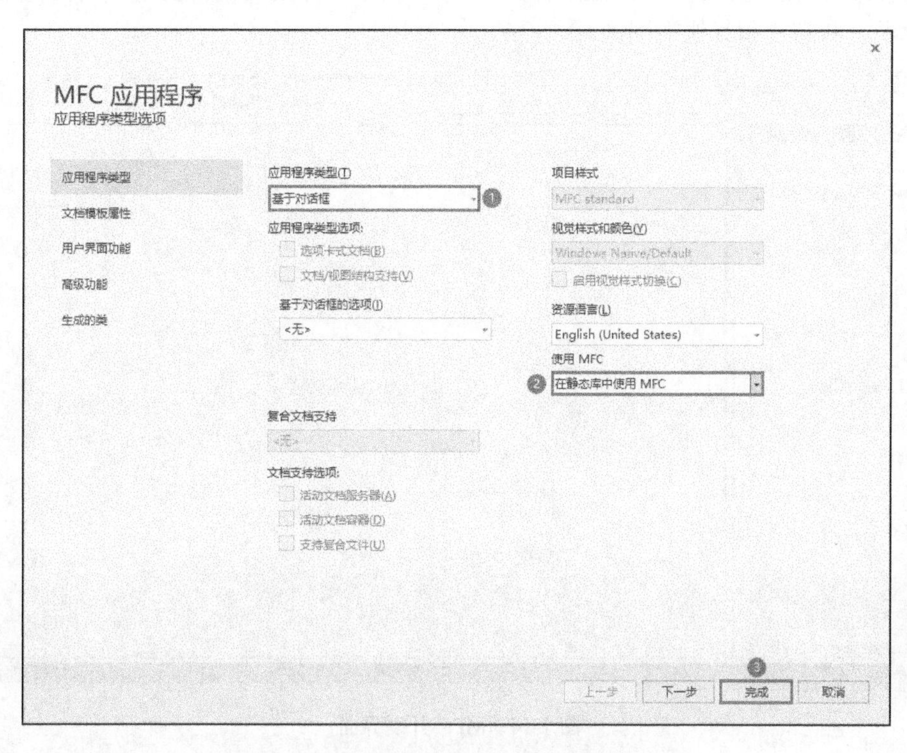

图 1-12　新建 HelloWorld 项目步骤 4

新建项目完成后的界面如图 1-13 所示。

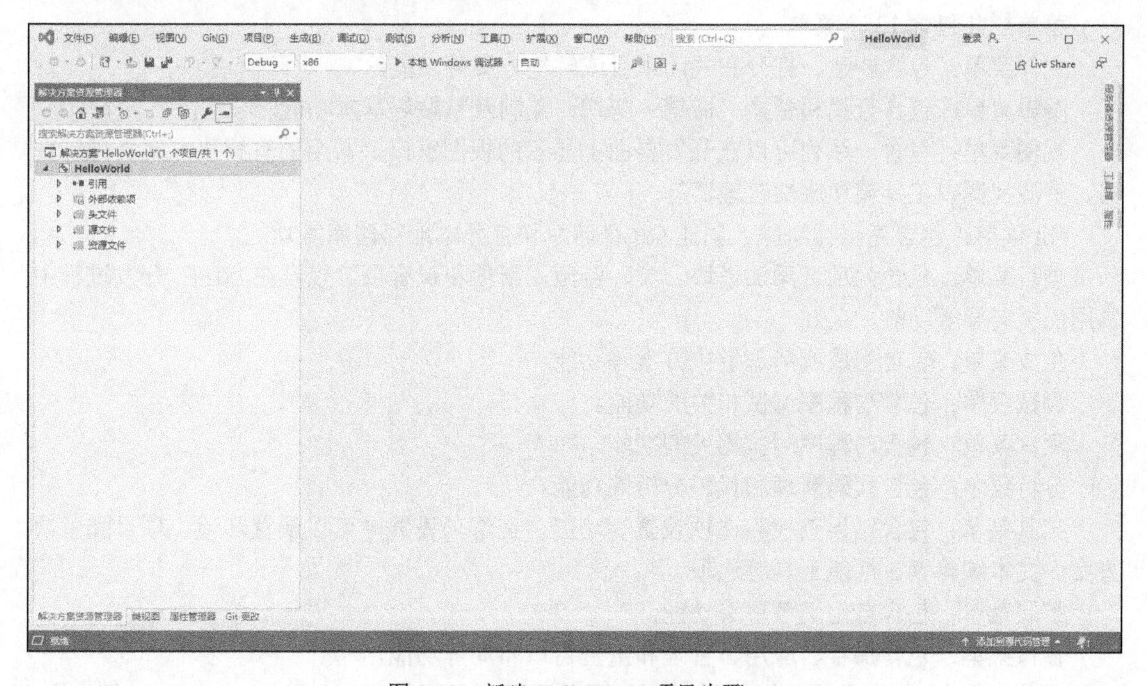

图 1-13　新建 HelloWorld 项目步骤 5

1.3.2 MFC 开发界面介绍

MFC 开发界面主要由 6 部分组成，如图 1-14 所示，分别为菜单栏、工具栏、工作视图区、编辑区、状态栏和其他视图区。

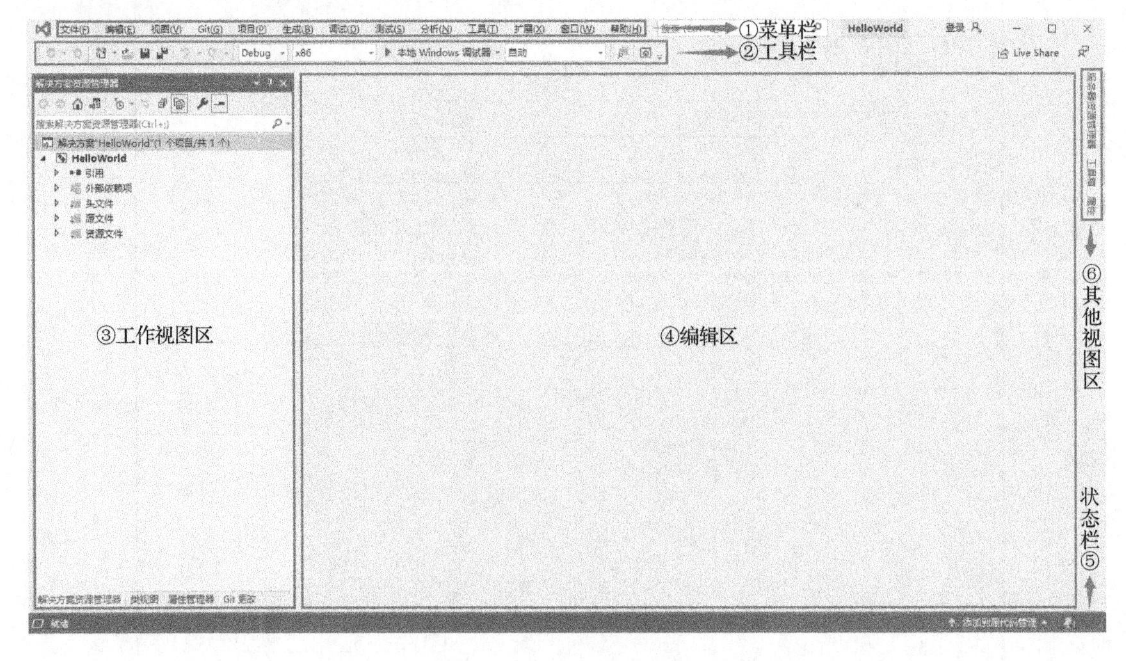

图 1-14　MFC 开发界面

下面简要介绍这些部分。

1. 菜单栏

菜单栏共包含 13 个菜单。

文件菜单：包含新建、打开和关闭项目或解决方案等功能。

编辑菜单：包含查找和替换、撤销、剪切、复制及粘贴等基本功能。

视图菜单：包含一系列可以在开发界面上显示的视图窗口，常用的有解决方案资源管理器、资源视图、工具箱和属性管理器等。

Git 菜单：包含克隆存储库、创建 Git 存储库和打开本地存储库等功能。

项目菜单：包含为项目添加模块、类、资源、新项和现有项，以及在 MFC 开发过程中常用的类向导等功能。

生成菜单：包含生成或清理解决方案等功能。

调试菜单：包含与程序调试相关的功能。

测试菜单：包含与程序测试相关的功能。

分析菜单：包含代码清理和代码分析等功能。

工具菜单：包含错误查找和选项设置等功能，在选项设置中可以配置环境、项目和解决方案、文本编辑器、性能工具等选项。

扩展菜单：包含自定义菜单等功能。

窗口菜单：包含保存、应用、管理和重置窗口布局等功能。

帮助菜单：包含查看帮助信息、注册产品、检查更新和关于 Microsoft Visual Studio 等功能。

2. 工具栏

工具栏提供了一些在开发过程中常用到的工具按钮和下拉列表部件，通常由标准工具栏和其他工具栏组合而成。当处于不同的设计模式时，其他工具栏会自动切换为与设计模式对应的工具栏，而标准工具栏会固定显示。例如，编辑代码文件时，工具栏显示标准工具栏和文本编辑器；设计界面文件时，工具栏显示标准工具栏和对话框编辑器。通过执行菜单命令“视图”→“工具栏”可查看当前工具栏。下面简要介绍标准工具栏。

标准工具栏包含的工具按钮如下：便于快速浏览代码的向前导航和向后导航按钮，与文件处理相关的新建项目、打开文件、保存文件和全部保存按钮，编辑代码时常用的撤销和重做按钮，与解决方案相关的解决方案配置和解决方案平台下拉列表按钮，以及用于运行项目的本地 Windows 调试器按钮。

3. 工作视图区

Visual Studio 2019 中提供了多种视图，从不同角度展示了项目的结构，便于开发人员理解和维护项目。下面简要介绍工作视图区。

（1）解决方案资源管理器。

打开解决方案资源管理器，可通过执行菜单命令“视图”→“解决方案资源管理器”或单击工作视图区底部的“解决方案资源管理器”选项卡实现。如图 1-15 所示，依次展开项目中的“头文件”、“源文件”和“资源文件”3 个文件夹，可看到当前项目中包含的文件，单击任一.h 或.cpp 文件即可在编辑区中预览代码，双击则打开该文件。

（2）类视图。

打开类视图，可通过执行菜单命令“视图”→“类视图”或单击工作视图区底部的“类视图”选项卡实现。如图 1-16 所示，展开 HelloWorld 项目，可看到当前项目中包含的类，单击任一类名即可查看其成员变量和成员函数，双击则可在编辑区中预览该类的定义。

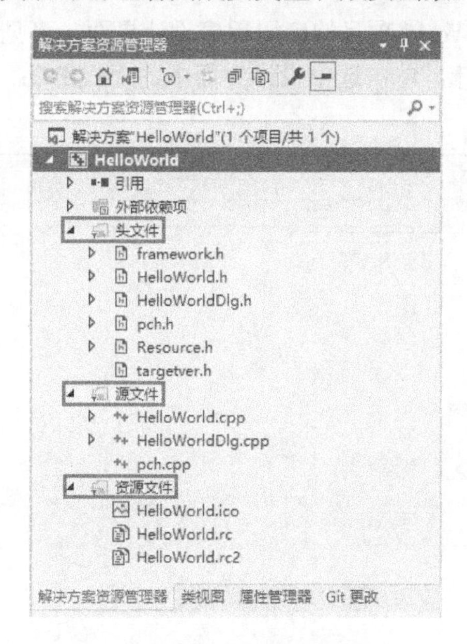

图 1-15　解决方案资源管理器

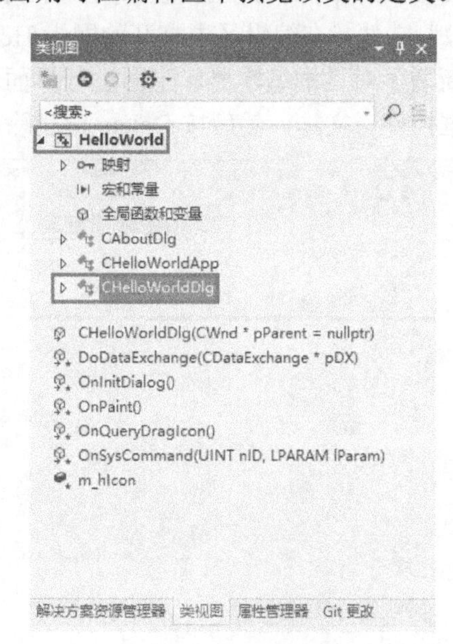

图 1-16　类视图

（3）资源视图。

打开资源视图，可通过执行菜单命令“视图”→“资源视图”或在解决方案资源管理器视

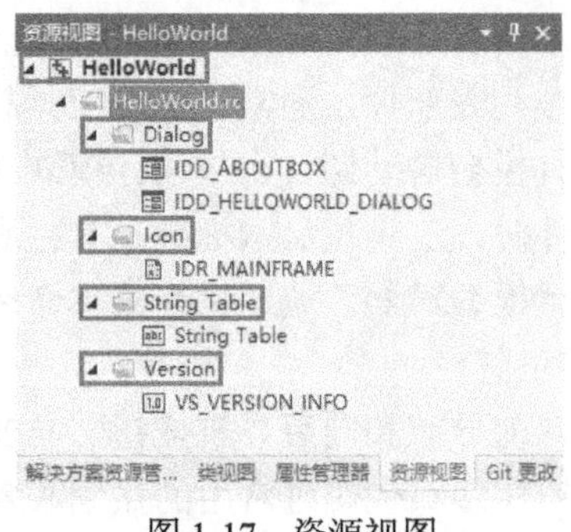

图 1-17　资源视图

图下单击“资源文件”中的“HelloWorld.rc”或“HelloWorld.rc2”文件实现。如图 1-17 所示，展开 HelloWorld 项目资源列表，即可看到当前项目中包含的各类资源文件。其中，Dialog 文件夹下为项目包含的界面文件；Icon 文件夹下为项目包含的图片资源文件；String Table 文件夹下为字符串表，又称字符串常量池，用于存放项目中需要用到的信息，每条信息都有对应的 ID 和值，使用时可通过 ID 来调用；Version 文件夹下为包含项目版本信息的文件，双击即可在编辑区中打开。

4．编辑区

编辑区主要用于查看和编辑代码，以及进行应用程序的界面设计等。

5．状态栏

状态栏的主要功能是显示 Visual Studio 2019 的工作状态和一些通知信息等。

6．其他视图区

其他视图区为项目开发提供辅助功能。常用的视图有工具箱和属性等，通常在设计应用程序界面时使用。其中，工具箱视图包含了 MFC 中用于设计界面的所有控件，属性视图显示当前选中内容的相关属性信息。与工作视图区的视图一致，工具箱视图和属性视图也可以通过执行菜单命令打开，分别为：“视图”→“工具箱”和“视图”→“其他窗口”→“属性窗口”。

1.3.3　完善 HelloWorld 项目

如图 1-18 所示，在资源视图下，双击打开 Dialog 文件夹下的“IDD_HELLOWORLD_DIALOG”文件，在编辑区中打开的即为 HelloWorld 项目的应用程序设计界面，可见此时工具栏中新增了对话框编辑器。下面进行界面设计，单击选中设计界面中的“TODO：在此放置对话框控件”文本，然后按 Delete 键删除。

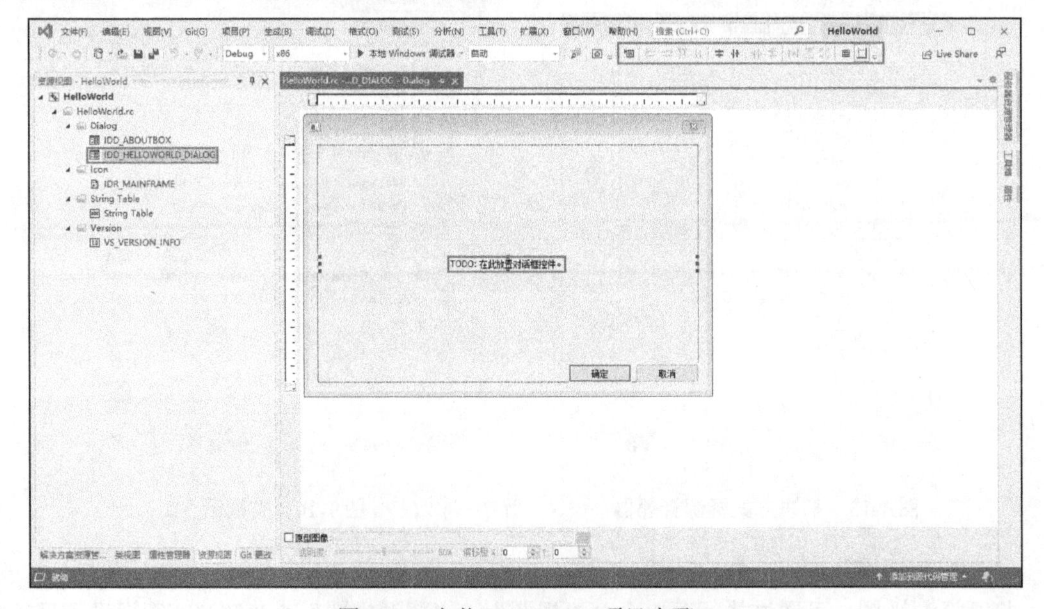

图 1-18　完善 HelloWorld 项目步骤 1

单击其他视图区的“工具箱”按钮，在弹出的“工具箱”视图中展开“对话框编辑器”列表，即可看到用于设计 MFC 项目界面的所有控件，如图 1-19 所示。

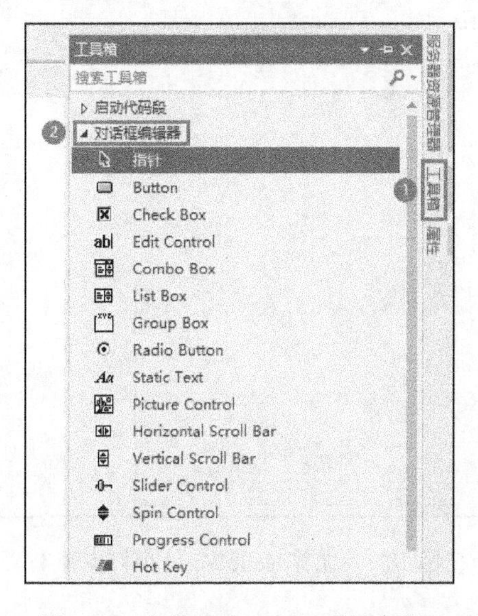

图 1-19　完善 HelloWorld 项目步骤 2

向设计界面中添加控件，常用方法有两种：①长按“工具箱”视图中的控件并将其拖曳到设计界面中；②单击选中“工具箱”视图中的控件，在设计界面中再次单击即可添加。任选一种方法向设计界面中添加一个 Static Text 控件，如图 1-20 所示。注意，其他视图区的视图默认自动隐藏，通过单击视图右上角的按钮可以固定视图，再次单击则恢复自动隐藏。

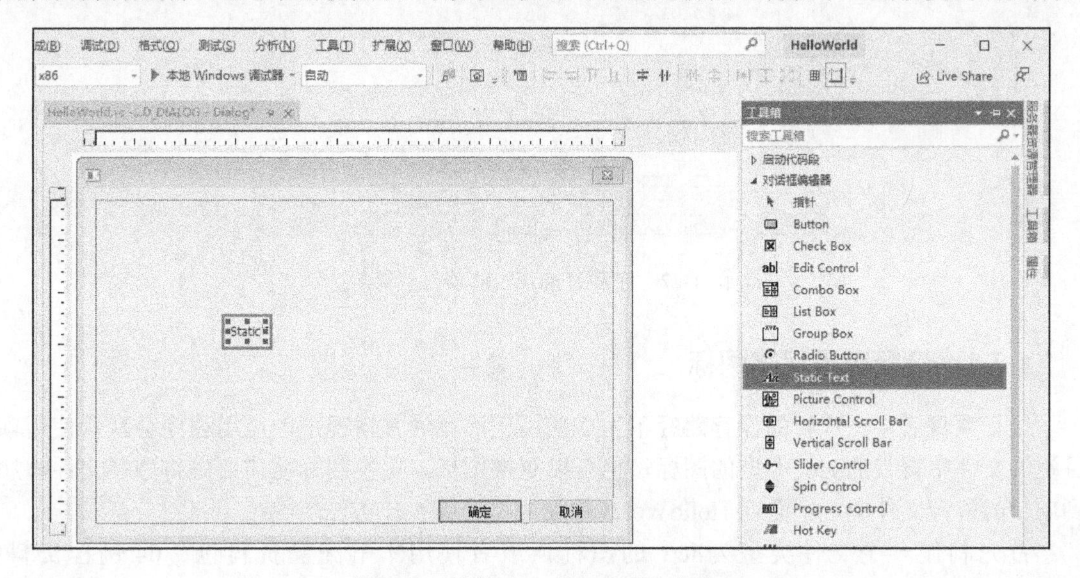

图 1-20　完善 HelloWorld 项目步骤 3

如图 1-21 所示，单击选中“Static”文本，再单击其他视图区的“属性”按钮，在弹出的“属性”视图中，将“描述文字”文本修改为“HelloWorld!”，最后在工具栏的对话框编辑器中，依次单击和按钮，使显示“HelloWorld!”的 Static Text 控件在设计界面中垂直和水平居中。

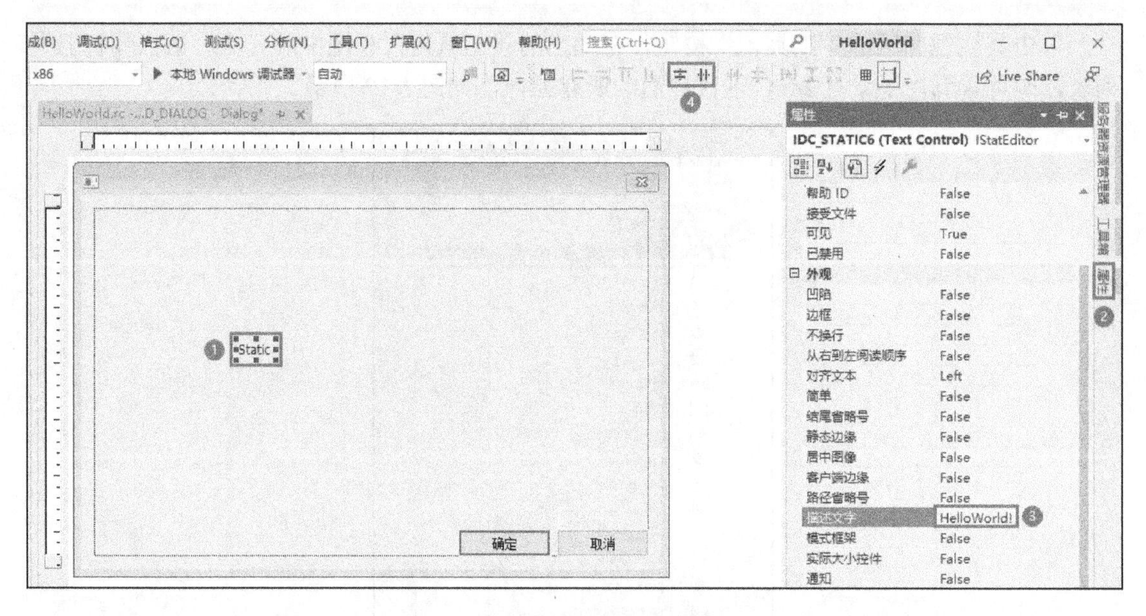

图 1-21　完善 HelloWorld 项目步骤 4

最终界面如图 1-22 所示。

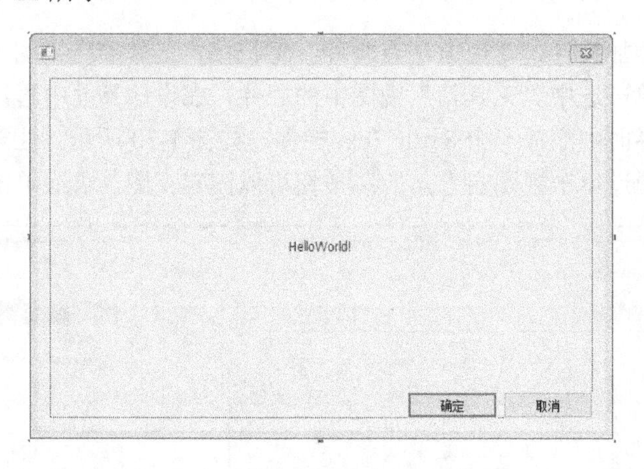

图 1-22　完善 HelloWorld 项目步骤 5

1.3.4　设置应用程序图标

运行项目后将在项目的保存路径下生成应用程序，通常情况下，应用程序会默认使用项目资源文件中自带的.ico 类型的图标，也可以更换图标。更换图标前需要先将图标文件添加到项目的资源文件中，下面以 HelloWorld 项目为例介绍操作方法。

首先制作一个文件类型为.ico 的图标，或者使用本书配套资料包“04.例程资料\Product\00.HelloWorld\HelloWorld\res”文件夹中的 NewIcon.ico 文件，然后将其保存在 HelloWorld 项目的 res 目录下（D:\MFCProject\HelloWorld\HelloWorld\res），如图 1-23 所示。

如图 1-24 所示，在“资源视图”面板中，右击“Icon”文件夹，在弹出的快捷菜单中选择“添加资源”选项。

如图 1-25 所示，在弹出的“添加资源”对话框中，直接单击“导入”按钮。

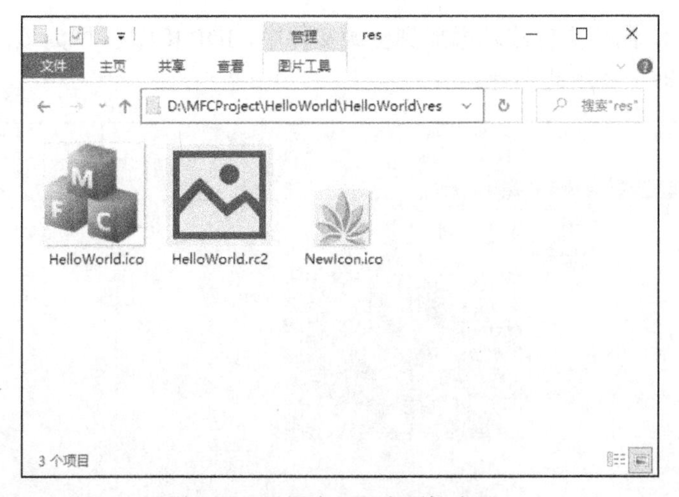

图 1-23　设置应用程序图标步骤 1

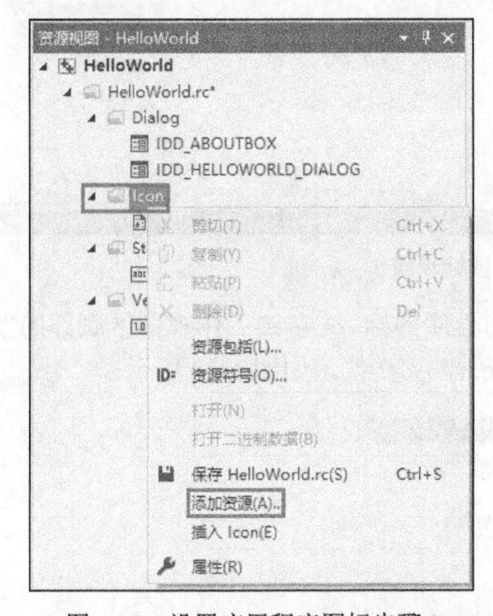

图 1-24　设置应用程序图标步骤 2

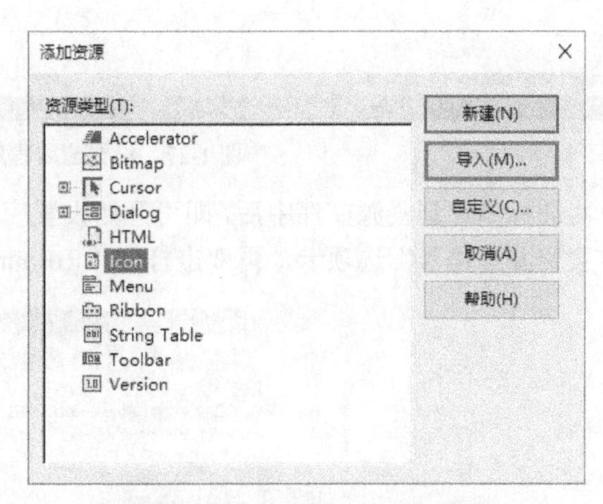

图 1-25　设置应用程序图标步骤 3

如图 1-26 所示，在弹出的“导入”对话框中，将路径设置为 HelloWorld 项目下的 res 目录，然后选择 NewIcon.ico 图标文件，单击“打开”按钮。

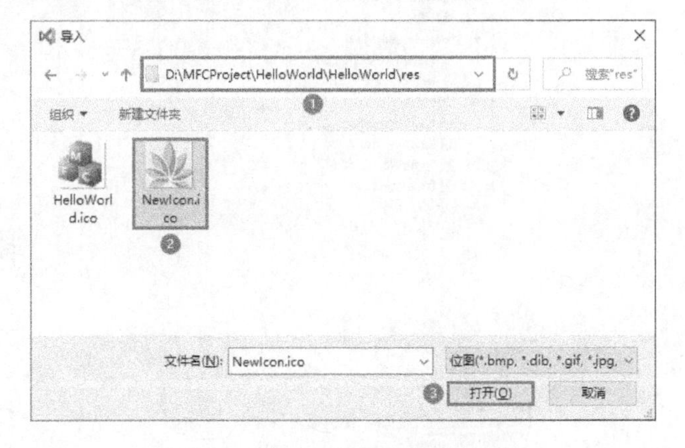

图 1-26　设置应用程序图标步骤 4

如图 1-27 所示，图标文件成功添加到资源文件中，IDI_ICON1 即为该图标在项目中的资源 ID，调用该 ID 即可使用此图标。

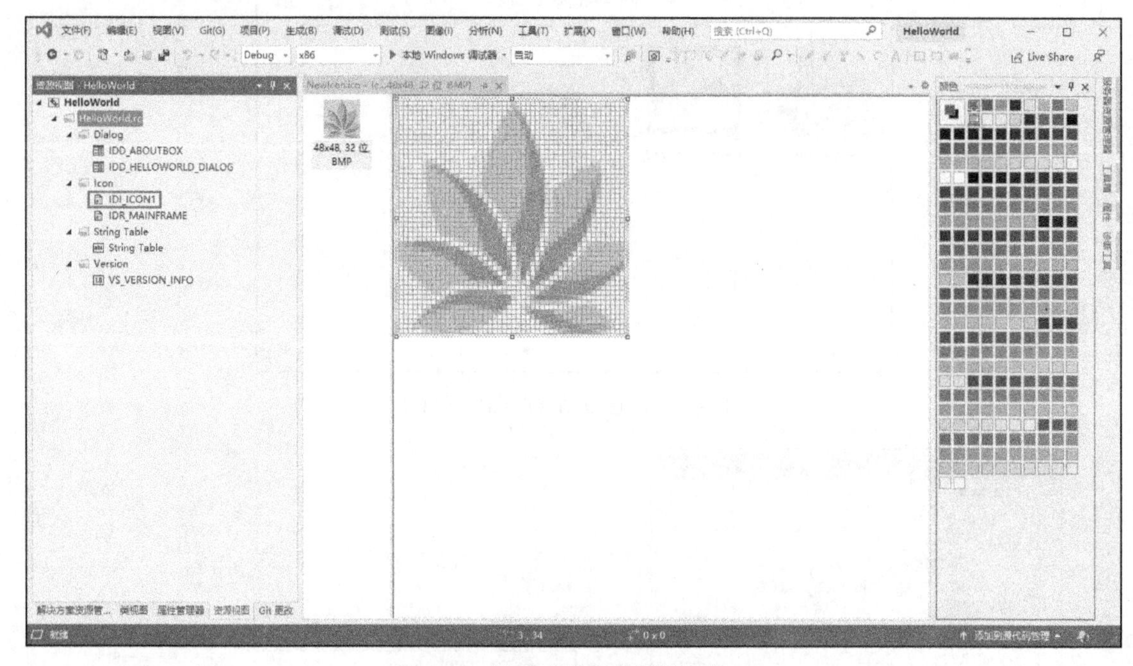

图 1-27　设置应用程序图标步骤 5

将图标添加到资源文件中后，即可开始设置应用程序图标。先单击工作视图区底部的“解决方案资源管理器”选项卡，再双击打开“Resource.h”头文件，如图 1-28 所示。

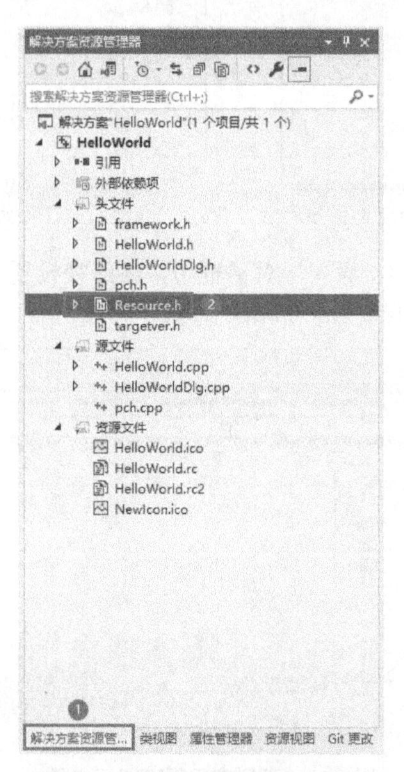

图 1-28　设置应用程序图标步骤 6

如图 1-29 所示，在弹出的“Microsoft Visual Studio”对话框中单击“是”按钮。

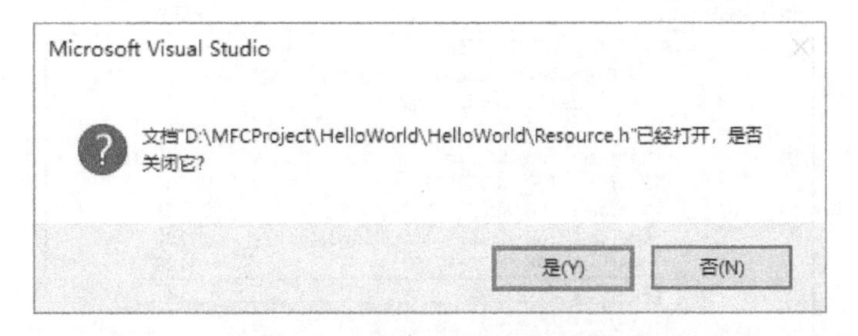

图 1-29　设置应用程序图标步骤 7

如图 1-30 所示，在弹出的“Visual C++ Win32 资源编辑器”对话框中单击“是”按钮。

图 1-30　设置应用程序图标步骤 8

如图 1-31 所示，在弹出的“Microsoft Visual Studio”对话框中单击“是”按钮。

图 1-31　设置应用程序图标步骤 9

打开 Resource.h 头文件后可以看到各个资源的 ID，其中 IDR_MAINFRAME 即为应用程序默认图标文件的 ID，ID 为 128，由 MFC 自动生成，后续添加的图标文件的 ID 会大于 128，顺序后延，而编译时默认将 ID 最小的作为.exe 文件的图标，因此这里需要修改上一步添加的图标文件的 ID。如图 1-32 所示，IDI_ICON1 即为上一步添加的图标文件的 ID，将其值修改为 127，IDR_MAINFRAME 的 ID 保持不变，即可将编译生成的.exe 文件的图标修改为 IDI_ICON1。

接下来修改项目运行时的应用程序图标。注意，在 MFC 中，项目运行时的应用程序并不完全等同于在项目保存目录中生成的.exe 文件，因此，图标需要分别设置。如图 1-33 所示，单击工作视图区底部的“解决方案资源管理器”选项卡，然后双击打开“HelloWorldDlg.cpp”源文件，将第 56 行代码中的“IDR_MAINFRAME”改为“IDI_ICON1”。

```
//{{NO_DEPENDENCIES}}
// Microsoft Visual C++ 生成的包含文件。
// 供 HelloWorld.rc 使用
//
#define IDM_ABOUTBOX                    0x0010
#define IDD_ABOUTBOX                    100
#define IDS_ABOUTBOX                    101
#define IDD_HELLOWORLD_DIALOG           102
#define IDR_MAINFRAME                   128
#define IDI_ICON1                       127

// Next default values for new objects
//
#ifdef APSTUDIO_INVOKED
#ifndef APSTUDIO_READONLY_SYMBOLS
#define _APS_NEXT_RESOURCE_VALUE        130
#define _APS_NEXT_COMMAND_VALUE         32771
#define _APS_NEXT_CONTROL_VALUE         1000
#define _APS_NEXT_SYMED_VALUE           101
#endif
#endif
```

图 1-32　设置应用程序图标步骤 10

```
{
}

void CAboutDlg::DoDataExchange(CDataExchange* pDX)
{
    CDialogEx::DoDataExchange(pDX);
}

BEGIN_MESSAGE_MAP(CAboutDlg, CDialogEx)
END_MESSAGE_MAP()

// CHelloWorldDlg 对话框

CHelloWorldDlg::CHelloWorldDlg(CWnd* pParent /*=nullptr*/)
    : CDialogEx(IDD_HELLOWORLD_DIALOG, pParent)
{
    m_hIcon = AfxGetApp()->LoadIcon(IDI_ICON1);
}

void CHelloWorldDlg::DoDataExchange(CDataExchange* pDX)
{
    CDialogEx::DoDataExchange(pDX);
}

BEGIN_MESSAGE_MAP(CHelloWorldDlg, CDialogEx)
    ON_WM_SYSCOMMAND()
    ON_WM_PAINT()
    ON_WM_QUERYDRAGICON()
END_MESSAGE_MAP()

// CHelloWorldDlg 消息处理程序

BOOL CHelloWorldDlg::OnInitDialog()
{
```

图 1-33　设置应用程序图标步骤 11

1.3.5　运行程序

完成修改设计界面和设置应用程序图标后，下面进行最后一步：运行程序。单击工具栏的 ▶ 本地 Windows 调试器 按钮编译并运行 HelloWorld 项目，项目运行结果如图 1-34 所示。

按 HelloWorld 项目的保存路径（D:\MFCProject\HelloWorld）打开项目文件夹，可以看到生成的编译目录，如图 1-35 所示。

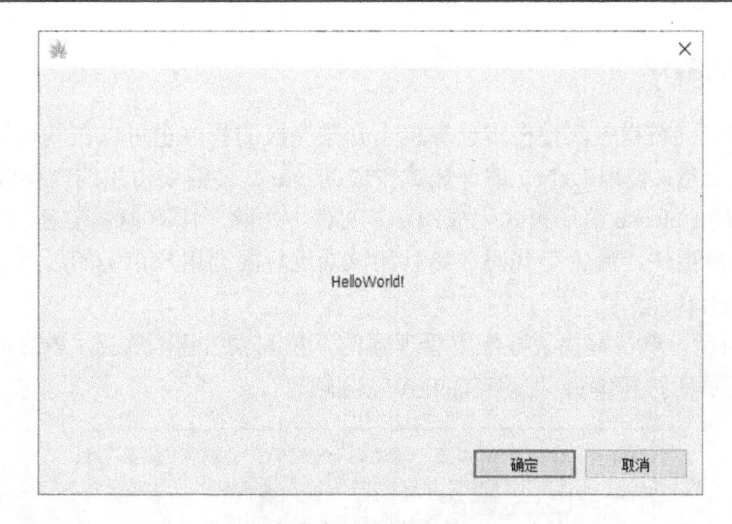

图 1-34　项目运行结果

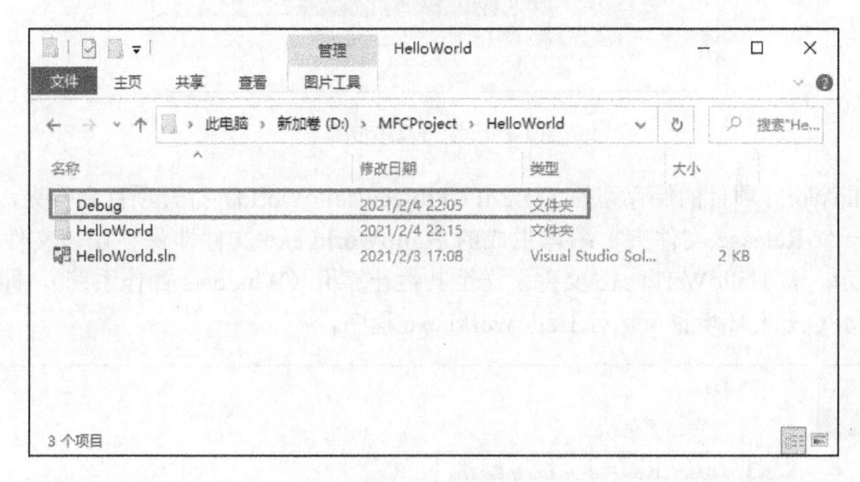

图 1-35　编译目录

进入编译目录可看到运行项目后生成的.exe 文件，该文件的图标已设置成功，如图 1-36 所示。

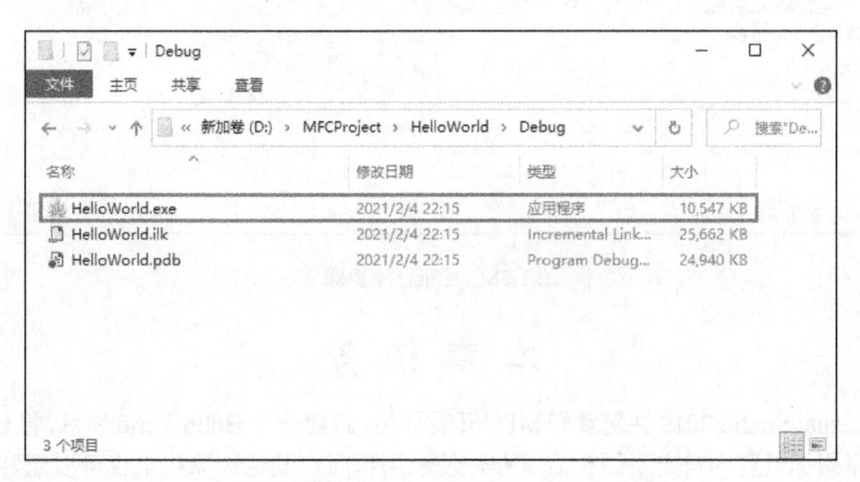

图 1-36　生成的.exe 文件

1.3.6 发布程序

下面介绍如何发布程序，使在本计算机上开发完成的程序也可以在其他计算机上运行。由于包含了调试信息，使用 Debug 编译模式生成的.exe 文件需要占用的内存较大。Release 表示发布版本，使用 Release 编译模式生成的.exe 文件中去除了所有调试信息，因此占用内存更小，相对执行速度更快，通常是代码成熟且测试通过后面向用户市场的版本。因此，发布程序时通常使用 Release 版本。

如图 1-37 所示，单击解决方案配置管理器的下拉列表按钮，选择“Release”选项，再单击▶ 本地 Windows 调试器按钮编译并运行 HelloWorld 项目。

图 1-37　发布程序步骤 1

按 HelloWorld 项目的保存路径（D:\MFCProject\HelloWorld）打开项目文件夹，可以看到新生成了一个 Release 文件夹，编译生成的 HelloWorld.exe 文件即保存在该文件夹中，如图 1-38 所示。将 HelloWorld.exe 文件发送至其他计算机（Windows 操作系统），即使该计算机未搭建 MFC 开发环境也可运行 HelloWorld.exe 程序。

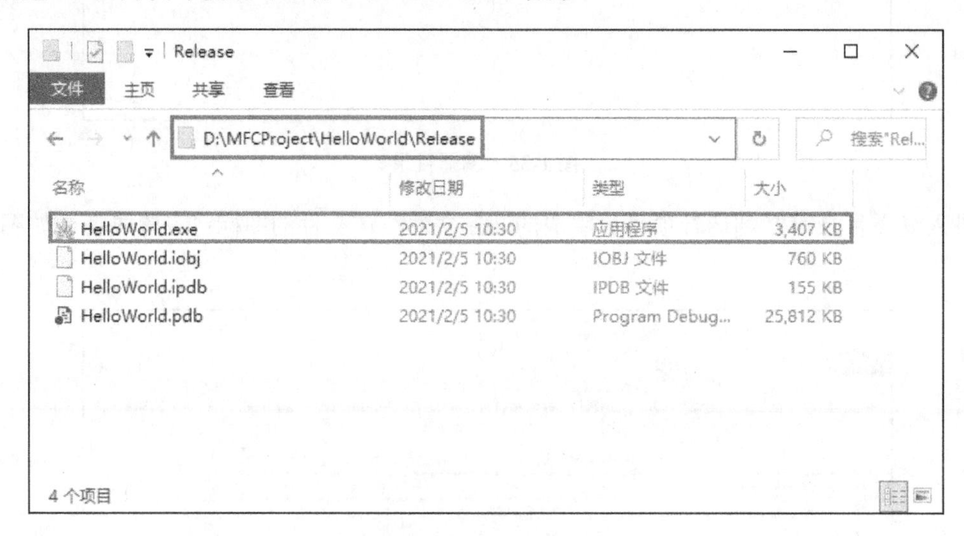

图 1-38　发布程序步骤 2

本 章 任 务

安装 Visual Studio 2019 并配置好 MFC 开发环境，新建一个 HelloWorld 项目，将 HelloWorld 的应用程序图标设置为自定义图标后发布，使应用程序在其他计算机上也可以正常运行。

本 章 习 题

1．简述 MFC 开发框架的优势和不足。
2．如何修改 Static Text 控件的显示文本？
3．简述资源视图下各个资源列表的含义。
4．发布程序时常用哪种编译模式？为什么？

第2章　MFC的类与控件

MFC提供了丰富的类和Windows API接口，便于开发者进行应用程序设计，另外还提供了大量的控件，使图形用户界面的设计变得更简单。

2.1　字符串类CString

字符串类CString用于封装字符串数据结构，是MFC编程中使用非常频繁的类，大部分程序基本都涉及字符串的处理。CString类提供了一系列的函数用于操作字符串，熟悉常用函数的功能，有助于对字符串的灵活处理，实现MFC程序的快速开发。

在学习CString类之前，先了解MFC的两种编码格式：UNICODE编码和MBCS编码（多字节编码）。UNICODE编码为宽字节编码，使用Unicode字符集（为了解决传统字符编码方案的局限问题而产生的，它为每种语言中的每个字符设定了统一且唯一的二进制编码，以满足跨语言、跨平台进行文本转换和处理的要求）；MBCS编码使用多字节字符集。在不同的编码格式下，字符串之间进行相互转换的方法是不一样的。

1. _T宏

由于具有两种编码字符集，因此MFC支持两种字符串，分别使用L" "（UNICODE编码）和" "包裹（MBCS编码）。Microsoft将这两套字符集及其操作进行了统一，使用_T(" ")包裹字符串。对于不同的编码，_T宏会转成不同的格式。在tchar.h文件中，可以看到对_T宏的定义：

```
#define _T(x)       __T(x)
#define _TEXT(x)    __T(x)
#define __T(x)      L ## x          //编码格式为UNICODE
#define __T(x)      x               //编码格式为MBCS
```

L表示UNICODE编码，以UNICODE格式保存字符串。_T可以表示UNICODE，也可以表示MBCS，取决于项目的编码格式设置。_T会根据项目的编码格式设置自动转换UNICODE和MBCS，在UNICODE编码格式下，_T()等同于L，而在MBCS编码格式下，_T()不起任何作用。示例如下：

```
1.  //UNICODE编码格式下
2.  wchar_t* str = "Hello";          //报错，"const char *"类型的值不能用于初始化"wchar_t*"类
                                                                                   型的实体
3.  wchar_t* str1 = _T("Hello");     //编译通过
4.  wchar_t* str2 = L"Hello";        //编译通过
5.
6.  //MBCS编码格式下
7.  wchar_t* str = "Hello";          //报错，"const char *"类型的值不能用于初始化"wchar_t*"类
                                                                                   型的实体
8.  wchar_t* str1 = _T("Hello");     //报错，"const char *"类型的值不能用于初始化"wchar_t*"类
                                                                                   型的实体
9.  wchar_t* str2 = L"Hello";        //编译通过
```

对比第3行和第8行代码可见，相同的代码在不同的编码格式下的编译结果不一致，验

证了上述结论。而第 2 行和第 7 行代码出现了同样的错误，下面说明错误原因。

在 C++中，char 类型的变量可以存储 1 字节的字符，如英文字符和标点符号，但无法存储汉字、韩文及日文等 2 字节的字符，为了解决这个问题，C++提出了 wchar_t 类型，称为双字节类型，又称宽字符类型。在 winnt.h 头文件中对 wchar_t 给出了以下注释。

16-bit UNICODE character——16 位的 UNICODE 编码字符。（在不同系统或不同 C/C++库中有不同的规定，wchar_t 数据类型通常为 16 位或 32 位。）

在第 2 行和第 7 行代码中，字符串"Hello"为 const char*类型，而 str 为 wchar_t*类型，因此无法将 str 初始化为"Hello"。

在第 4 行和第 9 行代码中，字符串 L"Hello"表示以 UNICODE 格式进行编码，UNICODE 为宽字节编码，因此可以成功完成初始化操作。

2. TCHAR

为了存储_T(" ")类型的通用字符，C++提出了 TCHAR 类型，其定义如下：

```
//UNICODE 编码格式下
typedef wchar_t TCHAR;

//MBCS 编码格式下
typedef char TCHAR;
```

通过一段简单的代码来进行说明：

```
//UNICODE 编码格式下
TCHAR tchar;
wchar_t wchar;
int size1 = sizeof(tchar);        //size1 值为 2，说明这里使用了 UNICODE 编码，TCHAR 表示 wchar_t
int size2 = sizeof(wchar);        //size2 值为 2，表示 wchar_t 为宽字符类型

//MBCS 编码格式下
TCHAR tchar;
wchar_t wchar;
int size1 = sizeof(tchar);        //size1 值为 1，说明这里使用了 MBCS 编码，TCHAR 表示 char
int size2 = sizeof(wchar);        //size2 值为 2，表示 wchar_t 为宽字符类型
```

CString 基于 TCHAR 数据类型。若项目使用 Unicode 字符集，则 TCHAR 被定义为 wchar_t 类型（2 字节、16 位字符类型）；若项目使用多字节字符集，则 TCHAR 被定义为 char（1 字节、8 位字符类型）。但在构造 CString 对象时，使用 char*或 wchar_t*类型的字符串都可以对其进行赋值，如下所示：

```
char* pData = "Hello";
wchar_t* wData = L"Hello";

CString strData1(pData );   //在 UNICODE 编码格式下的值为 L"Hello"，在 MBCS 编码格式下的值为"Hello"
CString strData2(wData );   //在 UNICODE 编码格式下的值为 L"Hello"，在 MBCS 编码格式下的值为"Hello"
```

2.1.1　构造函数

CString 类有多种构造函数，下面介绍常用的几种。

1. CString()

默认构造函数，构造一个空的字符串对象，如下所示：

```
CString str;
```

2．CString(const CString& stringSrc)

构造一个 CString 对象，并且将另一个已知 CString 对象 stringSrc 的内容复制给 CString 对象，如下所示：

```
CString str1(_T("HelloWorld"));  //str1 == "HelloWorld"
CString str2(str1);              //str2 == "HelloWorld"
```

3．CString(LPCTSTR lpch, int nLength)

将字符串 lpch 中的前 nLength 个字符复制给 CString 对象，如下所示：

```
CString str(_T("HelloWorld"), 5); //str == "Hello"
```

4．CString(TCHAR ch, int nRepeat)

构造一个含有 nRepeat 个 ch 的字符串，如下所示：

```
CString str(_T('w'), 3);  //str == "www"
```

2.1.2　编辑字符串

CString 类提供了很多简单的函数来编辑字符串，下面介绍一些常用函数。

1．Insert()

在指定位置插入字符或字符串，并返回插入后的字符串长度。函数原型为 int Insert(int nIndex, TCHAR tChar)或 int Insert(int nIndex, LPCTSTR pstr)，其中参数 nIndex 为插入位置的索引值，参数 tChar 为待插入的字符，参数 pstr 为待插入的字符串，如下所示：

```
CString str(_T("Hello"));              //str == "Hello"
int n = str.Insert(5, _T("World"));   //str == "HelloWorld ", n == 10
int m = str.Insert(10, _T('!'));      //str == "HelloWorld! ", m == 11
```

2．Remove()

在字符串中移除指定的字符，并返回移除的字符数目。函数原型为 int Remove(TCHAR tChar)，其中参数 tChar 为待移除字符，如下所示：

```
CString str(_T("Hello"));         //str == "Hello"
int n = str.Remove(_T('l'));      //str == "Heo", n ==2
```

3．Replace()

替换当前字符串中的字符或字符串，并返回替换的字符或字符串数目，若要被替换的字符或字符串在当前字符串中不存在，则返回 0。函数原型为 int Replace(TCHAR chOld, TCHAR chNew)或 int Replace(LPCTSTR lpszOld, LPCTSTR lpszNew)，其中参数 chOld 指定的字符将被参数 chNew 指定的字符替换，参数 lpszOld 指定的字符串将被 lpszNew 指定的字符串替换，如下所示：

```
CString str(_T("tooth"));                     //str == "tooth"
int m = str.Replace(_T('o'), _T('e'));      //str == "teeth", m ==2
int n = str.Replace(_T("ee"), _T("oo"));    //str == "tooth", n == 1
int t = str.Replace(_T("bb"), _T("oo"));    //str == "tooth", t == 0
```

4．Delete()

在当前字符串的指定位置移除指定数量的字符。函数原型为 int Delete(int nIndex, int nCount)，其中参数 nIndex 为移除位置的索引值，参数 nCount 为待移除字符的数量，如下所示：

```
CString str(_T("early"));    //str == "early"
str.Delete(3, 2);            //str == "ear"
```

5．SetAt()

修改当前字符串中指定位置的字符。函数原型为 Void SetAt(int nIndex, TCHAR tChar)，其中参数 nIndex 为修改位置的索引值，参数 tChar 为修改后的字符，如下所示：

```
CString str(_T("book"));     //str == "book"
str.SetAt(0, _T('l'));       //str == "look"
```

6．Mid()

从当前字符串中的指定位置往后截取指定长度的字符串并返回。函数原型为 CString Mid(int nFirst, int nCount)，其中参数 nFirst 为截取位置的索引值，nCount 为截取字符串的长度，如下所示：

```
CString str1(_T("PackUnpackDemo"));  //str1 == "PackUnpackDemo"
CString str2 = str1.Mid(4, 6);       //str2 == "Unpack"
```

7．Left()和 Right()

从当前字符串的开头或结尾截取指定长度的字符串并返回。函数原型分别为 CString Left(int nCount)和 CString Right(int nCount)，其中参数 nCount 为截取字符串的长度，如下所示：

```
CString str1(_T("PackUnpackDemo"));  //str1 == "PackUnpackDemo"
CString str2 = str1.Left(4);         //str2 == "Pack"
CString str3 = str1.Right(4);        //str3 == "Demo"
```

2.1.3　字符串查询

CString 类还提供了一些函数用来编辑字符串，下面介绍一些常用函数。

1．GetLength()

返回当前字符串中字符的个数，如下所示：

```
CString str(_T("Length"));           //str == "Length"
int number = str.GetLength();        //number == 6
```

2．GetAt()

获取当前字符串中指定位置的字符并返回。函数原型为 TCHAR GetAt(int nIndex)，其中参数 nIndex 为获取的索引位置，如下所示：

```
CString str(_T("Length"));           //str == "Length"
TCHAR tChar = str.GetAt(3);          //tChar == 'g'
```

3．IsEmpty()

判断当前字符串是否为空。函数原型为 BOOL IsEmpty()，若为空则返回 1，否则返回 0，如下所示：

```
CString str;
BOOL flag1 = str.IsEmpty();  //flag1 == 1
str = _T("product");
BOOL flag2 = str.IsEmpty();  //flag2 == 0
```

4. Find()

在当前字符串中查找指定字符或字符串首次出现的位置并返回，未找到则返回-1，函数原型分别为 int Find(TCHAR tChar)和 int Find(LPCTSTR pstr)，其中参数 tChar 和 pstr 为待查找的字符和字符串。在当前字符串的指定位置往后查找指定字符或字符串首次出现的位置并返回，未找到则返回-1，函数原型分别为 int Find(TCHAR tChar, int nStart)和 int Find(LPCTSTR pstr, int nStart)，其中参数 tChar 和 pstr 为待查找的字符和字符串，参数 nStart 为开始查找的位置。举例如下所示：

```
CString str(_T("HelloWorld"));   //str == "HelloWorld"
int a = str.Find(_T('o'));       //a == 4
int b = str.Find(_T("ll"));      //b == 2
int c = str.Find(_T('o'), 5);    //c == 6
int d = str.Find(_T("ll"), 5);   //d == -1
```

2.1.4 字符串转换

除了编辑和查询，字符串还经常需要与其他类型数值或字符集进行转换，下面介绍一些常用函数。

1. _ttoi()

将字符串转换为整型数值，如下所示：

```
CString str(_T("12"));       //str == "12"
int number = _ttoi(str);     //number == 12
```

2. _ttof()

将字符串转换为浮点型数值，如下所示：

```
CString str(_T("1.23"));      //str == "1.23"
float number = _ttof(str);  //number == 1.23
```

3. Format()

将整型、浮点型等类型数值转换为字符串，通过设置转换格式符来实现，如下所示：

```
int number = 25;
float pi = 3.14159;
CString str1;
CString str2;
CString str3;
CString str4;
str1.Format(_T("%d"), number);      //str1 == "25"
str2.Format(_T("%3o"), number);     //str2 == " 31"，转八进制数，不足 3 位在前面补空格
str3.Format(_T("%.4x"), number);    //str3 == "0019"，转十六进制数，不足 4 位在前面补 0
str4.Format(_T("%4.1f"), pi);       //str4 == " 3.1"，保留小数点后 1 位，不足 4 位在前面补空格（小
                                                                                 数点算 1 位）
```

4．MakeUpper()和 MakeLower()

分别将当前字符串转化为大写和小写形式并返回，如下所示：

```
CString str(_T("HelloWorld"));    //str == "HelloWorld"
str.MakeUpper();                  //str == "HELLOWORLD"
str.MakeLower();                  //str == "helloworld"
```

5．MakeReverse()

将当前字符串中的所有字符颠倒顺序并返回，如下所示：

```
CString str(_T("reed"));      //str == "reed"
str.MakeReverse();            //str = "deer"
```

2.2　容器类 vector

向量 vector 是一个封装了动态大小数组的顺序容器（Sequence Container），它能够存放各种类型的对象。可以简单理解为，向量 vector 是一个能够存放任意数据类型的动态数组，其主要特点如下。

（1）顺序序列：顺序容器中的元素按照严格的线性顺序排序，可以通过元素在序列中的位置访问对应的元素。

（2）动态数组：支持对序列中的任意元素进行快速直接访问，甚至可以通过指针进行该操作，还提供了在序列末尾快速添加或删除元素的操作。

（3）内存分配器：使用一个内存分配器对象来动态处理存储需求。

vector 类是随标准 C++引入的标准库的一部分，使用时需要包含头文件：#include <vector>。

2.2.1　定义和初始化

vector 类提供了多种构造函数，下面介绍常用的几种。

vector()：创建一个空 vector。

vector(int nSize)：创建一个 vector，元素个数为 nSize。

vector(int nSize, const T& t)：创建一个 vector，元素个数为 nSize，并且值均为 t。

vector(const vector& x)：复制构造函数。

对于 vector 中元素值的初始化，具有以下规则。

（1）若没有指定元素初始值，则标准库自行提供一个初始值进行初始化，对于内置类型将用 0 初始化。

（2）若定义的元素类型为含有构造函数的类，则标准库使用该类型的构造函数初始化。

（3）若定义的元素类型为不含构造函数的类，则标准库将产生一个带初始值的对象，使用这个对象进行值初始化。

下面用一段简单的代码对向量 vector 的用法进行说明。

```
std::vector <int> list1;            //list1 为空
std::vector <int> list2(10);        //list2 中有 10 个整型数据，值都为 0
std::vector <int> list3(10, 2);     //list3 中有 10 个整型数据，值都为 2
std::vector <int> list4(list3);     //list4 中有 10 个整型数据，值都为 2
```

使用 vector 前需先引入命名空间 using namespace std，或者在进行 vector 定义时添加 std::前缀。

2.2.2 常用成员函数

1．push_back()

在向量尾部增加一个元素，如下所示：

```
std::vector <int> list(2);  //list[0] == 0, list[1] == 0
list.push_back(1);          //list[2] == 1
```

2．pop_back()

删除向量中的最后一个元素。

3．clear()

清空向量中的所有元素。

4．empty()

判断向量是否为空，是则返回 true，否则返回 false，如下所示：

```
std::vector <int> list1;          //list1 为空
std::vector <int> list2(3);       //list2 中有 3 个整型数据，值都为 0
bool flag1 = list1.empty();       //flag1 == true
bool flag2 = list2.empty();       //flag2 == false
```

5．size()

返回向量中元素的个数，如下所示：

```
std::vector <int> list(2);        //list 中有 2 个整型数据，值都为 0
int number =list.size();          //number == 2
list.push_back(1);                //添加 1 个元素
number = list.size();             //number == 3
list.pop_back();                  //删除最后 1 个元素
number = list.size();             //number == 2
list.clear();                     //清空 list
bool flag = list.empty();         //flag = true
number = list.size();             //number == 0
```

2.3 控　　件

MFC 提供了多种类型的控件以便于用户进行图形界面设计，下面将简要介绍一些常用的控件。

2.3.1 按钮 Button

按钮 Button 控件用于接收用户命令，应用程序在接收到用户命令后，通常需要进行一些后台工作。按钮可以响应单击或双击动作，按钮在检测到动作后，向其父窗口发送相应的通知，程序可以根据通知的类型进行相应的逻辑处理。MFC 提供了 CButton 类，用于封装对按钮控件的所有相关操作。

在一个对话框中，可以定义一个默认按钮。如图 2-1 所示，打开任一新建项目的用户设计界面，单击“确定”按钮并打开其属性视图，可见“默认按钮”选项后的值为 True，若在对话框运行时按 Enter 键，则等同于单击对话框中的“确定”按钮。

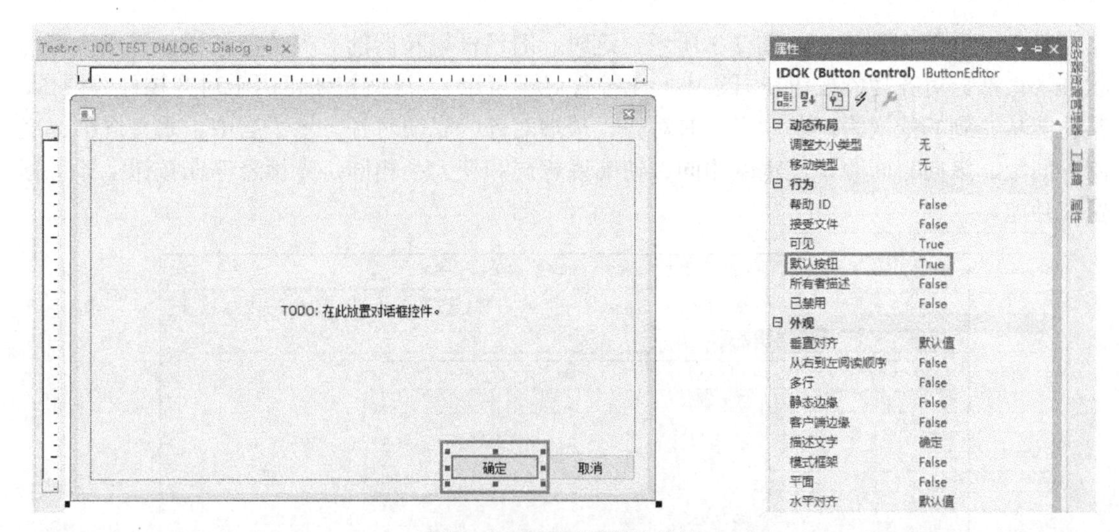

图 2-1　对话框的默认按钮

打开“工具箱”视图并在用户设计界面中添加 3 个 Button 按钮。如图 2-2 所示，选中“Button1”图标并固定其属性视图。编号①的“描述文字”选项为显示在控件上的文本。编号②的“ID”选项为该控件在项目中的资源 ID，每个控件都有唯一的 ID，在程序代码中操作控件时，需要调用控件的资源 ID 来实现。当一个控件添加到用户设计界面时，系统会根据当前界面中同种类型控件的数量为该控件分配一个带序列号的 ID 和描述文本，为了便于后续在代码中使用该控件，建议根据控件的功能对应修改控件的 ID，增加控件的辨识度和代码的可读性。编号③的区域为该控件在设计界面中的坐标（以左上角为原点）。编号④的区域为该控件的尺寸。

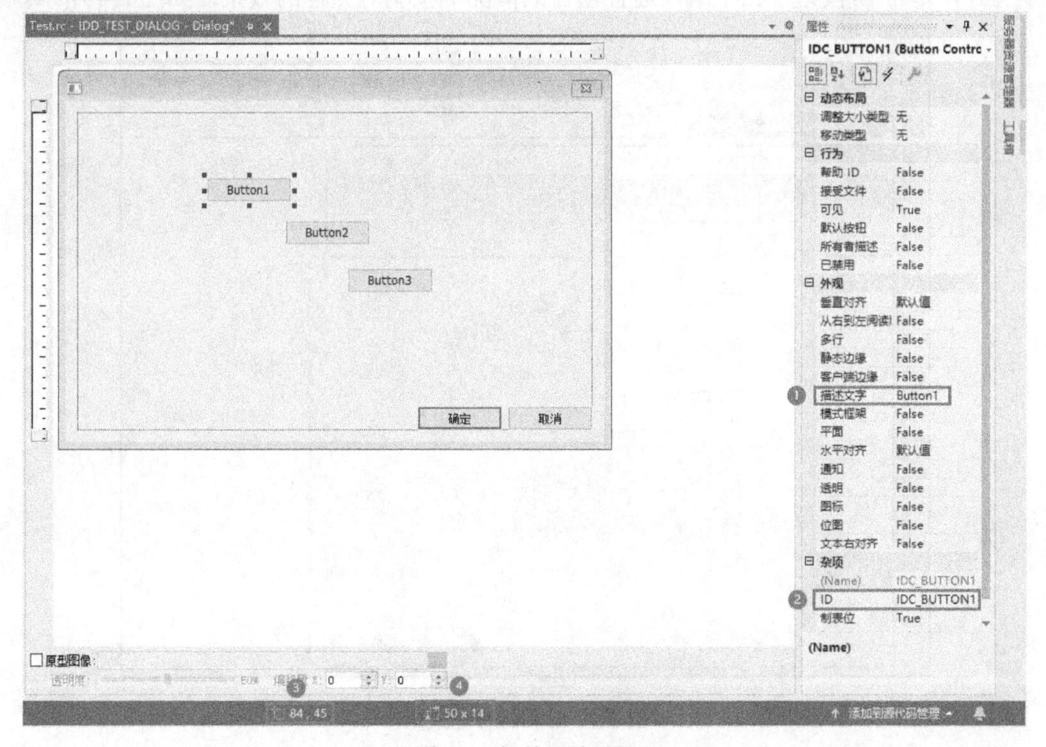

图 2-2　控件属性设置

将 3 个按钮全选中，如图 2-3 所示，这时，对话框编辑器的对齐功能按钮都转变为可用状态（大部分对齐功能按钮在只选中一个控件时不可用）。这些按钮可用于对齐控件等操作，其功能从左到右依次为：左对齐、右对齐、顶端对齐、底端对齐、水平居中、垂直居中、横向等间距、纵向等间距、使宽度相同、使高度相同和使大小相同，光标悬停在按钮上即可预览其功能。

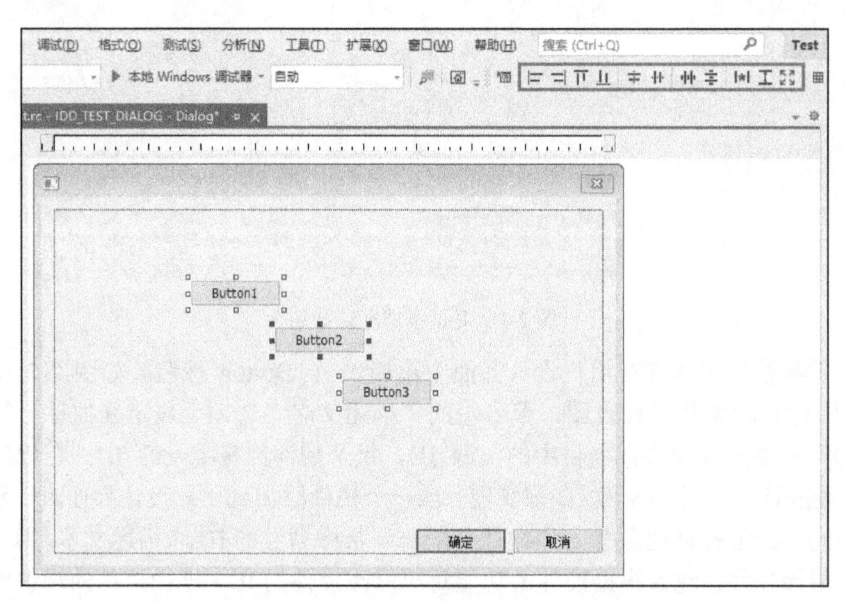

图 2-3　控件对齐设置

另外，单击▣按钮可在不编译运行项目的情况下预览对话框的效果，如图 2-4 所示。

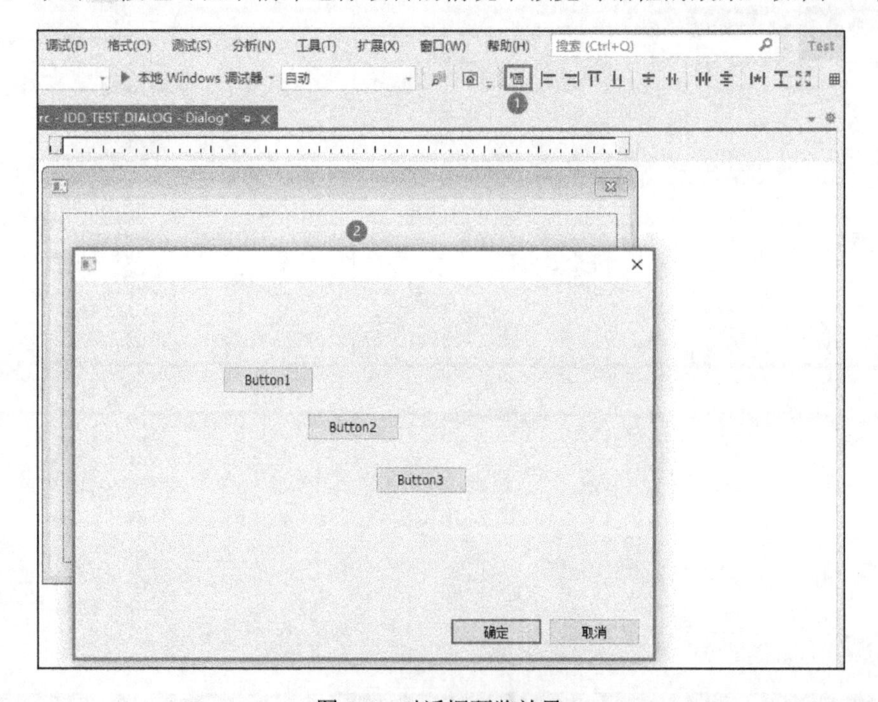

图 2-4　对话框预览效果

MFC 提供了消息映射机制来处理按钮的单击和双击等触发事件。下面以按钮单击事件为例进行介绍。如图 2-5 所示，右击需要设置单击响应函数的按钮，在弹出的快捷菜单中选择“添加事件处理程序”选项。

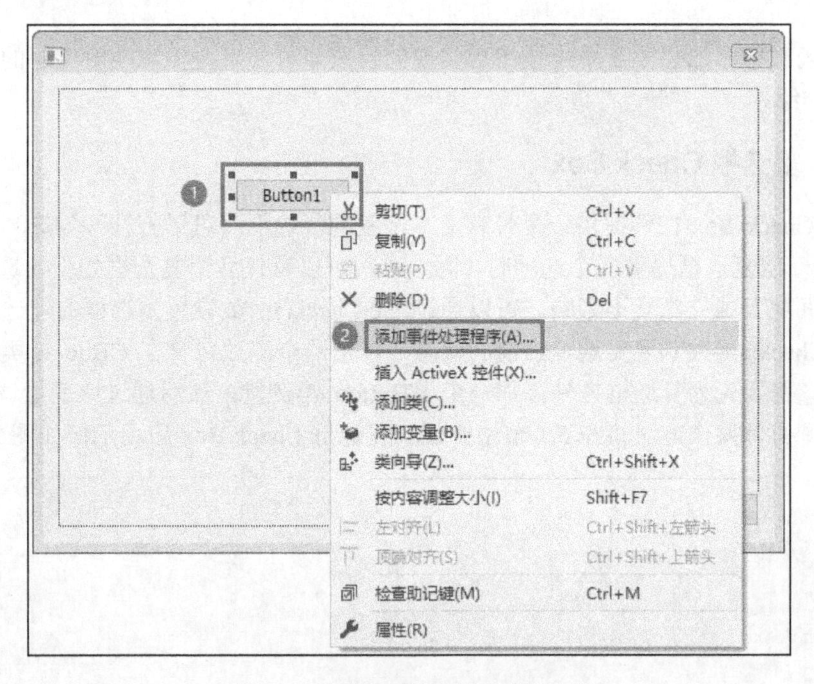

图 2-5　添加按钮单击响应函数步骤 1

在弹出的如图 2-6 所示的“事件处理程序”对话框的“类列表”下拉列表中选择要包含按钮单击响应函数的类，在“消息类型”下拉列表中默认选择“BN_CLICKED”选项，即按钮单击消息，“函数名”编辑框中的文本保持默认，最后单击“确定”按钮。

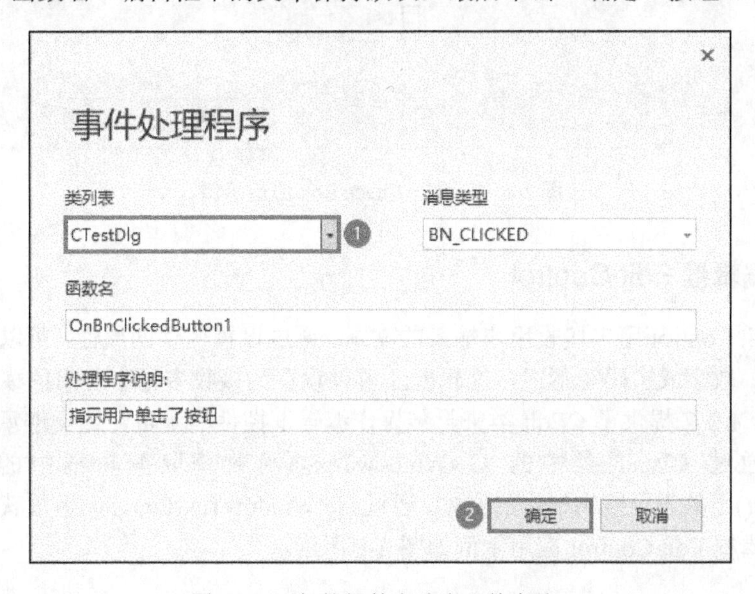

图 2-6　添加按钮单击响应函数步骤 2

此时在对应类的.cpp 文件中会自动添加按钮单击事件的消息处理函数：

```
void CTestDlg::OnBnClickedButton1()
{
    //TODO: 在此添加控件通知处理程序代码
}
```

在以上函数中添加想要在单击按钮后实现的代码即可。有关消息映射机制的具体内容将在 5.2 节中介绍。

2.3.2　复选框 Check Box

复选框 Check Box 控件提供一个带有文本标签的复选框，可以打开（勾选）或关闭（取消勾选）。当一组复选框提供多个选项时，同一时间可以有任意个复选框处于勾选状态，且各个复选框之间相互独立，互不影响。可以通过 SetCheck()函数设置复选框的勾选状态，也可以通过 GetCheck()函数获取复选框当前的状态，以上两个函数包含在 CButton 类中。在使用上述函数前，需要先为复选框控件添加一个 CButton 类变量，然后通过该变量调用 CButton 类中的函数，具体操作方法将在 5.1 节中介绍。复选框 Check Box 应用示例如图 2-7 所示。

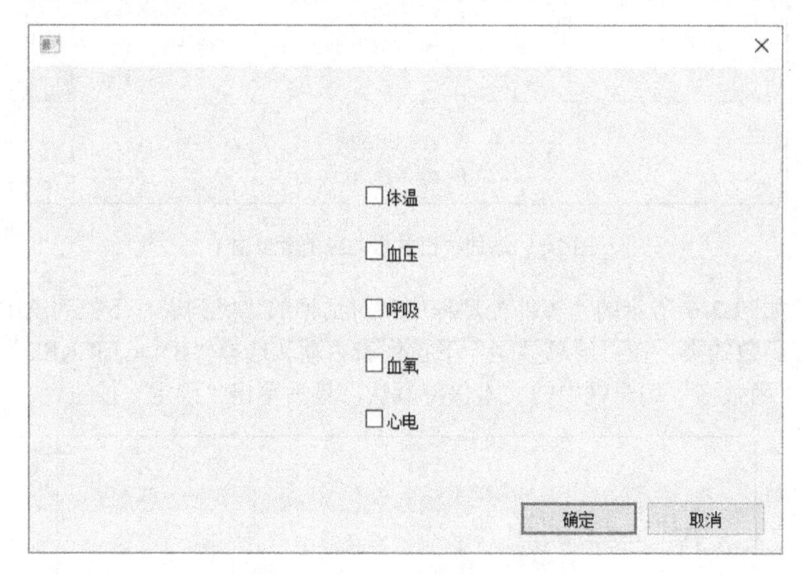

图 2-7　复选框 Check Box 应用示例

2.3.3　编辑框 Edit Control

编辑框 Edit Control 用来接收用户输入的文本。通过设置控件的属性，可以将编辑框设置为接收字符串、数字或密码等形式，编辑框还可以设置为接收多行字符串的模式，可以自动转换大小写等。MFC 提供了 CEdit 类来封装操作编辑框控件的函数，该类继承自 CWnd 类，因此还可以通过 CWnd 类中的 GetWindowText()函数获取编辑框中的文本，通过 SetWindowText()函数设置编辑框中的文本，通过 GetWindowTextLength()函数获取编辑框中文本的长度。编辑框 Edit Control 应用示例如图 2-8 所示。

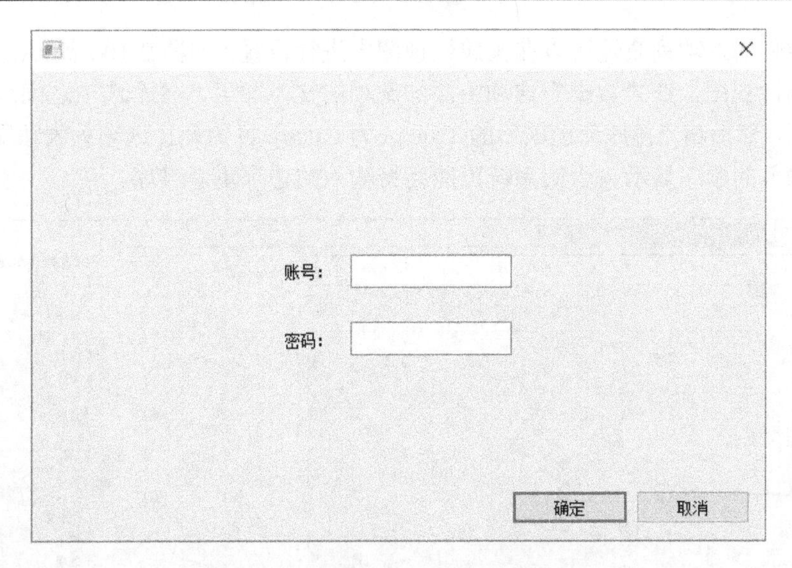

图 2-8　编辑框 Edit Control 应用示例

2.3.4　组合框 Combo Box

组合框 Combo Box 为编辑框和列表框的组合，共有 3 种类型，如图 2-9 所示：①简易（Simple）组合框，直接显示组合框中的选项列表框，单击任一项即可将其设置为组合框的当前项，选项的内容可编辑；②下拉式（Dropdown）组合框，默认不显示选项列表框，只有在单击组合框右侧的下拉按钮时才会弹出，单击任一项即可将其设置为组合框的当前项，选项的内容可编辑；③下拉列表（Dropdown List）式组合框，与下拉式组合框的唯一区别是选项的内容不可编辑。组合框的类型可通过控件属性视图的“类型”选项进行设置。

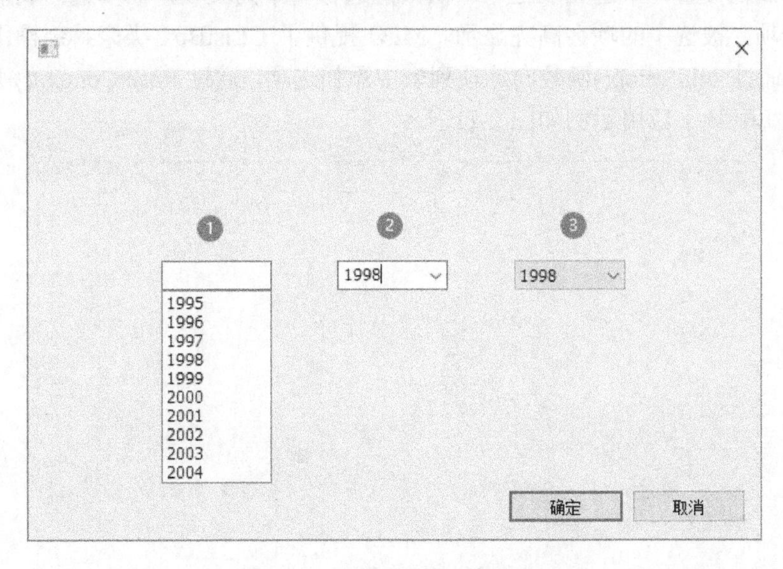

图 2-9　3 种类型组合框示例

MFC 提供了 CComboBox 类来封装操作组合框控件的函数，可以通过 AddString()函数向组合框的选项列表中添加选项，通过 SetCurSel()函数将选项列表中的某一项设置为组合框的当前选项，通过 GetCurSel()函数获取组合框的当前项在选项列表中的索引。

组合框控件的选项列表还可以在其属性视图中进行设置，如图 2-10 所示，选中组合框控件并打开其属性视图，在“数据”选项中添加选项的文本即可，各个选项之间用英文格式的分号“;”隔开，然后将“排序”选项后的 True 改为 False，目的是让选项列表按照用户在“数据”选项中输入的顺序显示，否则系统可能会将输入的选项重新排序。

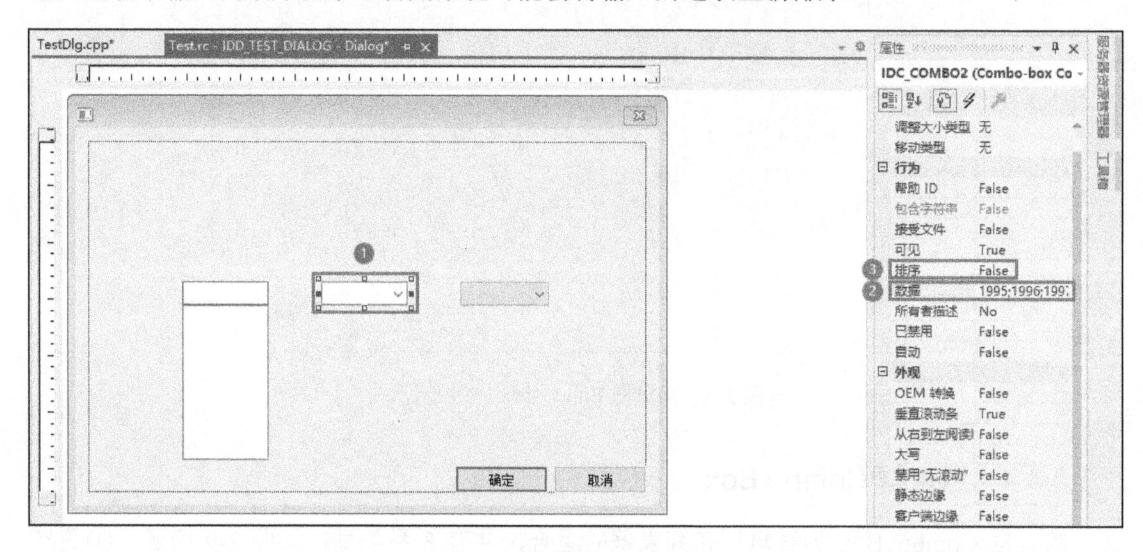

图 2-10　设置组合框的选项列表

2.3.5　列表框 List Box

列表框 List Box 控件用于提供一个选项列表，可分为单选列表框和多选列表框，取决于用户对控件的属性设置，单选列表框中一次只能选择一个列表项，而多选列表框中可以同时选择多个列表项，被选中的项会高亮显示。MFC 提供了 CListBox 类来封装操作列表框控件的函数，可以通过 AddString()函数向选项列表中添加选项，通过 ResetContent()函数清除所有选项。列表框 List Box 应用示例如图 2-11 所示。

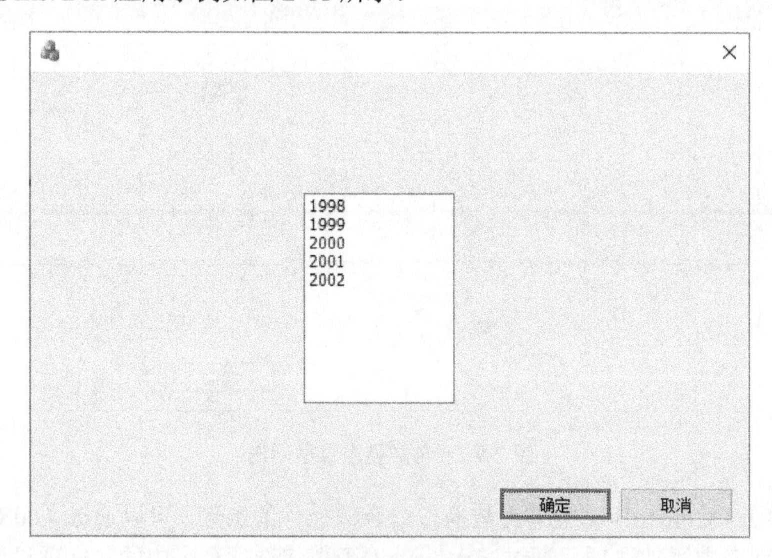

图 2-11　列表框 List Box 应用示例

2.3.6　分组框 Group Box

分组框 Group Box 控件为容器类控件，提供一个带标题的边框，用来容纳具有逻辑关系的一组控件。注意，分组框只是在视觉效果上对其中的控件进行组合，在逻辑上并无关联。分组框 Group Box 应用示例如图 2-12 所示。

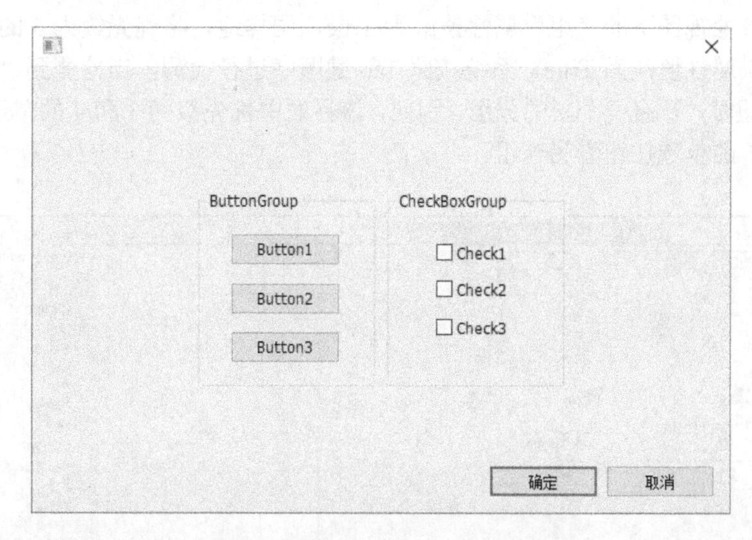

图 2-12　分组框 Group Box 应用示例

2.3.7　单选按钮 Radio Button

单选按钮 Radio Button 控件提供一个带有文本标签的单选按钮。在实际应用中，多个单选按钮通常组成一组，同组中最多只能有一个单选按钮处于选中状态，当选中其他未选中的按钮时，之前处于选中状态的按钮会被取消选中。用于操作单选按钮控件的函数也封装在 CButton 类中，可以通过 SetCheck()函数设置单选按钮的选中状态，也可以通过 GetCheck()函数获取单选按钮的当前状态。单选按钮 Radio Button 应用示例如图 2-13 所示。

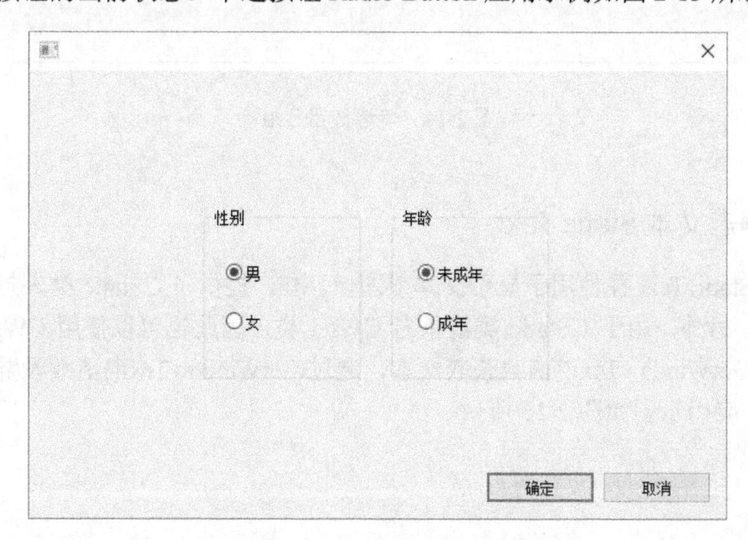

图 2-13　单选按钮 Radio Button 应用示例

当用户设计界面中用到多组单选按钮时，需要手动进行分组，操作方法如下。打开用户设计界面，执行菜单命令“格式”→“Tab 键顺序”，在各个控件的左上角便会标出该控件的优先级，如图 2-14 所示，界面中 4 个 Radio Button 控件的优先级分别为 3、4、5、6（依次单击界面中的 8 个控件可按照 1～8 的顺序重设优先级），这里不对优先级进行修改。再次执行菜单命令“格式”→“Tab 键顺序”取消显示优先级，然后单击选中优先级为 3 的“男”单选按钮，将其属性视图下的“组”属性值改为 True，同样地，将优先级为 5 的“未成年”单选按钮的“组”属性值改为 True。系统按照 Tab 键顺序进行检测，当检测到“组”属性值为 True 的单选按钮时，开启一个新的分组。因此，该界面中优先级为 3 和 4 的单选按钮为一组，优先级为 5 和 6 的单选按钮为另一组。

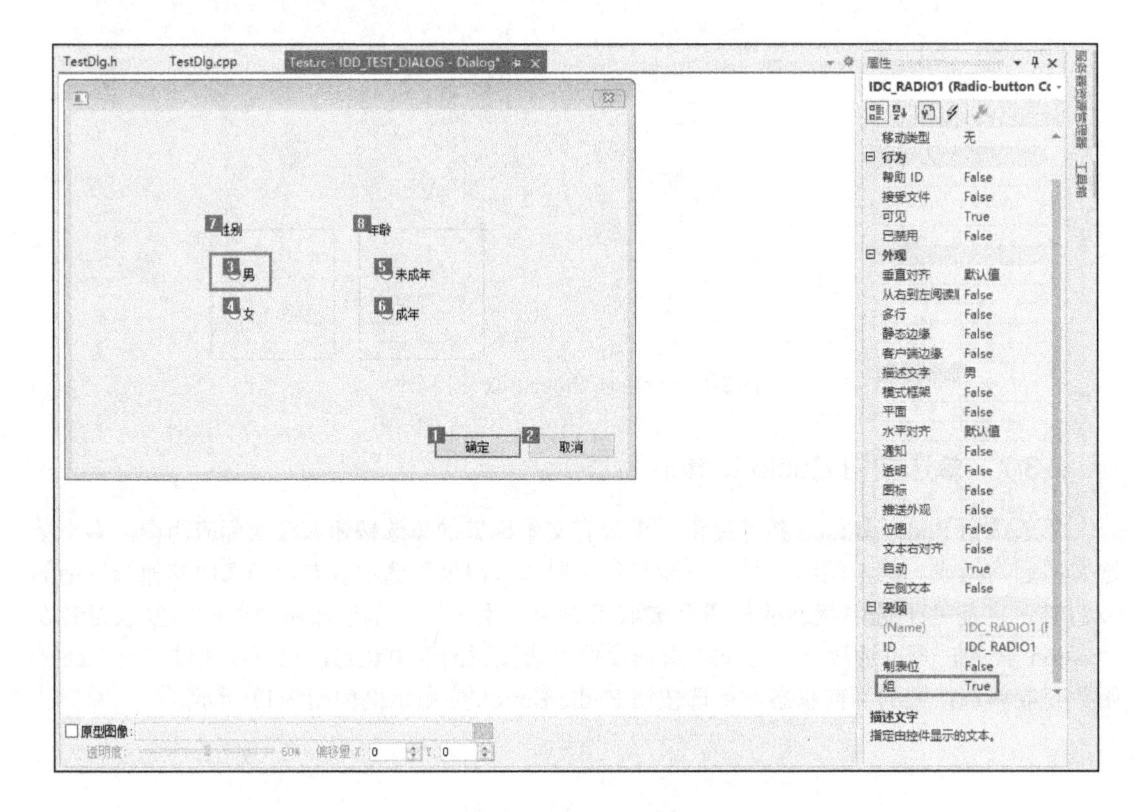

图 2-14　单选按钮分组

2.3.8　静态文本 Static Text

静态文本 Static Text 控件用于显示文本或图像。MFC 提供了 CStatic 类来封装操作静态文本控件的函数。另外，由于 CStatic 类继承自 CWnd 类，因此也可以使用 CWnd 类中的成员函数，如通过 GetWindowText()函数获取文本，通过 SetWindowText()函数设置文本等。静态文本 Static Text 应用示例如图 2-15 所示。

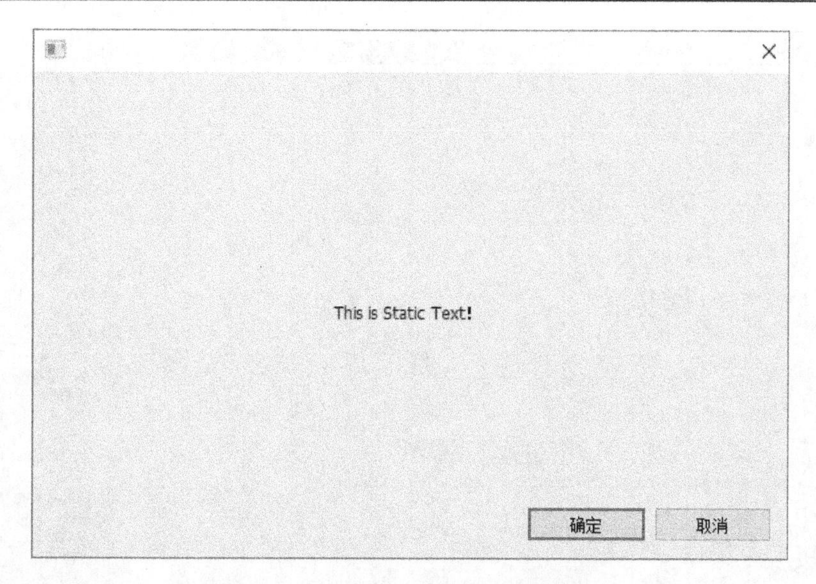

图 2-15　静态文本 Static Text 应用示例

2.3.9　图形控件 Picture Control

图形控件 Picture Control 用于显示位图（Bitmap）和图标（Icon），其使用方法与静态文本控件有很多相似之处，且都属于 CStatic 类，可以通过 SetBitmap()函数设置显示的位图，也可以通过 SetIcon()函数设置显示的图标，还可以通过 CWnd 类的 ShowWindow()函数设置显示或隐藏该控件。图形控件 Picture Control 应用示例如图 2-16 所示。

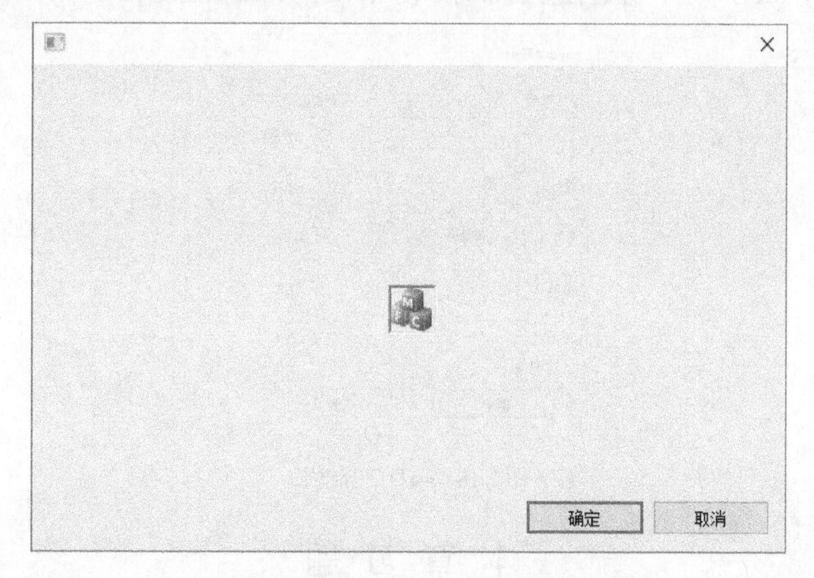

图 2-16　图形控件 Picture Control 应用示例

除通过函数设置图形控件显示的图标外，还可以在设计界面中直接设置，操作方法如图 2-17 所示。单击选中图形控件 Picture Control 并打开其属性视图，将“类型”选项设置为 Icon，然后将“图像”选项设置为 IDR_MAINFRAME（项目自带的资源文件），最后可以选择将“边框”选项设置为 True，为图标添加边框。

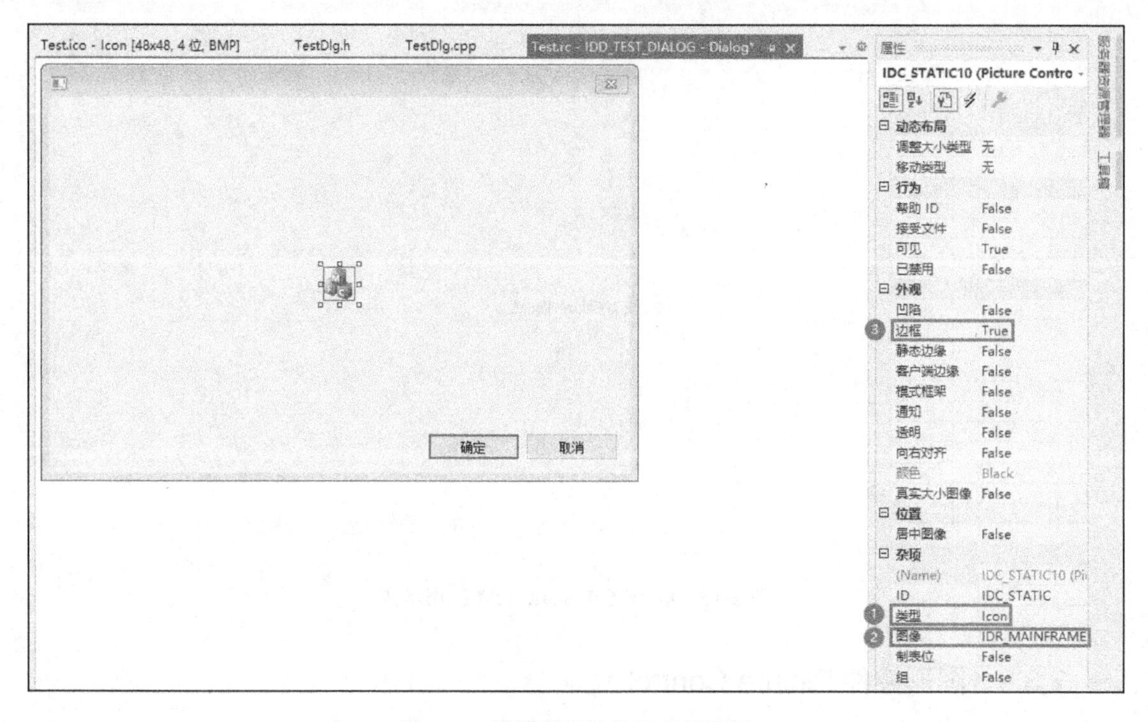

图 2-17　设置图形控件显示的图标

本 章 任 务

新建一个 MFC 项目，并进行界面布局，使项目运行结果如图 2-18 所示。

图 2-18　项目运行结果

本 章 习 题

1．简述 L 和_T 宏的区别。

2．当项目使用不同的字符集时，TCHAR 数据类型的含义是否一致？若不一致，则分别进行说明。

3．简述如何将浮点型数据 1.2345 转换为字符串并保留小数点后两位。

4．简述容器类 vector 的主要特点。

第3章　C++语言基础

C++是一种静态类型的、编译式的、通用的、对大小写敏感的和不规则的编程语言，常用于系统开发、引擎开发等领域，支持类、封装、继承、多态等特性。C++语言灵活，运算符的数据结构丰富，具有结构化控制语句，程序执行效率高，同时还具有高级语言与汇编语言的优点。本章通过7个实验，对C++语言基础进行介绍，从而使读者对C++有一个简单的认识。

3.1　HelloWorld实验

3.1.1　实验内容

Notepad++是一款非常适合编写计算机程序代码的文本编辑器，它不仅有语法高亮显示功能，还有语法折叠功能，而且支持宏及扩充基本功能的外挂模组，可以实现编译和运行的基本功能。本节的实验内容就是搭建基于 Notepad++软件的开发环境，最后在使用 Notepad++的基础上新建一个 HelloWorld.cpp 文件，并对该文件进行编译和执行。

3.1.2　实验原理

1．命名规范

C++是大小写敏感的编程语言，即标识符 Hello 与 hello 是不同的。下面介绍本书中的类名、函数名和源文件名的命名规范：①对于所有的类，类名的首字母应大写，如果类名由若干个单词组成，那么每个单词的首字母均大写，如 MyFirstClass；②所有的函数名都以大写字母开头，如果函数名由若干个单词组成，则每个单词的首字母均大写。

2．C++程序结构

下面以HelloWorld实验为例介绍C++的程序结构，程序如下：

```
1.   #include <iostream>
2.   using namespace std;
3.
4.   int main()
5.   {
6.     cout << "Hello World!" << endl;
7.
8.     return 0;
9.   }
```

第1行代码：包含头文件操作，头文件为<iostream>，头文件包含了C++程序中必要的或有用的信息。

第2行代码：告诉编译器使用std命名空间，命名空间是C++中一个相对新的概念。

第4行代码：main()函数是C++应用程序的入口，程序在运行时，第一个执行的就是main()函数，这个函数与其他函数有很大的不同，如函数名必须为main，函数必须是int类型等。

第6行代码：让编译器输出“Hello World!”并换行。

第 8 行代码：终止 main()函数，并向调用进程返回值 0。

3.1.3　实验步骤

双击运行本书配套资料包“02.相关软件”文件夹中的 npp.7.8.5.Installer.exe 文件，在弹出的如图 3-1 所示的对话框中，语言设置为 English，然后，单击“OK”按钮。

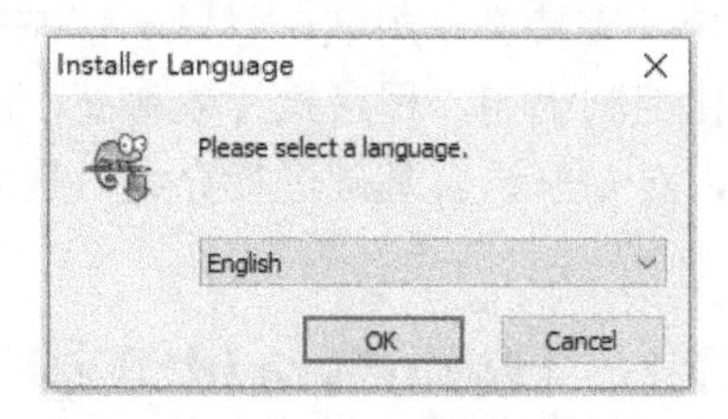

图 3-1　Notepad++安装和配置步骤 1

在弹出的许可界面中，单击“I Agree”按钮，如图 3-2 所示。

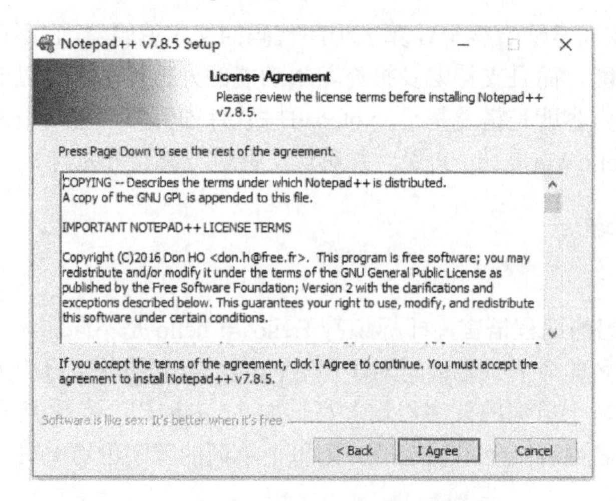

图 3-2　Notepad++安装和配置步骤 2

保持默认的安装路径，单击“Next”按钮，如图 3-3 所示。

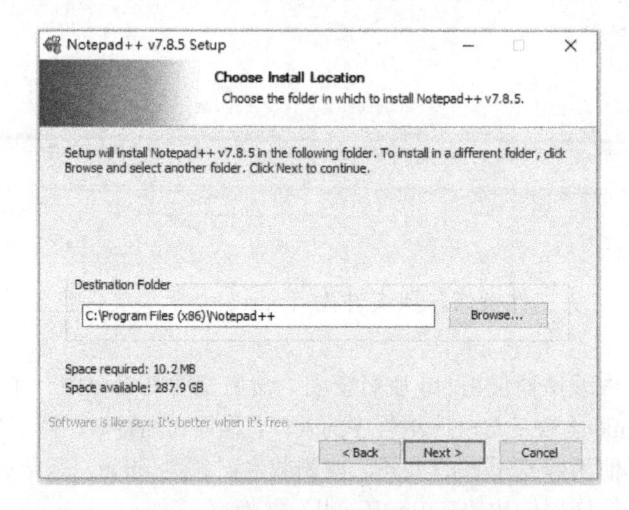

图 3-3　Notepad++安装和配置步骤 3

保持默认的配置，单击“Next”按钮，如图 3-4 所示。

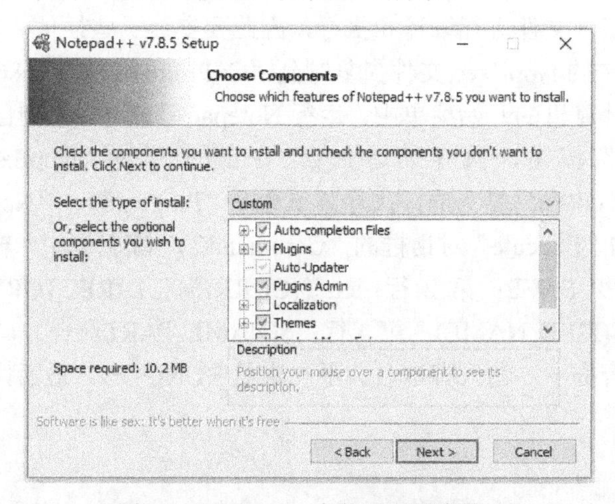

图 3-4　Notepad++安装和配置步骤 4

勾选“Create Shortcut on Desktop”复选框，单击“Install”按钮，如图 3-5 所示。

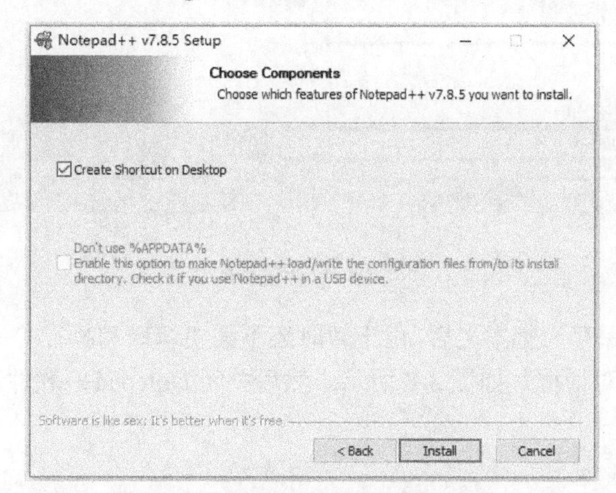

图 3-5　Notepad++安装和配置步骤 5

取消勾选“Run Notepad++ v7.8.5”复选框，单击“Finish”按钮，如图 3-6 所示。

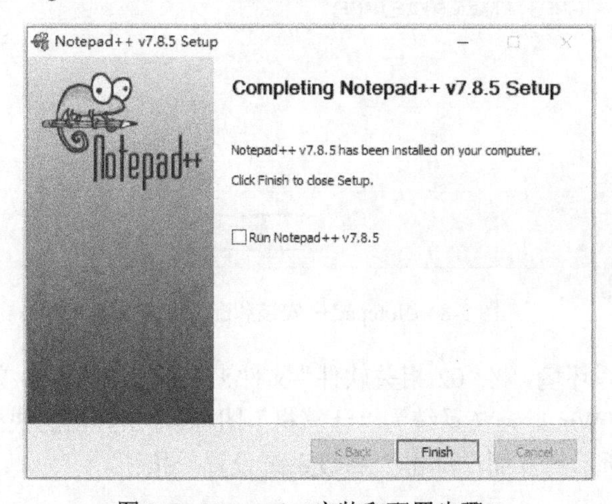

图 3-6　Notepad++安装和配置步骤 6

完成 Notepad++软件安装后，就可以新建和编辑 C++文件了，但是现在还不能在 Notepad++软件中对 C++文件进行编译和执行，因此要安装一些插件。首先，将“02.相关软件\npp 插件”文件夹中的 NppExec 文件夹复制到“C:\Program Files (x86)\Notepad++\plugins”文件夹中。其次，在计算机的开始菜单中，运行 Notepad++软件，在弹出的 Notepad++ update 对话框中单击“否”按钮，执行菜单命令“Plugins”→“NppExec”，勾选“Follow $(CURRENT_DIRECTORY)”复选框，执行菜单命令“Plugins”→“NppExec”→“Execute”或按 F6 键，在弹出的“Execute”对话框的“Command(s)”编辑框中，输入如图 3-7 所示的 4 行命令（第 1 行：NPP_SAVE；第 2 行：cd $(CURRENT_DIRECTORY)；第 3 行：g++ -o $(NAME_PART).exe $(FILE_NAME)；第 4 行：$(NAME_PART).exe），单击“Save...”按钮，在“Script name”组合框中，输入脚本名（不一定是 RUNC++）。最后，单击“Save”按钮。

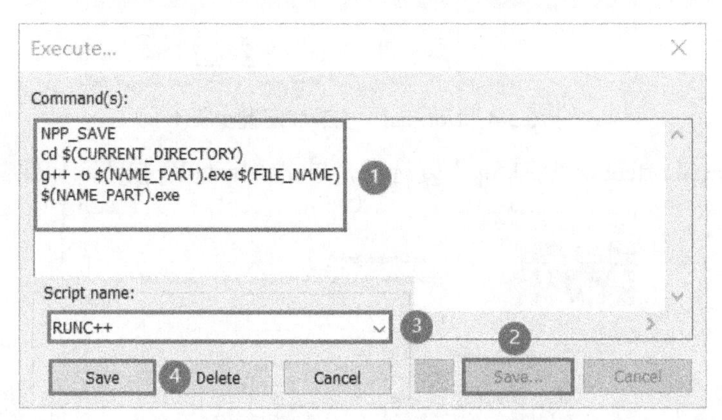

图 3-7　Notepad++安装和配置步骤 7

将以上 4 行命令保存为脚本之后，由于暂时还不需要编译和执行 C++文件，单击“Cancel”按钮关闭“Execute”对话框，如图 3-8 所示。然后关闭 Notepad++软件。

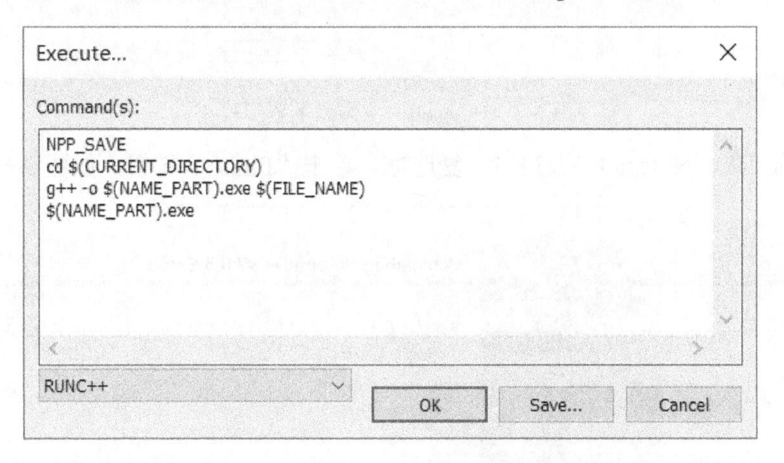

图 3-8　Notepad++安装和配置步骤 8

下面配置 C++编译环境，将“02.相关软件”文件夹中的 MinGW64 文件夹复制到 C 盘下，右击“此电脑”图标（Windows 7 系统为“计算机”图标），在弹出的快捷菜单中选择“属性”选项，进入如图 3-9 所示的界面，单击“高级系统设置”按钮。

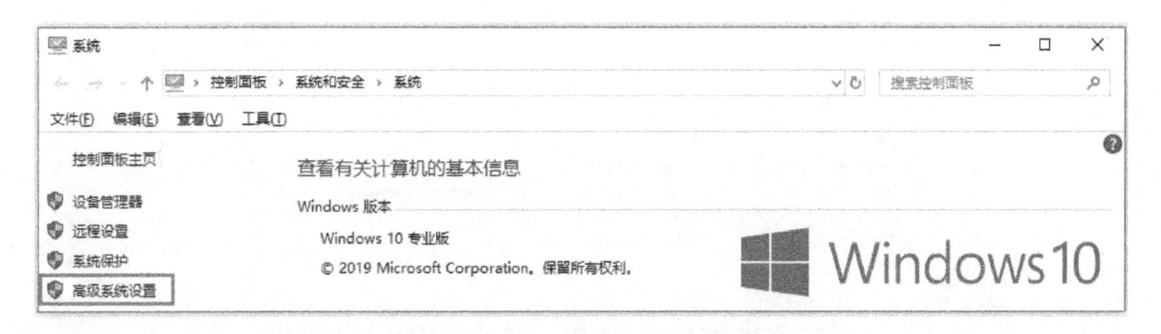

图 3-9　C++编译环境配置步骤 1

在如图 3-10 所示的“系统属性”对话框中，单击“高级”标签页中的“环境变量”按钮。

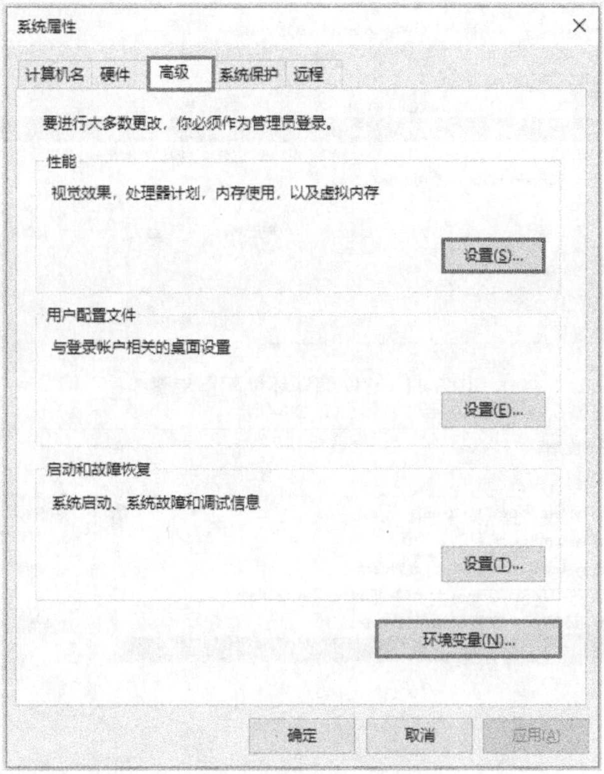

图 3-10　C++编译环境配置步骤 2

在如图 3-11 所示的“环境变量”对话框中，双击“系统变量”列表中的“Path”变量。

在弹出的如图 3-12 所示的“编辑环境变量”对话框中，单击“新建”按钮新建一个变量，变量值为 bin 文件夹的绝对路径，即“C:\MinGW64\bin”，完成后单击“确定”按钮退出“编辑环境变量”对话框，最后在“环境变量”对话框中单击“确定”按钮保存配置并退出。注意，如果是 Windows 7 系统，则直接在 Path 变量值末尾添加“C:\MinGW64\bin;”即可，且变量值之间以英文格式的分号隔开，若上一个变量未以英文格式的分号结尾，则应先添加分号再添加“C:\MinGW64\bin;”。

图 3-11　C++编译环境配置步骤 3

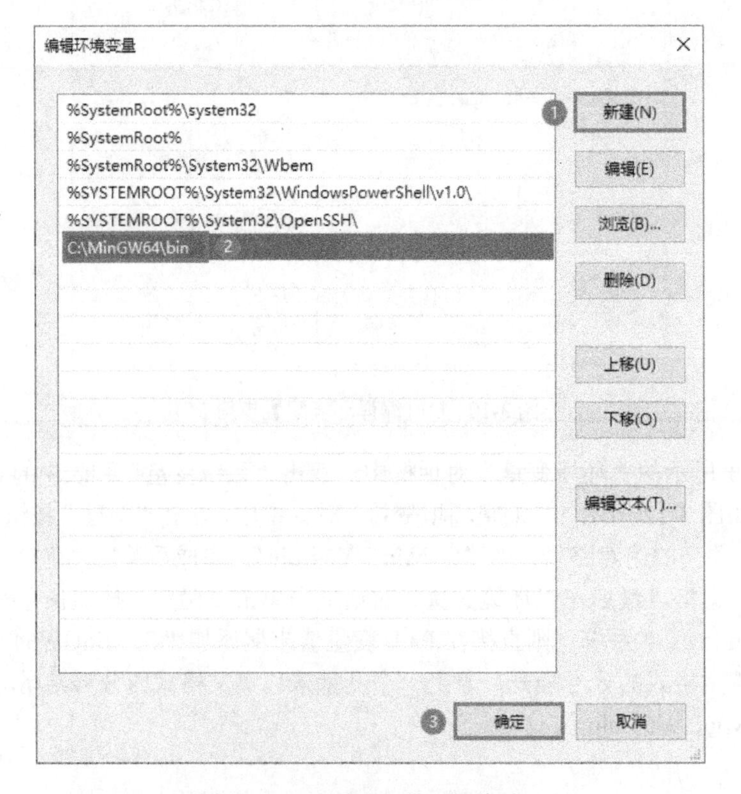

图 3-12　C++编译环境配置步骤 4

通过 Notepad++软件，在“D:\MFCProject\CPP01.HelloWorld”文件夹中新建一个文件 HelloWorld.cpp，输入如图 3-13 所示的代码，代码的作用类似于 C 语言在 main()函数中通过 printf 语句打印字符串。最后，按 F6 键编译和执行 C++文件，在弹出的“Execute”对话框中，选择图 3-8 中保存的脚本，单击“OK”按钮。执行结果可以从“Console”窗口中看到，如图 3-13 所示，即打印出了“Hello World!”。

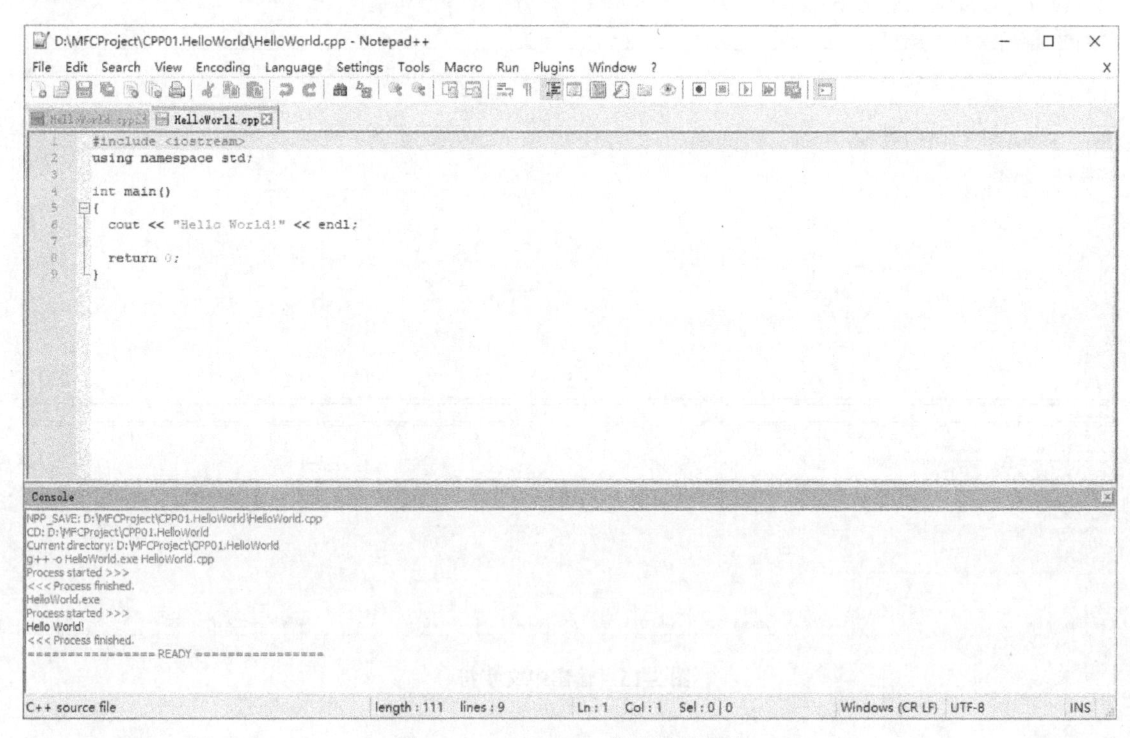

图 3-13　HelloWorld 实验运行结果

这时软件还不能正常识别中文字符，输出中文字符时会显示乱码，执行菜单命令“Settings”→“Preferences”，然后选择“New Document”选项，在“Encoding”选区选中“ANSI”单选按钮，最后单击“Close”按钮，如图 3-14 所示，这样以后新建的工程都能够正常识别中文字符了。

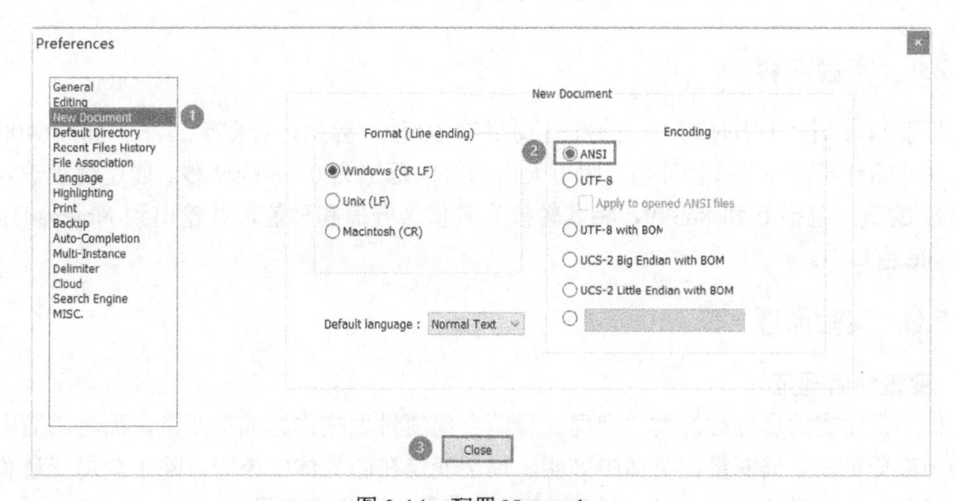

图 3-14　配置 Notepad++

执行菜单命令“Encoding”→“ANSI”，同样将 HelloWorld.cpp 工程的编码格式改为 ANSI，将输出改为中文字符的“你好！”，再次编译，即可看到软件正常输出中文字符，如图 3-15 所示。

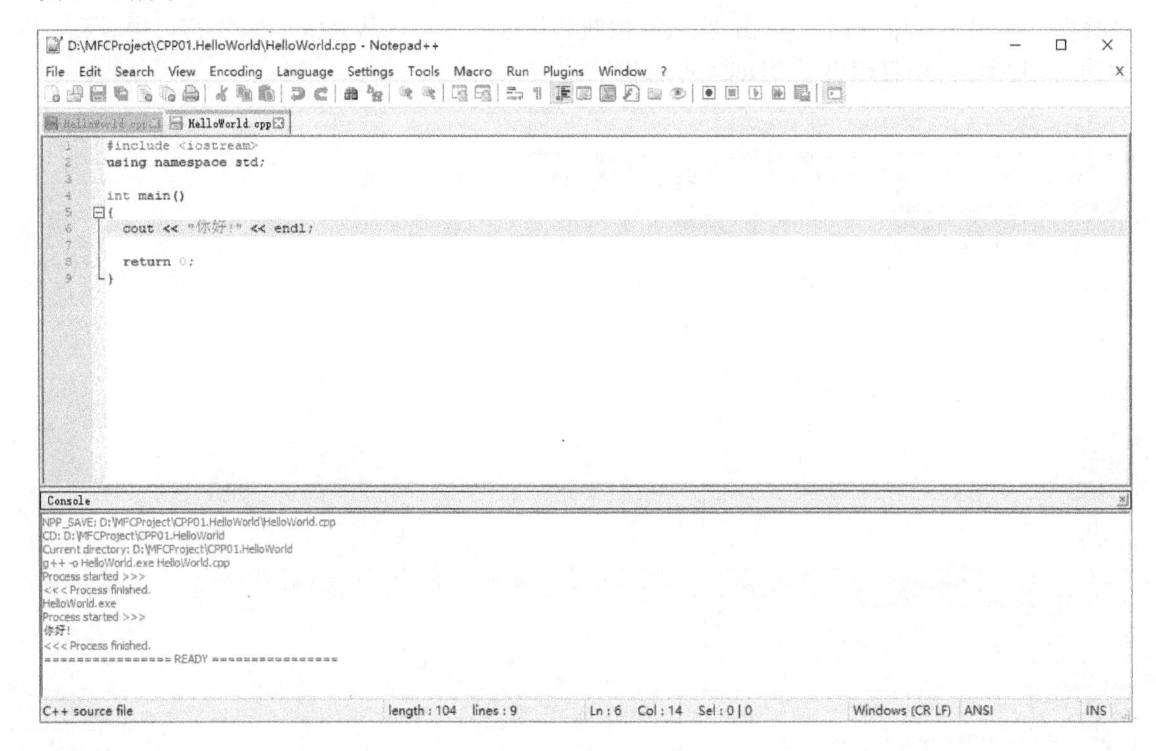

图 3-15　输出中文字符

3.1.4　本节任务

基于 Notepad++软件，新建一个 IntroduceMyself.cpp 文件，编写程序，实现将自己的姓名、性别、学号和兴趣打印输出。

3.2　简单的秒值-时间值转换实验

3.2.1　实验内容

1 天有 24 小时、1 小时有 60 分钟，1 分钟有 60 秒，因此，1 天有 24×60×60=86400 秒，如果从 0 开始计算，每天按秒计数，则 1 天内的时间范围为 0～86399 秒。通过键盘输入一个 0～86399 的值，包括 0 和 86399，将其转换为时值、分值和秒值，并输出到 Notepad++软件的 Console 窗口中。

3.2.2　实验原理

1. 变量命名规范

人们通常将类的属性称为类的全局变量，全局变量也被称为成员变量，而将函数中的属性称为局部变量。全局变量在类体中声明，局部变量在函数体中声明，除了全局变量和局部变量，还有一种在类体中以 static 关键字声明的变量，即静态变量。

（1）全局变量命名采用 m 字母开头，后续单词首字母大写，其余字母小写的格式，如 mECGWave、mHeartRate。

（2）局部变量命名采用第一个单词首字母小写，后续单词首字母大写，其余字母小写的格式，如 timerStatus、tickVal、restTime。

（3）静态变量命名采用 s 字母开头，后续单词首字母大写，其余字母小写的格式，如 sMaxVal、sScreenResolution。

注意，在 C++语言中声明一个常量使用 const 关键字，常量命名采用所有字母大写，不同单词之间用下画线隔开的格式，如 TIME_VAL_HOUR、MAX_VALUE。

2. 标准输出流（cout）

cout 是 iostream 类的一个实例，与流插入运算符“<<”结合使用，在语句末尾通过 endl 换行，如下所示：

```
cout << "字符串" << 变量 << endl;
```

例如，执行以下语句：

```
int currNum = 12;
cout << "Current num is " << currNum << "." << endl;
```

会打印出如下信息：

```
Current num is 12.
```

3. 标准输入流（cin）

cin 是 iostream 类的一个实例，与流提取运算符“>>”结合使用，如下所示：

```
int currNum;
cout << "请输入数字：";
cin >> currNum;
```

4. 标识符与关键字

标识符为有效字符序列，用于标识类名、对象名、变量名、常量名、函数名、数组名和文件名等，标识符可以有一个或多个字符，构成规则如下。

（1）标识符由数字（0～9）、字母（A～Z 和 a～z）、美元符号（$）、下画线（_）及 Unicode 字符集中所有大于 0xC0 的符号组合构成（各符号之间没有空格），C++标识符内不允许出现标点字符，如@、&或%。

（2）标识符的第一个符号为字母、下画线或美元符号，后面可以是任意字母、数字、美元符号或下画线。

标识符分为两类：关键字和用户自定义标识符。关键字是有特殊含义的标识符，如 if、else、true、false 等。关键字是对编译器有特殊意义的固定单词，因此不可以把关键字作为标识符来使用。C++语言的关键字如表 3-1 所示。

表 3-1　C++语言的关键字

关 键 字 名
asm、else、new、this、auto、enum、operator、throw、bool、explicit、private、true、break、export、protected、try、case、extern、public、typedef、catch、false、register、typeid、char、float、reinterpret_cast、typename、class、for、return、union、const、friend、short、unsigned、const_cast、goto、signed、using、continue、if、sizeof、virtual、default、inline、static、void、delete、int、static_cast、volatile、do、long struct、wchar_t、double、mutable、switch、while、dynamic_cast、namespace、template

5. 数据类型

表 3-2 列举了各种数据类型在内存中存储时需要占用的存储空间，以及该数据类型的存储范围。

表 3-2　C++数据类型

类　型	存储空间	存储范围
char	1 字节	-2^7～（2^7-1）或 0～（2^8-1）
unsigned char	1 字节	0～（2^8-1）
signed char	1 字节	-2^7～（2^7-1）
int	4 字节	-2^{31}～（$2^{31}-1$）
unsigned int	4 字节	0～（$2^{32}-1$）
signed int	4 字节	-2^{31}～（$2^{31}-1$）
short int	2 字节	-2^{15}～（$2^{15}-1$）
unsigned short int	2 字节	0～（$2^{16}-1$）
signed short int	2 字节	-2^{15}～（$2^{15}-1$）
long int	8 字节	-2^{63}～（$2^{63}-1$）
signed long int	8 字节	-2^{63}～（$2^{63}-1$）
unsigned long int	8 字节	0～（$2^{64}-1$）
float	4 字节	-2^{128}～（$2^{128}-1$）
double	8 字节	-2^{1024}～（$2^{1024}-1$）
long double	16 字节	-2^{16384}～（$2^{16384}-1$）
wchar_t	2 字节或 4 字节	1 个宽字符

6. 运算符

C++语言中的运算符可以分为 6 类，分别是算术运算符、比较运算符、逻辑运算符、位运算符、赋值运算符和杂项运算符。下面依次介绍这些运算符。

（1）算术运算符。

算术运算符分为单目运算符和双目运算符。其中，单目运算符包括“++”和“--”，双目运算符包括“+”“-”“*”“/”“%”，算术运算符如表 3-3 所示。

表 3-3　算术运算符

运算符	格　式	说　明
+	A + B	加法，求运算符两侧的数相加的值
-	A - B	减法，左操作数减去右操作数
*	A * B	乘法，操作符两侧的数相乘的值
/	A / B	除法，求左操作数除以右操作数的商
%	A % B	取余，求左操作数除以右操作数的余数
++	A++或++A	自增，操作数的值增加 1
--	A--或--A	自减，操作数的值减少 1

（2）比较运算符。

比较运算符用来比较两个操作数，因此，比较运算符属于双目运算符，比较运算的结果是一个布尔型值，比较运算符如表 3-4 所示。

表 3-4　比较运算符

运 算 符	格　式	说　明
>	A>B	大于，比较左操作数是否大于右操作数，结果为 true 或 false
<	A<B	小于，比较左操作数是否小于右操作数，结果为 true 或 false
==	A==B	等于，比较左操作数是否等于右操作数，结果为 true 或 false
>=	A>=B	大于或等于，比较左操作数是否大于或等于右操作数，结果为 true 或 false
<=	A<=B	小于或等于，比较左操作数是否小于或等于右操作数，结果为 true 或 false
!=	A!=B	不等于，比较左操作数是否不等于右操作数，结果为 true 或 false

（3）逻辑运算符。

逻辑运算符分为单目运算符和双目运算符。其中，单目运算符只有“!”，双目运算符包括“&&”和“||”，逻辑运算符如表 3-5 所示。

表 3-5　逻辑运算符

运 算 符	格　式	说　明
&&	A&&B	逻辑与，当且仅当两个操作数都为真时，结果才为真
||	A||B	逻辑或，两个操作数中任一个为真，结果为真
!	!A	逻辑非，用于反转操作数的逻辑状态，如果操作数为 true，则结果为 false

（4）位运算符。

位运算符主要针对二进制数据，包括“位与”“位或”“位异或”“位非”“左移”“右移”，位运算符如表 3-6 所示。

表 3-6　位运算符

运 算 符	格　式	说　明
&	A&B	位与，将两个操作数转换为二进制数，然后从高位开始按位进行与操作
|	A|B	位或，将两个操作数转换为二进制数，然后从高位开始按位进行或操作
^	A^B	位异或，将两个操作数转换为二进制数，然后从高位开始按位进行异或操作
~	~A	位非，将操作数转换为二进制数，然后从高位开始按位取反
<<	A<<n	左移，将左操作数在内存中的二进制数左移右操作数指定的位数，左边移空的位填 0
>>	A>>n	右移，将左操作数在内存中的二进制数右移右操作数指定的位数，如果最高位是 0，则左边移空的位填 0，如果最高位是 1，则左边移空的位填 1

（5）赋值运算符。

赋值运算符以符号“=”表示，属于双目运算符，如表 3-7 所示。

表 3-7　赋值运算符

运 算 符	格　式	说　明
=	C=A+B	简单的赋值运算符，把右操作数的值赋给左操作数

续表

运　算　符	格　　式	说　　明
+=	C += A	加且赋值运算符，把右操作数加上左操作数的结果赋值给左操作数
-=	C -= A	减且赋值运算符，把左操作数减去右操作数的结果赋值给左操作数
*=	C *= A	乘且赋值运算符，把左操作数乘以右操作数的结果赋值给左操作数
/=	C /= A	除且赋值运算符，把左操作数除以右操作数的结果赋值给左操作数
%=	C %= A	求模且赋值运算符，求两个操作数的模赋值给左操作数
<<=	C <<= 2	左移且赋值运算符
>>=	C >>= 2	右移且赋值运算符
&=	C &= 2	按位与且赋值运算符
^=	C ^= 2	按位异或且赋值运算符
|=	C |= 2	按位或且赋值运算符

（6）杂项运算符。

C++语言支持的一些其他重要的运算符（杂项运算符）如表 3-8 所示。

表 3-8　杂项运算符

运　算　符	说　　明
sizeof	返回变量的大小，如 sizeof(a)将返回 4，其中 a 为整数
Condition ? X : Y	条件运算符，如果 Condition 为真，则值为 X，否则为 Y
,	逗号运算符，顺序执行一系列运算
.（点）和 ->（箭头）	成员运算符，用于引用类、结构和共用体的成员
Cast	强制转换运算符，把一种类型数据转换为另一种类型数据，如 int(2.2000)将返回 2
&	指针运算符&返回变量的地址，如&a 给出变量 a 的实际地址
*	指针运算符*指向一个变量，如*var 表示指向变量 var

不同类型的运算符与同类型的运算符一样有优先级顺序。一个表达式中可以有同类型的运算符和不同类型的运算符。当多种运算符出现在同一个表达式中时，应该先按照不同类型运算符间的优先级进行运算。运算符优先级由高到低的顺序是：算数运算符、比较运算符、逻辑运算符、赋值运算符。如果两个运算符有相同的优先级，那么左边的表达式要比右边的表达式先被处理。可以用括号改变优先级顺序，使得括号内的运算优先于括号外的运算，对于多重括号，总是由内到外强制表达式的某些部分优先运算，括号内的运算总是最优先的。

C++语言中运算符的优先级共分为 16 级，其中 1 级最高，16 级最低，表 3-9 中列出了所有运算符的优先级。

表 3-9　运算符的优先级

优　先　级	运　算　符	描　　述
1	()、[]、->、.	括号、箭头、点
2	++、--、(type)*、sizeof	自增、自减、类型、变量大小
3	*、/、%	乘、除、取余

续表

优先级	运算符	描述
4	+、-	加、减
5	>>、<<	右移、左移
6	>、<、>=、<=	比较运算符
7	==、!=	等于、不等于
8	&	位与
9	^	位异或
10	|	位或
11	!	逻辑非
12	&&	逻辑与
13	||	逻辑或
14	?:	条件运算符
15	=、+=、-=、*=、/=、%=、>>=、<<=、&=、^=、|=	赋值运算符
16	,	逗号

3.2.3 实验步骤

基于 Notepad++软件，新建一个 ConvertTime.cpp 文件，将其保存至“D:\MFCProject\ CPP02.简单的秒值-时间值转换实验”文件夹中，然后将程序清单 3-1 中的代码输入 ConvertTime.cpp 文件。下面按照顺序对部分语句进行解释。

（1）第 1 行代码：包含头文件<iostream>。

（2）第 2 行代码：使用 std 命名空间。

（3）第 6 至 10 行代码：在 main()函数中定义 4 个局部变量，tick 用于保存时间值对应的秒值，hour、min 和 sec 分别用于保存时值、分值和秒值。

（4）第 12 至 13 行代码：通过 cout 打印提示信息，提示用户输入一个 0～86399 的值，然后，通过 cin 获取键盘输入的内容。

（5）第 15 至 17 行代码：将 tick 依次转换为时值、分值和秒值。

（6）第 19 至 20 行代码：通过 cout 打印转换之后的时间结果，格式为“时-分-秒”。

程序清单 3-1

```
1.   #include <iostream>
2.   using namespace std;
3.
4.   int main()
5.   {
6.       int tick = 0;    //0~86399
7.
8.       int hour; //时值
9.       int min;  //分值
10.      int sec;  //秒值
11.
12.       cout << "Please input a tick between 0~86399" << endl;
13.       cin  >> tick;
```

```
14.
15.     hour = tick / 3600;          //tick 对 3600 取模赋值给 hour
16.     min  = (tick % 3600) / 60;  //tick 对 3600 取余后再对 60 取模赋值给 min
17.     sec  = (tick % 3600) % 60;  //tick 对 3600 取余后再对 60 取余赋值给 sec
18.
19.     //打印转换之后的时间结果
20.     cout << "Current time : " << hour << "-" << min << "-" << sec << endl;
21.
22.     return 0;
23. }
```

最后，按 F6 键编译和执行 C++文件，在 Notepad++的 Console 窗口中，输入 80000 后回车，可以看到运行结果，即输出“Current time : 22-13-20”，说明实验成功。Console 窗口中的输出信息如下所示：

```
NPP_SAVE: D:\MFCProject\CPP02.简单的秒值-时间值转换实验\ConvertTime.cpp
CD: D:\MFCProject\CPP02.简单的秒值-时间值转换实验
Current directory: D:\MFCProject\CPP02.简单的秒值-时间值转换实验
g++ -o ConvertTime.exe ConvertTime.cpp
Process started >>>
<<< Process finished.
ConvertTime.exe
Process started >>>
Please input a tick between 0~86399
80000
Current time : 22-13-20
<<< Process finished.
================ READY ================
```

3.2.4　本节任务

2020 年有 366 天，将 2020 年 1 月 1 日作为计数起点，即计数 1，2020 年 12 月 31 日作为计数终点，即计数 366。计数 1 代表“2020 年 1 月 1 日-星期三”，计数 10 代表“2020 年 1 月 10 日-星期五”。参考本节实验，通过键盘输入一个 1～366 的值，包括 1 和 366，将其转换为年、月、日、星期，并输出转换结果。

3.3　基于数组的秒值-时间值转换实验

3.3.1　实验内容

通过键盘输入一个 0～86399 的值，包括 0 和 86399，将其转换为时值、分值和秒值，时值、分值和秒值为数组 arrTimeVal 的元素，即 arrTimeVal[2]为时值、arrTimeVal[1]为分值、arrTimeVal[0]为秒值，并且输出转换结果。

3.3.2　实验原理

1. 创建一维数组

数组是相同类型数据的有序集合，数组描述的是具有相同类型的若干个数据，按照一定的次序排列组合。其中，每一个数据称为一个元素，每个元素可以通过一个索引（下标）访问。数组有 3 个基本特点：①长度确定，因为数组一旦被创建，它的元素个数就不可改变；②各元素类型必须相同，不允许出现混合类型；③数组类型可以是任何数据类型，包括基本类型和引用类型。数组变量属于引用类型，数组也可以看成对象，数组中的每个元素相当于该对象的成员变量。可根据数组的维数将数组分为一维数组、二维数组等，这里只介绍一维数组。

一维数组的创建有两种方式。第一种方式是直接声明，数组大小必须为常量。例如：

```
int arr[4]; //声明一个 int 型数组，包含 4 个数组元素
```

一维数组的第二种创建方式是使用 new 运算符生成无名动态数组，需要使用指针，其中数组大小可以是常量或变量，但都必须事先给定，可以通过键盘输入。例如：

```
int num;
cout << "输入 num 的值：" << endl;
cin >> num;

int* arr1 = new int[4];      //数组大小为常量
int* arr2 = new int[num];    //数组大小为变量
```

2. 数组赋值

数组可以在定义时就进行初始化赋值。例如：

```
int arr1[] = {1, 2, 3, 4};
int arr2[4] = {1, 2, 3, 4};
```

也可以先定义数组，再赋值。例如：

```
int arr1[4] ;
int* arr2 = new int[4];

arr1 [4] = {1, 2, 3, 4};
for(int i = 0; i < 4; i++)
{
    *(arr1 + i) = i + 1;
}
```

3.3.3 实验步骤

基于 Notepad++软件，新建一个 ConvertTime.cpp 文件，将其保存至"D:\MFCProject\ CPP03.基于数组的秒值-时间值转换实验"文件夹中，然后将程序清单 3-2 中的代码输入 ConvertTime.cpp 文件。下面按照顺序对部分语句进行解释。

（1）第 8 行代码：声明一个 int 型数组，数组名为 arrTimeVal，并分配内存空间，可以存放 3 个 int 型数组元素。

（2）第 13 至 15 行代码：通过 tick 计算时值、分值、秒值，分别赋值给 arrTimeVal[2]、arrTimeVal[1]、arrTimeVal[0]。

（3）第 17 至 18 行代码：通过 cout 打印转换之后的时间结果，格式为"时-分-秒"。

程序清单 3-2

```
1.   #include <iostream>
2.   using namespace std;
3.
```

```
4.  int main()
5.  {
6.      int tick = 0;   //0~86399
7.
8.      int arrTimeVal[3];
9.
10.     cout << "Please input a tick between 0~86399" << endl;
11.     cin  >> tick;
12.
13.     arrTimeVal[2] =  tick / 3600;      //tick对3600取模赋值给arrTimeVal[2]，即时值
14.     arrTimeVal[1] = (tick % 3600) / 60; //tick对3600取余后再对60取模赋值给arrTimeVal[1]，
即分值
15.     arrTimeVal[0] = (tick % 3600) % 60; //tick对3600取余后再对60取余赋值给arrTimeVal[0]，
即秒值
16.
17.     //打印转换之后的时间结果
18.     cout << "Current time : " << arrTimeVal[2] << "-" << arrTimeVal[1] << "-" << arrTimeVal[0]
<< endl;
19.
20.     return 0;
21. }
```

最后，按 F6 键编译和执行 C++文件，在 Notepad++的 Console 窗口中，输入 80000 后回车，可以看到运行结果，即输出“Current time : 22-13-20”，说明实验成功。

3.3.4　本节任务

参考本节实验，基于数组，重做 3.2.4 节任务。

3.4　基于函数的秒值-时间值转换实验

3.4.1　实验内容

通过键盘输入一个 0～86399 的值，包括 0 和 86399，用 CalcHour()函数计算时值，用 CalcMin()函数计算分值，用 CalcSec()函数计算秒值，在主函数中通过调用上述 3 个函数实现秒值-时间值的转换，并输出转换结果。

3.4.2　实验原理

1．函数

函数是指一组执行任务的语句。每个 C++程序至少有一个函数，即 main() 函数，所有简单的程序都可以定义其他函数，在遇到函数可以解决的类似问题时，可以直接调用函数进行处理，减少代码量。

如何将代码划分到不同的函数中可自行定义，通常根据每个函数执行的特定任务来进行划分。

函数声明告诉编译器函数的名称、返回值类型和参数；函数定义提供了函数的实际主体。

C++标准库提供了大量的内置函数，可以被程序调用，如 strcat()函数用来连接两个字符串，memcpy()函数用来复制内存到另一个位置。

函数有很多种叫法，如方法、子例程或程序等。

2. 函数定义的语法格式

函数定义的语法格式如下：

```
修饰符 返回值类型 函数名(参数类型 参数名 1, 参数类型 参数名 2, …)
{
    函数体
    return 返回值;
}
```

其中，修饰符是可选的，用于定义该函数的访问类型，如 virtual、static。返回值类型是函数返回值的数据类型，如 int、float，有些函数只执行所需的操作，但没有返回值，这种情况下返回值类型是 void。函数名是函数的实际名称，函数命名时，首字母大写，后续单词的首字母大写，其余字母小写，如 CalcHeartRate、PlayWave。参数列表是带有数据类型的变量名列表，称为形参，参数之间用逗号隔开，若函数没有参数，则参数列表可以为 void 或空。函数体包含具体的语句，用于实现该函数的功能。关键字 return 包含两层含义，一是宣布该函数结束，二是将计算结果返回，如果返回值类型为 void，就不需要 return 语句。

3.4.3　实验步骤

基于 Notepad++软件，新建一个 ConvertTime.cpp 文件，将其保存至"D:\MFCProject\ CPP04.基于函数的秒值-时间值转换实验"文件夹中，然后将程序清单 3-3 中的代码输入 ConvertTime.cpp 文件。下面按照顺序对部分语句进行解释。

（1）第 4 至 23 行代码：在 ConvertTime 类中定义计算时值的 CalcHour()函数、计算分值的 CalcMin()函数和计算秒值的 CalcSec()函数。

（2）第 36 至 38 行代码：调用 CalcHour()、CalcMin()、CalcSec()函数分别计算时值、分值和秒值。

程序清单 3-3

```
1.  #include <iostream>
2.  using namespace std;
3.  
4.  int CalcHour(int tick)
5.  {
6.       int hour;
7.       hour = tick / 3600;          //tick 对 3600 取模赋值给 hour
8.       return(hour);
9.  }
10. 
11. int CalcMin(int tick)
12. {
13.     int min;
14.     min = (tick % 3600) / 60; //tick 对 3600 取余后再对 60 取模赋值给 min
15.     return(min);
16. }
17. 
18. int CalcSec(int tick)
19. {
20.     int sec;
```

```
21.     sec = (tick % 3600) % 60; //tick 对 3600 取余后再对 60 取余赋值给 sec
22.     return(sec);
23. }
24.
25. int main()
26. {
27.      int tick = 0;    //0~86399
28.
29.     int hour; //时值
30.     int min;  //分值
31.     int sec;  //秒值
32.
33.      cout << "Please input a tick between 0~86399" << endl;
34.      cin  >> tick;
35.
36.     hour = CalcHour(tick);  //计算时值
37.     min  = CalcMin(tick);   //计算分值
38.     sec  = CalcSec(tick);   //计算秒值
39.
40.      //打印转换之后的时间结果
41.      cout << "Current time : " << hour << "-" << min << "-" << sec << endl;
42.
43.      return 0;
44. }
```

最后，按 F6 键编译和执行 C++文件，在 Notepad++的 Console 窗口中，输入 80000 后回车，可以看到运行结果，即输出“Current time : 22-13-20”，说明实验成功。

3.4.4　本节任务

参考本节实验，基于函数，重做 3.2.4 节任务。

3.5　基于枚举的秒值-时间值转换实验

3.5.1　实验内容

通过键盘输入一个 0～86399 的值，包括 0 和 86399，使用 CalcTimeVal()函数计算时间值（包括时值、分值和秒值），通过枚举区分具体是哪一种时间值，返回值表示是否计算成功，在 main()函数中通过调用 CalcTimeVal()函数实现秒值-时间值的转换，最后输出转换结果。

3.5.2　实验原理

1. 枚举类型

常量可以通过 const 和 static 关键字在类或接口中定义，这样在程序中就可以直接使用常量了，并且该常量不能被修改，如下所示：

```
static const int TIME_VAL_HOUR = 0x01;
static const int TIME_VAL_MIN  = 0x02;
static const int TIME_VAL_SEC = 0x03;
```

如果一个变量只有几种可能的值，则可以将其定义为枚举类型。枚举就是把可能的值一一列举出来，变量的值在列举出来的值的范围内。而且，枚举类型提供了参数类型检测功能，如枚举类型作为某函数的形参类型时，调用该函数时只接受枚举类型的常量作为参数。使用枚举类型定义常量的示例代码如下：

```
enum EnumTimeVal
{
    TIME_VAL_HOUR,
    TIME_VAL_MIN,
    TIME_VAL_SEC,
    TIME_VAL_MAX
};
```

其中，enum 是定义枚举类型关键字，当需要在类中使用该类型常量时，可以使用 EnumTimeVal.TIME_VAL_HOUR 来表示。注意，在 switch…case…语句中使用枚举常量时，不需要枚举类型，直接使用 TIME_VAL_HOUR 即可。

2. switch…case…语句

switch…case…语句用于判断一个表达式的值与一系列值中的某个值是否相等，每个值称为一个分支，switch…case…语句的语法格式如下：

```
switch(表达式)
{
   case 常量值 1:
      语句块 1
      [break;]
   …
   case 常量值 n:
       语句块 n
       [break;]
    default :
       语句块 n+1
       [break;]
}
```

switch 语句中表达式的值必须是整型、字符型或字符串类型的，同样地，case 常量值也必须是整型、字符型或字符串类型的，而且表达式的值必须与 case 常量值的数据类型相同。switch…case…语句遵照以下规则执行。

（1）当表达式的值与 case 常量值相等时，执行 case 语句后面的语句块，直到遇到 break 语句为止。

（2）当遇到 break 语句时，switch…case…语句终止执行，程序跳转到 switch…case…语句后面的语句执行。

（3）case 语句并不一定都要包含 break 语句，如果没有 break 语句，程序会继续执行下一条 case 语句，直到出现 break 语句为止。

（4）switch 语句可以包含一个 default 分支，该分支通常是 switch 语句的最后一个分支（可以在任何位置，但建议在最后一个位置），default 分支在没有 case 常量值和表达式值相等的情况下执行，default 分支可以没有 break 语句。

3.5.3 实验步骤

基于 Notepad++软件，新建一个 ConvertTime.cpp 文件，将其保存至"D:\MFCProject\ CPP05.基于枚举的秒值-时间值转换实验"文件夹中，然后将程序清单 3-4 中的代码输入 ConvertTime.cpp 文件。下面按照顺序对部分语句进行解释。

（1）第 4 至 10 行代码：定义一个名称为 EnumTimeVal 的枚举类型，然后，使用该枚举类型定义 4 个常量，分别为 TIME_VAL_HOUR、TIME_VAL_MIN、TIME_VAL_SEC 和 TIME_VAL_MAX。

（2）第 12 至 31 行代码：基于枚举和 switch…case…语句，计算时值、分值和秒值，这里的枚举常量不需要枚举类型前缀。

（3）第 44 至 46 行代码：通过调用 CalcTimeVal()函数计算时值、分值和秒值，类型通过枚举常量区分，这里的枚举常量必须带有枚举类型前缀。

程序清单 3-4

```
1.  #include <iostream>
2.  using namespace std;
3.  
4.  enum EnumTimeVal
5.  {
6.      TIME_VAL_HOUR,
7.      TIME_VAL_MIN,
8.      TIME_VAL_SEC,
9.      TIME_VAL_MAX
10. };
11. 
12. int CalcTimeVal(int tick, EnumTimeVal type)
13. {
14.     int TimeVal = 0;
15. 
16.     switch(type)
17.     {
18.         case TIME_VAL_HOUR:
19.             TimeVal = tick / 3600;
20.             break;
21.         case TIME_VAL_MIN:
22.             TimeVal = (tick % 3600) / 60;
23.             break;
24.         case TIME_VAL_SEC:
25.             TimeVal = (tick % 3600) % 60;
26.         default:
27.             break;
28.     }
29. 
30.     return TimeVal;
31. }
32. 
33. int main()
34. {
35.     int tick = 0;   //0~86399
```

```
36.
37.     int hour; //时值
38.     int min;  //分值
39.     int sec;  //秒值
40.
41.     cout << "Please input a tick between 0~86399" << endl;
42.     cin  >> tick;
43.
44.     hour = CalcTimeVal(tick, TIME_VAL_HOUR);
45.     min  = CalcTimeVal(tick, TIME_VAL_MIN);
46.     sec  = CalcTimeVal(tick, TIME_VAL_SEC);
47.
48.     //打印转换之后的时间结果
49.     cout << "Current time : " << hour << "-" << min << "-" << sec << endl;
50.
51.     return 0;
52. }
```

最后，按 F6 键编译和执行 C++文件，在 Notepad++的 Console 窗口中，输入 80000 后回车，可以看到运行结果，即输出“Current time : 22-13-20”，说明实验成功。

3.5.4 本节任务

参考本节实验，基于枚举，重做 3.2.4 节任务。

3.6 基于指针的秒值-时间值转换实验

3.6.1 实验内容

通过键盘输入一个 0～86399 的值，包括 0 和 86399，将其转换为时值、分值和秒值，并且将时值、分值和秒值分别存放在指针 p 的(p+2)地址、(p+1)地址和(p+0)地址，最后输出转换结果。

3.6.2 实验原理

1. 指针的含义

指针是一个变量，它的值为另一个变量的地址，即内存位置的直接地址。在使用指针存储其他变量的地址前，首先要对指针进行声明，如下所示：

```
int* ip;        //一个整型的指针
double* dp;     //一个 double 型的指针
float* fp;      //一个浮点型的指针
char* chp;      //一个字符型的指针
```

所有指针的值无论实际数据类型是整型、浮点型、字符型，还是其他数据类型，都是一个代表内存地址的十六进制数。不同数据类型的指针之间唯一不同的是指针所指向的变量或常量的数据类型不同。

2. NULL 指针

NULL 指针是一个定义在标准库中的值为 0 的常量，赋为 NULL 值的指针被称为空指针。

在大多数的操作系统上，程序不允许访问地址为 0 的内存，因为该内存是操作系统保留的。内存地址 0 有特别重要的意义，它表明该指针不指向一个可访问的内存位置。

很多时候未初始化的变量存有一些垃圾值，导致程序难以调试。在声明指针时如果没有确切的地址可以赋值，则可以为指针变量赋一个 NULL 值。若为所有未使用的指针赋 NULL 值，同时在使用指针前对指针进行判空处理，就可以防止误用一个未初始化的指针。

3. 释放内存

当需要一个动态分配的变量时，必须向系统申请获取相应的内存来存储该变量。当该变量使用结束时，需要显式释放它所占用的内存，从而系统可以回收该内存，以防止内存泄漏，同时可以对该内存进行再次分配，做到重复利用。

释放内存主要有两种方式：delete 和 free。一般通过 new 分配的内存需要配套使用 delete 来释放内存；通过 malloc 分配的内存需要配套使用 free 来释放内存。注意，使用 malloc 时需要包含头文件 stdlib.h。

delete 和 free 只是释放了指针指向的内存，指针本身未被释放，即指针指向的地址不变。内存释放并不意味着把指针指向地址存储的值赋为 0，内存被释放的指针此时存储的是一些垃圾值，这时候的指针未被赋值，就是通常所说的“野指针”。

指针仍指向已经被释放的内存会很危险，因为该内存可能已经被系统回收并重新分配给其他变量，这时在编程过程中稍有不慎，会误以为指针仍然合法而对该指针进行赋值，这会导致该内存中存放的变量值被覆盖，下面举例说明。

```
1.  #include <iostream>
2.  using namespace std;
3.
4.  int main()
5.  {
6.      int* p = new int; //声明一个指针变量 p，分配一个 int 类型的内存
7.      *p = 99; //将 99 赋值给 p 的地址
8.
9.      cout << "打印指针 p 指向的地址："<< p << endl;
10.     cout << "打印赋值为 99 后指针 p 存放的值："<< *p << endl;
11.
12.     delete p; //释放指针 p 的内存
13.
14.     cout << "打印指针 p 释放内存后存放的值："<< *p << endl;
15.
16.     int* k = new int; //声明一个指针变量 k，分配一个 int 类型的内存
17.     *k = 100; //将 100 赋值给 k 的地址
18.
19.     cout << "打印指针 p 释放内存后指向的地址："<< p << endl;
20.     cout << "打印指针 k 指向的地址："<< k << endl;
21.
22.     *p = 88; //将 88 赋值给 p 的地址
23.
24.     cout << "将 88 赋给 p 的地址后，指针 p 存放的值："<< *p << endl;
25.     cout << "将 88 赋给 p 的地址后，指针 k 存放的值："<< *k << endl;
26.
27.     delete k; //释放指针 k 的内存
28.
```

```
29.     return 0;
30. }
```

输出结果如下：

```
Process started >>>
打印指针 p 指向的地址：0x1f1100
打印赋值为 99 后指针 p 存放的值：99
打印指针 p 释放内存后存放的值：2064824
打印指针 p 释放内存后指向的地址：0x1f1100
打印指针 k 指向的地址：0x1f1100
将 88 赋给 p 的地址后，指针 p 存放的值：88
将 88 赋给 p 的地址后，指针 k 存放的值：88
<<< Process finished.
================ READY ================
```

从输出结果可以看出，指针 p 被释放内存后存放的值不为 0，而是一个垃圾值，并且指针指向的地址未变；指针 p 被释放内存后系统回收了该内存并赋给了新建的指针 k。这时指针 k 与指针 p 指向的地址相同，导致后面在误用指针 p，对指针 p 指向的地址赋值 88 时，覆盖了原先对指针 k 指向地址赋的值 100，从而导致数据不准确，所以在执行释放内存操作后，应该及时将指针指向 NULL 地址。

3.6.3　实验步骤

基于 Notepad++软件，新建一个 ConvertTime.cpp 文件，将其保存至"D:\MFCProject\ CPP06.基于指针的秒值-时间值转换实验"文件夹中，然后，将程序清单 3-5 中的代码输入 ConvertTime.cpp 文件。下面按照顺序对部分语句进行解释。

（1）第 8 行代码：声明一个指针变量 p，动态分配 3 个 int 类型内存，同时将内存空间初值全赋为 0。

（2） 第 15 至 17 行代码：通过 tick 计算时值、分值和秒值，并且分别赋值给*(p + 2)、*(p + 1)和*(p + 0)。

（3）第 23 至 24 行代码：通过 delete 释放内存，然后将指针指向 NULL。

程序清单 3-5

```
1.  #include <iostream>
2.  using namespace std;
3.
4.  int main()
5.  {
6.      int tick = 0;   //0~86399
7.
8.      int* p = new int[3]();  //动态分配 3 个 int 类型内存，同时将内存空间初值全赋为 0
9.
10.     cout << "Please input a tick between 0~86399" << endl;
11.     cin  >> tick;
12.
13.     if(NULL != p)  //对指针 p 判空
14.     {
15.         *(p + 2) =  tick / 3600;        //tick 对 3600 取模赋值给*(p + 2)，即时值
16.         *(p + 1) = (tick % 3600) / 60; //tick 对 3600 取余后再对 60 取模赋值给*(p + 1)，即
分值
```

```
17.         *(p + 0) = (tick % 3600) % 60; //tick 对 3600 取余后再对 60 取余赋值给*(p + 0)，即秒值
18.
19.         //打印转换之后的时间结果
20.         cout << "Current time : " << *(p + 2) << "-" << *(p + 1) << "-" << *(p + 0) << endl;
21.     }
22.
23.     delete p; //释放内存，指示系统随时可回收内存，指针指向地址不变
24.     p = NULL; //指针指向 0 地址，即置空
25.
26.     return 0;
27. }
```

最后，按 F6 键编译和执行 C++文件，在 Notepad++的 Console 窗口中，输入 80000 后回车，可以看到运行结果，即输出“Current time : 22-13-20”，说明实验成功。

3.6.4 本节任务

参考本节实验，基于指针，重做 3.2.4 节任务。

3.7 基于引用的秒值-时间值转换实验

3.7.1 实验内容

通过键盘输入一个 0～86399 的值，包括 0 和 86399，声明时值和分值的引用，操作引用别名获取转换的时值和分值；定义一个转换秒值的函数，将引用作为形参，然后调用该函数获取转换的秒值，最后输出转换结果。

3.7.2 实验原理

1. 引用的含义

引用是指对某个已存在的变量重新定义一个名字，一旦把引用初始化为某个变量，就可以使用该引用名称或变量名称来指向变量。它只表示该引用名是目标变量名的一个别名，而本身不是一种数据类型，因此引用不占存储单元。

2. 引用与指针的异同

（1）引用是别名，指针是实体。

（2）引用必须连接到一块合法的内存，不存在空引用，指针存在空指针。

（3）引用在声明的时就必须初始化，指针可以单独初始化。

（4）引用初始化为一个对象后，就不能被指向另一个对象了，而指针可以随意更改指向的对象。

（5）引用不需要分配内存，指针需要分配内存。

（6）引用与指针都是与地址相关的概念，指针指向内存的地址，引用为内存地址的一个别名。

3.7.3 实验步骤

基于 Notepad++软件，新建一个 ConvertTime.cpp 文件，将其保存至“D:\MFCProject\ CPP07.

基于引用的秒值-时间值转换实验”文件夹中，然后，将程序清单 3-6 中的代码输入 ConvertTime.cpp 文件。下面按照顺序对部分语句进行解释。

（1）第 4 至第 8 行代码：定义一个计算秒值的函数，形参部分为引用。

（2）第 18 至 20 行代码：分别声明时值与分值的引用。

（3）第 25 至 27 行代码：通过 tick 计算时值和分值，分别赋值给 s_hour 与 s_min；将 tick 与 sec 作为实参传入，调用 CalcSec()函数获取 sec 的值。

程序清单 3-6

```
1.  #include <iostream>
2.  using namespace std;
3.
4.  //把引用作为形参，调用时实参可直接为变量本身
5.  void CalcSec(int& s_tick, int& s_sec)
6.  {
7.      s_sec  = (s_tick % 3600) % 60; //tick 对 3600 取余后再对 60 取余赋值给 sec
8.  }
9.
10. int main()
11. {
12.     int tick = 0;   //0~86399
13.
14.    int hour; //时值
15.    int min;  //分值
16.    int sec;  //秒值
17.
18.     //定义引用
19.    int& s_hour = hour; //时值引用
20.    int& s_min  = min;  //分值引用
21.
22.     cout << "Please input a tick between 0~86399" << endl;
23.     cin  >> tick;
24.
25.     s_hour = tick / 3600;         //tick 对 3600 取模赋值给 s_hour
26.     s_min  = (tick % 3600) / 60; //tick 对 3600 取余后再对 60 取模赋值给 s_min
27.     CalcSec(tick, sec);           //直接将变量作为实参计算 sec 的值
28.
29.     //打印转换之后的时间结果
30.     cout << "Current time : " << hour << "-" << min << "-" << sec << endl;
31.
32.     return 0;
33. }
```

最后，按 F6 键编译和执行 C++文件，在 Notepad++的 Console 窗口中，输入 80000 后回车，可以看到运行结果，即输出“Current time : 22-13-20”，说明实验成功。

3.7.4　本节任务

参考本节实验，基于引用，重做 3.2.4 节任务。

本 章 任 务

本章共有 7 个实验，首先学习各节的实验原理，其次按照实验步骤完成实验，最后按照要求完成各节任务。

本 章 习 题

1．在 C++程序中，第 1 个执行的函数是什么？该函数有什么特点？

2．标识符是什么？

3．signed 与 unsigned 通常用于修饰什么数据类型？在数据类型前添加 signed 与 unsigned 有什么意义？

4．简述数组的特点。

5．什么是指针？

6．简述 NULL 指针的意义和作用。

7．什么是引用？

8．简述引用与指针的异同。

第4章　面向对象程序设计

通过完成本章的C++程序设计实验，读者能够学习C++语言面向对象程序设计的基础知识，包括类与对象、static关键字、类的封装、类的继承、类的多态、抽象类和接口、访问控制、内部类等概念。

4.1　类的封装实验

4.1.1　实验内容

创建 CalcTime 类，在类中依次定义：用于保存时值、分值和秒值的成员变量 mHour、mMin和mSec；用于指定时值、分值和秒值的常量TIME_VAL_HOUR、TIME_VAL_MIN和TIM_VAL_SEC；用于计算 3 个时间值的 CalcTimeVal()函数；用于获取 3 个时间值的GetTimeVal()函数。创建 ConvertTime 类，在类中创建 CalcTime 类的对象，通过对象分别获取转换的时值、分值和秒值，然后通过cout输出转换结果。其中，CalcTime类中的CalcTimeVal()函数、GetTimeVal()函数和3个常量访问属性为public，其余的成员变量访问属性为private。在 main()函数中获取键盘输入值（0～86399，包括 0 和 86399），实现秒值-时间值转换，并输出转换结果。

4.1.2　实验原理

1．面向过程和面向对象

在面向对象程序设计出现之前，广泛采用的是面向过程程序设计，面向过程程序设计只针对自己解决问题。最早的面向对象概念实际上是由 IBM 提出的，在 20 世纪 70 年代的Smalltalk语言中进行了应用，后来根据面向对象的设计思路，才出现了C++语言。

面向过程是一种以过程为中心的编程思想，以正在发生为目标进行编程，即程序是按照一定的顺序从头到尾执行一系列函数的。面向对象是一种以事物为中心的编程思想，即当解决一个问题时，会从这些问题中抽象出一系列对象，再抽象出这些对象的属性和函数，让每个对象去执行自己的函数。

面向过程程序设计的优点是性能比面向对象程序设计高，因为类调用时需要实例化，比较消耗资源，如单片机、嵌入式、Linux/Unix 等对性能要求高的开发；缺点是没有面向对象程序设计易维护、易复用、易扩展。

相反地，面向对象程序设计的优点是易维护、易复用、易扩展，面向对象有封装、继承、多态的特性，可以设计出低耦合的系统，使系统更加灵活；缺点是性能比面向过程程序设计低。

2．类与对象

类与对象是面向对象中最基本的概念。其中，类是抽象的概念集合，表示的是一个共性的产物，类中定义的是属性和行为（函数）；对象是一种个性的表示，表示一个独立而具体的个体。可以用一句话来总结类和对象的区别：类是对象的模板，对象是类的实例。类只有通过对象才可以使用，在开发中先产生类，再产生对象。类不能直接使用，对象是可以直接使用的。

例如，以面向对象的思想来从汉堡店购买汉堡，可分为以下 4 个步骤。

（1）从这个问题中抽象出对象，这里的对象就是汉堡店。

（2）抽象出这个对象的属性，如汉堡种类、汉堡尺寸、汉堡层数、烘烤时间等，这些属性都是静态的。

（3）抽象出这个对象的行为，如选择汉堡、支付费用、制作汉堡、交付汉堡等，这些行为都是动态的。

（4）抽象出对象的属性和行为，就完成了对这个对象的定义，接下来就可以根据这些属性和行为，制定出从汉堡店购买汉堡的具体方案，从而解决问题。

当然，抽象出这个对象及其属性和行为，不仅是为了解决一个简单的问题，还可以发现所有的汉堡店要么具有以上相同的属性和行为，要么对以上的属性和行为进行删减或更改，这样，就可以将这些属性和行为封装起来，用于描述汉堡店这类餐饮店。因此，可以将类理解为封装对象属性和行为的载体，而对象则是类抽象出来的一个实例，两者之间的关系如图 4-1 所示。

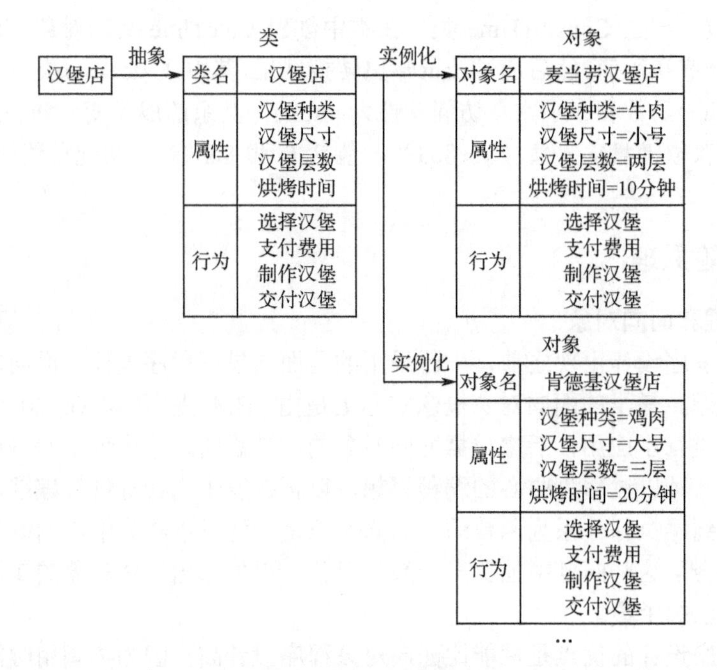

图 4-1　对象与类之间的关系

在 C++语言中，属性是以成员变量的形式定义的，行为是以函数的形式定义的，而类包括对象的属性和函数，下面在 C++语言中定义汉堡店类：

```
class HamburgerShop
{
    private:
        int mBakingTime; //烘烤时间

        //制作汉堡
        void MakeBurger() {
        }
```

```
    public:
        int mBurgerType;  //汉堡种类
        int mBurgerSize;  //汉堡尺寸
        int mBurgerLayer; //汉堡层数

        //选择汉堡
        void SelectBurger() {
        }

        //支付费用
        void Pay() {
        }

        //交付汉堡
        void DeliverBurger() {
        }

        //构造函数
        HamburgerShop(){
        }

        //析构函数
        ~HamburgerShop(){
        }
}
```

3．类包含的变量类型

在 3.2.2 节已经对变量及命名规范进行了介绍，这里再对类包含的变量进行补充说明。

（1）成员变量：成员变量是定义在类体中、函数体之外的变量。这种变量在创建对象时实例化。成员变量可以被类中函数、构造函数和特定类的语句块访问。

（2）局部变量：在函数（包括构造函数）和语句块中定义的变量被称为局部变量。这种变量的声明和初始化都是在函数中进行的，函数结束后，变量就会自动销毁。

（3）类变量：类变量也声明在类体中、函数体之外，但必须声明为 static 类型。这种变量也被称为静态变量。

4．类的成员函数、构造函数和析构函数

成员函数对应类的行为，如汉堡店类中的 SelectBurger()、Pay()、MakeBurger()和 DeliverBurger()函数。一个成员函数可以不带参数，也可以带一个或若干参数，这些参数可以是对象也可以是基本数据类型变量，同时，成员函数可以有返回值也可以不返回任何值，返回值可以是计算结果也可以是其他数值或对象。

在类中除了成员函数，还存在两种特殊类型的函数：构造函数和析构函数。

（1）构造函数是一个与类同名的函数，如汉堡店类中的 HamburgerShop()函数，对象的创建就是通过构造函数完成的。每当类实例化一个对象时，类都会自动调用构造函数。构造函数没有返回值，每个类都有构造函数，一个类可以有多个构造函数。如果没有显式地为类定义构造函数，则 C++编译器将会为该类提供一个默认的无参构造函数。注意，如果在类中定义的构造函数都不是无参的构造函数，那么编译器也不会为类设置一个默认的无参构造函数，当试图调用无参构造函数实例化一个对象时，编译器就会报错。因此，只有在类中没有定义任何构造函数时，编译器才会在该类中自动创建一个不带参数的构造函数。

（2）析构函数与构造函数相反，如汉堡店类中的~HamburgerShop()函数，当对象结束其生命周期时，对象所在的函数已经调用完毕，那么系统会自动执行析构函数。通常建立一个对象需要用到 new 自动调用构造函数开辟一片内存空间，delete 会自动调用析构函数释放内存。C++程序中可以通过析构函数来清理类的对象，析构函数没有任何参数和返回值类型，在对象销毁时自动调用。

4.1.3 实验步骤

基于 Notepad++软件，新建一个 ConvertTime.cpp 文件，将其保存至“D:\MFCProject\OOP01.类的封装实验”文件夹中，然后，将程序清单 4-1 中的代码输入 ConvertTime.cpp 文件。下面按照顺序对部分语句进行解释。

（1）第 4 至 60 行代码：创建 CalcTime 类，在类中定义用于保存计算结果的 3 个成员变量，分别是 mHour、mMin 和 mSec；定义用于指定时值、分值和秒值类型的常量，分别是 TIME_VAL_HOUR、TIME_VAL_MIN 和 TIME_VAL_SEC；定义在判断 tick 值符合条件情况下的计算时值、分值和秒值的成员函数 CalcTimeVal()；定义获取 3 个时间值的成员函数 GetTimeVal()。其中，CalcTimeVal()、GetTimeVal()及 3 个常量的访问属性为 public，其他成员变量的访问属性为 private。

（2）第 62 至 86 行代码：创建 ConvertTime 类，在类中创建一个 CalcTime 型对象，该对象名为 ct；定义用于输出转换结果的成员函数 DispTime()，在该函数中通过 ct 分别获取时值、分值和秒值，最后通过 cout 输出转换结果。

（3）第 88 至 100 行代码：在 main()函数中创建一个 ConvertTime 型对象，该对象名为 convert；通过 cout 打印提示信息，提示用户输入一个 0～86399 的值，然后通过 cin 获取键盘输入的内容，最后通过对象 convert 调用成员函数 DispTime()打印转换之后的时间结果，格式为“时-分-秒”。

程序清单 4-1

```
1.   #include <iostream>
2.   using namespace std;
3.
4.   class CalcTime
5.   {
6.       private:
7.           int mHour;  //时值
8.           int mMin;   //分值
9.           int mSec;   //秒值
10.
11.      public:
12.          static const int TIME_VAL_HOUR = 0x01;
13.          static const int TIME_VAL_MIN  = 0x02;
14.          static const int TIME_VAL_SEC  = 0x03;
15.
16.          //当 tick 的值在 0~86399 时，获取转换的时间值
17.          int CalcTimeVal(int tick)
18.          {
```

```
19.             int validFlag = 0;  //判断 tick 是否符合条件的标志位
20.
21.             if(tick >= 0 && tick <= 86399)
22.             {
23.                 validFlag = 1;  //符合则返回 1，然后转换时间
24.
25.                 //tick 对 3600 取模赋值给 mHour
26.                 mHour = tick / 3600;
27.
28.                 //tick 对 3600 取余后再对 60 取模赋值给 mMin
29.                 mMin = (tick % 3600) / 60;
30.
31.                 //tick 对 3600 取余后再对 60 取余赋值给 mSec
32.                 mSec = (tick % 3600) % 60;
33.             }
34.
35.             return validFlag;
36.         }
37.
38.         //外部接口，输出转换的时间值
39.         int GetTimeVal(int type)
40.         {
41.             int timeVal = 0;
42.
43.             switch(type)
44.             {
45.                 case TIME_VAL_HOUR:
46.                     timeVal = mHour;
47.                     break;
48.                 case TIME_VAL_MIN:
49.                     timeVal = mMin;
50.                     break;
51.                 case TIME_VAL_SEC:
52.                     timeVal = mSec;
53.                     break;
54.                 default:
55.                     break;
56.             }
57.
58.             return timeVal;
59.         }
60. };
61.
62. class ConvertTime
63. {
64.     private:
65.         CalcTime ct;
66.
67.     public:
68.         //获取转换的时间值并打印显示
69.         void DispTime(int tick)
70.         {
```

```
71.                 int hour; //时值
72.                 int min;  //分值
73.                 int sec;  //秒值
74.
75.                 //当 tick 的值在 0~86399 时，获取转换的时间值
76.                 if(ct.CalcTimeVal(tick) == 1)
77.                 {
78.                     hour = ct.GetTimeVal(ct.TIME_VAL_HOUR);
79.                     min  = ct.GetTimeVal(ct.TIME_VAL_MIN);
80.                     sec  = ct.GetTimeVal(ct.TIME_VAL_SEC);
81.
82.                     //打印转换之后的时间结果
83.                     cout << "Current time : " << hour << "-" << min << "-" << sec << endl;
84.                 }
85.             }
86. };
87.
88. int main()
89. {
90.     ConvertTime convert;
91.
92.     int tick = 0;   //0~86399
93.
94.     cout << "Please input a tick between 0~86399" << endl;
95.     cin  >> tick;
96.
97.     convert.DispTime(tick);
98.
99.     return 0;
100. }
```

最后，按 F6 键编译和执行 C++文件，在 Notepad++的 Console 窗口中，输入 80000 后回车，可以看到运行结果，即输出“Current time : 22-13-20”，说明实验成功。输出信息如下所示：

```
NPP_SAVE: D:\MFCProject\OOP01.类的封装实验\ConvertTime.cpp
CD: D:\MFCProject\OOP01.类的封装实验
Current directory: D:\MFCProject\OOP01.类的封装实验
g++ -o ConvertTime.exe ConvertTime.cpp
Process started >>>
<<< Process finished.
ConvertTime.exe
Process started >>>
Please input a tick between 0~86399
80000
Current time : 22-13-20
<<< Process finished.
================ READY ================
```

4.1.4　本节任务

2020 年有 366 天，将 2020 年 1 月 1 日作为计数起点，即计数 1，2020 年 12 月 31 日作

为计数终点，即计数 366。计数 1 代表“2020 年 1 月 1 日-星期三”，计数 10 代表“2020 年 1 月 10 日-星期五”。参考本节实验，基于类的封装，通过键盘输入一个 1～366 的值，包括 1 和 366，将其转换为年、月、日、星期，并输出转换结果。

4.2　类的继承实验

4.2.1　实验内容

创建一个父类 CalcTime，在父类中依次定义：用于保存时值、分值和秒值的成员变量 mHour、mMin 和 mSec；用于指定时值、分值的常量 TIME_VAL_HOUR、TIME_VAL_MIN；用于计算时值和分值，并将值输出的 GetTimeVal()函数。然后，定义一个继承父类的 CalcAllTime 子类，在子类中定义：用于计算秒值，并将值输出的 GetSecVal()函数；用于判断 tick 是否符合条件的 CalcFlg()函数；用于打印转换结果的 DispTime()函数。在 main()函数中创建一个 CalcAllTime 型对象，该对象名为 ct，然后获取键盘输入值（0～86399，包括 0 和 86399），实现秒值-时间值转换，并输出转换结果。

4.2.2　实验原理

1．类的继承

继承是一种新建类的方式，新建的类称为子类，被继承的类称为父类。继承是类与类之间的关系，使用继承可以减少代码的冗余。

例如，现在有两个问题，第一个是使用看门犬解决看家的问题，第二个是使用牧羊犬解决放牧的问题。由于看门犬和牧羊犬都属于犬类，具有与犬类相同的属性和行为，如性别和身长属性，以及行走和奔跑行为，这样就可以先定义一个犬类。然后，在使用看门犬解决看家问题时，可以创建一个继承犬类的看门犬类，并且在看门犬类中新增看门行为的定义；而在使用牧羊犬解决放牧问题时，可以创建一个继承犬类的牧羊犬类，并且在牧羊犬类中新增牧羊行为的定义，如图 4-2 所示。这样，就节省了定义犬类与看门狗、牧羊犬共同属性和行为的时间，这就是继承的基本思想。

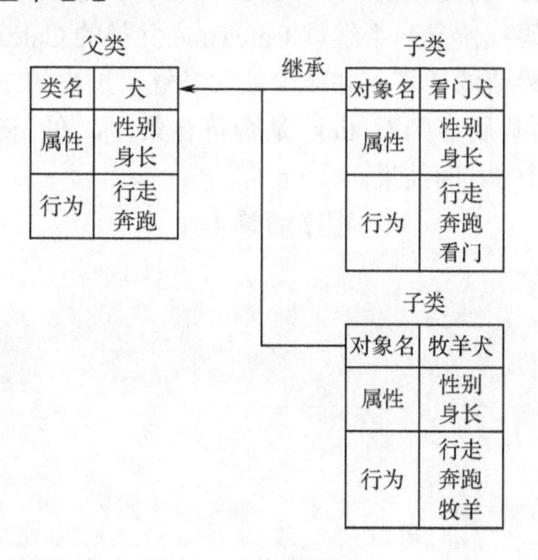

图 4-2　类的继承实例

2．继承的优点和缺点

如果不使用继承的思想，分别定义看门犬类和牧羊犬类，那么代码就会出现重复。这样不仅会导致代码臃肿，而且在后期维护中，如果代码重复的地方出错，就需要大量修改，使系统可维护性差。而使用继承的思想，以上问题都可以解决。因此，继承的优点有：①代码冗余度低，开发时间短；②代码扩展性高，系统开发灵活性强；③代码重用性高，系统出错概率低。除了优点，继承也有相应的缺点：①继承是侵入性的，只要继承，就必须拥有父类的所有属性和函数；②子类拥有父类的属性和函数，增加了子类代码的约束，降低了代码的灵活性；③当父类的常量、变量和函数被修改时，需要考虑子类的修改，而且在缺乏规范的环境下，这种修改可能带来大段代码需要重构的后果，增强了代码的耦合性。

3．继承的方式

类的继承是单一的，即一个子类只能拥有一个父类，子类除了可以扩展父类的功能，还可以重写父类的成员函数。

类有 3 种继承方式：公有继承（public）、私有继承（private）和保护继承（protected）。

公有继承可以理解为父类的 public 成员和 protected 成员分别写到子类的 public 和 protected 成员中，而父类的 private 成员被分到了一个特殊的区域，该区域只能用父类原有的函数来访问。

私有继承可以理解为父类的 public 成员和 protected 成员写到子类的 private 成员中，而父类的 private 成员被分到了一个特殊的区域，该区域只能用父类原有的函数来访问。

保护继承可以理解为父类的 public 成员和 protected 成员写到子类的 protected 成员中，而父类的 private 成员被分到了一个特殊的区域，该区域只能用父类原有的函数来访问。

4.2.3　实验步骤

基于 Notepad++软件，新建一个 ConvertTime.cpp 文件，将其保存至"D:\MFCProject\OOP02.类的继承实验"文件夹中，然后，将程序清单 4-2 中的代码输入 ConvertTime.cpp 文件。下面按照顺序对部分语句进行解释。

（1）第 4 至 42 行代码：创建 CalcTime 父类，在该类中实现时值和分值的计算。

（2）第 44 至 90 行代码：定义一个继承 CalcTime 父类的 CalcAllTime 子类，继承方式为公有继承，在子类中实现秒值的计算，并赋给从父类继承过来的 mSec 成员变量，扩展父类的功能，添加 CalcFlg()函数用于判断 tick 是否符合条件，在 tick 符合条件的情况下通过 DispTime()函数打印转换后的时间结果。

程序清单 4-2

```
1.   #include <iostream>
2.   using namespace std;
3.
4.   //父类
5.   class CalcTime
6.   {
7.       private:
8.           int mHour;  //时值
9.           int mMin;   //分值
10.
11.      public:
```

```
12.         int mSec;   //秒值
13.
14.         static const int TIME_VAL_HOUR = 0x01;
15.         static const int TIME_VAL_MIN  = 0x02;
16.
17.         //外部接口，输出转换的时间值
18.         int GetTimeVal(int type,int tick)
19.         {
20.            int timeVal = 0;
21.
22.            //tick 对 3600 取模赋值给 mHour
23.            mHour = tick / 3600;
24.
25.            //tick 对 3600 取余后再对 60 取模赋值给 mMin
26.            mMin  = (tick % 3600) / 60;
27.
28.            switch(type)
29.            {
30.                case TIME_VAL_HOUR:
31.                    timeVal = mHour;
32.                    break;
33.                case TIME_VAL_MIN:
34.                    timeVal = mMin;
35.                    break;
36.                default:
37.                    break;
38.            }
39.
40.            return timeVal;
41.        }
42. };
43.
44. //类 CalcAllTime 通过公有继承方式继承父类 CalcTime
45. class CalcAllTime: public CalcTime
46. {
47.     public:
48.         //外部接口，输出转换的秒值
49.         int GetSecVal(int tick)
50.         {
51.             int timeSec = 0;
52.
53.             //tick 对 3600 取余后再对 60 取余赋值给 mSec
54.             mSec  = (tick % 3600) % 60;
55.             timeSec = mSec;
56.
57.             return timeSec;
58.         }
59.
60.         int CalcFlg(int tick)
61.         {
62.            int validFlag = 0;  //判断 tick 是否符合条件的标志位
63.
```

```
64.             if(tick >= 0 && tick <= 86399)
65.             {
66.                validFlag = 1;  //符合则返回 1，然后转换时间
67.             }
68.
69.             return validFlag;
70.          }
71.
72.          //获取转换的时间值并打印显示
73.          void DispTime(int tick)
74.          {
75.             int hour; //时值
76.             int min;  //分值
77.             int sec;  //秒值
78.
79.             //当 tick 的值在 0~86399 时，获取转换的时间值
80.             if(CalcFlg(tick) == 1)
81.             {
82.                 hour = GetTimeVal(TIME_VAL_HOUR,tick);
83.                 min  = GetTimeVal(TIME_VAL_MIN,tick);
84.                 sec  = GetSecVal(tick);
85.
86.                 //打印转换之后的时间结果
87.                 cout << "Current time : " << hour << "-" << min << "-" << sec << endl;
88.             }
89.          }
90. };
91.
92. int main()
93. {
94.     CalcAllTime ct;
95.
96.     int tick = 0;   //0~86399
97.
98.     cout << "Please input a tick between 0~86399" << endl;
99.     cin  >> tick;
100.
101.    ct.DispTime(tick);
102.
103.    return 0;
104. }
```

最后，按 F6 键编译和执行 C++文件，在 Notepad++的 Console 窗口中，输入 80000 后回车，可以看到运行结果，即输出“Current time : 22-13-20”，说明实验成功。

4.2.4　本节任务

参考本节实验，基于类的继承，重做 4.1.4 节任务。

4.3　类的多态实验

4.3.1　实验内容

创建 CalcTime 类，在类中定义用于保存时值的成员变量 mHour；以及定义用于计算并获取对应时间值的虚函数 GetTimeVal()。以公有方式继承父类 CalcTime 并创建 CalcMin 类，在 CalcMin 类中定义用于保存分值的成员变量 mMin 及用于计算并获取对应时间值的 GetTimeVal()函数。以公有方式继承父类 CalcTime 并创建 CalcSec 类，在 CalcSec 类中定义用于保存秒值的成员变量 mSec 及用于计算并获取对应时间值的 GetTimeVal()函数。然后创建一个 ConvertTime 类，在该类中定义一个 CalcTime 类型的指针，指针名为 ct；分别创建类 CalcTime、CalcMin 和 CalcSec 的对象，对象名分别为 ctHour、ctMin 和 ctSec，通过指针 ct 调用各类中的 GetTimeVal()函数计算对应时间，通过 cout 输出转换后的时间结果。在 main()函数中获取键盘输入值（0～86399，包括 0 和 86399），实现秒值-时间值转换，并输出转换结果。

4.3.2　实验原理

1．多态

多态是指相同的行为方式可能导致不同的行为结果，即产生了多种形态行为。定义类时，若类中某个函数可能在后续继承的过程中被重写，则可以用 virtual 关键字来修饰这个函数，此时被 virtual 声明的函数被重写后就具备了多态的特性。对于重写的函数，函数名与参数必须与原函数保持一致才具备多态的特性，若函数名相同但参数不同，则只是同名覆盖。

2．重写

很多初学者经常将重写与重载混淆，重写函数需要遵循以下规则：①子类重写函数的参数列表、返回值类型及函数名必须与父类相同；②子类重写的函数不能有比父类函数更低的访问权限，其中 public 权限最低，private 权限最高；③当父类中函数的访问权限修饰符为 private 时，该函数在子类中是不能被重写的；④如果父类函数抛出异常，那么子类重写的函数也要抛出异常，而且抛出的异常不能多于父类中抛出的异常（可以等于父类中抛出的异常）。

4.3.3　实验步骤

基于 Notepad++软件，新建一个 ConvertTime.cpp 文件，将其保存至“D:\MFCProject\OOP03.类的多态实验”文件夹中，然后，将程序清单 4-3 中的代码输入 ConvertTime.cpp 文件。下面按照顺序对部分语句进行解释。

（1）第 11 至 18 行代码：定义一个 virtual 修饰的虚函数 GetTimeVal()，用于返回计算的时值。

（2） 第 21 至 36 行代码：以公有方式继承父类 CalcTime 并创建一个 CalcMin 类，在类中重写父类的 GetTimeVal()函数，函数名与参数不变，用于返回计算的分值。

（3） 第 38 至 53 行代码：以公有方式继承父类 CalcTime 并创建一个 CalcSec 类，在类中重写父类的 GetTimeVal()函数，函数名与参数不变，用于返回计算的秒值。

（4）第 55 到 91 行代码：创建一个 ConvertTime 类，在类中定义一个 CalcTime 类型的指针，指针名为 ct；分别创建 CalcTime、CalcMin 和 CalcSec 的对象，对象名分别为 ctHour、 ctMin 和 ctSec，然后通过指针 ct 调用各类中的 GetTimeVal()函数计算对应时间，通过 cout 输出转换后的时间结果。

程序清单 4-3

```
1.  #include <iostream>
2.  using namespace std;
3.  
4.  //父类
5.  class CalcTime
6.  {
7.      private:
8.          int mHour;  //时值
9.  
10.     public:
11.         // virtual 关键字修饰可能被子类重写的函数，称为虚函数，实现多态
12.         virtual int GetTimeVal(int tick)
13.         {
14.            //tick 对 3600 取模赋值给 mHour
15.            mHour = tick / 3600;
16.
17.            return mHour;
18.         }
19. };
20.
21. //类 CalcMin 通过公有继承方式继承父类 CalcTime
22. class CalcMin: public CalcTime
23. {
24.     private:
25.         int mMin;   //分值
26.
27.     public:
28.         //外部接口，输出转换的分值
29.         int GetTimeVal(int tick)
30.         {
31.            //tick 对 3600 取余后再对 60 取模赋值给 mMin
32.            mMin = (tick % 3600) / 60;
33.
34.            return mMin;
35.         }
36. };
37.
38. //类 CalcSec 通过公有继承方式继承父类 CalcTime
39. class CalcSec: public CalcTime
40. {
41.     private:
42.         int mSec;   //秒值
43.
44.     public:
45.         //外部接口，输出转换的秒值
46.         int GetTimeVal(int tick)
47.         {
48.             //tick 对 3600 取余后再对 60 取余赋值给 mSec
```

```
49.             mSec = (tick % 3600) % 60;
50.
51.             return mSec;
52.         }
53. };
54.
55. class ConvertTime
56. {
57.     private:
58.         CalcTime* ct;      //创建一个 CalcTime 类型的指针
59.         CalcTime ctHour;  //创建一个 CalcTime 类型的对象
60.         CalcMin  ctMin;   //创建一个 CalcMin 类型的对象
61.         CalcSec  ctSec;   //创建一个 CalcSec 类型的对象
62.
63.     public:
64.         //获取转换的时间并打印显示
65.         void DispTime(int tick)
66.         {
67.             int hour; //时值
68.             int min;  //分值
69.             int sec;  //秒值
70.
71.             //当 tick 的值在 0~86399 时，获取转换的时间值
72.             if(tick >= 0 && tick <= 86399)
73.             {
74.                 ct   = &ctHour;
75.                 hour = ct -> GetTimeVal(tick);
76.
77.                 ct   = &ctMin;
78.                 min  = ct -> GetTimeVal(tick);
79.
80.                 ct   = &ctSec;
81.                 sec  = ct -> GetTimeVal(tick);
82.
83.                 //打印转换之后的时间结果
84.                 cout << "Current time : " << hour << "-" << min << "-" << sec << endl;
85.             }
86.             else
87.             {
88.                 cout << "Tick value is not valid!!" << endl;
89.             }
90.         }
91. };
92.
93. int main()
94. {
95.     ConvertTime ct;
96.
97.     int tick = 0;   //0~86399
98.
99.     cout << "Please input a tick between 0~86399" << endl;
100.    cin  >> tick;
```

```
101.
102.     ct.DispTime(tick);
103.
104.     return 0;
105. }
```

最后，按 F6 键编译和执行 C++文件，在 Notepad++的 Console 窗口中，输入 80000 后回车，可以看到运行结果，即输出“Current time : 22-13-20”，说明实验成功。

4.3.4 本节任务

参考本节实验，利用多态的特性，重做 4.1.4 节任务。

4.4 重载实验

4.4.1 实验内容

创建 CalcTime 类，在类中依次定义：用于保存时值、分值和秒值的成员变量 mHour、mMin 和 mSec；用于计算并输出时值、分值和秒值的 CalcTimeVal()函数及其重载函数。其中，CalcTimeVal()函数及其重载函数和 3 个成员变量的访问属性为 public。在 main()函数中创建 CalcTime 类的对象，获取键盘输入值（0～86399，包括 0 和 86399），CalcTime 类的对象通过分别调用 CalcTimeVal()函数及其重载函数获取转换的时值、分值和秒值，然后输出转换结果。

4.4.2 实验原理

下面介绍什么是重载。如果同一个类中包含了两个或两个以上的函数名相同但参数列表不同（与返回值类型无关）的函数，则称为函数重载。所谓重载就是要求“两同一不同”：①同一个类中函数名相同；②参数列表不同。对于函数其他部分（返回值类型、修饰符等）与重载没有任何关系。参数列表不同包括：①参数个数不同；②参数类型不同。

4.4.3 实验步骤

基于 Notepad++软件，新建一个 ConvertTime.cpp 文件，将其保存至“D:\MFCProject\OOP04.重载实验”文件夹中，然后，将程序清单 4-4 中的代码输入 ConvertTime.cpp 文件。下面按照顺序对部分语句进行解释。

（1）第 11 至 20 行代码：定义一个 CalcTimeVal()函数，函数有 2 个参数，用于计算时值。

（2）第 22 至 32 行代码：重载 CalcTimeVal()函数，函数有 3 个参数，用于计算时值和分值。

（3）第 34 至 45 行代码：重载 CalcTimeVal()函数，函数有 4 个参数，用于计算时值、分值和秒值。

（4）第 57 到 59 行代码：通过 CalcTime 类的对象 ct 分别调用 CalcTimeVal()函数和它的重载函数，输出转换后的时间结果。

程序清单 4-4

```
1.   #include <iostream>
2.   using namespace std;
3.
```

```
4.  class CalcTime
5.  {
6.      public:
7.          int mHour; //时值
8.          int mMin;  //分值
9.          int mSec;  //秒值
10.
11.         void CalcTimeVal(bool hourFlg, int tick)
12.         {
13.             if(hourFlg == 1 && tick >= 0 && tick <= 86399)
14.             {
15.                 mHour = tick / 3600;        //tick 对 3600 取模赋值给 mHour
16.
17.                 //打印转换之后的时间结果
18.                 cout << "Current hourVal: " << mHour << endl;
19.             }
20.         }
21.
22.         void CalcTimeVal(bool hourFlg, bool minFlg, int tick)
23.         {
24.             if(hourFlg == 1 && minFlg == 1 && tick >= 0 && tick <= 86399)
25.             {
26.                 mHour = tick / 3600;        //tick 对 3600 取模赋值给 mHour
27.                 mMin  = (tick % 3600) / 60; //tick 对 3600 取余后再对 60 取模赋值给 mMin
28.
29.                 //打印转换之后的时间结果
30.                 cout << "Current hourVal-minVal : " << mHour << "-" << mMin << endl;
31.             }
32.         }
33.
34.         void CalcTimeVal(bool hourFlg, bool minFlg, bool secFlg, int tick)
35.         {
36.             if(hourFlg == 1 && minFlg == 1 && secFlg == 1 && tick >= 0 && tick <= 86399)
37.             {
38.                 mHour = tick / 3600;        //tick 对 3600 取模赋值给 mHour
39.                 mMin  = (tick % 3600) / 60; //tick 对 3600 取余后再对 60 取模赋值给 mMin
40.                 mSec  = (tick % 3600) % 60; //tick 对 3600 取余后再对 60 取余赋值给 mSec
41.
42.                 //打印转换之后的时间结果
43.                 cout << "Current time : " << mHour << "-" << mMin << "-" << mSec << endl;
44.             }
45.         }
46. };
47.
48. int main()
49. {
50.     CalcTime ct;
51.
52.     int tick = 0;   //0~86399
53.
54.     cout << "Please input a tick between 0~86399" << endl;
55.     cin  >> tick;
```

```
56.
57.     ct.CalcTimeVal(1,tick);
58.     ct.CalcTimeVal(1,1,tick);
59.     ct.CalcTimeVal(1,1,1,tick);
60.
61.     return 0;
62. }
```

最后，按 F6 键编译和执行 C++文件，在 Notepad++的 Console 窗口中，输入 80000 后回车，可以看到运行结果，即输出“Current hourVal : 22”“Current hourVal-minVal : 22-13”“Current time : 22-13-20”，说明实验成功。

4.4.4 本节任务

参考本节实验，基于函数的重载，重做 4.1.4 节任务。

4.5 抽象类实验

4.5.1 实验内容

创建 Time 类，在类中依次定义用于保存时值、分值和秒值的成员变量 mHour、mMin 和 mSec，然后通过 virtual 定义纯虚函数 DispTime()，使得 Time 类成为抽象类。通过公有方式继承 Time 类并创建 CalcTime 类，在 CalcTime 类中定义，用于计算时值的 CalcHour()函数，用于计算分值的 CalcMin()函数，用于计算秒值的 CalcSec()函数，最后，重写用于显示时间的 DispTime()函数。在 main()函数中获取键盘输入值（0～86399，包括 0 和 86399），通过 CalcTime 的对象 ct 调用对应的函数，实现秒值-时间值转换，并输出转换结果。

4.5.2 实验原理

1. 抽象类

带有纯虚函数的类称为抽象类。抽象类是一种特殊的类，它是以抽象和设计为目的而建立的，它处于继承层次结构的较上层。

纯虚函数是指在父类中声明的虚函数原型后加“=0”的函数，纯虚函数没有定义具体的实现。纯虚函数的声明格式为：

```
virtual 返回值类型  成员函数名(参数表)= 0;
```

例如：

```
virtual void DispTime() = 0;
```

在 C++语言中，抽象类有以下规定。

（1）抽象类只能用作其他类的父类，不能建立抽象类对象。

（2）抽象类不能用作参数类型、函数返回类型或显式转换的类型。

（3）可以定义指向抽象类的指针和引用，此指针可以指向它的派生类，进而实现多态。

2. 抽象类的应用

通常编写一个类时，会为这个类定义具体的属性和函数，但有时只知道一个类需要哪些属性和函数，不知道这些函数具体是什么，这时就需要用到抽象类。

例如，产品经理定义了一个产品，要求设计一个成本不高于 80 元的电子血压计，能测量收缩压、舒张压和脉率。在这个例子中，产品就是一个抽象类，包括两个抽象属性：价格不高于 80 元和电子血压计，还包括 3 个抽象函数：测量收缩压、测量舒张压和测量脉率。现在工程师就可以按照产品经理的要求（抽象类），设计产品。抽象类就像一个规范项目的大纲。

抽象类除了不能实例化对象，类的其他功能依然存在，成员变量、成员函数和构造函数的访问方式和普通类一样。抽象类不能实例化对象，所以抽象类必须被继承后，才能使用。

4.5.3　实验步骤

基于 Notepad++软件，新建一个 ConvertTime.cpp 文件，将其保存至“D:\MFCProject\OOP05.抽象类实验”文件夹中，然后，将程序清单 4-5 中的代码输入 ConvertTime.cpp 文件。下面按照顺序对部分语句进行解释。

（1）第 13 行代码：定义一个 virtual 修饰的纯虚函数 DispTime()，用于指定当前的类为抽象类。

（2）第 19 至 33 行代码：在 CalcTime 类中分别定义计算时值、分值和秒值的 CalcHour()函数、CalcMin()函数和 CalcSec()函数。

（3）第 35 至 39 行代码：重写 DispTime()函数，输出转换后的时间结果。

程序清单 4-5

```
1.  #include <iostream>
2.  using namespace std;
3.  
4.  //抽象类，不能创建对象，只能用于继承
5.  class Time
6.  {
7.      public:
8.          int mHour; //时值
9.          int mMin;  //分值
10.         int mSec;  //秒值
11. 
12.         //用于指示编译器当前声明的为纯虚函数，以达到使 Time 类成为抽象类的目的
13.         virtual void DispTime() = 0;
14. };
15. 
16. //CalcTime 类通过公有方式继承 Time 类
17. class CalcTime: public Time
18. {
19.     public:
20.         void CalcHour(int tick)
21.         {
22.            mHour = tick / 3600;        //tick 对 3600 取模赋值给 mHour
23.         }
24. 
25.         void CalcMin(int tick)
26.         {
27.            mMin = (tick % 3600) / 60; //tick 对 3600 取余后再对 60 取模赋值给 mMin
28.         }
29. 
30.         void CalcSec(int tick)
```

```
31.         {
32.             mSec = (tick % 3600) % 60; //tick对3600取余后再对60取余赋值给mSec
33.         }
34.
35.         void DispTime()
36.         {
37.             //打印转换之后的时间结果
38.             cout << "Current time : " << mHour << "-" << mMin << "-" << mSec << endl;
39.         }
40. };
41.
42. int main()
43. {
44.     CalcTime ct;
45.
46.     int tick = 0;   //0~86399
47.
48.     cout << "Please input a tick between 0~86399" << endl;
49.     cin  >> tick;
50.
51.     //转换时间并显示
52.     ct.CalcHour(tick);
53.     ct.CalcMin(tick);
54.     ct.CalcSec(tick);
55.
56.     ct.DispTime();
57.
58.     return 0;
59. }
```

最后，按 F6 键编译和执行 C++文件，在 Notepad++的 Console 窗口中，输入 80000 后回车，可以看到运行结果，即输出“Current time : 22-13-20”，说明实验成功。

4.5.4　本节任务

参考本节实验，基于抽象类，重做 4.1.4 节任务。

4.6　接口实验

4.6.1　实验内容

创建 Interface 类，在类中不声明任何变量，然后通过 virtual 声明纯虚函数 DispTime()、CalcHour()、CalcMin()和 CalcSec()，这时的 Interface 类属于一个接口类。通过公有方式继承 Interface 类来创建 CalcTime 类，在 CalcTime 类中重写 CalcHour()函数来计算时值，重写 CalcMin()函数来计算分值，重写 CalcSec()函数来计算秒值，最后，重写用于显示时间的 DispTime()函数。在 main()函数中获取键盘输入值（0～86399，包括 0 和 86399），然后通过 CalcTime 的对象 ct 调用对应的函数，实现秒值-时间值转换，并输出转换结果。

4.6.2　实验原理

1. 接口

接口描述了类的行为和功能，而不需要完成类的特定实现。在 C++中接口满足以下规定。

（1）类中没有定义任何成员变量。

（2）所有的成员函数都是公有的。

（3）所有的成员函数都是纯虚函数。

（4）接口是一种特殊的抽象类。

（5）接口一旦被继承需要重写所有的成员函数才能创建对象。

2. 接口的应用

例如，鸟都有 Fly()和 Eat()两个行为，因此可以定义一个接口，代码如下：

```
class Bird {
   public:
       virtual void Fly() = 0;
       virtual void Eat() = 0;
};
```

但如果需要通过鸟送信，那么该如何实现呢？下面进行分析。

若将 Fly()、Eat()和 Send()这 3 个行为都定义在接口中，需要用到送信功能的类就需要同时实现这个接口中的 Fly()和 Eat()，但有些类根本就不具备 Fly()和 Eat()这两个功能，如送信机器人。

从上面的分析可以看出，Fly()、Eat()和 Send()属于两个不同范畴的行为，Fly()、Eat()属于鸟固有的行为，而 Send()属于延伸的附加行为。因此，最优的解决办法是单独为送信设计一个接口，包含 Send()行为，Bird 设计为一个类，包含 Fly()、Eat()两种行为。这样，就可以设计出一个送信鸟继承 Bird 类和实现 SendMail 接口，具体代码如下：

```
class Bird {
    public:
        void Fly(){}

        void Eat(){}
};

class SendMail
{
    public:
        virtual void Send() = 0;
};
```

4.6.3　实验步骤

基于 Notepad++软件，新建一个 ConvertTime.cpp 文件，将其保存至“D:\MFCProject\OOP06.接口实验”目录中，然后，将程序清单 4-6 中的代码输入 ConvertTime.cpp 文件。代码说明如下。

（1）第 8 至 11 行代码：通过 virtual 声明纯虚函数 DispTime()、CalcHour()、CalcMin()和 CalcSec()。

（2）第 22 至 35 行代码：在 CalcTime 类中重写计算时值的 CalcHour()函数、计算分值的 CalcMin()函数和计算秒值的 CalcSec()函数。

（3）第 37 至 41 行代码：重写 DispTime()函数，输出转换后的时间结果。

程序清单 4-6

```
1.  #include <iostream>
2.  using namespace std;
3.
4.  //接口，可继承，不可创建对象
5.  class Interface
6.  {
7.      public:
8.          virtual void DispTime() = 0;
9.          virtual void CalcHour(int tick) = 0;
10.         virtual void CalcMin(int tick) = 0;
11.         virtual void CalcSec(int tick) = 0;
12. };
13.
14. //类 CalcTime 通过公有方式继承 Interface 类
15. class CalcTime: public Interface
16. {
17.     public:
18.         int mHour; //时值
19.         int mMin;  //分值
20.         int mSec;  //秒值
21.
22.         void CalcHour(int tick)
23.         {
24.            mHour = tick / 3600;        //tick 对 3600 取模赋值给 mHour
25.         }
26.
27.         void CalcMin(int tick)
28.         {
29.            mMin = (tick % 3600) / 60; //tick 对 3600 取余后再对 60 取模赋值给 mMin
30.         }
31.
32.         void CalcSec(int tick)
33.         {
34.            mSec = (tick % 3600) % 60; //tick 对 3600 取余后再对 60 取余赋值给 mSec
35.         }
36.
37.         void DispTime()
38.         {
39.            //打印转换之后的时间结果
40.              cout << "Current time : " << mHour << "-" << mMin << "-" << mSec << endl;
41.         }
42. };
43.
44. int main()
45. {
46.     CalcTime ct;
47.
```

```
48.     int tick = 0;   //0~86399
49.
50.     cout << "Please input a tick between 0~86399" << endl;
51.     cin  >> tick;
52.
53.     //转换时间并显示
54.     ct.CalcHour(tick);
55.     ct.CalcMin(tick);
56.     ct.CalcSec(tick);
57.
58.     ct.DispTime();
59.
60.     return 0;
61. }
```

最后，按 F6 键编译和执行 C++文件，在 Notepad++的 Console 窗口中，输入 80000 后回车，可以看到运行结果，即输出"Current time : 22-13-20"，说明实验成功。

4.6.4 本节任务

参考本节实验，基于接口，重做 4.1.4 节任务。

4.7 异常处理实验

4.7.1 实验内容

创建 CalcTime 类，在类中依次定义用于保存时值、分值和秒值的成员变量 mHour、mMin 和 mSec，用于计算时值、分值和秒值的 CalcTimeVal()函数。在 main()函数中获取键盘输入值（0～86399，包括 0 和 86399），然后在 try 语句块中通过 CalcTime 类的对象 ct 调用对应的函数，实现秒值-时间值转换。若过程中有异常抛出，则通过 catch 语句捕获并输出提示，若无异常则输出转换结果。

4.7.2 实验原理

1. 异常

异常是指程序运行时不正确的状态，如运行数组越界、整数除零等程序时会报错。一旦程序发生异常，哪怕后面还有很多代码，还要执行很多动作，在异常之后的语句就不会被执行了，即如果程序中出现了一处异常，那么会导致整个程序的崩溃，这显然不是希望看到的结果，所以需要进行异常处理。

2. 异常处理

在 C++中，异常处理机制会使用捕捉和处理异常的 try…catch 语句。其中，try 语句块用来捕捉异常，try 语句块中是可能发生异常的代码；catch 语句块用来处理异常，如显示错误信息等。根据处理异常的情况，try 后面可以跟多个 catch 语句块，代码如下：

```
try
{
        //可能产生异常的代码段
}catch( ExceptionName e1 )
{
```

```
        //处理异常 e1
}catch( ExceptionName e2 )
{
        //处理异常 e2
}
……
catch( ExceptionName en )
{
        //处理异常 en
}
```

3. 抛出异常

可以使用 throw 语句在代码块中的任何地方抛出异常，throw 语句的操作数可以是任意表达式，表达式结果的类型决定了抛出异常的类型，代码如下：

```
if(a < 0 || a > 100)
{
    throw "a 的值不符合要求"; //抛出异常信息
}
else
{
    cout << "a 的值为: " << a << endl;
}
```

4. 异常处理机制的意义

使用 if 语句也可以实现输出异常信息的操作，那么为什么还要使用异常处理机制呢？原因有两方面：①if 语句通常只能解决简单的逻辑错误，而异常处理是针对意外情况的，当存在文件的输入输出或文件的读写异常时，就没有办法使用 if 语句来处理异常了；②if 语句体现的是流程控制思想，而异常处理体现的是一种对错误进行有效控制的思想，相比之下异常处理更符合面向对象的特点。

4.7.3 实验步骤

基于 Notepad++软件，新建一个 ConvertTime.cpp 文件，将其保存至“D:\MFCProject\OOP07.异常处理实验”目录中，然后，将程序清单 4-7 中的代码输入 ConvertTime.cpp 文件。下面按照顺序对部分语句进行解释。

（1）第 2 行代码：包含异常处理需要用到的头文件<exception>。

（2）第 14 至 17 行代码：若输入的 tick 不在 0～86399 范围内，则通过 throw 语句抛出 tick 值输入不合理的异常信息。

（3）第 18 至 26 行代码：若 tick 值符合范围要求，则分别计算时值、分值和秒值，然后通过 cout 输出转换后的时间结果。

（4）第 40 至 48 行代码：在 try 语句块中通过 CalcTime 类的对象 ct 调用 CalcTimeVal()函数，若过程中有异常抛出，则通过 catch 捕获并输出提示。

程序清单 4-7

```
1.   #include <iostream>
2.   #include <exception>
3.   using namespace std;
4.
```

```
5.  class CalcTime
6.  {
7.      public:
8.          int mHour; //时值
9.          int mMin;  //分值
10.         int mSec;  //秒值
11.
12.         void CalcTimeVal(int tick)
13.         {
14.             if(tick < 0 || tick > 86399)
15.             {
16.                 throw "Tick value is not valid!!"; //抛出异常信息
17.             }
18.             else
19.             {
20.                 mHour = tick / 3600;          //tick 对 3600 取模赋值给 mHour
21.                 mMin  = (tick % 3600) / 60; //tick 对 3600 取余后再对 60 取模赋值给 mMin
22.                 mSec  = (tick % 3600) % 60; //tick 对 3600 取余后再对 60 取余赋值给 mSec
23.
24.                 //打印转换之后的时间结果
25.                 cout << "Current time : " << mHour << "-" << mMin << "-" << mSec << endl;
26.             }
27.         }
28. };
29.
30. int main()
31. {
32.     CalcTime ct;
33.
34.     int tick = 0;   //0~86399
35.
36.     cout << "Please input a tick between 0~86399" << endl;
37.     cin  >> tick;
38.
39.     //保护代码
40.     try
41.     {
42.         ct.CalcTimeVal(tick);
43.     }
44.     //捕获异常信息并输出提示
45.    catch(const char* e)
46.     {
47.        cout << e << endl;
48.     }
49.
50.     return 0;
51. }
```

最后，按 F6 键编译和执行 C++文件，在 Notepad++的 Console 窗口中，输入 80000 后回车，可以看到运行结果，即输出“Current time : 22-13-20”，说明实验成功。

4.7.4　本节任务

参考本节实验，在代码中运用异常处理机制，重做 4.1.4 节任务。

本 章 任 务

本章共有 7 个实验，首先学习各节的实验原理，然后按照实验步骤完成实验，最后按照要求完成各节任务。

本 章 习 题

1. 面向过程和面向对象有什么区别？
2. 类与对象是面向对象程序设计中的两个最基本组成单元，简述类与对象的关系。
3. 什么是成员变量？什么是局部变量？什么是类变量？
4. 在定义一个类时，是否可以不定义构造函数？为什么？
5. 类的封装有什么优点？
6. 什么是类的继承？简述继承的优点和缺点。
7. 子类可以通过什么方式继承父类？分别有什么区别？
8. 简述函数重载和函数重写的区别。
9. C++中如何实现抽象类的定义？
10. C++中接口满足什么规定？

第5章　MFC程序设计

在 MFC 程序设计的过程中，有 4 个非常重要的知识点需要熟练掌握，分别为对话框、消息映射、函数指针及多线程，本章将详细介绍这 4 个知识点。

5.1　对话框实验

5.1.1　实验内容

对话框窗口是一个顶级窗口，主要用于执行短期任务及与用户进行简单通信，对于一个完善的应用程序来说，对话框窗口是不可或缺的部分。本节先介绍对话框的创建方法，再学习模态对话框和非模态对话框的基本知识，最后通过一个简单的实验来介绍对话框如何与程序代码协同运作，形成一个完整的应用程序。

5.1.2　实验原理

1. 创建对话框

创建对话框主要分为两步。第一步：创建对话框资源，包括创建新的对话框模板、设置对话框属性和为对话框添加控件。第二步：生成对话框类，主要包括新建对话框类、添加控件变量和控件的消息处理函数等。

以 1.3.1 节中的新建 HelloWorld 项目为例，如图 5-1 所示为 HelloWorld 项目的类视图，可见项目中有 3 个类：CAboutDlg、CHelloWorldApp 和 CHelloWorldDlg。这 3 个类皆是项目自动生成的，其中，CAboutDlg 为应用程序的"关于"对话框类，CHelloWorldApp 是由 CWinApp 派生的类，CHelloWorldDlg 为主对话框类。

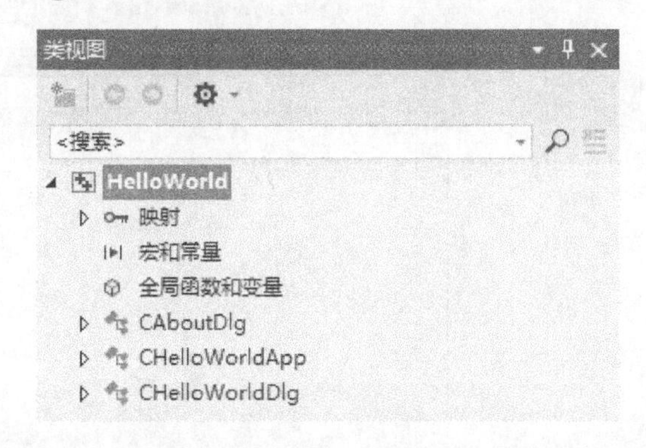

图 5-1　HelloWorld 项目的类视图

参考图 1-12，由于在创建 HelloWorld 项目时，应用程序类型为“基于对话框”，因此，创建对话框第一步中的创建对话框模板和第二步中的新建对话框类都将由系统自动完成。若还需要向 HelloWorld 项目中添加对话框，则可按照以下步骤操作：执行菜单命令“视图”→“资源视图”，展开 HelloWorld 项目的资源列表，右击“Dialog”选项，在弹出的快捷菜单中选择“插入 Dialog”选项，如图 5-2 所示。系统将自动为新建的对话框分配 ID。

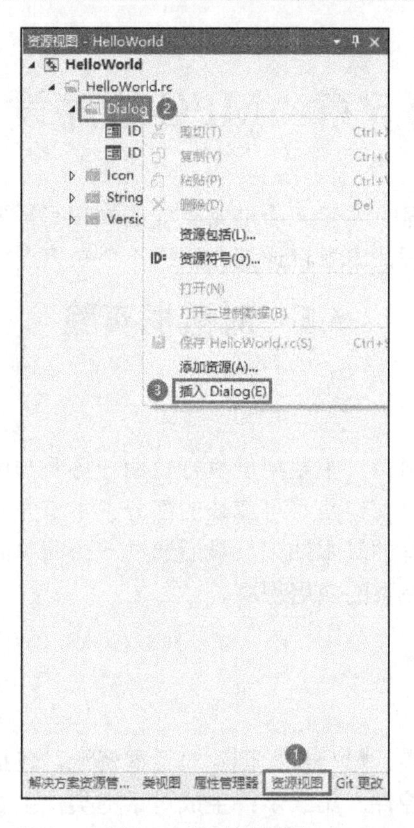

图 5-2　新建对话框

创建对话框完成后，还需要为该对话框新建一个类，操作方法如下：双击打开新建的对话框，右击对话框，在弹出的快捷菜单中选择“添加类”选项，如图 5-3 所示。

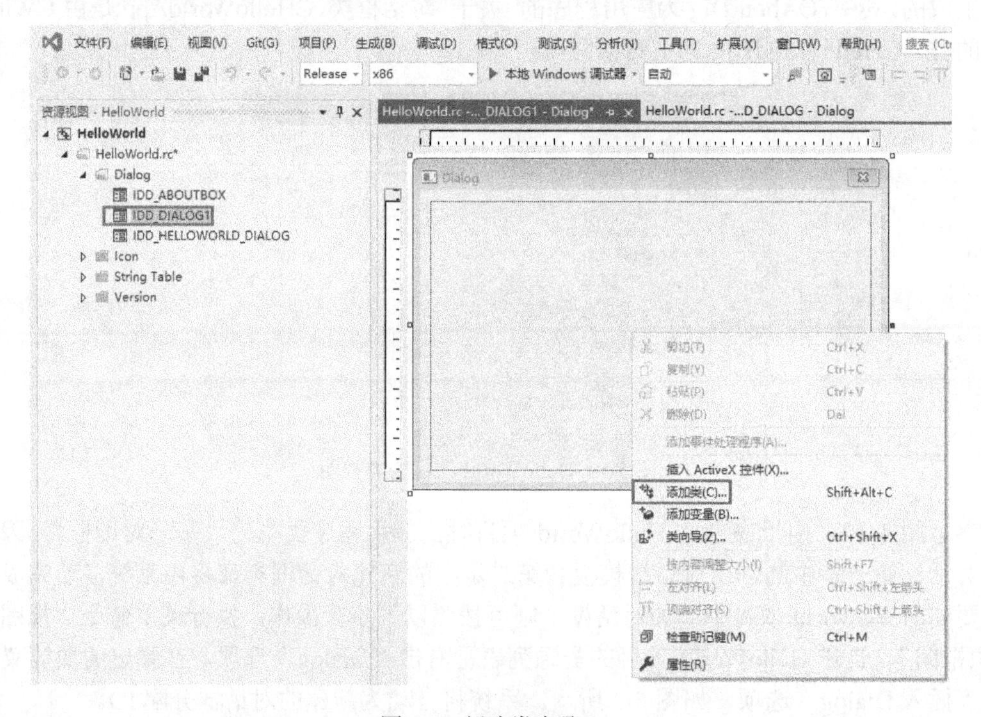

图 5-3　新建类步骤 1

在弹出的如图 5-4 所示的对话框中输入类名即可。

图 5-4　新建类步骤 2

2．对话框中的数据交换

为了与对话框中的各种控件进行数据交互，MFC 提出了控件的关联变量。控件的关联变量有两种类型：控件类型和值类型，控件类型的变量是该控件所属类的一个实例，可以通过该变量调用类中的所有函数对控件进行操作；值类型的变量仅用于传递数据，不能对控件进行操作。

在程序运行过程中，用户往往会通过对话框中的控件与程序进行数据交互，如在编辑框中输入字符串，或者改变分组框的选中项，又或者改变单选按钮的选中状态等。对控件的这些操作将改变控件的属性，此时系统会修改与控件对应的关联变量（值类型）的值。这种同步的改变是通过系统为对话框类自动生成的成员函数 DoDataExchange()来实现的，也叫对话框的数据交换和检验机制。

假设为一个编辑框控件添加关联变量 mEditTest，当程序运行时，若在对话框的编辑框中输入字符串，则通过 DoDataExchange()函数可以将输入的字符串保存到 mEditTest 变量中。反之，若在程序中修改了变量 mEditTest 的值，则通过 DoDataExchange()函数也可以将新的变量值显示到编辑框中。

但在这种数据交换机制中，DoDataExchange()函数并非自动调用的，而是需要在程序中调用 CDialogEx::UpdateData()函数，再由 UpdateData()函数自动调用 DoDataExchange()函数。

CDialogEx::UpdateData()函数的原型为：

```
BOOL UpdateData(BOOL bSaveAndValidate = TRUE);
```

参数 bSaveAndValidate 用于指示数据传输的方向，默认值为 TRUE，表示从控件传给变量，若为 FALSE 则表示从变量传给控件。返回值表示操作是否成功，成功则返回 TRUE，否则返回 FALSE。

3．模态对话框和非模态对话框

（1）模态对话框。

模态对话框是指阻塞同一应用程序中其他可视窗口输入的对话框。模态对话框拥有自己的事件循环，用户必须先完成这个对话框中的交互操作且关闭后，才能访问应用程序中的其他窗口。即弹出模态对话框后，除了该对话框，整个应用程序的窗口都无法接收用户响应，处于等待状态，直到模态对话框被关闭。此时通常需要单击对话框中的“确定”按钮或“取消”按钮等关闭该对话框，然后用户才重新拥有控制权，可以单击或移动程序的其他窗口。

模态对话框仅阻止访问与自身相关联的窗口，允许用户继续使用其他应用程序中的窗口，常见于新建项目和应用程序的配置选项界面。

显示模态对话框最常用的方法是调用 DoModal()函数，该函数调用显示一个模态对话框后，代码不能向下运行，直到该函数返回。DoModal()函数通常会提供一个返回值，该返回值对应关闭对话框的控件 ID，如对话框自带的“确定”按钮和“取消”按钮，其默认 ID 分别为 IDOK 和 IDCANCEL。若 DoModal()函数的返回值为 IDOK，则表示用户单击的是“确定”按钮；若返回值为 IDCANCEL，则表示用户单击的是“取消”按钮。当模态对话框关闭时，程序继续从调用 DoModal()函数的地方运行。

（2）非模态对话框。

与模态对话框相反，非模态对话框是独立于应用程序中其他窗口的对话框，不会阻塞用户对其他窗口的交互操作，同时，用户还可以与对话框自身进行交互。

直接使用 ShowWindow()函数即可显示非模态对话框。与 DoModal()函数不同，在调用 ShowWindow()函数后，代码不会被阻塞，可以继续往下执行，并且控制权会立即返还给调用者。

非模态对话框常见于文字处理的“查找”和“替换”场景。

5.1.3　实验步骤

本节将进行一个对话框实验，并设计一个 MFC 应用程序，最终实现的应用程序主界面如图 5-5 所示，通过单击“模态对话框”按钮和“非模态对话框”按钮，可分别弹出一个对应属性的对话框。

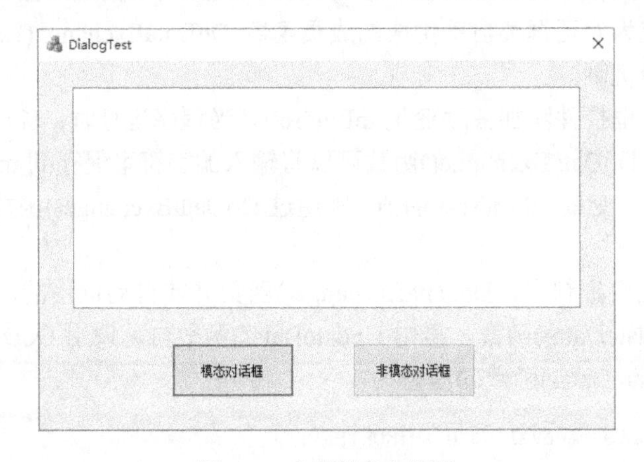

图 5-5　应用程序主界面

1．新建项目

参考 1.3.1 节，新建一个 MFC 项目，项目名称为 DialogTest，将项目路径设置为“D:\MFCProject”。

2．完善对话框

（1）完善应用程序主对话框。

执行菜单命令“视图”→“资源视图”，展开 DialogTest 项目的资源列表，然后打开 Dialog

文件夹下的 IDD_DIALOGTEST_DIALOG 文件。将界面自带的控件全部删除后，参考图 5-6 和表 5-1 进行界面布局并修改控件属性。

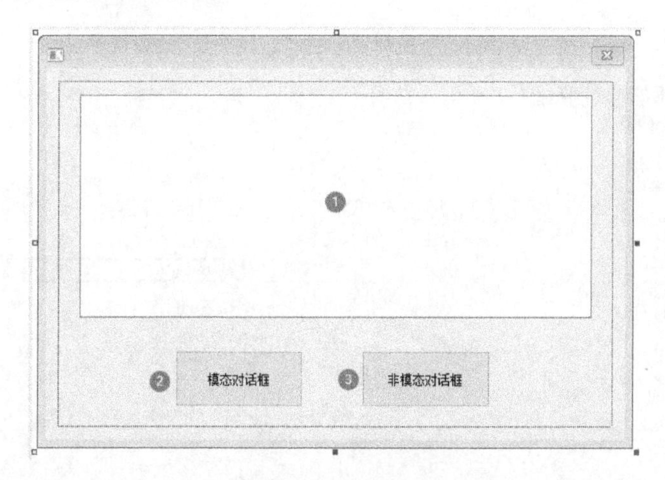

图 5-6　添加控件

表 5-1　控件说明

编　号	控 件 类 型	ID	属 性 设 置	添加变量/响应函数
①	List Box	IDC_LIST_DIALOGSTS	排序：False	CListBox mListDlgSts
②	Button	IDC_BUTTON_MODALDLG	—	OnBnClickedButtonModaldlg()
③	Button	IDC_BUTTON_MODELESSDLG	—	OnBnClickedButtonModelessdlg()

以编号为①的控件为例进行说明：从“工具箱”中将一个 List Box 控件添加到设计界面中并调整控件大小，然后打开该控件的属性视图（为便于修改，建议单击属性视图右上角的按钮固定视图），将 ID 修改为 IDC_LIST_DIALOGSTS，再将“排序”选项后的 True 改为 False，最后为该控件添加变量 mListDlgSts，操作方法如图 5-7 所示，右击 List Box 控件，在弹出的快捷菜单项中选择“添加变量”选项。

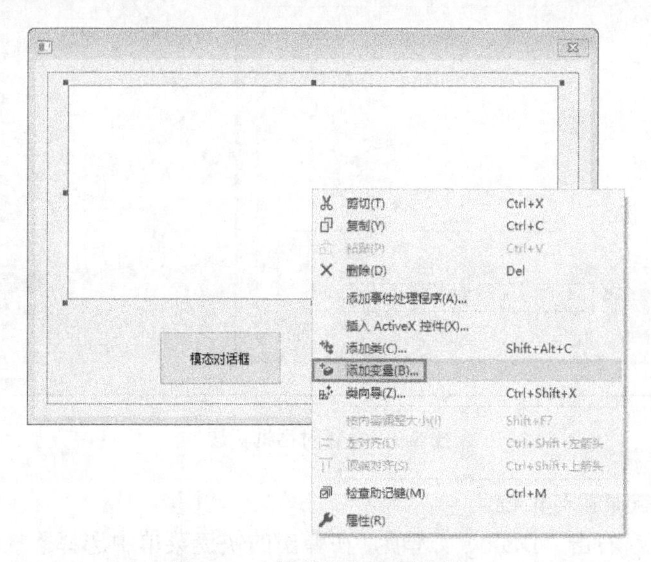

图 5-7　为控件添加变量步骤 1

在弹出的如图 5-8 所示的“添加控制变量”对话框中，将“名称”栏设置为 mListDlgSts，其他保持默认，然后单击“完成”按钮。

图 5-8　为控件添加变量步骤 2

参考 List Box 控件，修改编号为②和③的按钮 ID 及显示文本（通过“描述文字”选项设置），然后参考 2.3.1 节为两个按钮分别添加单击响应函数，其中“类列表”栏设置为 CDialogTestDlg。

最后设置对话框标题：单击界面中控件外的空白部分，在属性视图中将“描述文字”选项设置为 DialogTest，如图 5-9 所示。

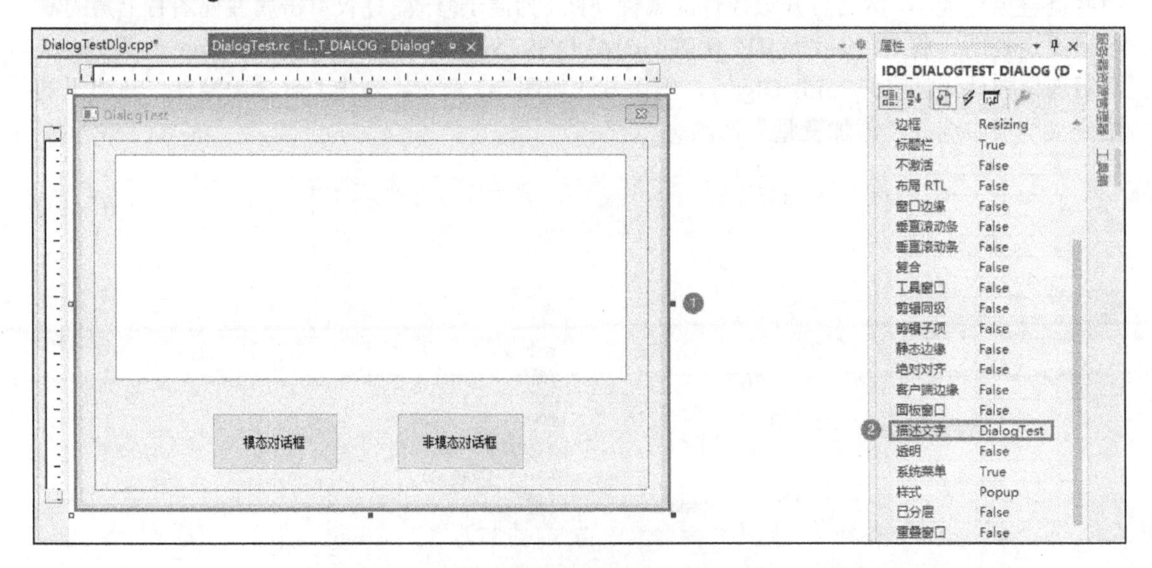

图 5-9　设置对话框标题

（2）向项目中添加新对话框。

如图 5-10 所示，右击“Dialog”选项，在弹出的快捷菜单中选择“插入 Dialog”选项。

图 5-10　添加新对话框

如图 5-11 所示，在 Dialog 文件夹下新增 ID 为 IDD_DIALOG1 的对话框，双击打开该对话框，在属性视图中将“描述文字”选项修改为 ModalDialog，再将“ID”选项修改为 IDD_MODAL_DIALOG。

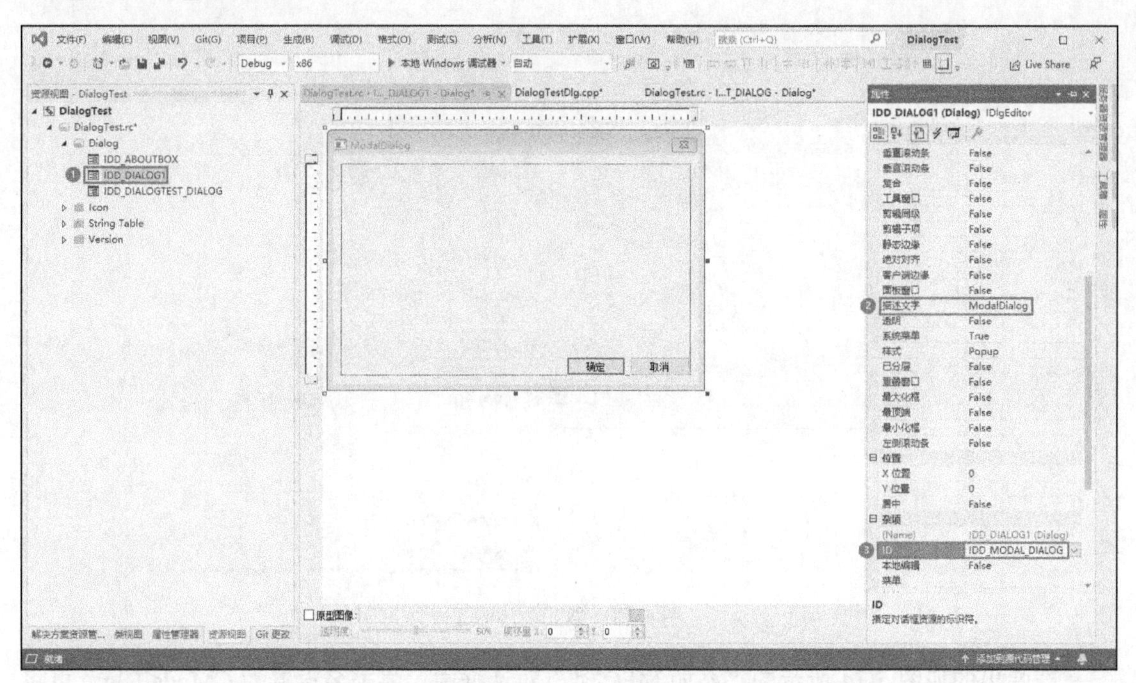

图 5-11　修改对话框属性

然后向该对话框中添加一个 Static Text 控件，如图 5-12 所示，将该控件的“描述文字”选项设置为“This is Modal Dialog!”，然后依次单击对话框编辑器中的 ⊟ 和 ⊞ 按钮使控件水平和垂直居中。

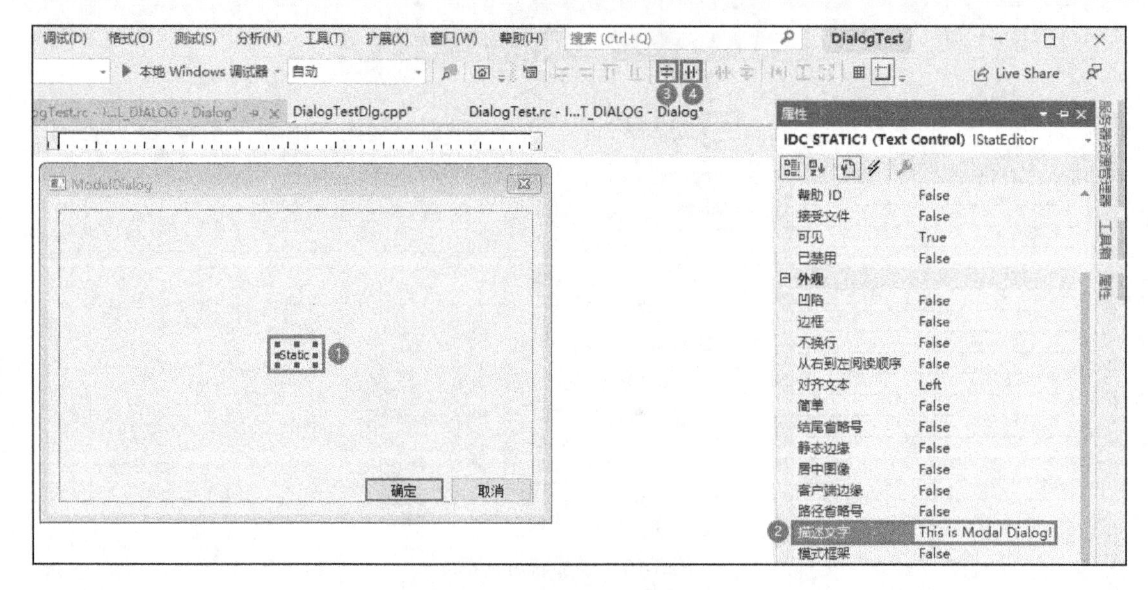

图 5-12　添加控件并修改属性

最后为 ModalDialog 对话框添加一个类，如图 5-13 所示，右击对话框的空白部分，在弹出的快捷菜单中选择“添加类”选项。

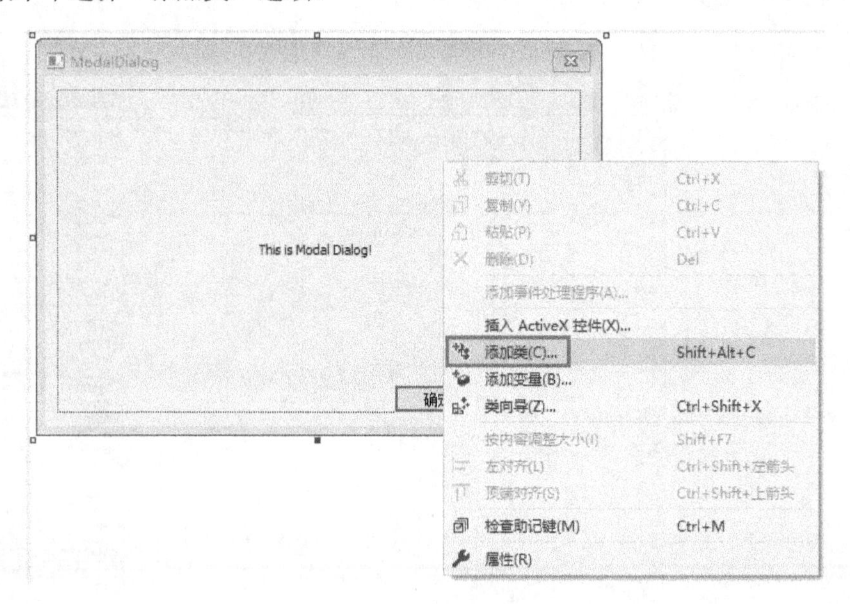

图 5-13　添加类步骤 1

在弹出的如图 5-14 所示的“添加 MFC 类”对话框中，将类名设置为 CModalDlg，再将自动生成的文件 CModalDlg.h 和 CModalDlg.cpp 分别修改为 ModalDlg.h 和 ModalDlg.cpp，然后单击“确定”按钮。

按照以上步骤，向项目中添加另一个对话框，将对话框标题修改为 ModelessDialog，ID 修改为 IDD_MODELESS_DIALOG。向该对话框中添加 Static Text 控件，并且将“描述文字”选项修改为“This is Modeless Dialog!”。最后为该对话框添加类，类名设置为 CModelessDlg，.h 文件和.cpp 文件分别修改为 ModelessDlg.h 和 ModelessDlg.cpp。

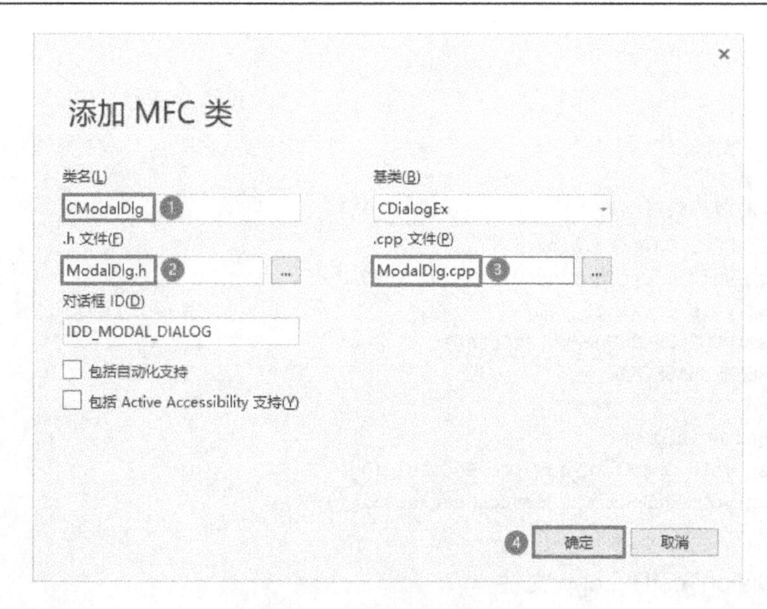

图 5-14　添加类步骤 2

3. 完善 DialogTestDlg.h 文件

执行菜单命令"视图"→"解决方案资源管理器"，双击打开 DialogTestDlg.h 文件，添加如程序清单 5-1 所示的第 3 至 4 行和第 12 至 15 行代码，下面按照顺序对部分语句进行解释。

（1）第 3 至 4 行代码：包含两个对话框类的头文件。

（2）第 12 行代码：声明析构函数。

（3）第 15 行代码：声明一个 CModelessDlg*类型的变量。

程序清单 5-1

```
1.  #pragma once
2.
3.  #include "ModalDlg.h"
4.  #include "ModelessDlg.h"
5.
6.  //CDialogTestDlg 对话框
7.  class CDialogTestDlg : public CDialogEx
8.  {
9.  //构造
10. public:
11.     CDialogTestDlg(CWnd* pParent = nullptr);  //标准构造函数
12.     ~CDialogTestDlg();  //析构函数
13.
14. private:
15.     CModelessDlg* mModelessDlg;
16.
17. //对话框数据
18. #ifdef AFX_DESIGN_TIME
19.     enum { IDD = IDD_DIALOGTEST_DIALOG };
20. #endif
21.
22.     protected:
23.     virtual void DoDataExchange(CDataExchange* pDX);   //DDX/DDV 支持
```

```
24.
25. //实现
26. protected:
27.     HICON m_hIcon;
28.
29.     //生成的消息映射函数
30.     virtual BOOL OnInitDialog();
31.     afx_msg void OnSysCommand(UINT nID, LPARAM lParam);
32.     afx_msg void OnPaint();
33.     afx_msg HCURSOR OnQueryDragIcon();
34.     DECLARE_MESSAGE_MAP()
35. public:
36.     CListBox mListDlgSts;
37.     afx_msg void OnBnClickedButtonModaldlg();
38.     afx_msg void OnBnClickedButtonModelessdlg();
39. };
```

4．完善 DialogTestDlg.cpp 文件

双击打开 DialogTestDlg.cpp 文件，添加如程序清单 5-2 所示的第 7 行和第 10 至 16 行代码，下面按照顺序对部分语句进行解释。

（1）第 7 行代码：初始化变量 mModelessDlg。

（2）第 12 至 15 行代码：若变量 mModelessDlg 不为空，则清除其内存空间。

（3）第 21 行代码：在用户为对话框中的 List Box 控件添加变量时自动生成，作用是将控件与变量进行绑定。

程序清单 5-2

```
1.  //CDialogTestDlg 对话框
2.
3.  CDialogTestDlg::CDialogTestDlg(CWnd* pParent /*=nullptr*/)
4.      : CDialogEx(IDD_DIALOGTEST_DIALOG, pParent)
5.  {
6.      m_hIcon = AfxGetApp()->LoadIcon(IDR_MAINFRAME);
7.      mModelessDlg = NULL;
8.  }
9.
10. CDialogTestDlg::~CDialogTestDlg()
11. {
12.     if (NULL != mModelessDlg)
13.     {
14.         delete mModelessDlg;
15.     }
16. }
17.
18. void CDialogTestDlg::DoDataExchange(CDataExchange* pDX)
19. {
20.     CDialogEx::DoDataExchange(pDX);
21.     DDX_Control(pDX, IDC_LIST_DIALOGSTS, mListDlgSts);
22. }
```

接下来完善 OnBnClickedButtonModaldlg()函数，添加如程序清单 5-3 所示的第 4 至 7 行代码，下面按照顺序对部分语句进行解释。

（1）第 4 行代码：向 List Box 控件中添加文本“Open Modal Dialog”。

（2）第 6 行代码：定义 CModalDlg 类变量。

（3）第 7 行代码：调用 DoModal()函数，弹出模态对话框。

程序清单 5-3

```
1.   void CDialogTestDlg::OnBnClickedButtonModaldlg()
2.   {
3.       //TODO: 在此添加控件通知处理程序代码
4.       mListDlgSts.AddString(_T("Open Modal Dialog"));
5.
6.       CModalDlg modalDlg;
7.       modalDlg.DoModal();
8.   }
```

在 OnBnClickedButtonModaldlg()函数后，完善 OnBnClickedButtonModelessdlg()函数，添加如程序清单 5-4 所示的第 4 至 12 行代码，下面按照顺序对部分语句进行解释。

（1）第 4 至 8 行代码：若 mModelessDlg 为空，则实例化该类变量并创建对话框。

（2）第 10 行代码：显示对话框。

（3）第 12 行代码：向 List Box 控件中添加文本“Open Modeless Dialog”。

程序清单 5-4

```
1.   void CDialogTestDlg::OnBnClickedButtonModelessdlg()
2.   {
3.       //TODO: 在此添加控件通知处理程序代码
4.       if (NULL == mModelessDlg)
5.       {
6.           mModelessDlg = new CModelessDlg();
7.           mModelessDlg->Create(IDD_MODELESS_DIALOG, this);
8.       }
9.
10.      mModelessDlg->ShowWindow(SW_SHOW);
11.
12.      mListDlgSts.AddString(_T("Open Modeless Dialog"));
13.  }
```

5. 编译并运行项目

完成代码添加后，单击 ▶ 本地 Windows 调试器 按钮，即可编译并运行程序，运行结果如图 5-15 所示。

单击“模态对话框”按钮，弹出“ModalDialog”对话框，并且 List Box 控件中显示“Open Modal Dialog”，如图 5-16 所示。

尝试单击或拖动主界面“DialogTest”对话框，此时主对话框无响应。单击“确定”按钮或“取消”按钮退出“ModalDialog”对话框。

单击“非模态对话框”按钮，弹出“ModelessDialog”对话框，并且 List Box 控件中显示“Open Modeless Dialog”，如图 5-17 所示。

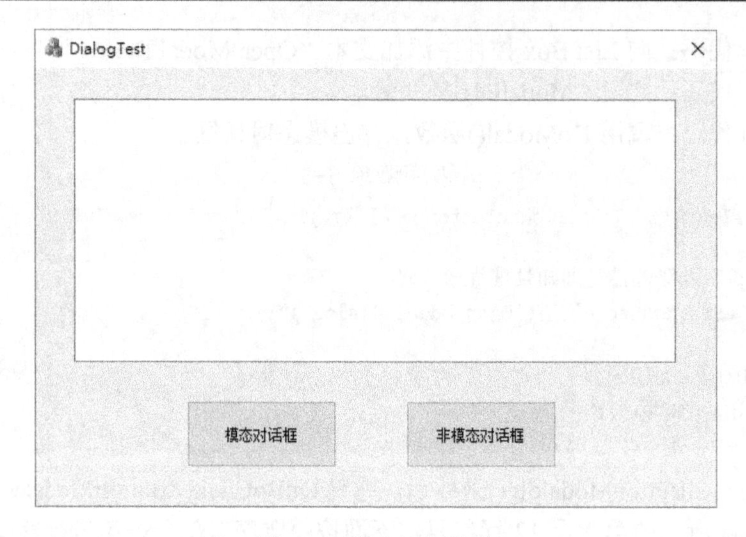

图 5-15　程序运行结果

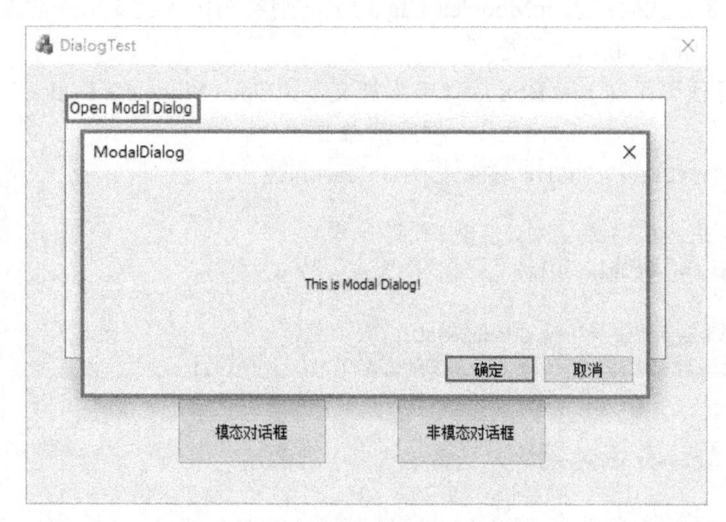

图 5-16　模态对话框测试图

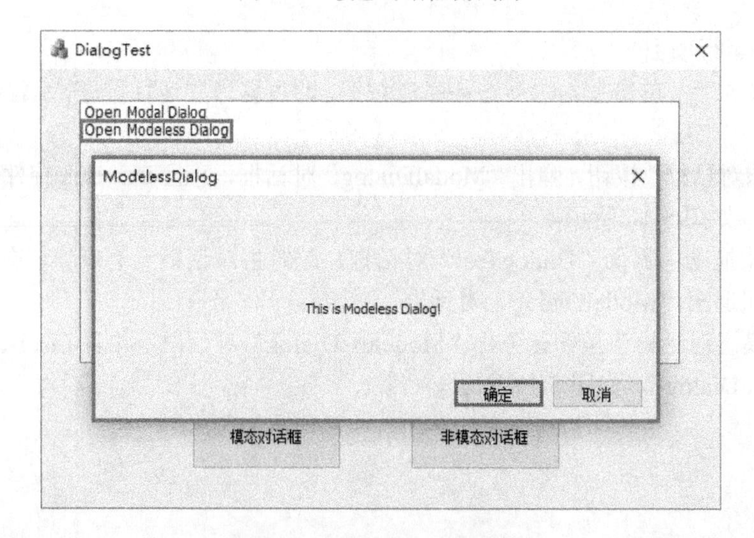

图 5-17　非模态对话框测试图

尝试单击或拖动主界面“DialogTest”对话框，此时主界面能正常响应。

5.1.4　本节任务

从模态对话框的测试结果来看，并不能体现出其阻止代码继续向下运行的特点，试修改 OnBnClickedButtonModaldlg()响应函数，体现这一特点。

5.2　消息映射实验

5.2.1　实验内容

消息映射机制是 MFC 编程的基础，也是 MFC 不同于其他开发框架的核心特征。消息映射机制用于完成界面操作响应，或者实现线程之间的通信。本节先介绍消息映射机制的特点和用法，然后通过一个简单的实验来介绍消息映射机制的实际应用。

5.2.2　实验原理

1．消息分类

根据处理函数和处理过程的不同，MFC 主要处理 3 类消息。

（1）Windows 消息。

Windows 消息前缀为“WM_”，WM_COMMAND 例外。Windows 消息会直接发送到 MFC 窗口过程，窗口过程调用对应的消息处理函数进行处理。这类消息通常由窗口对象处理，因此对应的消息处理函数通常是 MFC 窗口类的成员函数。

（2）控制通知消息。

控制通知消息一般由子窗口送给父窗口，消息名为 WM_COMMAND。其附带了控件通知码以区分控件。这类消息处理函数通常是 MFC 窗口类的成员函数。

（3）命令消息。

命令消息来自菜单、工具栏按钮或加速键等用户接口对象的 WM_COMMAND 通知消息，消息中附带了标识符 ID，用于区分消息是来自哪个菜单、工具栏按钮或加速键的。

2．消息映射机制简介

MFC 使用消息映射机制来处理消息，在应用程序框架中，表现为消息与消息处理函数一一对应的消息映射表，以及消息处理函数的声明和实现等代码。当窗口接收到消息时，会在消息映射表中查找该消息对应的消息处理函数，然后由消息处理函数进行相应的处理。

MFC 使用类向导帮助实现消息映射，它会在源码中添加消息映射相关的代码。

类的头文件中添加了消息处理函数声明，并添加了一行声明消息映射的宏 DECLARE_MESSAGE_MAP。

在类实现文件中添加消息处理函数的实现代码和消息映射表。一般情况下，这些声明和实现代码由 MFC 的类向导自动维护。

3．消息映射表

消息映射表由声明消息映射开始和结束的宏，以及位于二者之间的各种消息映射宏组成，示例如下：

```
BEGIN_MESSAGE_MAP(CDialogTestDlg, CDialogEx)
    ON_WM_SYSCOMMAND()
```

```
    ON_WM_PAINT()
    ON_WM_QUERYDRAGICON()
END_MESSAGE_MAP()
```

BEGIN_MESSAGE_MAP()和 END_MESSAGE_MAP()分别为声明消息映射开始和结束的宏，CDialogTestDlg 表示消息映射表所属类，CDialogEx 表示父类。

消息映射表同样由类向导自动维护，如 5.1.3 节中为模态对话框和非模态对话框添加单击响应函数时，“类列表”栏选择“CDialogTestDlg”选项，在 DialogTestDlg.h 文件中会添加如下代码：

```
afx_msg void OnBnClickedButtonModaldlg();
afx_msg void OnBnClickedButtonModelessdlg();
```

分别声明两个按钮的单击响应函数。

在 DialogTestDlg.cpp 文件的关于 CDialogTestDlg 类的消息映射表中也会添加如下代码：

```
ON_BN_CLICKED(IDC_BUTTON_MODALDLG, &CDialogTestDlg::OnBnClickedButtonModaldlg)
ON_BN_CLICKED(IDC_BUTTON_MODELESSDLG, &CDialogTestDlg::OnBnClickedButtonModelessdlg)
```

对 ON_BN_CLICKED()的宏定义如下：

```
#define  ON_BN_CLICKED(id, memberFxn)  ON_CONTROL(BN_CLICKED, id, memberFxn)
```

ON_CONTROL 为用于控制通知消息的宏，有 3 个参数，BN_CLICKED 为消息名称，该消息由单击按钮时发出，id 为发出该消息的按钮的资源 ID，memberFxn 为对应的消息处理函数。若使用 ON_BN_CLICKED 宏，则只需指明按钮的 ID 和对应的消息处理函数即可。

4. 消息处理函数

在 5.1.3 节中，为模态对话框和非模态对话框添加单击响应函数时，在 DialogTestDlg.cpp 文件中会添加如下代码：

```
void CDialogTestDlg::OnBnClickedButtonModaldlg()
{
    //TODO: 在此添加控件通知处理程序代码
}

void CDialogTestDlg:: OnBnClickedButtonModelessdlg()
{
    //TODO: 在此添加控件通知处理程序代码
}
```

上述代码即为消息处理函数的实现，在其中添加单击按钮后实现的代码即可。

5.2.3　实验步骤

本节进行一个简单的实验，介绍消息映射机制的具体用法，最终实现的应用程序主界面如图 5-18 所示，单击“修改”按钮可弹出一个可编辑姓名的对话框。

图 5-18　应用程序主界面

1. 新建项目

参考 1.3.1 节，新建一个 MFC 项目，项目名称为 MessageMapTest，将项目路径设置为“D:\MFCProject”。

2．完善对话框

（1）完善应用程序主对话框。

执行菜单命令“视图”→“资源视图”或单击工作视图区底部的“资源视图”选项卡，如图 5-19 所示，展开 MessageMapTest 项目的资源列表，然后双击打开 Dialog 文件夹下的 IDD_MESSAGEMAPTEST_DIALOG 文件。

将界面自带的 Static Text 控件删除后，参考图 5-20 和表 5-2 进行界面布局并修改控件属性。

图 5-19　打开对话框设计界面

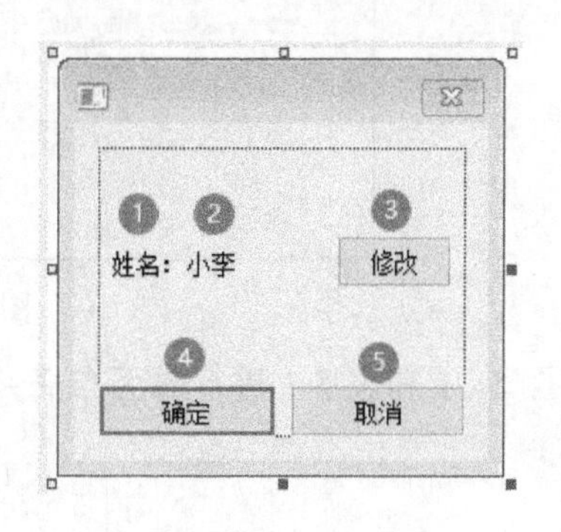

图 5-20　添加控件

表 5-2　控件说明

编　号	控 件 类 型	ID	添加变量/响应函数
①	Static Text	IDC_STATIC_NAMELABEL	—
②	Static Text	IDC_STATIC_NAME	—
③	Button	IDC_BUTTON_MODIFY	OnBnClickedButtonModify()
④	Button	IDOK	—
⑤	Button	IDCANCEL	—

具体的布局过程不再介绍，可参考 5.1.3 节，下面说明一些注意事项。

编号为①的静态文本控件的显示文本为“姓名：”。

编号为②的静态文本控件用于显示姓名，文本默认左对齐，为了避免修改后的姓名因字符数过多而导致显示不完全，建议适当增加该控件的尺寸。

编号为③的按钮需要添加单击响应函数，在“类列表”栏中选择“CMessageMapTestDlg”选项。

“确定”按钮和“取消”按钮为对话框自带的控件，在调整对话框尺寸前先调整“确定”按钮和“取消”按钮的位置，否则可能会导致按钮丢失。

最后将对话框的标题设置为 MessageMapTest。

（2）向项目中添加新对话框。

参考 5.1.3 节，向项目添加一个新对话框，ID 修改为 IDD_MODIFY_DIALOG，对话框标题设置为 ModifyNameDialog。然后为该对话框添加一个类，如图 5-21 所示，类名设置为 CModifyNameDlg，再将自动生成的 CModifyNameDlg.h 和 CModifyNameDlg.cpp 分别修改为 ModifyNameDlg.h 和 ModifyNameDlg.cpp，然后单击“确定”按钮。

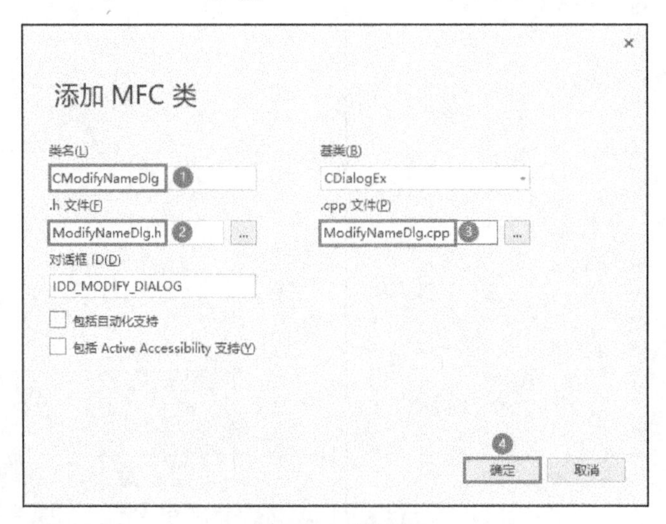

图 5-21　添加类

参考图 5-22 和表 5-3 进行界面布局并修改控件属性。

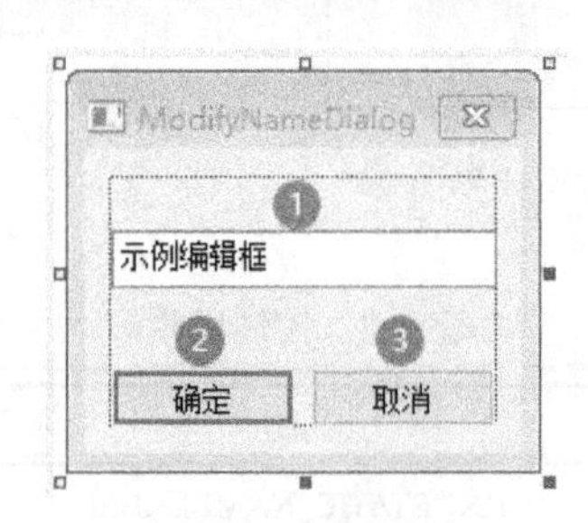

图 5-22　添加控件

表 5-3　控件说明

编号	控件类型	ID	添加变量/响应函数
①	Edit Control	IDC_EDIT_NEWNAME	CString mEditNewName
②	Button	IDOK	OnBnClickedOk()
③	Button	IDCANCEL	OnBnClickedCancel()

编号为①的 Edit Control 控件需要添加变量 mEditNewName，如图 5-23 所示，“类别”栏选择“值”选项，表明该变量为值类型，名称设置为 mEditNewName。

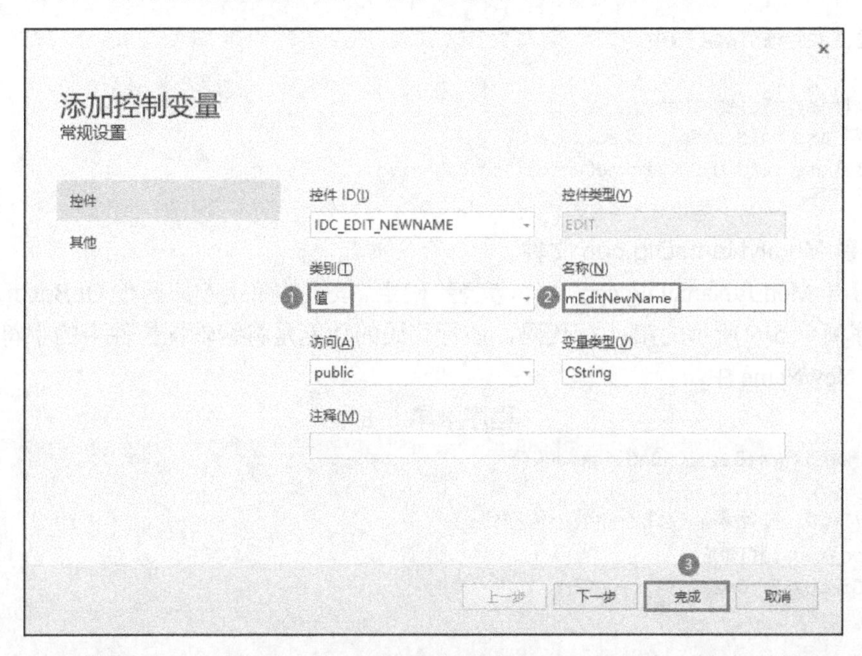

图 5-23　添加值变量

编号为②和③的按钮的单击响应函数应添加到 CModifyNameDlg 类中，因此“类列表”栏应选择“CModifyNameDlg”选项。

3. 完善 ModifyNameDlg.h 文件

打开解决方案资源管理器，双击打开 ModifyNameDlg.h 文件，添加如程序清单 5-5 所示的第 13 行代码，声明一个用于返回修改后姓名的函数。

程序清单 5-5

```
1.   #pragma once
2.
3.   //CModifyNameDlg 对话框
4.
5.   class CModifyNameDlg : public CDialogEx
6.   {
7.       DECLARE_DYNAMIC(CModifyNameDlg)
8.
9.   public:
10.      CModifyNameDlg(CWnd* pParent = nullptr);   //标准构造函数
11.      virtual ~CModifyNameDlg();
12.
13.      CString ReturnNewName();
14.
15.  //对话框数据
16.  #ifdef AFX_DESIGN_TIME
17.      enum { IDD = IDD_MODIFY_DIALOG };
18.  #endif
19.
```

```
20. protected:
21.     virtual void DoDataExchange(CDataExchange* pDX);    //DDX/DDV 支持
22.
23.     DECLARE_MESSAGE_MAP()
24. public:
25.     CString mEditNewName;
26.     afx_msg void OnBnClickedOk();
27.     afx_msg void OnBnClickedCancel();
28. };
```

4. 完善 ModifyNameDlg.cpp 文件

双击打开 ModifyNameDlg.cpp 文件，完善“确定”按钮的单击响应函数 OnBnClickedOk()，添加如程序清单 5-6 所示的第 4 行代码，该行代码的功能是将编辑框控件中的字符串更新到变量 mEditNewName 中。

程序清单 5-6

```
1. void CModifyNameDlg::OnBnClickedOk()
2. {
3.     //TODO: 在此添加控件通知处理程序代码
4.     UpdateData(TRUE);
5.     CDialogEx::OnOK();
6. }
```

“取消”按钮的单击响应函数 OnBnClickedCancel()不需要修改，在 OnBnClickedCancel()函数后，添加 ReturnNewName()函数的实现代码，如程序清单 5-7 所示。该函数的功能是返回修改后的姓名。

程序清单 5-7

```
1. CString CModifyNameDlg::ReturnNewName()
2. {
3.     return mEditNewName;
4. }
```

5. 完善 MessageMapTestDlg.h 文件

双击打开 MessageMapTestDlg.h 文件，添加如程序清单 5-8 所示的第 3 行和第 12 行代码。下面按照顺序对部分语句进行解释。

（1）第 3 行代码：包含子对话框类的头文件。

（2）第 12 行代码：声明一个 CString 类型的变量 mName，用于存储姓名的字符串。

程序清单 5-8

```
1. #pragma once
2.
3. #include "ModifyNameDlg.h"
4.
5. //CMessageMapTestDlg 对话框
6. class CMessageMapTestDlg : public CDialogEx
7. {
8. //构造
9. public:
10.     CMessageMapTestDlg(CWnd* pParent = nullptr);  //标准构造函数
11.
12.     CString mName;
```

```
13.
14. //对话框数据
15. #ifdef AFX_DESIGN_TIME
16.     enum { IDD = IDD_MESSAGEMAPTEST_DIALOG };
17. #endif
18.
19.     protected:
20.     virtual void DoDataExchange(CDataExchange* pDX);   //DDX/DDV 支持
21.
22.
23. //实现
24. protected:
25.     HICON m_hIcon;
26.
27.     //生成的消息映射函数
28.     virtual BOOL OnInitDialog();
29.     afx_msg void OnSysCommand(UINT nID, LPARAM lParam);
30.     afx_msg void OnPaint();
31.     afx_msg HCURSOR OnQueryDragIcon();
32.     DECLARE_MESSAGE_MAP()
33. public:
34.     afx_msg void OnBnClickedButtonModify();
35. };
```

6. 完善 MessageMapTestDlg.cpp 文件

双击打开 MessageMapTestDlg.cpp 文件，完善“修改”按钮的单击响应函数 OnBnClickedButtonModify()，添加如程序清单 5-9 所示的第 4 至 14 行代码。下面按照顺序对部分语句进行解释。

（1）第 4 行代码：定义一个 CModifyNameDlg 类的变量 modifyNameDlg。

（2）第 6 至 7 行代码：使用 GetDlgItemText()函数获取 ID 为 IDC_STATIC_NAME 的控件文本，即获取初始姓名，并赋值给 mName。

（3）第 9 行代码：调用 DoModal()函数弹出模态对话框。

（4）第 11 行代码：调用 ReturnNewName()函数获取在弹出的模态对话框中修改后的姓名，并赋值给 mName。

（5）第 13 行代码：调用 GetDlgItem()和 SetWindowText()函数将 ID 为 IDC_STATIC_NAME 的控件文本设置为 mName 中的字符串，即用修改后的姓名替换初始姓名。

程序清单 5-9

```
1.  void CMessageMapTestDlg::OnBnClickedButtonModify()
2.  {
3.      //TODO: 在此添加控件通知处理程序代码
4.      CModifyNameDlg modifyNameDlg;
5.
6.      GetDlgItemText(IDC_STATIC_NAME, mName);
7.      modifyNameDlg.mEditNewName = mName;
8.
9.      if(modifyNameDlg.DoModal() == IDOK)
10.     {
11.         mName = modifyNameDlg.ReturnNewName();
```

```
12.
13.             GetDlgItem(IDC_STATIC_NAME)->SetWindowText(mName);
14.         }
15.   }
```

7. 编译并运行项目

完成代码添加后，单击 ▶ 本地 Windows 调试器 按钮，即可编译并运行程序，运行结果如图 5-24 所示。

单击“修改”按钮，弹出如图 5-25 所示的修改姓名的对话框。

在编辑框中修改姓名并单击“确定”按钮，此时对话框关闭，并且主对话框显示的初始姓名“小李”会替换为修改后的姓名，如图 5-26 所示。

图 5-24　程序运行结果

图 5-25　修改姓名

图 5-26　修改结果

若修改姓名后单击“取消”按钮，则主对话框显示的初始姓名不会更新。

5.2.4　本节任务

在对话框界面添加一个按钮，手动在 MessageMapTestDlg.h 和 MessageMapTestDlg.cpp 中添加用于实现该按钮单击响应函数的相关代码，使该按钮与“修改”按钮实现完全相同的功能。

5.3　函数指针实验

5.3.1　实验内容

函数指针是进行 MFC 程序设计时常用到的指针数据类型。本节先介绍函数指针的基本概念和用法，然后通过一个简单的实验来介绍函数指针的具体应用。

5.3.2　实验原理

函数指针是指向函数的指针变量。函数本身不是变量，但可以定义指向函数的指针，这种指针可以被赋值、传递给函数及作为函数的返回值。程序在编译时，每个函数都有一个入口地址，该入口地址就是函数指针所指向的地址。

使用函数指针的步骤如下。

1. 声明一个函数指针

声明指针时，必须指定指针指向的数据类型，同样，声明指向函数的指针时，必须指定指针指向的函数类型，这意味着声明时应当指定函数的返回类型及函数的参数列表，如下所示：

```
typedef int (*pFunc)(int, int);
```

2. 声明一个通用接口函数

通用接口函数将函数指针作为形参，实现对其他函数的封装，如下所示：

```
int Compare(pFunc func, int a, int b)
{
    return func(a, b);
}
```

3. 使用函数指针来调用函数

函数的函数名即地址，要将函数作为参数进行传递，只需传递函数名即可，如下所示：

```
int Max(int a, int b)
{
    return (a > b) ? a : b; //若 a>b 为真则返回 a，否则返回 b
}

int Min(int a, int b)
{
    return (a < b) ? a : b; //若 a<b 为真则返回 a，否则返回 b
}

int m = 5;
Int n = 3;
int bigNumber = Compare(Max, m, n);     //bigNumber = 5
int smallNumber = Compare(Min, m, n);   //smallNumber = 3
```

把函数指针当作形参传递给某些具有一定通用功能的模块，并封装成接口，可以提高代码的灵活性和后期维护的便捷性。

5.3.3 实验步骤

本节将进行一个函数指针应用实验。最终实现的应用程序界面如图 5-27 所示，当在组合框中选择一种运算方式时，函数指针指向对应的运算函数，单击“计算”按钮可将参数 1 和参数 2 按选定的运算方式进行运算。

1. 新建项目

参考 1.3.1 节，新建一个 MFC 项目，项目名称为 FuncPointerTest，将项目路径设置为“D:\MFCProject”。

2. 完善对话框

打开资源视图，展开 FuncPointerTest 项目的资源列表，打开 Dialog 文件夹下的 IDD_FUNCPOINTERTEST_DIALOG 文件。将对话框标题设置为 FuncPointerTest，再将界面自带的控件全部删除，参考图 5-28 和表 5-4 进行界面布局并修改控件属性。

图 5-27　应用程序界面

图 5-28　添加控件

表 5-4　控件说明

编号	控 件 类 型	ID	属 性 设 置	添加变量/响应函数
①	Static Text	默认	—	—
②	Static Text	默认	—	—
③	Static Text	默认	—	—
④	Static Text	默认	—	—
⑤	Edit Control	IDC_EDIT_NUMBER1	—	—
⑥	Edit Control	IDC_EDIT_NUMBER2	—	—
⑦	Combo Box	IDC_COMBO_OPERATION	类型：下拉列表 排序：False 数据：加、减、乘、除	CComboBox mOperation
⑧	Static Text	IDC_STATIC_RESULT	—	—
⑨	Button	IDC_BUTTON_CALCULATE	—	OnBnClickedButtonCalculate()

具体的布局过程不再介绍，可参考 5.1.3 节，下面说明一些注意事项。

（1）编号为①到④的 Static Text 控件不需要修改 ID，保持默认即可。

（2）编号为⑦的 Combo Box 控件修改“数据”选项的目的是为组合框添加默认选项列表，各个选项之间用英文格式的分号隔开，为该控件添加的 mOperation 变量是控件类型的。

（3）编号为⑨的按钮的单击响应函数应包含在 CFuncPointerTestDlg 类中，因此“类列表”栏选择“CFuncPointerTestDlg”选项。

3. 完善 FuncPointerTestDlg.cpp 文件

打开解决方案资源管理器，双击打开 FuncPointerTestDlg.cpp 文件，添加如程序清单 5-10 所示的第 11 至 17 行代码。下面按照顺序对部分语句进行解释。

（1）第 11 行代码：声明函数指针，带有两个整型输入参数，返回值为 CString 类型。

（2）第 12 行代码：声明用于返回计算结果的函数。

（3）第 14 至 17 行代码：声明 4 种运算的实现函数，输入参数都为整型的。

程序清单 5-10

```
1.  #include "pch.h"
2.  #include "framework.h"
3.  #include "FuncPointerTest.h"
4.  #include "FuncPointerTestDlg.h"
5.  #include "afxdialogex.h"
6.
7.  #ifdef _DEBUG
8.  #define new DEBUG_NEW
9.  #endif
10.
11. typedef CString(*OperationSelect)(const int, const int);
12. static CString Calculator(OperationSelect operaSel, const int number1, const int number2);
13.
14. static CString FuncPlus(const int number1, const int number2);
15. static CString FuncSubtract(const int number1, const int number2);
16. static CString FuncMultiply(const int number1, const int number2);
17. static CString FuncDevide(const int number1, const int number2);
```

在 OnInitDialog()函数中，添加如程序清单 5-11 所示的第 14 行代码，调用 GetDlgItem()和 SetWindowText()函数将显示运算结果数值的静态文本初始化为空。

程序清单 5-11

```
1.  BOOL CFuncPointerTestDlg::OnInitDialog()
2.  {
3.      CDialogEx::OnInitDialog();
4.
5.      //将“关于...”菜单项添加到系统菜单中。
6.
7.      ......
8.      //设置此对话框的图标。当应用程序主窗口不是对话框时，框架将自动执行此操作
9.
10.     SetIcon(m_hIcon, TRUE);         //设置大图标
11.     SetIcon(m_hIcon, FALSE);        //设置小图标
12.
13.     //TODO: 在此添加额外的初始化代码
14.     GetDlgItem(IDC_STATIC_RESULT)->SetWindowText(_T(""));
15.
16.     return TRUE;  //除非将焦点设置到控件，否则返回 TRUE
17. }
```

在 OnQueryDragIcon()函数后添加 FuncPlus()和 FuncSubtract()函数的实现代码，如程序清单 5-12 所示。下面按照顺序对部分语句进行解释。

（1）第 3 至 4 行代码：分别定义用于保存运算结果的字符串和整型变量。

（2）第 5 行代码：计算两个输入参数的和并赋值给整型变量 result。

（3）第 6 行代码：将运算结果由整型转换为字符串类型。

程序清单 5-12

```
1.  static CString FuncPlus(const int number1, const int number2)
2.  {
3.      CString plusResult;
4.      int result;
```

```
5.      result = number1 + number2;
6.      plusResult.Format(_T("%d"), result);
7.      return plusResult;
8.  }
9.
10. static CString FuncSubtract(const int number1, const int number2)
11. {
12.     CString subtractResult;
13.     int result;
14.     result = number1 - number2;
15.     subtractResult.Format(_T("%d"), result);
16.     return subtractResult;
17. }
```

在 FuncSubtract()函数后添加 FuncMultiply()和 FuncDevide()函数的实现代码，如程序清单 5-13 所示。下面按照顺序对部分语句进行解释。

（1）第 14 行代码：将整型输入参数强制转化为浮点型再求商。

（2）第 15 行代码：将运算结果由浮点型转换为字符串类型并保留小数点后两位。

程序清单 5-13

```
1.  static CString FuncMultiply(const int number1, const int number2)
2.  {
3.      CString multiplyResult;
4.      int result;
5.      result = number1 * number2;
6.      multiplyResult.Format(_T("%d"), result);
7.      return multiplyResult;
8.  }
9.
10. static CString FuncDevide(const int number1, const int number2)
11. {
12.     CString devideResult;
13.     float result;
14.     result = (float)number1 / (float)number2;
15.     devideResult.Format(_T("%.2f"), result);
16.     return devideResult;
17. }
```

在 FuncDevide()函数后添加 Calculator()函数的实现代码，如程序清单 5-14 所示。该函数的功能是将第 2 个和第 3 个输入参数作为实参传递给函数指针指向的函数 operaSel()。

程序清单 5-14

```
1.  static CString Calculator(OperationSelect operaSel, const int number1, const int number2)
2.  {
3.      return operaSel(number1, number2);
4.  }
```

在 Calculator()函数后，完善 OnBnClickedButtonCalculate()函数的实现代码，如程序清单 5-15 所示。下面按照顺序对部分语句进行解释。

（1）第 4 至 5 行代码：定义用于保存输入参数和运算结果的字符串变量。

（2）第 6 至 7 行代码：调用 GetDlgItemText()函数分别获取在编辑框中输入的参数 1 和参数 2，并赋值给 number1Str 和 number2Str。

（3）第 9 至 10 行代码：分别将字符串类型的参数 1 和参数 2 转化为整型。

（4）第 12 行代码：调用 GetCurSel()函数获取组合框当前选项的索引值并赋值给 index。

（5）第 13 行代码：判断输入的参数 1 和参数 2 是否为空。

（6）第 15 至 32 行代码：根据组合框的当前选项选择对应的运算函数，并将运算结果显示在 ID 为 IDC_STATIC_RESULT 的静态文本控件上。

程序清单 5-15

```
1.  void CFuncPointerTestDlg::OnBnClickedButtonCalculate()
2.  {
3.      //TODO: 在此添加控件通知处理程序代码
4.      CString number1Str, number2Str;
5.      CString operateResult;
6.      GetDlgItemText(IDC_EDIT_NUMBER1, number1Str);
7.      GetDlgItemText(IDC_EDIT_NUMBER2, number2Str);
8.  
9.      int number1 = _ttoi(number1Str);
10.     int number2 = _ttoi(number2Str);
11. 
12.     int index = mOperation.GetCurSel();
13.     if (number1Str != _T("") && number2Str != _T(""))
14.     {
15.         switch (index)
16.         {
17.         case 0:
18.             operateResult = Calculator(FuncPlus, number1, number2);
19.             GetDlgItem(IDC_STATIC_RESULT)->SetWindowText(operateResult);
20.             break;
21.         case 1:
22.             operateResult = Calculator(FuncSubtract, number1, number2);
23.             GetDlgItem(IDC_STATIC_RESULT)->SetWindowText(operateResult);
24.             break;
25.         case 2:
26.             operateResult = Calculator(FuncMultiply, number1, number2);
27.             GetDlgItem(IDC_STATIC_RESULT)->SetWindowText(operateResult);
28.             break;
29.         case 3:
30.             operateResult = Calculator(FuncDevide, number1, number2);
31.             GetDlgItem(IDC_STATIC_RESULT)->SetWindowText(operateResult);
32.             break;
33.         default:
34.             break;
35.         }
36.     }
37. }
```

4．编译并运行项目

完成代码添加后，单击 ▶ 本地 Windows 调试器 按钮，即可编译并运行程序，运行结果如图 5-29 所示。

依次输入参数 1 和参数 2，在组合框中选择运算方式，再单击“计算”按钮即可显示运算结果，如图 5-30 所示。

5.3.4　本节任务

在对话框设计界面中增加一个 Combo Box 控件，用于选择运算结果的显示进制（二进制、八进制、十进制和十六进制），界面设计可参考图 5-31。输入参数并单击“计算”按钮得到运算结果后，运算结果默认以十进制显示，此时切换“显示进制”组合框的当前选项，运算结果将转化为对应的进制数。

图 5-29　程序运行结果

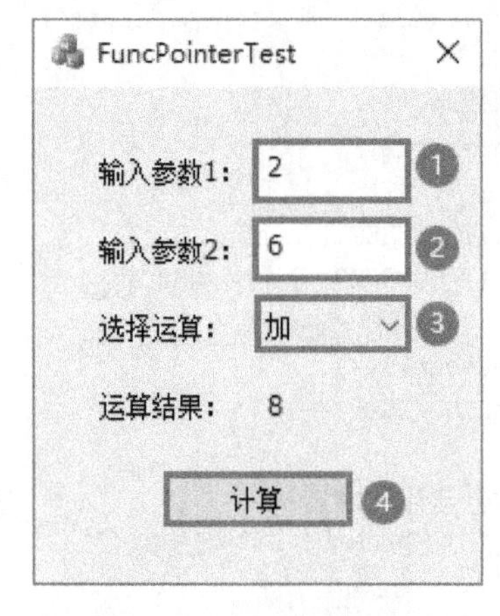

图 5-30　加法运算测试

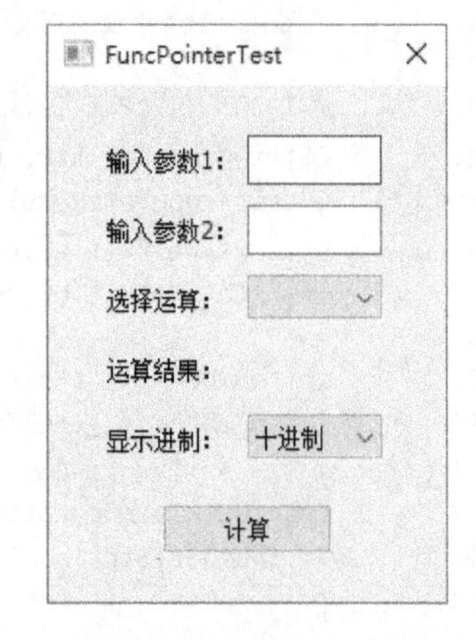

图 5-31　界面设计示例

5.4　多线程实验

5.4.1　实验内容

为了满足用户构造复杂图形界面系统的需求，MFC 提供了丰富的多线程编程支持。本节将介绍多线程的优点及多线程的创建方法，然后介绍线程同步的概念，最后通过实验设计一个多线程的程序。

5.4.2　实验原理

1．什么是多线程

一个应用程序通常只有一个线程，称为主线程。线程内的操作是按顺序执行的，如果在主线程中执行一些耗时的操作（如加载图片、大型文件读取、文件传输和密集计算等），就会阻塞主线程，从而导致用户界面失去响应。在这种情况下，单一线程就无法适应应用程序的需求。可以再创建一个单独的线程，将耗时的操作转移到新建的线程中执行，并处理好该线程与主线程之间的同步与数据交互即可避免上述问题，这就是多线程应用程序。

2．多线程的特点

相比于单线程，多线程具有以下特点。

（1）可提高应用程序的响应速度。在多线程条件下，可将一些耗时的操作置于一个单独的线程中，使用户界面一直处于活动状态，避免因主线程阻塞而失去响应。

（2）可提高多处理器系统的 CPU 利用率。当线程数不大于 CPU 数目时，操作系统会合理分配各个线程使其分别在不同的 CPU 上运行。

（3）改善程序结构。可将一些代码量庞大的复杂线程分为多个独立或半独立的执行部分，既可以增加代码的可读性，也有利于代码的维护。

（4）可以分别设置各个任务的优先级以优化性能。

（5）等待使用共享资源时会造成程序的运行速度变慢。这些共享资源主要是独占性的资源，如打印机等。

（6）管理多个线程需要额外的 CPU 开销。多线程的使用会给系统带来上下文切换的额外负担（上下文切换指的是内核在 CPU 上对进程或线程进行切换）。

（7）容易造成线程的死锁。

（8）同时读写公有变量容易造成脏读（读出无效数据）。

3. 如何使用多线程

创建线程的方法有以下 3 种。

（1）使用 C 语言函数_beginThraed()，线程函数必须声明为 unsigned int WINAPI。

（2）使用 Windows API 函数 CreateThread()，线程函数必须声明为 DWORD WINAPI。

（3）使用 MFC 函数 AfxBeginThread()，线程函数必须声明为静态函数。

下面简要介绍 MFC 函数 AfxBeginThread()。

MFC 提供了两个重载版的 AfxBeginThread()函数，分别用于创建用户界面线程和工作者线程，用户界面线程的 AfxBeginThread()函数的原型如下：

```
CWinThread* AFXAPI AfxBeginThread(
    CRuntimeClass* pThreadClass,
    int nPriority,
    UINT nStackSize,
    DWORD dwCreateFlags,
    LPSECURITY_ATTRIBUTES lpSecurityAttrs)
```

第 1 个参数 pThreadClass 是由 CWinThread 类派生的 CRuntimeClass 类的对象；第 2 个参数指定线程优先级，若为 0，则与创建该线程的线程优先级相同；第 3 个参数指定线程的堆栈大小，若为 0，则与创建该线程的线程相同；第 4 个参数是线程的创建标识，若为 REATE_SUSPENDED，则在线程创建后将线程挂起，否则在线程创建后立即执行该线程；第 5 个参数表示线程的安全属性。

工作者线程的 AfxBeginThread()函数的原型如下：

```
CWinThread* AFXAPI AfxBeginThread(
    AFX_THREADPROC pfnThreadProc,
    LPVOID pParam,
    int nPriority,
    UINT nStackSize,
    DWORD dwCreateFlags,
    LPSECURITY_ATTRIBUTES lpSecurityAttrs)
```

第 1 个参数 pfnThreadProc 为线程函数，即线程的入口，声明如下：UINT ThreadFunc(LPVOID pParam)；第 2 个参数为传入线程的参数；第 3～6 个参数分别指定线程的优先级、堆栈大小、创建标识和安全属性，含义与用户界面线程的参数相同。

使用 AfxBeginThread()函数创建工作者线程时，除了第 1 个和第 2 个参数，其他的都是默认参数，可以省略，如下所示：

```
CWinThread* newThread = AfxBeginThread(ThreadFunc, this)
```

将 this 传入线程，线程函数即可调用当前类的成员。CWinThread 为线程类，封装了用于操作线程的一系列函数，newThread 为线程对象，通过调用 CWinThread 类的成员函数可以暂停或恢复线程，如下所示：

```
newThread->SuspendThread(); //暂停线程
newThread->ResumeThread();  //恢复线程
```

当线程函数执行完以后，线程正常结束并返回一个值，一般为 0，表示成功结束，也可以在线程函数中调用 AfxEndThread()函数主动结束线程，此时线程的一切资源都将被回收。调用 AfxEndThread()函数时需要提供一个输入参数，一般为 0，表示线程正常结束。

5.4.3　实验步骤

本节将进行一个多线程实验。如图 5-32 所示，单击“开始”按钮，创建一个新线程，在新线程中进行 5 秒倒计时并显示计时数值。

1. 新建项目

参考 1.3.1 节，新建一个 MFC 项目，项目名称为 ThreadTest，将项目路径设置为“D:\MFCProject”。

2. 完善对话框

打开资源视图，展开 ThreadTest 项目的资源列表，打开 Dialog 文件夹下的 IDD_THREADTEST_DIALOG 文件。将对话框标题设置为 ThreadTest，再将界面自带的控件全部删除后，参考图 5-33 和表 5-5 进行界面布局并修改控件属性。

图 5-32　实验项目运行结果

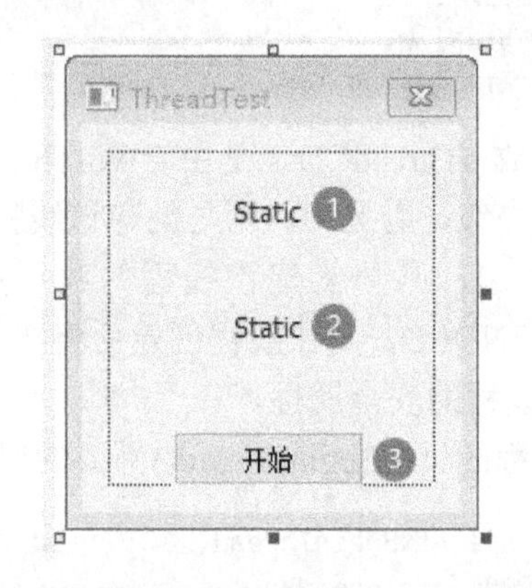

图 5-33　添加控件

表 5-5　控件说明

编号	控 件 类 型	ID	添加变量/响应函数
①	Static Text	IDC_STATIC_COUNTSTATE	—
②	Static Text	IDC_STATIC_NUM	—
③	Button	IDC_BUTTON_START	OnBnClickedButtonStart()

编号为③的按钮的单击响应函数应包含在 CThreadTestDlg 类中，因此“类列表”栏选择“CThreadTestDlg”选项。

注意，后续在代码中会重新设置控件坐标和尺寸，此处将对话框的尺寸设置为 100px×100px 左右时，对话框的布局效果为最佳。

3．完善 ThreadTestDlg.h 文件

打开解决方案资源管理器，双击打开 ThreadTestDlg.h 文件，添加如程序清单 5-16 所示的第 11 至 15 行代码。下面按照顺序对部分语句进行解释。

（1）第 11 行代码：声明子线程函数。

（2）第 12 至 13 行代码：声明计时开始和计时结束的函数。

（3）第 15 行代码：CFont 类封装了用于操作字体的一系列函数，这里声明一个 CFont 类的对象。

程序清单 5-16

```
1.  #pragma once
2.
3.
4.  //CThreadTestDlg 对话框
5.  class CThreadTestDlg : public CDialogEx
6.  {
7.  //构造
8.  public:
9.      CThreadTestDlg(CWnd* pParent = nullptr);  //标准构造函数
10.
11.     static UINT CountThread(void* param);
12.     void CountStart();
13.     void CountOver();
14.
15.     CFont mNewFont;
16.
17. //对话框数据
18. #ifdef AFX_DESIGN_TIME
19.     enum { IDD = IDD_THREADTEST_DIALOG };
20. #endif
21.
22.     protected:
23.     virtual void DoDataExchange(CDataExchange* pDX);   //DDX/DDV 支持
24.
25.
26. //实现
27. protected:
28.     HICON m_hIcon;
29.
30.     //生成的消息映射函数
31.     virtual BOOL OnInitDialog();
32.     afx_msg void OnSysCommand(UINT nID, LPARAM lParam);
33.     afx_msg void OnPaint();
34.     afx_msg HCURSOR OnQueryDragIcon();
35.     DECLARE_MESSAGE_MAP()
36. public:
37.     afx_msg void OnBnClickedButtonStart();
38. };
```

4. 完善 ThreadTestDlg.cpp 文件

双击打开 ThreadTestDlg.cpp 文件，在 OnInitDialog()函数中添加如程序清单 5-17 所示的第 14 至 20 行代码。下面按照顺序对部分语句进行解释。

(1)第 14 至 15 行代码:使用 SetWindowPos()函数设置 ID 为 IDC_STATIC_COUNTSTATE 的静态文本控件的坐标和尺寸，其中，第 2 个和第 3 个参数分别为控件的横坐标和纵坐标（原点在左上角)，第 4 个和第 5 个参数分别为控件的长和宽，然后调用 SetWindowText()函数将该静态文本控件初始化为空。

（2）第 20 行代码：调用 CreatePointFont()函数创建新的字体格式。

程序清单 5-17

```
1.  BOOL CThreadTestDlg::OnInitDialog()
2.  {
3.      CDialogEx::OnInitDialog();
4.
5.      //将“关于...”菜单项添加到系统菜单中。
6.
7.      ......
8.      //设置此对话框的图标
9.      //当应用程序主窗口不是对话框时，框架将自动执行此操作
10.     SetIcon(m_hIcon, TRUE);         //设置大图标
11.     SetIcon(m_hIcon, FALSE);        //设置小图标
12.
13.     //TODO: 在此添加额外的初始化代码
14.     GetDlgItem(IDC_STATIC_COUNTSTATE)->SetWindowPos(NULL, 47, 23, 84, 26, SWP_NOZORDER);
15.     GetDlgItem(IDC_STATIC_COUNTSTATE)->SetWindowText(_T(""));
16.     GetDlgItem(IDC_STATIC_NUM)->SetWindowPos(NULL, 82, 72, 14, 20, SWP_NOZORDER);
17.     GetDlgItem(IDC_STATIC_NUM)->SetWindowText(_T(""));
18.     GetDlgItem(IDC_BUTTON_START)->SetWindowPos(NULL, 23, 121, 128, 42, SWP_NOZORDER);
19.
20.     mNewFont.CreatePointFont(150, _T("黑体"));
21.
22.     return TRUE;  //除非将焦点设置到控件，否则返回 TRUE
23. }
```

在 OnQueryDragIcon()函数后添加 CountStart()函数的实现代码，如程序清单 5-18 所示。下面按照顺序对部分语句进行解释。

（1）第 3 至 4 行代码：调用 GetDlgItem()和 SetWindowText()函数将 ID 为 IDC_STATIC_COUNTSTATE 的静态文本控件的显示文本设置为“计时开始”，且字体设置为 mNewFont 格式。

（2）第 6 行代码：调用 EnableWindow()函数将“开始”按钮禁用。

程序清单 5-18

```
1.  void CThreadTestDlg::CountStart()
2.  {
3.      GetDlgItem(IDC_STATIC_COUNTSTATE)->SetWindowText(_T("计时开始"));
4.      GetDlgItem(IDC_STATIC_COUNTSTATE)->SetFont(&mNewFont);
5.
6.      GetDlgItem(IDC_BUTTON_START)->EnableWindow(false);
7.  }
```

在 CountStart()函数后添加 CountOver()函数的实现代码，如程序清单 5-19 所示。下面按照顺序对部分语句进行解释。

（1）第 3 至 4 行代码：调用 GetDlgItem()和 SetWindowText()函数将 ID 为 IDC_STATIC_COUNTSTATE 的静态文本控件的显示文本设置为“计时结束”，且字体设置为 mNewFont 格式。

（2）第 6 行代码：将 ID 为 IDC_STATIC_NUM 的静态文本控件的显示内容设置为空。

（3）第 8 行代码：调用 EnableWindow()函数启用“开始”按钮。

程序清单 5-19

```
1.  void CThreadTestDlg::CountOver()
2.  {
3.      GetDlgItem(IDC_STATIC_COUNTSTATE)->SetWindowText(_T("计时结束"));
4.      GetDlgItem(IDC_STATIC_COUNTSTATE)->SetFont(&mNewFont);
5.
6.      GetDlgItem(IDC_STATIC_NUM)->SetWindowText(_T(""));
7.
8.      GetDlgItem(IDC_BUTTON_START)->EnableWindow(true);
9.  }
```

在 CountOver()函数后添加 CountThread()函数的实现代码，如程序清单 5-20 所示。下面按照顺序对部分语句进行解释。

（1）第 9 至 16 行代码：使用 for 循环并调用 Sleep()函数实现 5s 倒计时，通过调用 SetWindowText()函数将计数值实时显示到静态文本控件上。

（2）第 18 行代码：Sleep(1000)表示延时 1000ms。

（3）第 20 行代码：调用 CountOver()函数表示倒计时结束。

程序清单 5-20

```
1.  UINT CThreadTestDlg::CountThread(void* param)
2.  {
3.      CThreadTestDlg* dlg = (CThreadTestDlg*)param;
4.
5.      CStatic* countNum = (CStatic*)dlg->GetDlgItem(IDC_STATIC_NUM);
6.
7.      CString num;
8.
9.      for (int i = 5; i >= 0; i--)
10.     {
11.         num.Format(_T("%d"), i);
12.
13.         Sleep(1000);
14.
15.         countNum->SetWindowText(num);
16.     }
17.
18.     Sleep(1000);
19.
20.     dlg->CountOver();
21.
22.     return 0;
23. }
```

完善 CountThread()函数后的 OnBnClickedButtonStart()函数的实现代码，如程序清单 5-21 所示。在单击“开始”按钮后，调用 AfxBeginThread()函数启动子线程。

程序清单 5-21

```
1.  void CThreadTestDlg::OnBnClickedButtonStart()
2.  {
3.      //TODO: 在此添加控件通知处理程序代码
4.      AfxBeginThread(CountThread, this);
5.  
6.      CountStart();
7.  }
```

5．编译并运行项目

完成代码添加后，单击 ▶ 本地 Windows 调试器 按钮，即可编译并运行程序，运行结果如图 5-34 所示。

单击“开始”按钮启动子线程，出现“计时开始”文本，显示倒计时的计数值，并且按钮被禁用，如图 5-35 所示。

计时结束后，显示“计时结束”文本，并且重新启用“开始”按钮，如图 5-36 所示。

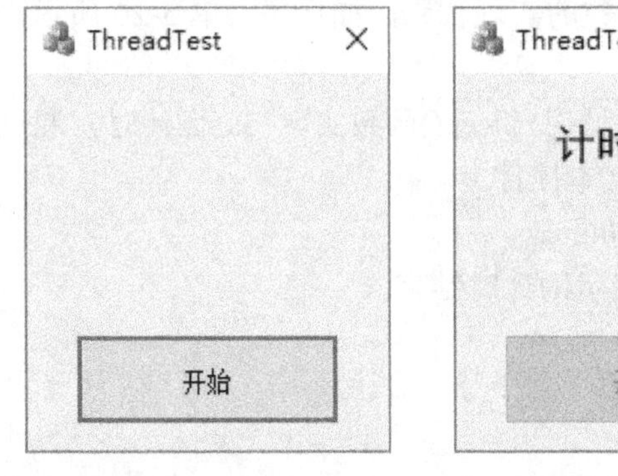

图 5-34　程序运行结果

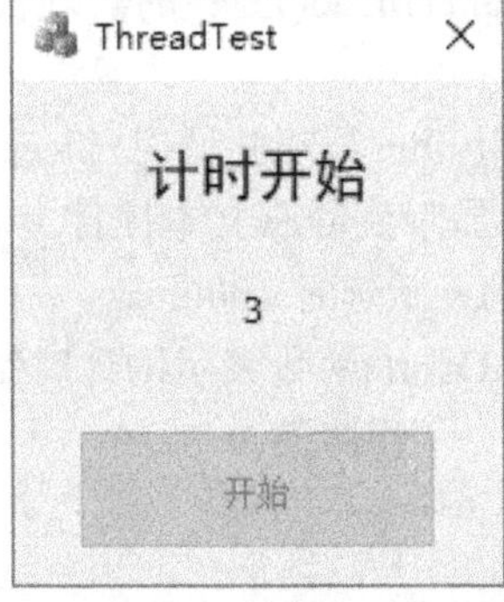

图 5-35　开始计时

图 5-36　计时结束

5.4.4　本节任务

尝试重新布局对话框，添加 “暂停”和“恢复”两个按钮，实现：单击“暂停”按钮时使线程暂停，停止计数；单击“恢复”按钮时使线程恢复执行，重新开始计数。

本 章 任 务

本章共有 4 个实验，首先学习各个实验的实验原理，其次按照实验步骤完成实验，最后按照要求完成各节任务。

本 章 习 题

1．简要回答模态对话框与非模态对话框的区别。

2．控件的关联变量有哪些类型？各有什么特点？

3．简述函数指针的使用步骤。

4．多线程相比单线程具有哪些优势？

第 6 章　打包解包小工具设计实验

本书的目标是实现基于 Windows 平台开发人体生理参数监测系统软件，在该应用程序中可将一系列控制命令（如启动血压测量、停止血压测量等）发送到人体生理参数监测系统硬件平台，然后硬件平台返回的五大生理参数（体温、血氧、呼吸、心电、血压）信息可以显示在计算机上。为确保数据（或命令）在传输过程中的完整性和安全性，需要在发送之前对数据（或命令）进行打包处理，接收到数据（或命令）之后进行解包处理。因此，无论是软件还是硬件平台，都需要有一个共同的模块，即打包解包模块（PackUnpack），该模块遵循某种通信协议。本章将介绍 PCT 通信协议，并通过开发一个打包解包小工具，来深入理解和学习 PCT 通信协议。

6.1　实验内容

学习 PCT 通信协议，设计一个打包解包小工具，在行编辑框中输入模块 ID、二级 ID 及 6 字节数据后，通过“打包”按钮实现打包操作，并将打包结果显示到打包结果显示区。另外，还可以根据用户输入的 10 字节待解包数据，通过“解包”按钮实现解包操作，并将解包结果显示到解包结果显示区。

6.2　实验原理

6.2.1　PCT 通信协议

从机常作为执行单元，用于处理一些具体的事务，而主机（如 Windows、Linux、Android 和 emWin 平台等）常用于与从机进行交互，向从机发送命令，或者处理来自从机的数据，如图 6-1 所示。

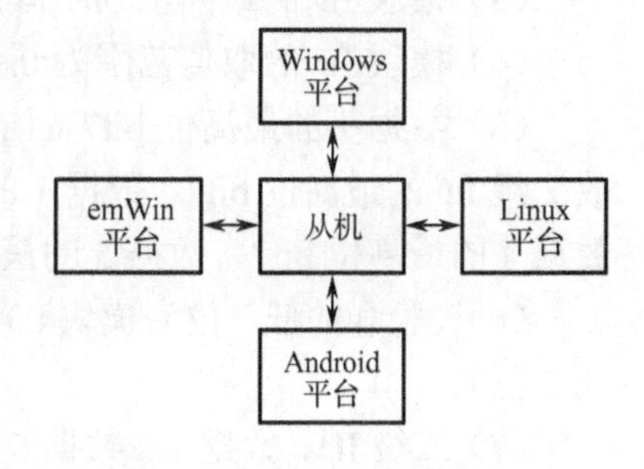

图 6-1　主机与从机交互框图

主机与从机之间的通信过程如图 6-2 所示。主机向从机发送命令的具体过程是：①主机对待发命令进行打包；②主机通过通信设备（串口、蓝牙、Wi-Fi 等）将打包好的命令发送出去；③从机在接收到命令之后，对命令进行解包；④从机按照相应的命令执行任务。

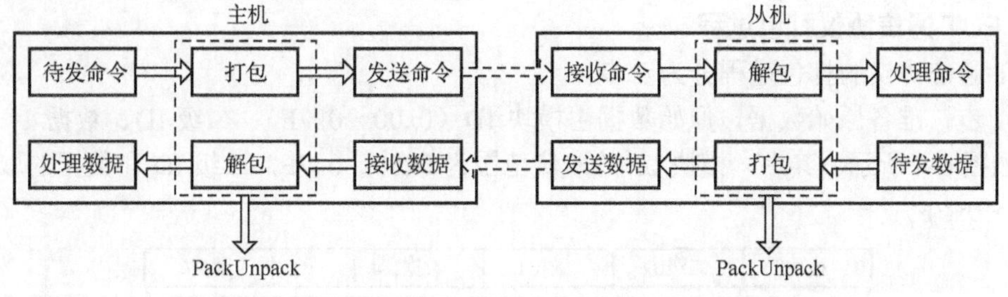

图 6-2　主机与从机之间的通信过程（打包解包框架图）

从机向主机发送数据的具体过程是：①从机对待发数据进行打包；②从机通过通信设备

（串口、蓝牙、Wi-Fi 等）将打包好的数据发送出去；③主机在接收到数据之后，对数据进行解包；④主机对接收到的数据进行处理，如进行计算、显示等。

1. PCT 通信协议格式

在主机与从机的通信过程中，主机和从机有一个共同的模块，即打包解包模块（PackUnpack），该模块遵循某种通信协议。通信协议有很多种，本实验采用的 PCT 通信协议由本书作者设计，该协议已经分别通过 C、C++、C#、Java 等编程语言实现。打包后的 PCT 通信协议的数据包格式如图 6-3 所示。

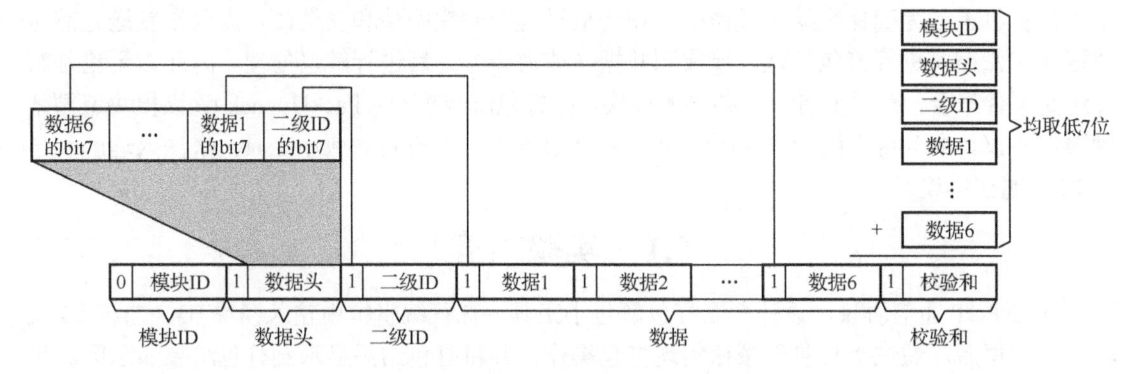

图 6-3　打包后的 PCT 通信协议的数据包格式

PCT 通信协议规定：

（1）数据包由 1 字节模块 ID+1 字节数据头+1 字节二级 ID+6 字节数据+1 字节校验和构成，共计 10 字节。

（2）数据包中有 6 个数据，每个数据为 1 字节。

（3）模块 ID 的最高位 bit7 固定为 0。

（4）模块 ID 的取值范围为 0x00～0x7F，最多有 128 种类型。

（5）数据头的最高位 bit7 固定为 1，数据头的低 7 位按照从低位到高位的顺序，依次存放二级 ID 的最高位 bit7、数据 1 的最高位 bit7、数据 2 的最高位 bit7、数据 3 的最高位 bit7、数据 4 的最高位 bit7、数据 5 的最高位 bit7 和数据 6 的最高位 bit7。

（6）校验和的低 7 位为模块 ID+数据头+二级 ID+数据 1+数据 2+…+数据 6 求和的结果（取低 7 位）。

（7）二级 ID、数据 1～数据 6 和校验和的最高位 bit7 固定为 1。注意，并不是说二级 ID、数据 1～数据 6 和校验和只有 7 位，而是在打包后，它们的低 7 位位置不变，最高位均位于数据头中，因此，依然还是 8 位。

2. PCT 通信协议打包过程

PCT 通信协议的打包过程分为 4 步。

第 1 步，准备原始数据，原始数据由模块 ID（0x00～0x7F）、二级 ID、数据 1～数据 6 组成，如图 6-4 所示。其中，模块 ID 的取值范围为 0x00～0x7F，二级 ID 和数据的取值范围为 0x00～0xFF。

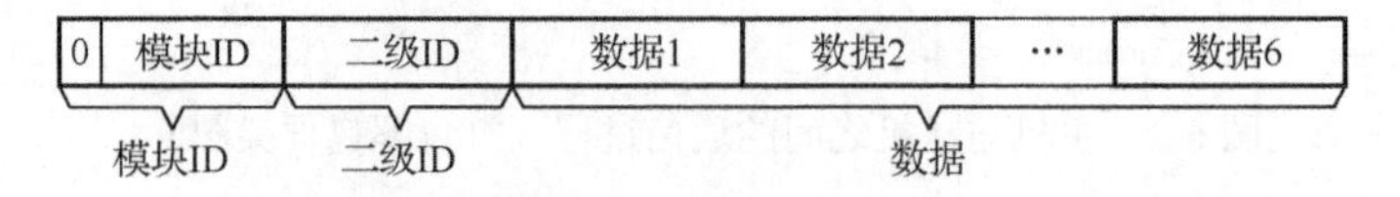

图 6-4　PCT 通信协议打包第 1 步

第 2 步，依次取出二级 ID、数据 1～数据 6 的最高位 bit7，将其存放于数据头的低 7 位，按照从低位到高位的顺序依次存放二级 ID、数据 1～数据 6 的最高位 bit7，如图 6-5 所示。

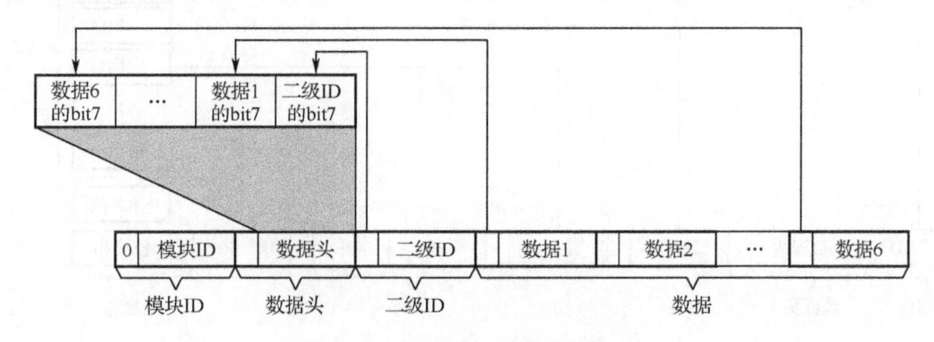

图 6-5　PCT 通信协议打包第 2 步

第 3 步，对模块 ID、数据头、二级 ID、数据 1～数据 6 的低 7 位求和，取求和结果的低 7 位，将其存放于校验和的低 7 位，如图 6-6 所示。

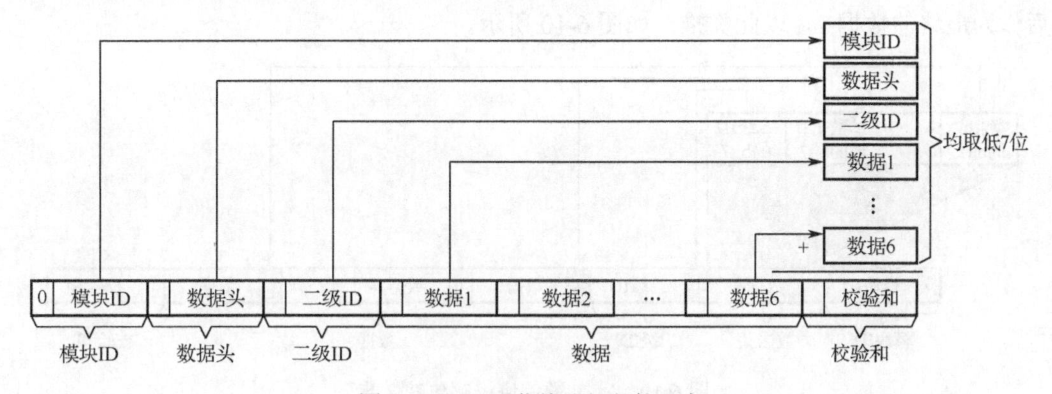

图 6-6　PCT 通信协议打包第 3 步

第 4 步，将数据头、二级 ID、数据 1～数据 6 和校验和的最高位置 1，如图 6-7 所示。

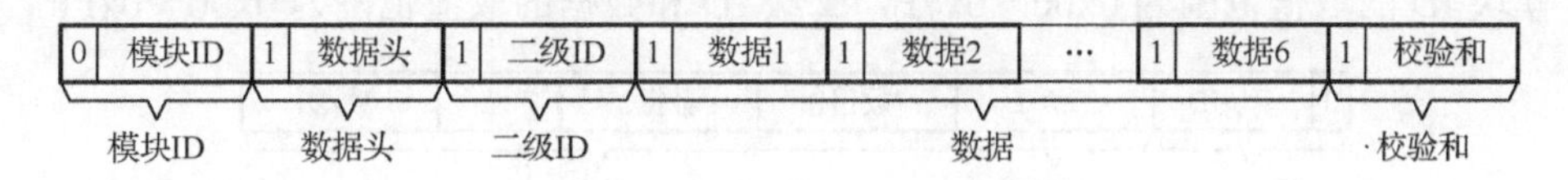

图 6-7　PCT 通信协议打包第 4 步

3. PCT 通信协议解包过程

PCT 通信协议的解包过程也分为 4 步。

第 1 步，准备解包前的数据包，原始数据包由模块 ID、数据头、二级 ID、数据 1～数据 6、校验和组成，如图 6-8 所示。其中，模块 ID 的最高位为 0，其余字节的最高位均为 1。

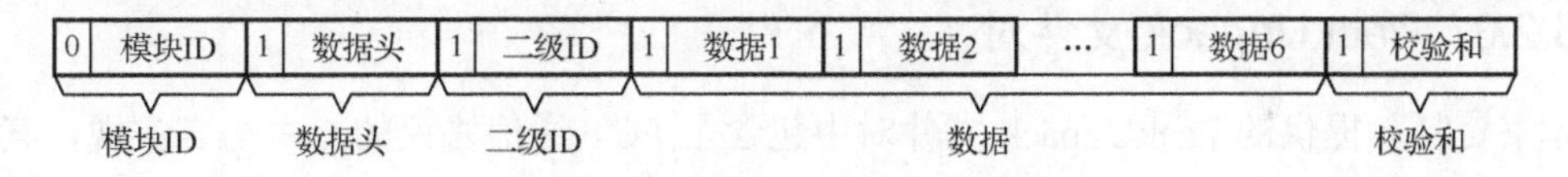

图 6-8　PCT 通信协议解包第 1 步

第 2 步，对模块 ID、数据头、二级 ID、数据 1～数据 6 的低 7 位求和，如图 6-9 所示，取求和结果的低 7 位与数据包的校验和低 7 位对比，如果两个值的结果相等，则说明校验正确。

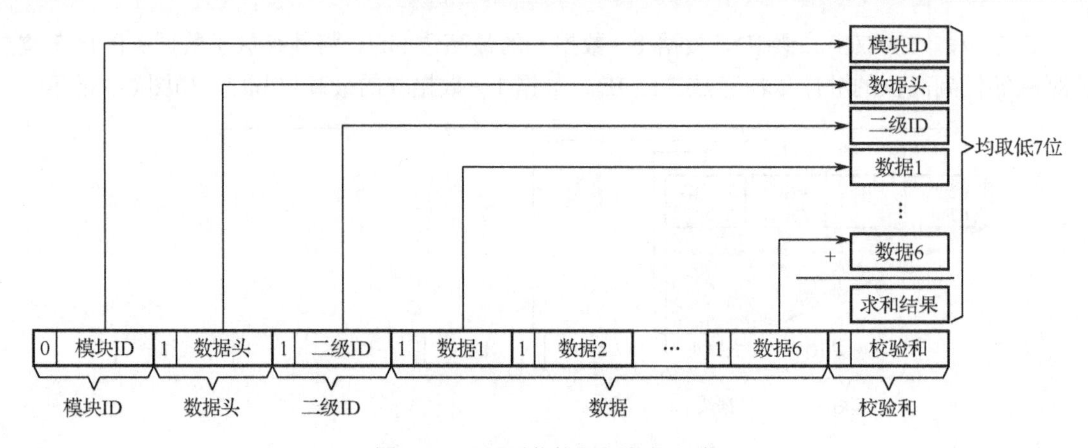

图 6-9　PCT 通信协议解包第 2 步

第 3 步，数据头的最低位 bit0 与二级 ID 的低 7 位拼接之后作为最终的二级 ID，数据头的 bit1 与数据 1 的低 7 位拼接之后作为最终的数据 1，数据头的 bit2 与数据 2 的低 7 位拼接之后作为最终的数据 2，以此类推，如图 6-10 所示。

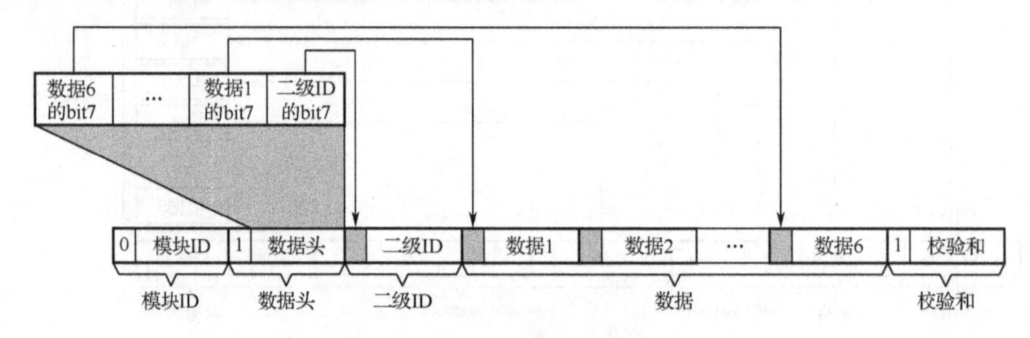

图 6-10　PCT 通信协议解包第 3 步

第 4 步，如图 6-11 所示即为解包后的结果，由模块 ID、二级 ID、数据 1～数据 6 组成。其中，模块 ID 的取值范围为 0x00～0x7F，二级 ID 和数据的取值范围为 0x00～0xFF。

图 6-11　PCT 通信协议解包第 4 步

6.2.2　设计框图

打包解包小工具设计框图如图 6-12 所示。

6.2.3　PackUnpack 文件对

本书资料包提供的 PackUnpack 文件对中包含了 PCT 通信协议的 C++语言实现，其中包含 6 个 API 函数，分别为构造函数 CPackUnpack()、析构函数~CPackUnpack()、参数初始化函数 InitPackUnpack()、打包函数 PackData()、解包函数 UnpackData()及获得解包后的数据包函数 GetUnpackRslt()，如表 6-1 所示。

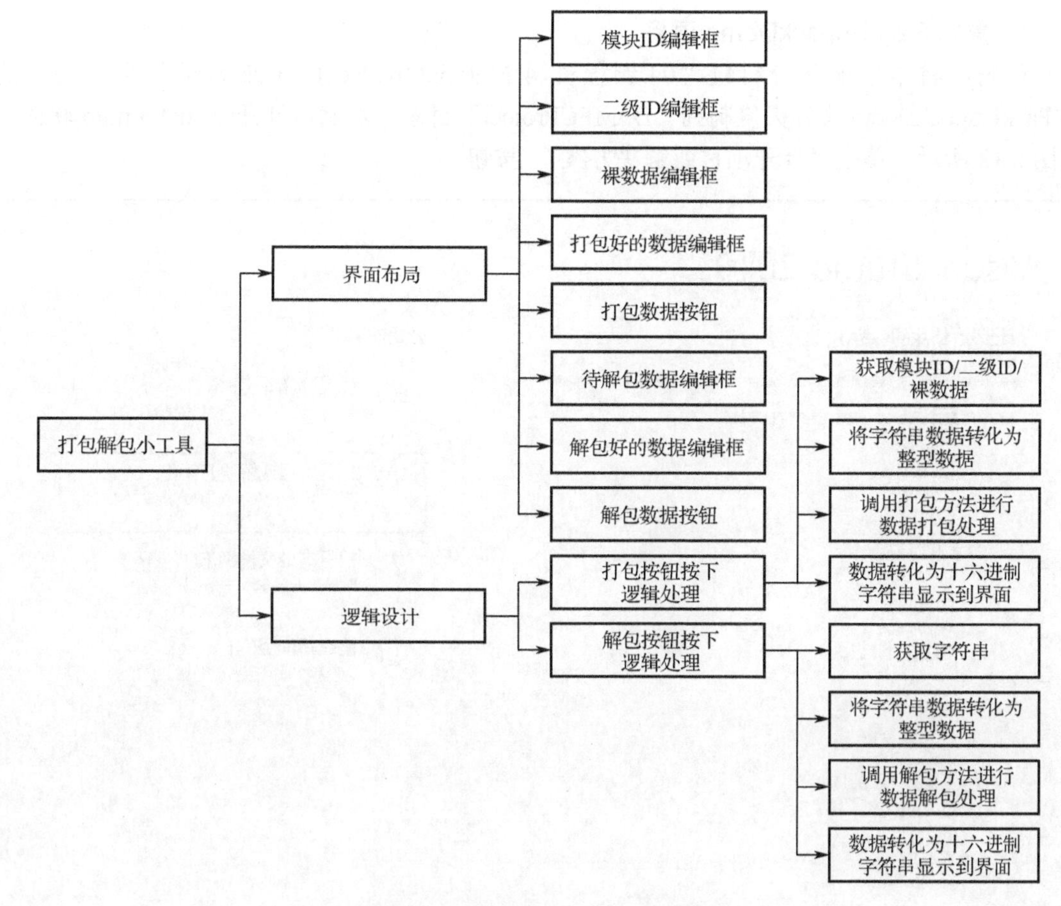

图 6-12　打包解包小工具设计框图

表 6-1　PackUnpack 文件对的函数说明

函　数	说　明
CPackUnpack();	构造函数，对模块进行初始化
virtual ~CPackUnpack();	析构函数
void InitPackUnpack(void);	初始化打包解包模块
void PackData(PacketFrame* pPack);	待打包的数据必须是 8 字节，模块 ID 必须在 0x00 到 0x7F 之间
BOOL UnpackData(UCHAR* pData);	通过该函数逐个对数据进行解包和判断，解包后的数据通过 GetUnpackRslt()函数获取
void GetUnpackRslt();	返回值为解包后的数据包

6.3　实验步骤

前面详细介绍了 PCT 通信协议，但具体如何通过 C++语言实现 PCT 通信协议的打包解包？如何通过调用 PCT 通信协议的打包解包接口函数将 PCT 通信协议应用在具体的产品和项目中？本节将通过一个基于 MFC 的打包解包小工具的设计，详细介绍 PCT 通信协议的 C++语言实现及应用。

1．复制 PackUnpackDemo 项目

首先，将本书配套资料包“04.例程资料\Material\01.PackUnpackDemo”文件夹下的 01.PackUnpackDemo 文件夹复制到“D:\MFCProject”目录下，然后打开 Visual Studio 软件，如图 6-13 所示，单击“打开项目或解决方案” 按钮。

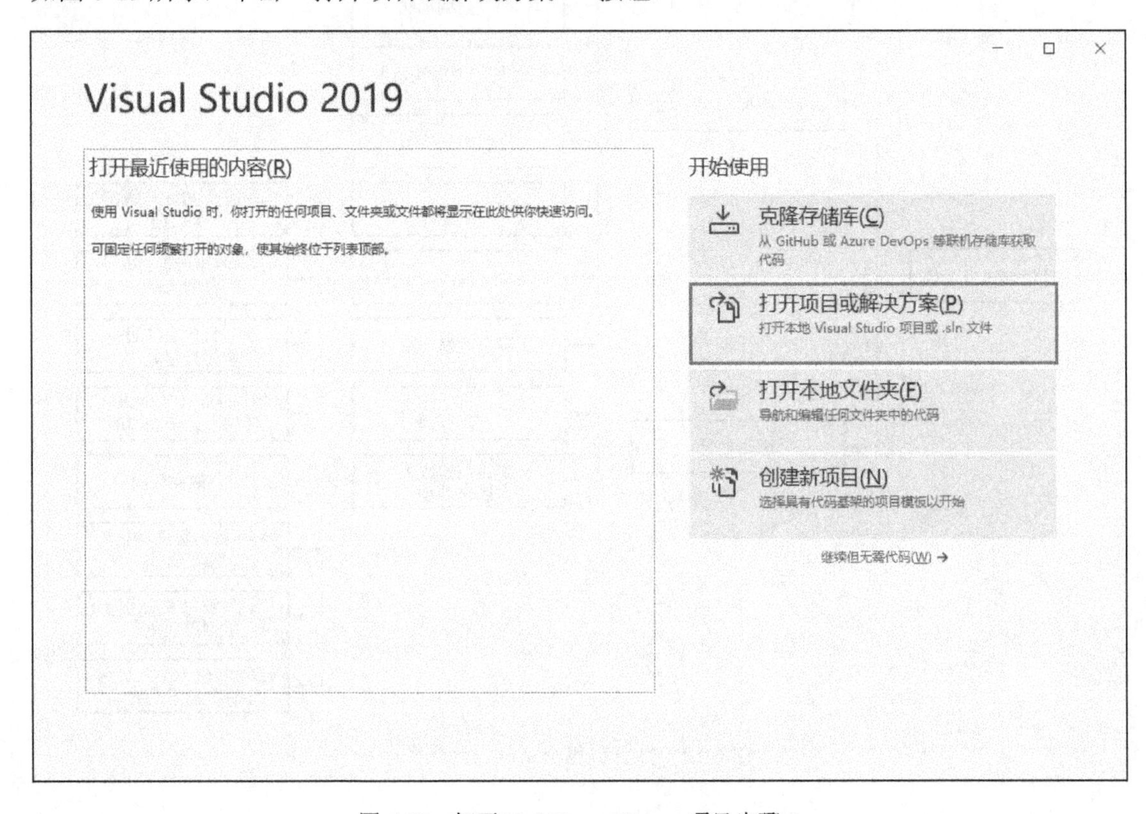

图 6-13　打开 PackUnpackDemo 项目步骤 1

在弹出的如图 6-14 所示的对话框中，打开“D:\MFCProject\01.PackUnpackDemo\PackUnpackDemo”目录下的 PackUnpackDemo.sln 文件。

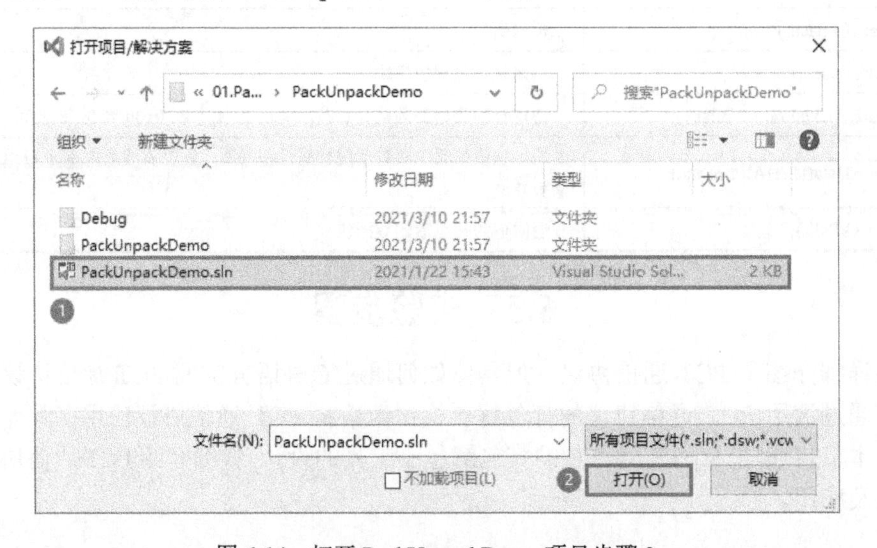

图 6-14　打开 PackUnpackDemo 项目步骤 2

2．更换资源文件

打开项目后，首先要更换资源文件。将本书配套资料包“04.例程资料\Material\01.PackUnpackDemo\StepByStep”文件夹中的 resource.h 和 PackUnpackDemo.rc 文件复制到“D:\MFCProject\01.PackUnpackDemo\PackUnpackDemo\PackUnpackDemo”目录下替换同名文件，再将 PackUnpackDemo.rc2 文件复制到“D:\MFCProject\01.PackUnpackDemo\PackUnpackDemo\PackUnpackDemo\res”目录下，然后打开 Visual Studio 软件界面，若弹出如图 6-15 所示的对话框，则单击“是”按钮，最后执行菜单命令“生成”→“重新生成解决方案”。

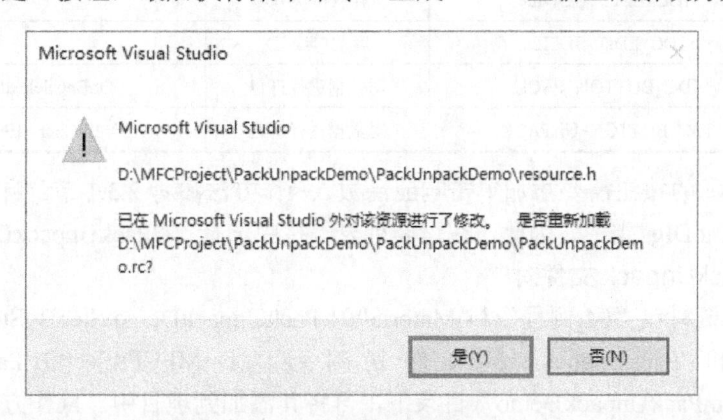

图 6-15　更换资源文件

下面简单介绍资源文件中的对话框设计界面。打开资源视图，展开 PackUnpackDemo 项目的资源列表，然后双击打开 Dialog 文件夹下的 IDD_PACKUNPACKDEMO_DIALOG 文件，打包解包小工具的设计界面如图 6-16 所示，图中编号为①～⑧的控件用于用户交互，控件说明如表 6-2 所示。

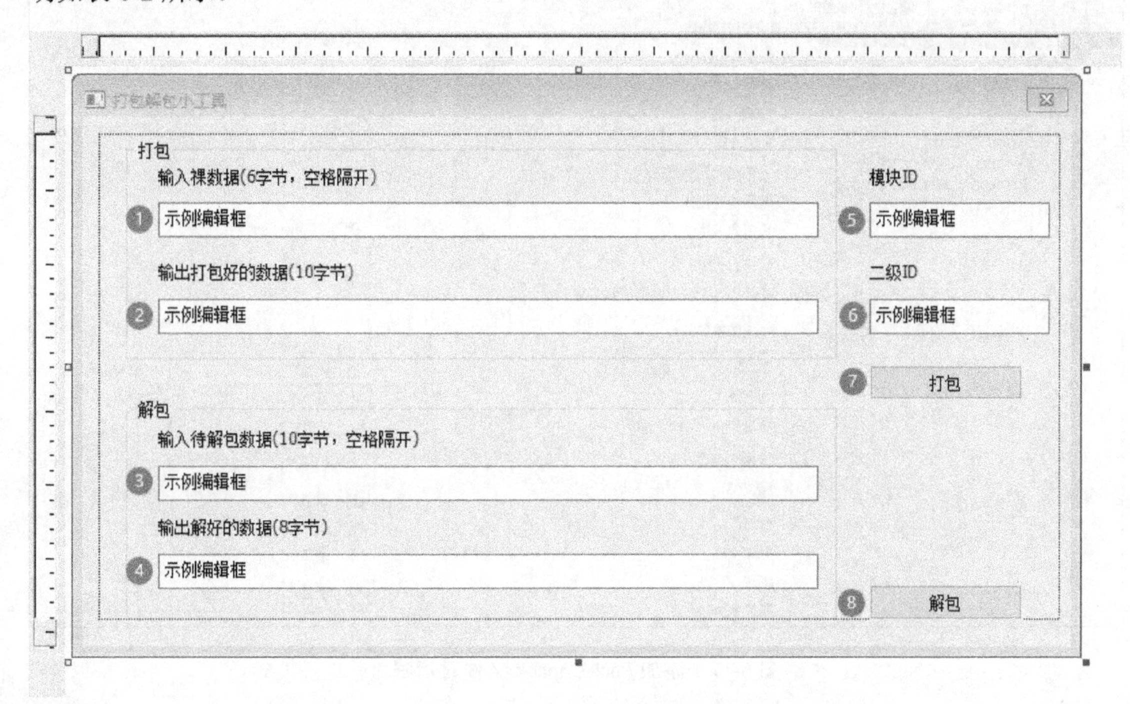

图 6-16　打包解包小工具设计界面

表 6-2　控件说明

编　号	ID	功　能	添加变量/响应函数
①	IDC_EDIT_BEFORE_PACK	存放打包前数据	—
②	IDC_EDIT_AFTER_PACK	存放打包后数据	—
③	IDC_EDIT_BEFORE_UNPACK	存放解包前数据	—
④	IDC_EDIT_AFTER_UNPACK	存放解包后数据	—
⑤	IDC_EDIT_MODID	存放模块 ID	—
⑥	IDC_EDIT_SECID	存放二级 ID	—
⑦	IDC_BUTTON_PACK	对数据进行打包	OnBnClickedButtonPack()
⑧	IDC_BUTTON_UNPACK	对数据进行解包	OnBnClickedButtonUnpack()

编号为⑦和⑧的按钮需要添加单击响应函数，操作方法参考 2.3.1 节。响应函数应包含在 CPackUnpackDemoDlg 类中，因此，在“类列表”栏中选择“CPackUnpackDemoDlg”选项。

3. 添加 PackUnpack 文件对

将本书配套资料包“04.例程资料\Material\01.PackUnpackDemo\StepByStep”文件夹中的 PackUnpack.h 和 PackUnapck.cpp 文件复制到“D:\MFCProject\01.PackUnpackDemo\PackUnpackDemo\PackUnpackDemo”目录下，再将其添加到项目中。操作方法有两种：执行菜单命令“项目”→“添加现有项”，或者在解决方案资源管理器视图下右击项目名 PackUnpackDemo，在弹出的快捷菜单中执行“添加”→“现有项”命令，如图 6-17 所示。

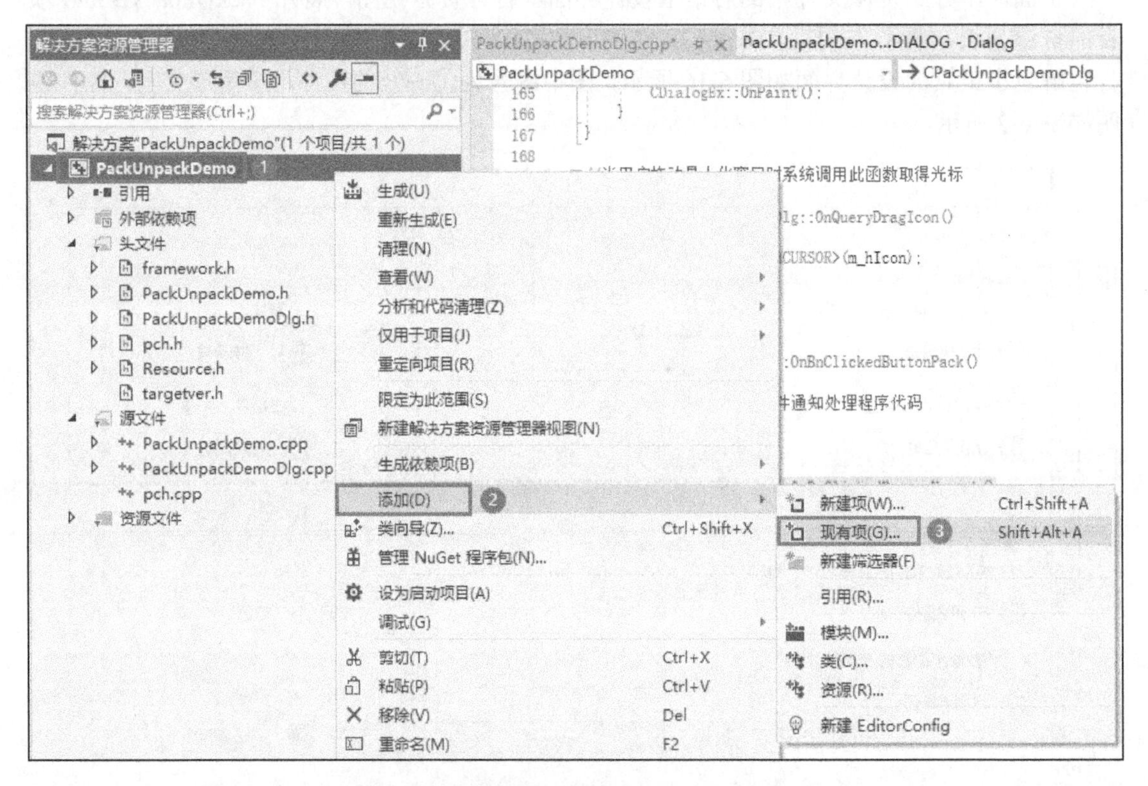

图 6-17　添加 PackUnpack 文件对步骤 1

在弹出的如图 6-18 所示的“添加现有项-PackUnpackDemo”对话框中选择“PackUnpack.h”

文件和“PackUnapck.cpp”文件并单击“添加”按钮。

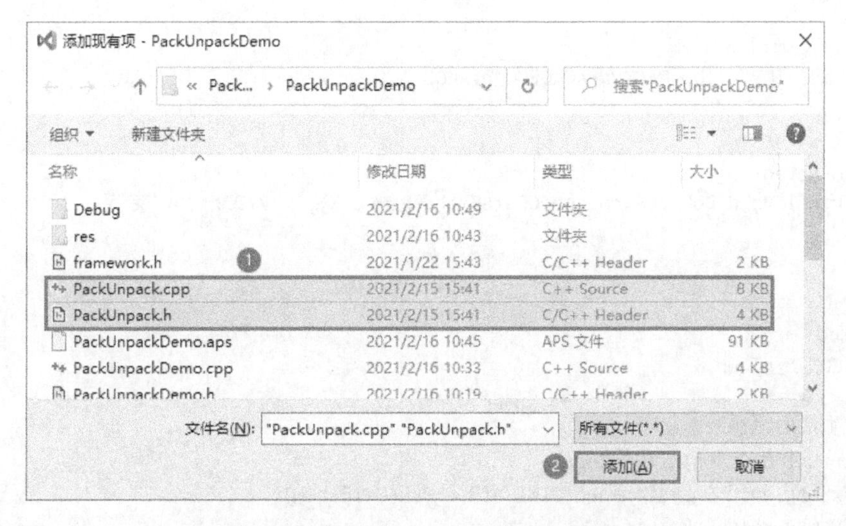

图 6-18　添加 PackUnpack 文件对步骤 2

4. 完善 PackUnpackDemoDlg.h 文件

双击打开 PackUnpackDemoDlg.h 文件，在“包含头文件”区，添加第 3 行代码，如程序清单 6-1 所示。

程序清单 6-1

```
1.    #pragma once
2.
3.    #include "PackUnpack.h"
```

在 PackUnpackDemoDlg.h 文件的“类的定义”区，添加第 8 至 14 行代码，如程序清单 6-2 所示，下面按照顺序对部分语句进行解释。

（1）第 9 行代码：创建一个 PackUnpack 类的对象 mPackUnpack。

（2）第 12 行代码：声明字符串转换为数据函数。

（3）第 13 行代码：声明数据转换为字符串函数。

（4）第 14 行代码：声明分割字符串函数。

程序清单 6-2

```
1.    //CPackUnpackDemoDlg 对话框
2.    class CPackUnpackDemoDlg : public CDialogEx
3.    {
4.    //构造
5.    public:
6.        CPackUnpackDemoDlg(CWnd* pParent = nullptr);    //标准构造函数
7.
8.        //成员变量
9.        CPackUnpack    mPackUnpack;
10.
11.       //成员函数
12.       void StrToData(CString& str, UCHAR* data);  //声明字符串转换为数据函数
13.       void PackToStr(PacketFrame pack, CString& str, int packLen);//声明数据转换为字符串函数
14.       int SplitString(const CString str, char split, CStringArray& strArray); //声明分割字
符串函数
```

```
15.
16. //对话框数据
17. #ifdef AFX_DESIGN_TIME
18.     enum { IDD = IDD_PACKUNPACKDEMO_DIALOG };
19. #endif
20.
21.     protected:
22.     virtual void DoDataExchange(CDataExchange* pDX);   //DDX/DDV 支持
23.
24.
25. //实现
26. protected:
27.     HICON m_hIcon;
28.
29.     //生成的消息映射函数
30.     virtual BOOL OnInitDialog();
31.     afx_msg void OnSysCommand(UINT nID, LPARAM lParam);
32.     afx_msg void OnPaint();
33.     afx_msg HCURSOR OnQueryDragIcon();
34.     DECLARE_MESSAGE_MAP()
35.
36. public:
37.     afx_msg void OnBnClickedButtonPack();
38.     afx_msg void OnBnClickedButtonUnpack();
39. };
```

5. 完善 PackUnpackDemoDlg.cpp 文件

双击打开 PackUnpackDemoDlg.cpp 文件，在“成员函数实现”区的 OnInitDialog()函数中添加第 31 至 33 行代码，如程序清单 6-3 所示，使控件上默认显示代码中指定的数据。

程序清单 6-3

```
1.  BOOL CPackUnpackDemoDlg::OnInitDialog()
2.  {
3.      CDialogEx::OnInitDialog();
4.
5.      //将“关于...”菜单项添加到系统菜单中。
6.
7.      //IDM_ABOUTBOX 必须在系统命令范围内。
8.      ASSERT((IDM_ABOUTBOX & 0xFFF0) == IDM_ABOUTBOX);
9.      ASSERT(IDM_ABOUTBOX < 0xF000);
10.
11.     CMenu* pSysMenu = GetSystemMenu(FALSE);
12.     if (pSysMenu != nullptr)
13.     {
14.         BOOL bNameValid;
15.         CString strAboutMenu;
16.         bNameValid = strAboutMenu.LoadString(IDS_ABOUTBOX);
17.         ASSERT(bNameValid);
18.         if (!strAboutMenu.IsEmpty())
19.         {
20.             pSysMenu->AppendMenu(MF_SEPARATOR);
21.             pSysMenu->AppendMenu(MF_STRING, IDM_ABOUTBOX, strAboutMenu);
```

```
22.             }
23.         }
24.
25.         //设置此对话框的图标。当应用程序主窗口不是对话框时，框架将自动执行此操作
26.
27.         SetIcon(m_hIcon, TRUE);           //设置大图标
28.         SetIcon(m_hIcon, FALSE);          //设置小图标
29.
30.         //TODO: 在此添加额外的初始化代码
31.         SetDlgItemText(IDC_EDIT_MODID, "12");
32.         SetDlgItemText(IDC_EDIT_SECID, "02");
33.         SetDlgItemText(IDC_EDIT_BEFORE_PACK, "00 01 6E 01 70 00");
34.
35.         return TRUE;  //除非将焦点设置到控件，否则返回 TRUE
36.  }
```

添加完程序清单 6-3 中的代码后，编译器会提示“const char *”类型的实参与“LPCTSTR”类型的形参不兼容的错误，解决方法如下：执行菜单命令“项目”→“PackUnpackDemo 属性”，在弹出的“PackUnpackDemo 属性页”对话框中单击“高级”选项，将“字符集”栏改为“使用多字节字符集”，然后单击“确定”按钮，如图 6-19 所示。

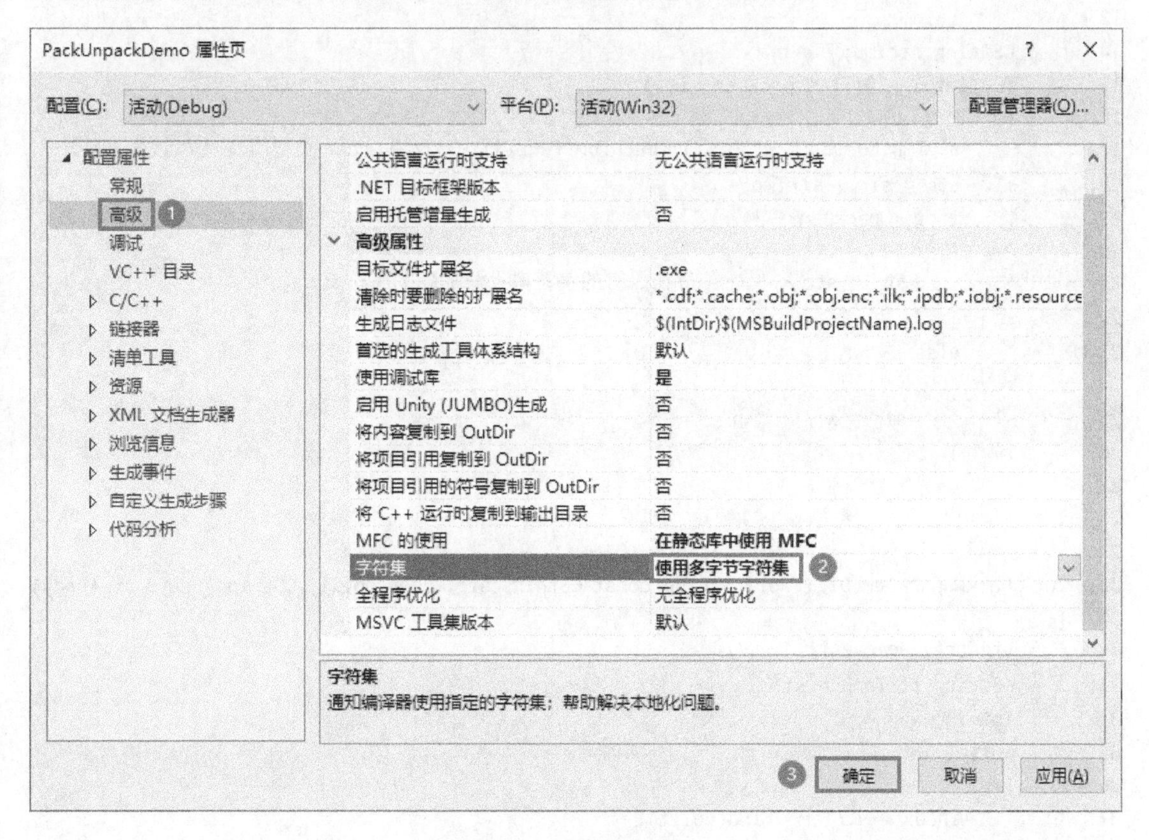

图 6-19　修改字符集

在“成员函数实现”区的 OnQueryDragIcon()函数后添加 StrToData()、PackToStr()和 SplitString()函数的实现代码，如程序清单 6-4 所示，下面按照顺序对部分语句进行解释。

（1）第 1 至 10 行代码：StrToData()函数的功能是将输入的字符串按空格拆分，分别提取

输入的数据，保存到 data 指针链表中。

（2）第 12 至 28 行代码：PackToStr()函数的功能是将打包或解包后的数据先转换为十六进制数据，然后组合成字符串，中间以空格隔开。

（3）第 30 至 51 行代码： SplitString()函数按指定的分隔符对字符串进行分隔，此处使用空格作为分隔符，分隔出来的数据保存到 strArray 数组中。

程序清单 6-4

```
1.  void CPackUnpackDemoDlg::StrToData(CString& str, UCHAR* data)
2.  {
3.      CStringArray strArr;
4.      SplitString(str, ' ', strArr);
5.      for(int i = 0; i < strArr.GetSize(); i++)
6.      {
7.          //将字符串转换成十六进制长整数，GetAt()函数返回位于给定索引处的值
8.          data[i] = strtol(strArr.GetAt(i), NULL, 16);
9.      }
10. }
11.
12. void CPackUnpackDemoDlg::PackToStr(PacketFrame pack, CString& str, int packLen)
13. {
14.     CString strTmp;
15.     for(int i = 0; i < packLen; i++)
16.     {
17.         strTmp.Format(_T("%02X"), pack.buffer[i]);   //将 uchar 类型值转换为十六进制数
18.         str = str + strTmp;
19.         if(i < packLen - 1)
20.         {
21.             str = str + " ";  //在原有的字符串上添加新的字符串
22.         }
23.         else
24.         {
25.             str = str + "\n";
26.         }
27.     }
28. }
29.
30. int CPackUnpackDemoDlg::SplitString(const CString str, char split, CStringArray& strArray)
31. {
32.     strArray.RemoveAll();  //清零
33.     CString strTemp = str;
34.     int index = 0;
35.     while(1)
36.     {
37.         index = strTemp.Find(split);
38.         if(index >= 0)
39.         {
40.             strArray.Add(strTemp.Left(index));//从左边开始获取前 index 个字符
41.             strTemp = strTemp.Right(strTemp.GetLength() - index - 1);
42.         }
```

```
43.         else
44.         {
45.             break;
46.         }
47.     }
48.     strArray.Add(strTemp);
49.
50.     return strArray.GetSize();
51. }
```

在 SplitString()函数后，完善 OnBnClickedButtonPack()函数的实现代码，如程序清单 6-5 所示，下面按照顺序对部分语句进行解释。

（1）第 4 行代码：定义窗口父类的指针变量，可操作窗体的各控件。

（2）第 5 至 9 行代码：定义 4 个 CString 型变量，分别用于存放打包前数据、打包后数据、模块 ID 和二级 ID，最后再定义一个包数据结构体变量。

（3）第 11 至 12 行代码：实例化窗口父类，通过 IDC_EDIT_BEFORE_PACK 编辑框获取打包前的数据。

（4）第 13 行代码：将文本字符串转换为十六进制数据存储到 unpack 结构体的 data 数组中。

（5）第 15 至 17 行代码：获取模块 ID 并存放到 unpack 结构体的 id 字段中。

（6）第 19 至 21 行代码：获取二级 ID 并存放到 unpack 结构体的 id2 字段中。

（7）第 23 行代码：使用 PackData()函数对存放到结构体 unpack 的数据进行打包。

（8）第 24 行代码：将打包后的数据转换为一串以空格隔开的十六进制字符串，长度为 10 位。

（9）第 26 至 27 行代码：将打包后的十六进制字符串显示在 IDC_EDIT_AFTER_PACK 编辑框中。

程序清单 6-5

```
1.  void CPackUnpackDemoDlg::OnBnClickedButtonPack()
2.  {
3.      //TODO: 在此添加控件通知处理程序代码
4.      CWnd* pWnd;
5.      CString strBeforePack;
6.      CString strAfterPack;
7.      CString moduleId;
8.      CString secondId;
9.      PacketFrame unpack;
10.
11.     pWnd = GetDlgItem(IDC_EDIT_BEFORE_PACK);
12.     pWnd->GetWindowText(strBeforePack);
13.     StrToData(strBeforePack, unpack.data);
14.
15.     pWnd = GetDlgItem(IDC_EDIT_MODID);
16.     pWnd->GetWindowText(moduleId);
17.     unpack.id = strtol(moduleId, NULL, 16);
18.
19.     pWnd = GetDlgItem(IDC_EDIT_SECID);
20.     pWnd->GetWindowText(secondId);
```

```
21.     unpack.id2 = strtol(secondId, NULL, 16);
22.
23.     mPackUnpack.PackData(&unpack);
24.     PackToStr(unpack, strAfterPack, 10);
25.
26.     pWnd = GetDlgItem(IDC_EDIT_AFTER_PACK);
27.     pWnd->SetWindowText(strAfterPack);
28. }
```

在 OnBnClickedButtonPack()函数后，完善 OnBnClickedButtonUnpack()函数的实现代码，如程序清单 6-6 所示，下面按照顺序对部分语句进行解释。

（1）第 4 行代码：定义一个窗口父类的指针变量，可操作窗体的各控件。

（2）第 5 至 8 行代码：定义两个字符串，一个解包数据结构体变量，一个解包标志布尔变量。

（3）第 10 至 12 行代码：获取 IDC_EDIT_BEFORE_UNPACK 编辑框输入的字符串，并存放到包结构体数据 pack 的 buffer 字段中。

（4）第 13 行代码：调用 UnpackData()函数进行解包。

（5）第 15 行代码：判断解包是否成功。

（6）第 17 行代码：获取解包后的数据，存放到包数据结构体 pack 中。

（7）第 18 至 20 行代码：将解包后的数据显示在 IDC_EDIT_AFTER_UNPACK 编辑框中。

程序清单 6-6

```
1.  void CPackUnpackDemoDlg::OnBnClickedButtonUnpack()
2.  {
3.      //TODO: 在此添加控件通知处理程序代码
4.      CWnd* pWnd;
5.      CString strBeforeUnpack;
6.      CString strAfterUnpack;
7.      PacketFrame pack;
8.      BOOL findPack;
9.
10.     pWnd = GetDlgItem(IDC_EDIT_BEFORE_UNPACK);
11.     pWnd->GetWindowText(strBeforeUnpack);
12.     StrToData(strBeforeUnpack, pack.buffer);
13.     findPack = mPackUnpack.UnpackData(pack.buffer);
14.
15.     if(findPack)
16.     {
17.         mPackUnpack.GetUnpackRslt(&pack);
18.         pWnd = GetDlgItem(IDC_EDIT_AFTER_UNPACK);
19.         PackToStr(pack, strAfterUnpack, 8);
20.         pWnd->SetWindowText(strAfterUnpack);
21.     }
22. }
```

6. 编译并运行

代码编辑完成之后，单击 ▶ 本地 Windows 调试器 按钮，即可编译并运行程序。成功运行后的应用程序界面如图 6-20 所示。

图 6-20　打包解包小工具运行结果

7．程序验证

修改输入的裸数据，单击“打包”按钮，再将打包好的数据复制到待解包数据输入区，单击“解包”按钮，验证是否能还原为裸数据，如图 6-21 所示，如果解包后的数据与裸数据一致，则说明当前的打包和解包操作成功。

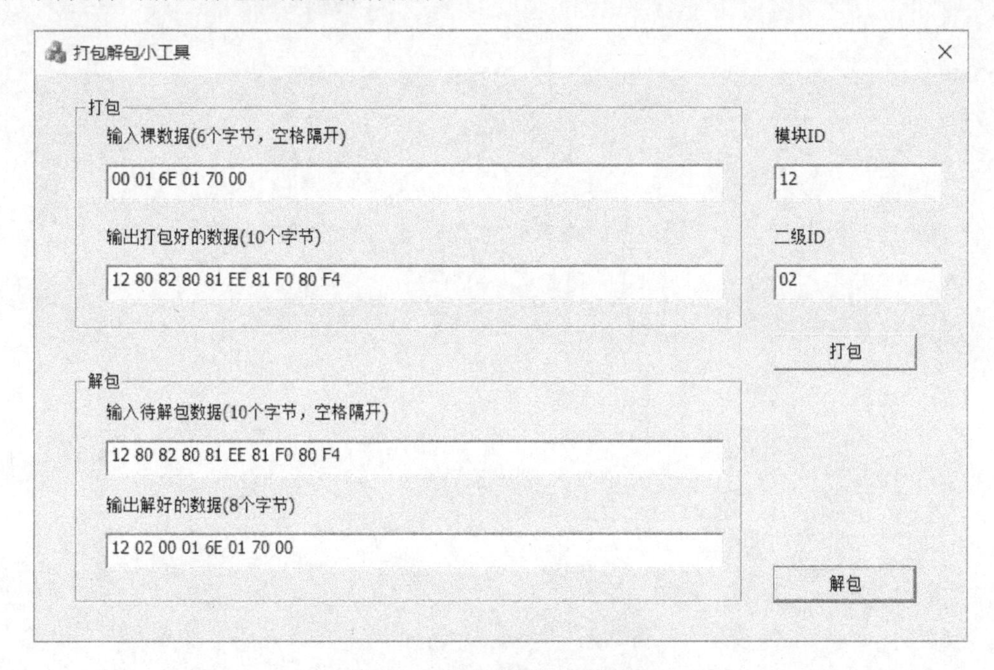

图 6-21　打包和解包结果验证

本 章 任 务

按照 PCT 通信协议规定，模块 ID 的最高位固定为 0，这意味着其取值范围只能为 0x00～0x7F，那么在进行程序验证时，如果在模块 ID 编辑框中输入的值大于 0x7F，则会出现什么情况？经过验证后发现此时打包结果显示区仍然会显示数据，显然这是不符合 PCT 通信协议的，尝试解决该问题，当模块 ID 不在规定范围内时会弹出错误提示信息，这时要求重新输入。

本 章 习 题

1．根据 PCT 通信协议，模块 ID 和二级 ID 分别有多少种？

2．PCT 通信协议规定（7）提到二级 ID 的最高位固定为 1，那么当一组待打包数据的二级 ID 小于 0x80 时，这组数据能否通过打包解包小工具打包得到正确结果？为什么？

3．在遵循 PCT 通信协议规定的前提下，随机写一组数据，手动推演得出打包解包结果，熟练掌握基于 PCT 通信协议的具体打包解包流程。

第 7 章　串口通信小工具设计实验

基于 MFC 的人体生理参数监测系统软件作为人机交互平台，既要显示五大生理参数（体温、血压、呼吸、血氧、心电），又要作为控制平台发送控制命令（如启动血压测量、停止血压测量等）到人体生理参数监测系统硬件平台。人体生理参数监测系统硬件平台与人体生理参数监测系统软件平台之间的通信通常使用串口方式。本章将介绍串口通信，并通过一个简单串口通信小工具的开发来详细介绍串口通信的实现方法，为后续开发打好基础。

7.1　实验内容

学习串口通信相关知识，了解串口通信过程，通过 MFC 完成串口通信小工具的界面布局，并按实验步骤完善底层驱动，设计出一个可实现串口通信的应用程序。

7.2　实验原理

7.2.1　设计框图

串口通信小工具设计框图如图 7-1 所示。

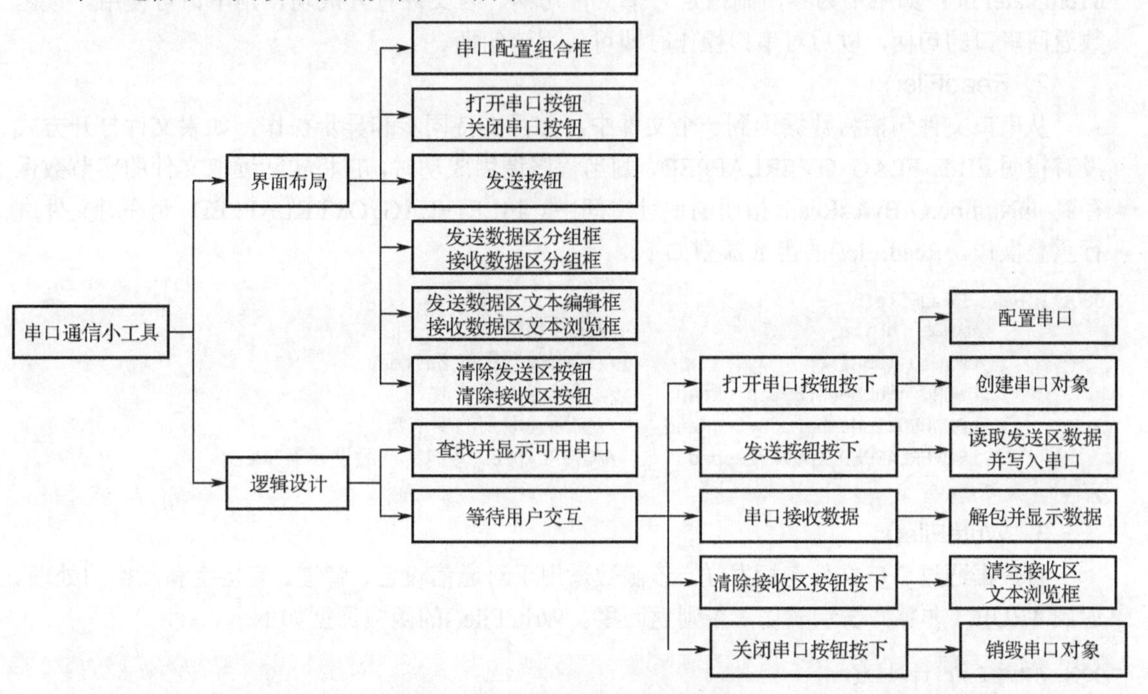

图 7-1　串口通信小工具设计框图

7.2.2　串口通信相关知识

1．CreateFile()

按文件方式操作串口，打开串口使用 CreateFile()函数。这个函数的功能是创建或打开一个文件或 I/O 设备，通常使用的 I/O 形式有文件、文件流、目录、物理磁盘、卷和终端流等。如果执行成功，则返回文件句柄。INVALID_HANDLE_VALUE 表示出错，会设置 GetLastError。CreateFile()的函数原型如下：

```
HANDLE CreateFile(
        LPCTSTR lpFileName,
        DWORD dwDesiredAccess,
        DWORD dwShareMode,
        LPSECURITY_ATTRIBUTES lpSecurityAttributes
        DWORD dwCreationDistribution,
        DWORD dwFlagsAndAttributes,
        HANDLE hTemplateFile
);
```

lpFileName：要打开的文件名称，设置为 COM1 或 COM2 等。dwDesiredAccess：读写模式设置，为 GENERIC_READ 时表示允许对设备进行读访问，为 GENERIC_WRITE 时表示允许对设备进行写访问。dwShareMode：串口共享模式，为 0 时表示不允许其他应用程序共享，为 FILE_SHARE_READ 或 FILE_SHARE_WRITE 时表示允许共享。lpSecurityAttributes：串口的安全属性，设置为 NULL，表示该串口不可被子程序继承。dwCreationDistribution：创建文件的性质，设置为 OPEN_EXISTING，表示文件必须已经存在。dwFlagsAndAttributes：属性及相关标志，设置为 FILE_FLAG_OVERLAPPED，表示允许对文件进行重叠操作。hTemplateFile：如果不为零，则指定一个文件句柄。若文件打开成功，则串口可使用，该函数返回串口的句柄，以后对串口操作时即可使用该句柄。

2. ReadFile()

从串口文件句柄将数据读到一个文件中，并且支持同步和异步操作，如果文件打开方式没有指明 FILE_FLAG_OVERLAPPED，则当程序调用成功时，它将实际读取文件的字节数保存到 lpNumberOfBytesRead 指明的地址空间中。FILE_FLAG_OVERLAPPED 允许对文件进行重叠操作。ReadFile()的函数原型如下:

```
BOOL WINAPI ReadFile(
          HANDLE hFile,                    //文件句柄
          LPVOID lpBuffer,                 //接收数据用的 Buffer
          DWORD nNumberOfBytesToRead,      //要读取的字节数
          LPDWORD lpNumberOfBytesRead,     //实际读取到的字节数
          LPOVERLAPPED lpOverlapped        //OVERLAPPED 结构，一般设置为 NULL
);
```

3. WriteFile()

将数据通过串口文件句柄发送，该函数适用于对通信设备、管道、套接字和邮槽的处理。返回 TRUE（非零）表示成功，否则返回零。WriteFile()的函数原型如下:

```
BOOL WINAPI WriteFile(
          HANDLE hFile,                       //文件句柄
          LPCVOID lpBuffer,                   //要写入的数据
          DWORD nNumberOfBytesToWrite,        //要写入的字节数
          LPDWORD lpNumberOfBytesWritten,     //实际写入的字节数
          LPOVERLAPPED lpOverlapped           //OVERLAPPED 结构，一般设置为 NULL
);
```

4．CloseHandle()

关闭串口，成功返回 TRUE，失败返回 FALSE。CloseHandle()的函数原型如下：

```
BOOL CloseHandle(HANDLE hObjedt);
```

hObjedt：打开的串口句柄。

5．串口通信基本流程

串口通信的基本流程如图 7-2 所示。

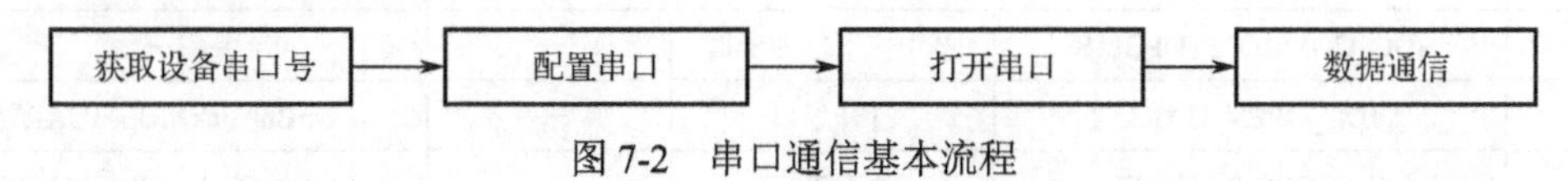

图 7-2　串口通信基本流程

7.3　实验步骤

1．复制 SerialPortDemo 项目

首先，将本书配套资料包“04.例程资料\Material\02.SerialPortDemo”文件夹下的 02.SerialPortDemo 文件夹复制到“D:\MFCProject”目录下，然后打开 Visual Studio 软件，单击“打开项目或解决方案”按钮，打开“D:\MFCProject\02.SerialPortDemo\SerialPortDemo”目录下的 SerialPortDemo.sln 文件。

2．更换资源文件

将本书配套资料包“04.例程资料\Material\02.SerialPortDemo\StepByStep”文件夹中的 resource.h 和 SerialPortDemo.rc 文件复制到“D:\MFCProject\02.SerialPortDemo\SerialPortDemo\SerialPortDemo”目录下，再将 SerialPortDemo.rc2 文件复制到“D:\MFCProject\02.SerialPortDemo\SerialPortDemo\SerialPortDemo\res”目录下，然后打开 Visual Studio 软件界面，执行菜单命令“生成”→“重新生成解决方案”。

下面介绍资源文件中的设计界面。打开资源视图，展开 SerialPortDemo 项目的资源列表，双击打开 Dialog 文件夹下的 IDD_SERIALPORTDEMO_DIALOG 文件，串口通信小工具的设计界面如图 7-3 所示，关于图中各个控件的说明如表 7-1 所示。

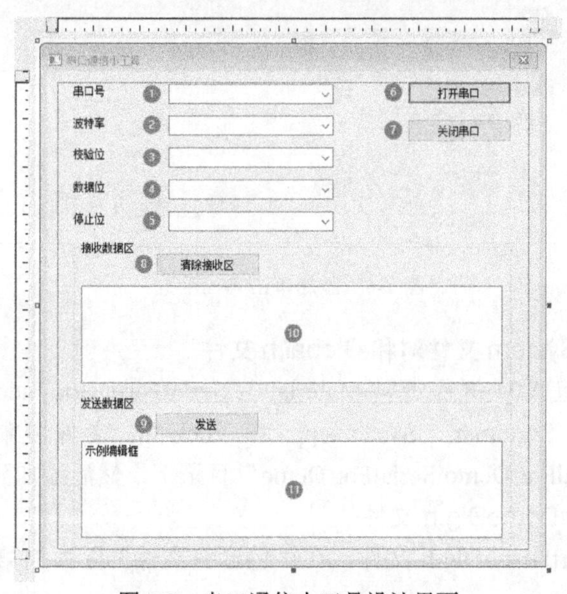

图 7-3　串口通信小工具设计界面

表 7-1　控件说明

编　号	ID	功　能	属 性 设 置	添加变量/响应函数
①	IDC_COMBO_PORT	串口号下拉列表框	—	CComboBox mCtrlPort
②	IDC_COMBO_BAUDRATE	波特率下拉列表框	—	—
③	IDC_COMBO_PARITY	校验位下拉列表框	—	—
④	IDC_COMBO_DATABITS	数据位下拉列表框	—	—
⑤	IDC_COMBO_STOPBITS	停止位下拉列表框	—	—
⑥	IDC_OPEN_UART	打开串口	—	OnBnClickedOpenUART()
⑦	IDC_CLOSE_UART	关闭串口	—	OnBnClickedCloseUART()
⑧	IDC_BUTTON_CLEAR	清除发送信息	—	OnBnClickedButtonClear()
⑨	IDC_BUTTON_SEND	串口信息发送	—	OnBnClickedButtonSend()
⑩	IDC_LIST_RECEIVE	串口接收信息框	排序：False	CListBox mCtrlReceiveBox
⑪	IDC_EDIT_SEND	串口发送信息框	—	—

编号为①和⑩的控件需要添加控件类型的变量，操作方法参考 5.1.3 节，变量名分别设置为 mCtrlPort 和 mCtrlReceiveBox，“类别”一栏选择“控件”选项，其他保持默认即可。

编号为⑥、⑦、⑧和⑨的按钮需要添加单击响应函数，操作方法参考 2.3.1 节。其中，“类列表”一栏都选择“CSerialPortDemoDlg”选项，如图 7-4 所示，“打开串口”按钮的单击响应函数的函数名修改为 OnBnClickedOpenUART，“关闭串口”按钮的单击响应函数的函数名修改为 OnBnClickedCloseUART，“清除接收区”按钮和“发送”按钮的函数名保持默认即可。

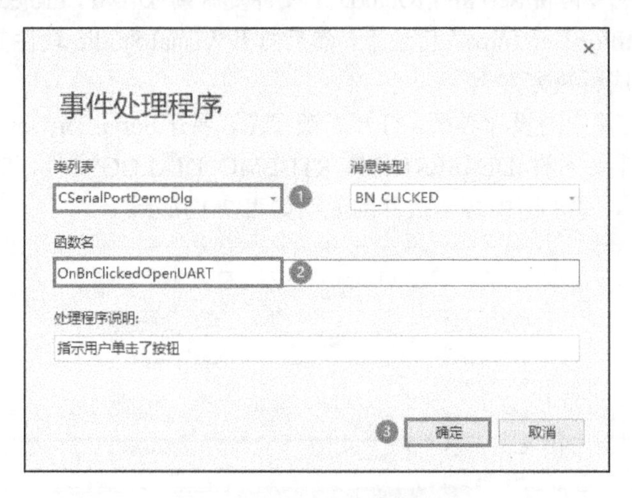

图 7-4　添加单击响应函数

3．添加 UART、System 文件对和 Global.h 文件

将本书配套资料包“04.例程资料\Material\02.SerialPortDemo\StepByStep”文件夹中的 UART.h、UART.cpp、System.h、System.cpp 和 Global.h 文件复制到“D:\MFCProject\02.SerialPortDemo\SerialPortDemo\SerialPortDemo”目录下，然后添加到项目中。

4．完善 SerialPortDemoDlg.h 文件

双击打开 SerialPortDemoDlg.h 文件，在“包含头文件”区添加第 3 行代码，如程序清单 7-1 所示。

程序清单 7-1

```
1.  #pragma once
2.
3.  #include "UART.h"
```

在 SerialPortDemoDlg.h 文件的“类的定义”区，添加第 7 至 25 行和第 39 至 43 行代码，对用到的函数和变量进行声明，如程序清单 7-2 所示。

程序清单 7-2

```
1.  class CSerialPortDemoDlg : public CDialogEx
2.  {
3.  //构造
4.  public:
5.      CSerialPortDemoDlg(CWnd* pParent = nullptr); //标准构造函数
6.
7.      CUART mUART;
8.
9.      //inline 内置成员函数，提高效率，inline 可以省略
10.     int SetPort(int port) { mPort = port; return true; };
11.     int SetParity(int parity) { mParity = parity; return true; };
12.     int SetBaudRate(int baudRate) { mBaudRate = baudRate; return true; };
13.     int SetDataBits(int dataBits) { mDataBits = dataBits; return true; };
14.     int SetStopBits(int stopBits) { mStopBits = stopBits; return true; };
15.
16.     int GetPort(void) { return mPort; };
17.     int GetParity(void) { return mParity; };
18.     int GetBaudRate(void) { return mBaudRate; };
19.     int GetDataBits(void) { return mDataBits; };
20.     int GetStopBits(void) { return mStopBits; };
21.
22.     void EnumUARTPort();   //扫描串口函数
23.     void UARTInitialize(); //串口初始化函数
24.
25.     static int ReceiveProc(void* data, DWORD dwLen, void* pThis); //接收线程函数
26.
27. //对话框数据
28. #ifdef AFX_DESIGN_TIME
29.     enum { IDD = IDD_SERIALPORTDEMO_DIALOG };
30. #endif
31.
32.     protected:
33.     virtual void DoDataExchange(CDataExchange* pDX);   //DDX/DDV 支持
34.
35. //实现
36. protected:
37.     HICON m_hIcon;
38.
39.     int mPort;     //串口号
40.     int mParity;   //校验位
41.     int mBaudRate; //波特率
42.     int mDataBits;  //数据位
43.     int mStopBits;  //停止位
```

```
44.
45.     //生成的消息映射函数
46.     virtual BOOL OnInitDialog();
47.     afx_msg void OnSysCommand(UINT nID, LPARAM lParam);
48.     afx_msg void OnPaint();
49.     afx_msg HCURSOR OnQueryDragIcon();
50.     DECLARE_MESSAGE_MAP()
51. public:
52.     CComboBox mCtrlPort;
53.     CListBox mCtrlReceiveBox;
54.     afx_msg void OnBnClickedOpenUART();
55.     afx_msg void OnBnClickedCloseUART();
56.     afx_msg void OnBnClickedButtonClear();
57.     afx_msg void OnBnClickedButtonSend();
58. };
```

5. 完善 SerialPortDemoDlg.cpp 文件

双击打开 SerialPortDemoDlg.cpp 文件，在“包含头文件”区添加第 6 至 7 行代码，然后在“内部变量”区添加第 13 行代码，如程序清单 7-3 所示。

程序清单 7-3

```
1.  #include "pch.h"
2.  #include "framework.h"
3.  #include "SerialPortDemo.h"
4.  #include "SerialPortDemoDlg.h"
5.  #include "afxdialogex.h"
6.  #include "System.h"
7.  #include "UART.h"
8.
9.  #ifdef _DEBUG
10. #define new DEBUG_NEW
11. #endif
12.
13. CString arrStrPort[20];
```

在“成员函数实现”区的 OnInitDialog()函数中，添加第 30 至 56 行代码，如程序清单 7-4 所示，下面按照顺序对部分语句进行解释。

（1）第 30 行代码：串口参数的初始化。

（2）第 34 至 41 行代码：设置界面 ComboBox 下拉组合框显示参数。

（3）第 43 至 56 行代码：通过 EnumUARTPort()函数重新搜索本机串口，并更新到串口下拉列表框。

程序清单 7-4

```
1.  BOOL CSerialPortDemoDlg::OnInitDialog()
2.  {
3.      CDialogEx::OnInitDialog();
4.
5.      //将“关于...”菜单项添加到系统菜单中
6.
7.      //IDM_ABOUTBOX 必须在系统命令范围内
8.      ASSERT((IDM_ABOUTBOX & 0xFFF0) == IDM_ABOUTBOX);
9.      ASSERT(IDM_ABOUTBOX < 0xF000);
```

```
10.
11.     CMenu* pSysMenu = GetSystemMenu(FALSE);
12.     if (pSysMenu != nullptr)
13.     {
14.         BOOL bNameValid;
15.         CString strAboutMenu;
16.         bNameValid = strAboutMenu.LoadString(IDS_ABOUTBOX);
17.         ASSERT(bNameValid);
18.         if (!strAboutMenu.IsEmpty())
19.         {
20.             pSysMenu->AppendMenu(MF_SEPARATOR);
21.             pSysMenu->AppendMenu(MF_STRING, IDM_ABOUTBOX, strAboutMenu);
22.         }
23.     }
24.
25.     //设置此对话框的图标。当应用程序主窗口不是对话框时，框架将自动执行此操作
26.     SetIcon(m_hIcon, TRUE);          //设置大图标
27.     SetIcon(m_hIcon, FALSE);         //设置小图标
28.
29.     //TODO: 在此添加额外的初始化代码
30.     UARTInitialize(); //成员函数实现在下面的代码中，界面中所有组合框的初始化
31.     CComboBox* p;
32.
33.     //取得控件的 ID，设置控件相关联的成员变量
34.     p = (CComboBox*)GetDlgItem(IDC_COMBO_BAUDRATE);
35.     p->SetCurSel(mBaudRate);
36.     p = (CComboBox*)GetDlgItem(IDC_COMBO_PARITY);
37.     p->SetCurSel(mParity);
38.     p = (CComboBox*)GetDlgItem(IDC_COMBO_DATABITS);
39.     p->SetCurSel(mDataBits);
40.     p = (CComboBox*)GetDlgItem(IDC_COMBO_STOPBITS);
41.     p->SetCurSel(mStopBits);
42.
43.     CString portStr;
44.
45.     mCtrlPort.ResetContent(); //清空串口号 ComboBox 里面的内容
46.
47.     //搜索串口号
48.     EnumUARTPort();
49.
50.     portStr.Format("COM%d", mPort);
51.     mCtrlPort.SelectString(0, (LPCTSTR)portStr); //搜索串口字符串
52.
53.     if(mCtrlPort.GetCount() > 1) //如果当前有端口，就将第一个端口显示在 ComboBox 上
54.     {
55.         mCtrlPort.SetCurSel(0);
56.     }
57.     return TRUE;  //除非将焦点设置到控件，否则返回 TRUE
58. }
```

添加完程序清单 7-4 中的代码后，编译器会在代码中的 Format("COM%d", mPort)函数处报错，解决方法如下：执行菜单命令“项目”→“SerialPortDemo 属性”，在弹出的“SerialPortDemo

属性页”对话框中单击“高级”选项，将“字符集”一栏改为“使用多字节字符集”，然后单击“确定”按钮，可参考图 6-19 操作。

在“成员函数实现”区的 OnQueryDragIcon()函数后面添加 EnumUARTPort()函数的实现代码，搜索 PC 注册表的串口号信息，并把搜索到的串口字符串保存下来，如程序清单 7-5 所示。

程序清单 7-5

```
1.  void CSerialPortDemoDlg::EnumUARTPort()
2.  {
3.        HKEY hKey; //注册表，在注册表编辑器中注册表项是用控制键来显示或编辑的，使得控制键找到
和编辑信息项组更容易
4.        LPCTSTR data_Set = _T("HARDWARE\\DEVICEMAP\\SERIALCOMM"); //串口在注册表中的路径
5.
6.        //打开一个指定的注册表键
7.        //参数 1：需要打开的主键名称，HKEY_LOCAL_MACHINE 保存了所有与计算机有关的配置信息
8.        //参数 2：需要打开的子键名称
9.        //参数 3：保留，设为 0
10.       //参数 4：安全访问标记，即权限
11.       //参数 5：得到将要打开键的句柄
12.       LONG lRet0 = RegOpenKeyEx(HKEY_LOCAL_MACHINE, data_Set, 0, KEY_READ, &hKey);
13.       if(lRet0 != ERROR_SUCCESS)
14.       {
15.           AfxMessageBox(_T("错误：无法打开有关的 hKEY"));
16.           return;
17.       }
18.
19.       DWORD dwIndex = 0; //注册表的键值
20.       CString strPort;
21.
22.       while(1)
23.       {
24.           LONG lStatus;
25.           TCHAR szName[256] = { 0 };
26.           UCHAR szPortName[80] = { 0 };
27.           DWORD dwName;
28.           DWORD dwSizeofPortName;
29.           DWORD dwType;
30.
31.           dwName = sizeof(szName);
32.           dwSizeofPortName = sizeof(szPortName);
33.           //用来枚举指定项的值
34.           lStatus = RegEnumValue(hKey, dwIndex++, szName, &dwName, NULL, &dwType,
35.               szPortName, &dwSizeofPortName);
36.           if((lStatus == ERROR_SUCCESS) || (lStatus == ERROR_MORE_DATA))
37.           {
38.               CString str;
39.               str = szPortName;
40.               arrStrPort[dwIndex] = str;
41.           }
42.           else
43.           {
```

```
44.                 break;
45.             }
46.         }
47.
48.         //进行串口号的排序，从小到大排序
49.         for(int portNum = 1; portNum <= 255; portNum++)
50.         {
51.             strPort.Format("COM%d", portNum);
52.             for(int i = 1; i <= dwIndex; i++) //遍历查找是否有相等字符串，此处最大值不能是
mCtrlPort.GetCount()
53.             {
54.                 if(strcmp(strPort, arrStrPort[i]) == 0)
55.                 {
56.                     mCtrlPort.AddString(arrStrPort[i]);
57.                 }
58.             }
59.         }
60.         RegCloseKey(hKey); //关闭注册表
61.     }
```

在 EnumUARTPort()函数后添加 ReceiveProc()函数的实现代码，如程序清单 7-6 所示，下面按照顺序对部分语句进行解释。

（1）第 6 至 12 行代码：把接收的数据转换为十六进制字符串。

（2）第 15 行代码：十六进制的字符串数据显示到列表框中。

程序清单 7-6

```
1.  int CSerialPortDemoDlg::ReceiveProc(void* data, DWORD dwLen, void* pThis)
2.  {
3.      CString str, strTmp;
4.      if(pThis)
5.      {
6.          uchar* p = (uchar*)data; //先转化为 uchar 类型，为后面转化数据类型做准备
7.          for(int i = 0; i < dwLen; i++)
8.          {
9.              uchar tmp = *p++; //指针+1 后读数据
10.             strTmp.Format("%x ", tmp); //将 tmp 转化为 CString 类型，按十六进制显示
11.             str = str + strTmp;
12.         }
13.
14.         //把一次收到的数据显示到列表框中
15.         ((CSerialPortDemoDlg*)pThis)->mCtrlReceiveBox.AddString(str);
16.         return DK_SUCCESS;
17.     }
18.     else
19.     {
20.         return ERR_DK_FAILURE;
21.     }
22. }
```

在 ReceiveProc()函数后添加 UARTInitialize()函数的实现代码，如程序清单 7-7 所示，下面按照顺序对部分语句进行解释。

（1）第 3 行代码：初始化 gUARTConfig 结构体变量，设置默认值。

（2）第 4 至 13 行代码：初始化串口参数变量，使用 gUARTConfig 结构体默认值。

程序清单 7-7

```
1.  void CSerialPortDemoDlg::UARTInitialize()
2.  {
3.      InitConfig();
4.      mUART.OpenPort(gUARTConfig.port);
5.      mUART.ConfigPort(gUARTConfig.baudRate, gUARTConfig.parity,
6.          gUARTConfig.dataBits, gUARTConfig.stopBits);
7.
8.      //将默认设置显示到对应的下拉列表框中
9.      mPort = gUARTConfig.port;
10.     mBaudRate = gUARTConfig.baudRate;
11.     mStopBits = gUARTConfig.stopBits;
12.     mParity = gUARTConfig.parity;
13.     mDataBits = gUARTConfig.dataBits;
14. }
```

在 UARTInitialize()函数后，完善 OnBnClickedOpenUART()和 OnBnClickedCloseUART()函数的实现代码，如程序清单 7-8 所示，下面按照顺序对部分语句进行解释。

（1）第 4 至 5 行代码：获取 IDC_COMBO_PORT 下拉列表框的句柄。

（2）第 6 至 16 行代码：计算所选串口号的数字序号，并赋值给 mPort 变量。

（3）第 19 至 29 行代码：获取波特率、校验位、数据位、停止位的设置数字序号。

（4）第 31 至 36 行代码：设置串口接收回调线程，并配置串口参数。

（5）第 42 至 45 行代码：关闭串口操作。

程序清单 7-8

```
1.  void CSerialPortDemoDlg::OnBnClickedOpenUART()
2.  {
3.      //TODO: 在此添加控件通知处理程序代码
4.      CComboBox* p;
5.      p = (CComboBox*)GetDlgItem(IDC_COMBO_PORT);
6.      if(p->GetCurSel() >= 0)
7.      {
8.          CString portStr;
9.          p->GetWindowText(portStr); //得到所选择的 title，存放在 portStr 中
10.         portStr = portStr.Right(portStr.GetLength() - 3); //去掉 COM 字符
11.         mPort = _ttoi(portStr); //CString 转 int
12.     }
13.     else
14.     {
15.         mPort = 1;
16.     }
17.
18.     //获取对应 ComboBox 框的关联变量的值，并设置下次设置的默认值
19.     p = (CComboBox*)GetDlgItem(IDC_COMBO_PARITY);
20.     mParity = p->GetCurSel();
21.
22.     p = (CComboBox*)GetDlgItem(IDC_COMBO_BAUDRATE);
23.     mBaudRate = p->GetCurSel();
24.
```

```
25.     p = (CComboBox*)GetDlgItem(IDC_COMBO_DATABITS);
26.     mDataBits = p->GetCurSel();
27.
28.     p = (CComboBox*)GetDlgItem(IDC_COMBO_STOPBITS);
29.     mStopBits = p->GetCurSel();
30.
31.     if(!mUART.IsOpen())
32.     {
33.         mUART.OpenPort(mPort);
34.         mUART.RegisterCallFunc(ReceiveProc, this); //调用接收线程
35.         mUART.ConfigPort(mBaudRate, mParity, mDataBits, mStopBits);
36.     }
37. }
38.
39. void CSerialPortDemoDlg::OnBnClickedCloseUART()
40. {
41.     //TODO: 在此添加控件通知处理程序代码
42.     if(mUART.IsOpen()) //判断串口是否打开
43.     {
44.         mUART.ClosePort();
45.     }
46. }
```

在 OnBnClickedCloseUART()函数后，按程序清单 7-9 完善 OnBnClickedButtonClear()和 OnBnClickedButtonSend()函数的实现代码，下面按照顺序对部分语句进行解释。

（1）第 4 行代码：清空串口接收信息框中的内容。

（2）第 15 行代码：将发送数据保存到 str 变量中。

（3）第 16 行代码：根据空格将字符分割，分别保存到 strArr 数组中。

（4）第 17 至 18 行代码：计算待发送数据个数，并申请 uchar 数据类型的内存存储空间。

（5）第 20 至 24 行代码：将待发送数据转换为十六进制形式，并保存到 data 数组中。

（6）第 26 行代码：调用串口的 SendData()函数，通过串口发送数据。

（7）第 28 行代码：释放申请的内存空间。

程序清单 7-9

```
1.  void CSerialPortDemoDlg::OnBnClickedButtonClear()
2.  {
3.      //TODO: 在此添加控件通知处理程序代码
4.      mCtrlReceiveBox.ResetContent(); //清空内容
5.  }
6.
7.  void CSerialPortDemoDlg::OnBnClickedButtonSend()
8.  {
9.      //TODO: 在此添加控件通知处理程序代码
10.     CString str;
11.     CStringArray strArr;
12.     int len;
13.     uchar tmp;
14.
15.     GetDlgItem(IDC_EDIT_SEND)->GetWindowText(str); //得到发送框中的字符串
16.     SplitString(str, ' ', strArr); //将一串字符按空格分开
```

```
17.     len = strArr.GetSize(); //得到分开字符串的个数
18.     uchar* data = new uchar[len]; //动态分配空间，记得用完后要 delete 释放空间
19.
20.     for(int i = 0; i < len; i++)
21.     {
22.         tmp = (uchar)(strtol(strArr.GetAt(i), NULL, 16)); //将字符串转化为十六进制形式
23.         *(data + i) = tmp;
24.     }
25.
26.     mUART.SendData(data, len); //发送一串数据
27.
28.     delete[]data; //释放内存空间
29. }
```

6. 编译并运行

在代码编辑完成后，单击 ▶ 本地 Windows 调试器 按钮，即可编译并运行程序，成功运行后的应用程序界面如图 7-5 所示。

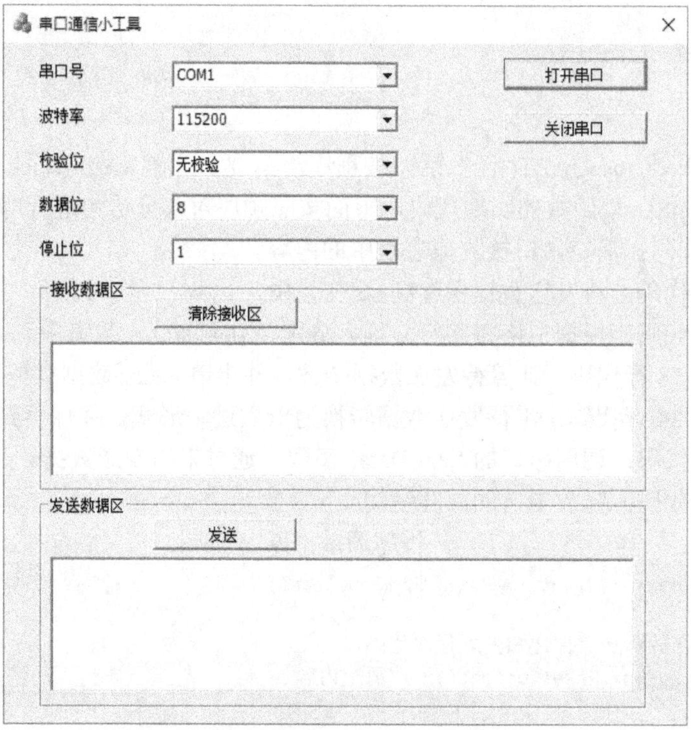

图 7-5　串口通信小工具运行结果

7. 程序验证

关闭串口通信小工具，参考附录 A，将人体生理参数监测系统硬件平台通过 USB 线连接到计算机，并在设备管理器中查看对应的串口号（本机是 COM3），再将人体生理参数监测系统的“数据模式”“通信模式”和“参数模式”分别设置为“演示模式”“USB”和“血压”，然后重新运行 SerialPortDemo 项目。如图 7-6 所示，选择硬件平台对应的串口号并单击“打开串口”按钮，在发送区输入血压启动测量命令包（14 81 80 80 80 80 80 80 80 95），然后单击“发送”按钮，接收数据区会收到人体生理参数监测系统发出的血压数据包。

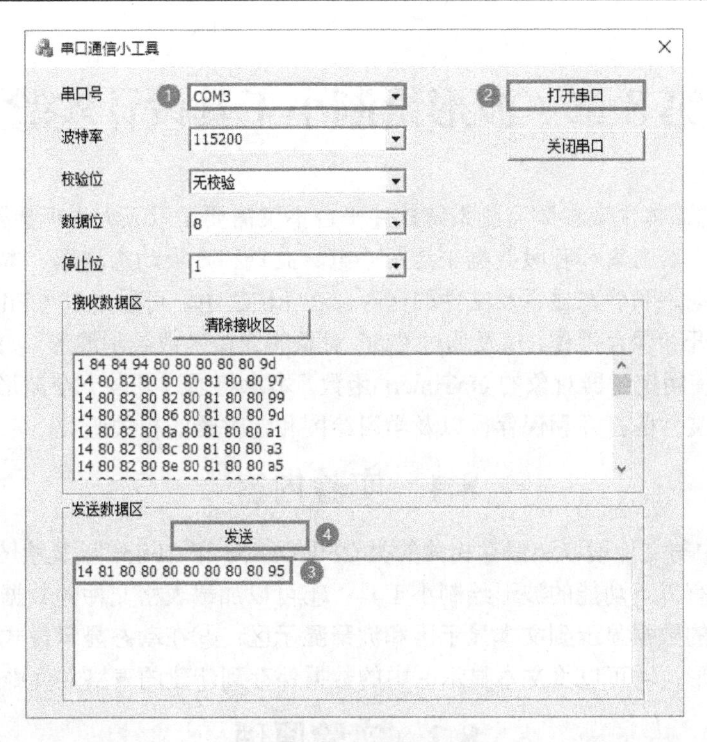

图 7-6　程序验证

本 章 任 务

基于本章代码，实现血压的启动测量和停止测量功能。首先，在如图 7-5 所示界面的基础上，添加“血压启动测量”按钮和“血压停止测量”按钮，单击“血压启动测量”按钮，计算机会向人体生理参数监测系统发送启动测量命令包（14 81 80 80 80 80 80 80 80 95），单击“血压停止测量”按钮，计算机会向人体生理参数监测系统发送血压停止测量命令包（14 81 81 80 80 80 80 80 80 96）。测试时，参考附录 A，将人体生理参数监测系统的“数据模式”“通信模式”和“参数模式”分别设置为“实时模式”“USB”和“血压”，单击“血压启动测量”按钮，气泵开始充气进行血压测量；单击“血压停止测量”按钮，气泵停止充气。

本 章 习 题

1. EnumUARTPort()函数的功能是什么？返回值是什么？
2. 在使用 CreateFile()函数打开串口时，常用的输入参数有哪些？各有什么含义？
3. 简述串口通信的基本流程。

第 8 章　波形绘制小工具设计实验

基于 MFC 的人体生理参数监测系统软件平台不仅需要显示五大生理参数的相关参数值，还要通过处理心电、血氧和呼吸数据来显示心电、血氧和呼吸动态波形。本章主要介绍文件的读取、数据的动态和静态显示及文件的保存。在 MFC 中，可以通过 CFileDialog 和 CFile 类进行文件的打开和保存操作，以及通过 CDC 对象的成员函数绘制波形，如果需要动态地显示波形，则可以使用定时器对象的 OnTimer()函数。本章将通过开发一个波形绘制小工具，详细介绍如何实现文件的打开和保存，以及学习绘图和定时器的相关函数。

8.1　实验内容

学习 MFC 中与文件读取和保存相关的类 CFileDialog 和 CFile，以及绘图相关的类 CDC。然后设计一个具有以下功能的波形绘制小工具：①可以加载表格文件的数据；②在静态显示模式下，将加载的数据显示到文本显示区和波形显示区；③在动态显示模式下，根据加载的数据显示动态波形；④可以将文本显示区中的数据保存到新建的表格文件中。

8.2　实验原理

8.2.1　设计框图

波形绘制小工具设计框图如图 8-1 所示。

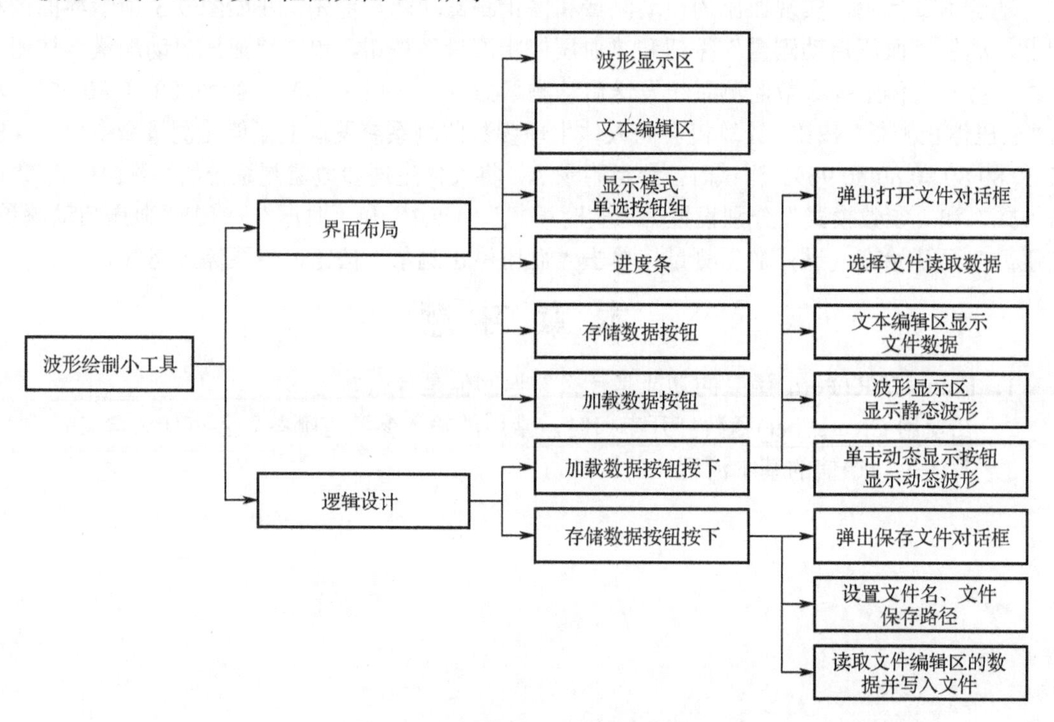

图 8-1　波形绘制小工具设计框图

8.2.2　文件读取与保存

在进行文件的读取和保存操作时，常用到的类有 CFileDialog 和 CFile。

1．CFileDialog 类

CFileDialog 类提供了一个对话框，使用户可以遍历文件系统以进行文件的读写操作。CFileDialog 类的构造函数原型如下：

```
CFileDialog::CFileDialog(
    BOOL bOpenFileDialog,
    LPCTSTR lpszDefExt = NULL,
    LPCTSTR lpszFileName = NULL,
    DWORD dwFlags = OFN_HIDEREADONLY | OFN_OVERWRITEPROMPT,
    LPCTSTR lpszFilter = NULL,
    CWnd* pParentWnd = NULL
);
```

第 1 个参数 bOpenFileDialog 为 TRUE 时显示打开文件对话框，为 FALSE 时显示保存文件对话框；第 2 个参数 lpszDefExt 指定默认的文件扩展名；第 3 个参数 lpszFileName 指定默认的文件名；第 4 个参数 dwFlags 用来自定义对话框的标志组合，默认为 OFN_HIDEREADONLY | OFN_OVERWRITEPROMPT；第 5 个参数 lpszFilter 指定可供选择的文件类型和相应的扩展名；第 6 个参数 pParentWnd 为父窗口指针。其中，扩展名的格式如下：

```
"Chart Files(*.xlc)|*.xlc | Worksheet Files(*.xls)|*.xls | Data Files(*.xlc; *.xls)|*.xlc; *.xls
| All Files(*.*)|*.*||";
```

文件类型说明和扩展名间用“|”隔开，如“Chart Files (*.xlc)|*.xlc”，其中“Chart Files (*.xlc)”为文件类型说明，“*.xlc”为扩展名。同种类型文件的扩展名之间用“;”隔开，如“Data Files (*.xlc; *.xls)|*.xlc; *.xls”。不同文件类型间用“|”隔开，如“Chart Files(*.xlc)|*.xlc | Worksheet Files(*.xls)|*.xls”。“||”表示参数结束。

注意，有时用“|”分隔时会出现错误，这时可以使用“\0”代替，如：

```
dlg.m_ofn.lpstrFilter = _T("xls 文件\0*.xls\0csv 文件\0*.csv\0xlsx 文件\0*.xlsx\0\0");
```

CFileDialog 用法示例如下：

```
{
      CString filePathName;
      char szFilters[] =
         "CSV file(*.csv)\0*.csv\0"\
         "\0";
      CFileDialog dlg(TRUE); //TRUE 为 OPEN 对话框，FALSE 为 SAVE AS 对话框
      dlg.m_ofn.lpstrTitle = _T("Open File");
      dlg.m_ofn.lpstrFilter = (LPCSTR)szFilters;
      if(dlg.DoModal() == IDOK)
      {
         filePathName = dlg.GetPathName();
      }
}
```

上述代码的作用是打开一个对话框，标题为 Open File，在对话框中显示当前文件夹中的内容，且仅显示后缀为.csv 的文件。

2. CFile 类

CFile 类提供读取文件和写入文件的接口。文件的数据读取、数据写入与文件指针的操作都是以字节为单位的，数据的读取和写入都是从文件指针的位置开始的，当打开一个文件时，文件指针总在文件的开头。常用方法有：

```
CFile file;
file.open( LPCTSTR lpszFileName, UINT nOpenFlags, CFileException* pError = NULL );
```

参数 lpszFileName 指定文件名，可包含文件路径，若只有文件名，则默认路径为项目路径；参数 nOpenFlags 指定文件打开模式；参数 pError 为打开文件失败时用来接收失败信息的变量，通常设置为 NULL。

nOpenFlags 的常用模式如下。

CFile::modeCreate：若指定打开的文件不存在，则创建一个新文件，若文件已存在，则清空其中的数据。

CFile::modeNoTruncate：与 CFile::modeCreate 配合使用，若文件不存在，则创建一个新文件，若文件已存在，则保留其中的数据。

CFile::modeRead：以只读模式打开文件。

CFile::modeWrite：以只写模式打开文件。

CFile::modeReadWrite：以可读可写模式打开文件。

CFile 操作文件流程如下：

```
CFile::Open()  //调用 Open()函数创建或打开指定的文件
CFile::Read()/CFile::Write ()  //调用 Read()/Write()函数进行文件操作
CFile::Flush()  //调用 Flush()函数刷新待写的数据
CFile::Close()  //调用 Close()函数关闭文件句柄。
```

8.2.3　CDC 类

Windows 绘图经常使用 MFC 中定义设备上下文的 CDC 类，在视图窗口的客户区进行。CDC 对象提供处理显示器或打印机等设备上下文的成员函数，以及处理与窗口客户区对应的显示上下文的成员，通过 CDC 对象的成员函数进行所有的绘图。

在绘图前，必须先获取客户区大小和设备上下文并设置绘图颜色，然后根据用户操作来绘制图形。通过 MFC 实现画线功能时，首先需要定义一个 CDC 类型的指针，并利用 CWnd 类的成员函数 GetDC()来获取当前窗口设备描述表对象的指针，其次利用 CDC 类的成员函数 MoveTo()和 LineTo()完成画线操作，最后调用 CWnd 类的成员函数 RealeaseDC()释放设备描述表资源。具体示例如下：

```
    CDC * pDC = GetDC();
    pDC->MoveTo(oriPosition);
    pDC->LineTo(newPosition);
    ReleaseDC(pDC);
```

8.2.4　定时器

在本章实验中，绘制波形时需要使用定时器。使用定时器的方法比较简单，先设置时间间隔，然后系统便以此时间间隔周期性回调函数。

定时器的使用通常包括以下 3 个步骤。

（1）使用 SetTimer()函数设置定时器。

SetTimer()函数的原型如下：

```
UINT SetTimer(UINT nIDEvent, UINT nElapse, void (CALLBACK EXPORT*lpfnTimer)(HWND, UINT, UINT,
DWORD));
```

参数 nIDEvent 为新创建的定时器标识号码（非零），当一个应用程序需要多个定时器时，通过该参数进行区别；参数 nElapse 为定时器间隔，以 ms 为单位，每当达到一个时间间隔时，系统发送 WM_TIMER 消息；参数 lpfnTimer 为指定处理 WM_TIMER 消息的函数，通常为 NULL，表示由 CWnd 对象的 OnTimer()成员函数来处理该消息。

（2）超载 OnTimer()函数，完成用户希望的操作。

通过第（1）步设置的定时器会按其设置的时间间隔向应用程序发送 WM_TIMER 消息，为了接收和处理该消息，应超载消息处理函数 OnTimer()，其函数原型如下：

```
afx_msg void OnTimer(UINT nIDEvent);
```

其中，参数 nIDEvent 为定时器的标识。若在程序中设置了多个定时器，则靠此参数的不同来加以区别。

（3）清除定时器。

使用完定时器后，可以通过调用 KillTimer()函数来清除定时器，其函数原型如下：

```
BOOL KillTimer(int nIDEvent);
```

定时器用法示例如下：

```
SetTimer(1, 1000, NULL); //启动定时器 1，定时 1s
void CTestDlg::OnTimer(UINT_PTR nIDEvent)
{
   //定时器处理回调函数
   ……
}
KillTimer(1); //关闭定时器 1
```

8.3 实验步骤

1. 复制 ProData 项目

首先，将本书配套资料包“04.例程资料\Material\03.ProData”文件夹下的 03.ProData 文件夹复制到“D:\MFCProject”目录下，然后打开 Visual Studio 软件，单击“打开项目或解决方案”按钮，打开“D:\MFCProject\03.ProData\ProData”目录下的 ProData.sln 文件。

2. 更换资源文件

将本书配套资料包“04.例程资料\Material\03.ProData\StepByStep”文件夹中的 resource.h 和 ProData.rc 文件复制到“D:\MFCProject\03.ProData\ProData\ProData”目录下，再将 ProData.rc2 文件复制到“D:\MFCProject\03.ProData\ProData\ProData\res”目录下，然后打开 Visual Studio 软件界面，执行菜单命令“生成”→“重新生成解决方案”。

下面介绍资源文件中的设计界面。打开资源视图，展开 ProData 项目的资源列表后，双击打开 Dialog 文件夹下的 IDD_PRODATA_DIALOG 文件，波形绘制小工具的设计界面如图 8-2 所示，关于图中各个控件的说明如表 8-1 所示。

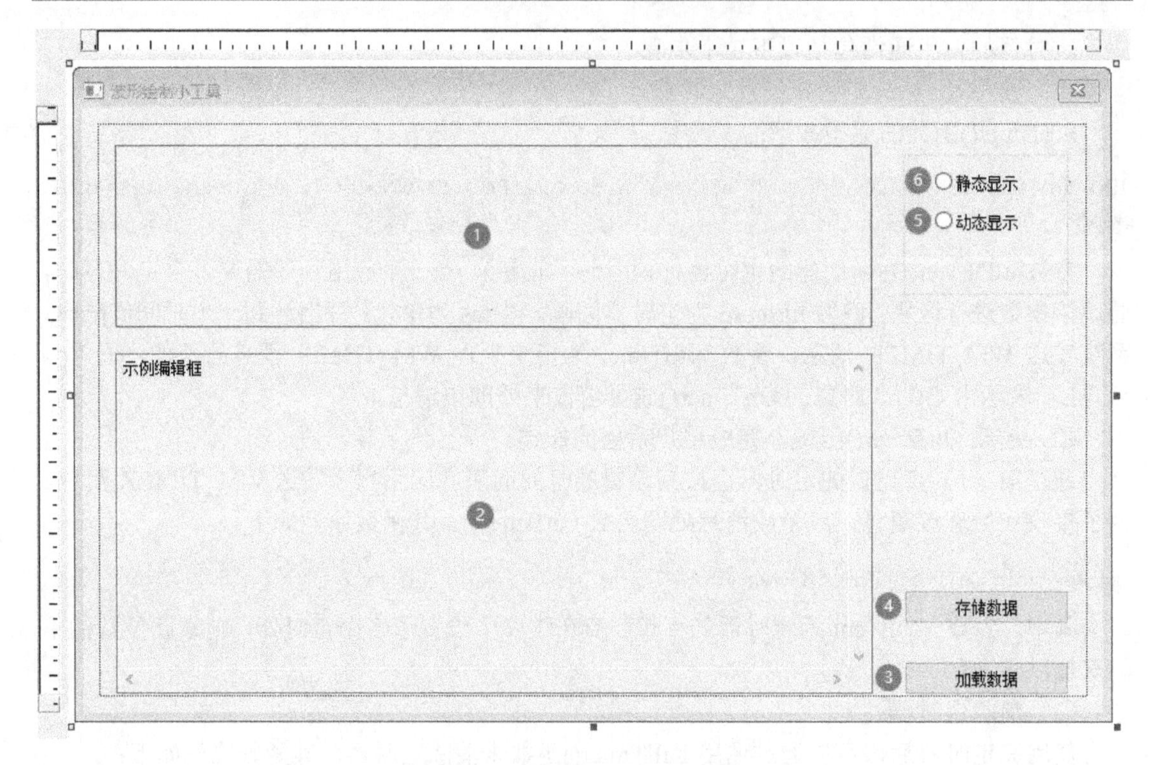

图 8-2　波形绘制小工具设计界面

表 8-1　控件说明

编　号	ID	功　能	属 性 设 置	添加变量/响应函数
①	IDC_STATIC_GRAPHICS	显示加载数据的波形	边框：True	CStatic mCtrlWave
②	IDC_EDIT_DISP	显示加载的数据	多行：True 只读：True 垂直滚动：True 水平滚动：True	CEdit mCtrlEditDisp
③	IDC_BUTTON_LOAD	加载数据		OnBnClickedButtonLoad()
④	IDC_BUTTON_STORE	存储数据		OnBnClickedButtonStore()
⑤	IDC_RADIO_DYNAMIC	显示动态波形		OnBnClickedRadioDynamic()
⑥	IDC_RADIO_STATIC	显示静态波形		OnBnClickedRadioStatic()

编号为①和②的控件需要添加控件类型的变量，操作方法参考 5.1.3 节，变量名分别设置为 mCtrlWave 和 mCtrlEditDisp。

编号为③、④、⑤和⑥的按钮需要添加单击响应函数，操作方法参考 2.3.1 节。这些响应函数应包含在 CProDataDlg 类中，因此，“类列表”一栏应选择“CProDataDlg”选项。

由于本章实验需要使用定时器，因此还需要添加消息 WM_TIMER 的消息处理函数 OnTimer()，操作方法如图 8-3 所示，右击设计界面，在弹出的快捷菜单中选择“类向导”选项，或者执行菜单命令“视图”→“类向导”。

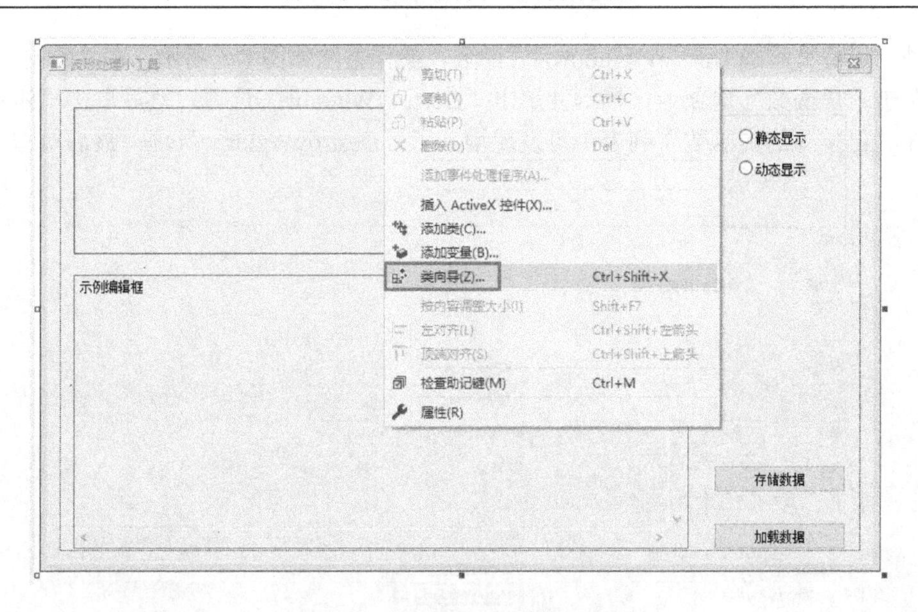

图 8-3　添加消息处理函数步骤 1

在弹出的如图 8-4 所示的“类向导”对话框中，单击“消息”选项卡，在下方“消息”列表中单击“WM_TIMER”选项，然后单击“添加处理程序”按钮，可见在“现有处理程序”列表中新增函数名为“OnTimer”的一项，最后单击“确定”按钮即可。

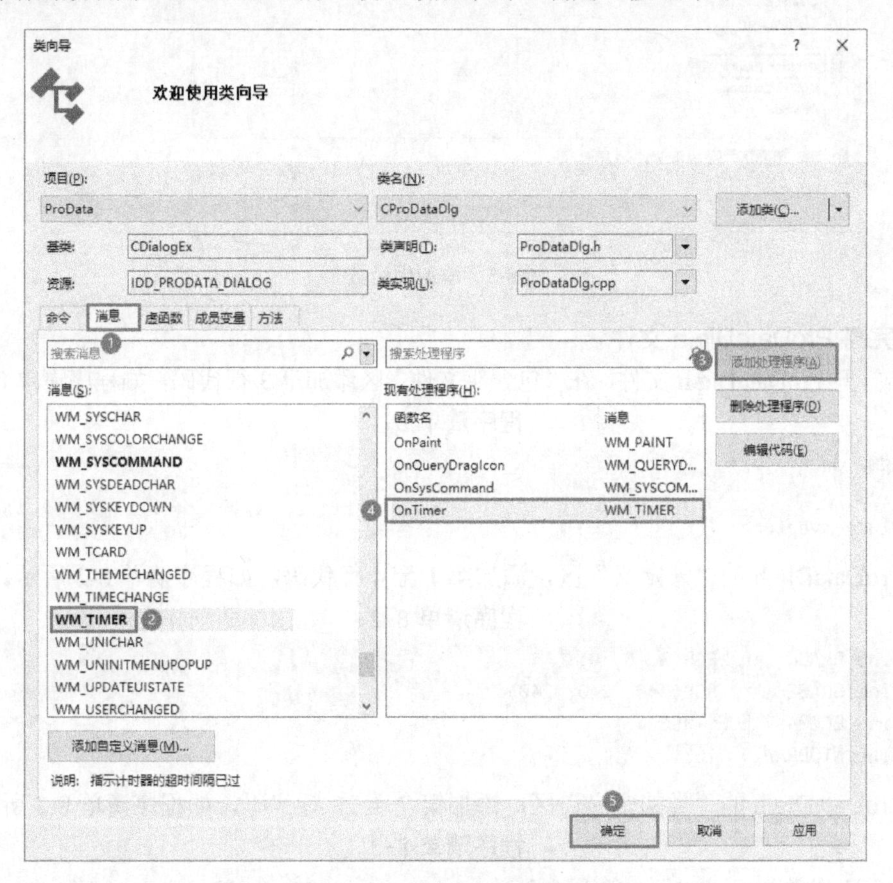

图 8-4　添加消息处理函数步骤 2

此外，还需要添加 DestroyWindow()虚函数，操作方法如图 8-5 所示，在“类向导”对话框中，单击“虚函数”选项卡，找到并单击“DestroyWindow”选项，然后单击“添加函数”按钮，在“已重写的虚函数”列表中可发现增加了“DestroyWindow”项，最后单击“确定”按钮。

图 8-5　添加虚函数

3. 完善 ProDataDlg.h 文件

双击打开 ProDataDlg.h 文件，在“包含头文件”区添加第 3 行代码，如程序清单 8-1 所示。

程序清单 8-1

```
1.  #pragma once
2.
3.  #include <vector>
```

在 ProDataDlg.h 的“宏定义”区，添加第 1 至 4 行代码，如程序清单 8-2 所示。

程序清单 8-2

```
1.  #define BLACK       RGB(0, 0, 0)
2.  #define ERASE       RGB(240, 240, 240)
3.  #define ECGMAXVALUE 4096
4.  #define NIDDRAW     100
```

在 ProDataDlg.h 的“类的定义”区，添加第 7 至 23 行代码，如程序清单 8-3 所示。

程序清单 8-3

```
1.  class CProDataDlg : public CDialogEx
2.  {
```

```
3.  //构造
4.  public:
5.      CProDataDlg(CWnd* pParent = nullptr); //标准构造函数
6.
7.      std::vector<int> mFileData; //存储从文件中读取到的数据
8.      int  mECGWaveX; //X 坐标
9.      int  mECGWaveY; //Y 坐标
10.     RECT mECGRect; //在该矩形区域内画图
11.     int  mECGRectWidth; //矩形区域宽度
12.     int  mECGRectHeight; //矩形区域高度
13.     CPen mECGDrawPen; //ECG 波形画笔
14.     CPen mECGErasePen; //ECG 擦除画笔
15.     HDC  mECGDC; //设备描述表句柄
16.     COLORREF mECGWaveColor; //波形线条颜色
17.     COLORREF mECGEraseColor; //擦除区域背景色
18.     bool mDrawWaveInit; //波形初始化标志位
19.
20.     void InitWave(void); //波形初始化
21.     void CloseWave(void); //关闭波形
22.     void DrawECGWave(); //画静态图
23.     void DrawDynamicECGWave(); //画动态图
24.
25.
26. //对话框数据
27. #ifdef AFX_DESIGN_TIME
28.     enum { IDD = IDD_PRODATA_DIALOG };
29. #endif
30.
31.     protected:
32.     virtual void DoDataExchange(CDataExchange* pDX);    //DDX/DDV 支持
33.
34. //实现
35. protected:
36.     HICON m_hIcon;
37.
38.     //生成的消息映射函数
39.     virtual BOOL OnInitDialog();
40.     afx_msg void OnSysCommand(UINT nID, LPARAM lParam);
41.     afx_msg void OnPaint();
42.     afx_msg HCURSOR OnQueryDragIcon();
43.     DECLARE_MESSAGE_MAP()
44.
45. public:
46.     CStatic mCtrlWave;
47.     CEdit mCtrlEditDisp;
48.     afx_msg void OnBnClickedButtonLoad();
49.     afx_msg void OnBnClickedButtonStore();
50.     afx_msg void OnBnClickedRadioDynamic();
51.     afx_msg void OnBnClickedRadioStatic();
52.     afx_msg void OnTimer(UINT_PTR nIDEvent);
53.     virtual BOOL DestroyWindow();
54. };
```

4. 完善 ProDataDlg.cpp 文件

双击打开 ProDataDlg.cpp 文件，在“成员函数实现”区的 OnInitDialog()函数中添加第 7 至 9 行代码，如程序清单 8-4 所示。

程序清单 8-4

```
1.        //设置此对话框的图标
2.        //当应用程序主窗口不是对话框时，框架将自动执行此操作
3.        SetIcon(m_hIcon, TRUE);          //设置大图标
4.        SetIcon(m_hIcon, FALSE);         //设置小图标
5.
6.        //TODO: 在此添加额外的初始化代码
7.        mECGEraseColor = ERASE; //擦除画笔颜色，与窗体颜色一致
8.        mECGWaveColor = BLACK;  //波形画笔颜色，黑色
9.        InitWave();
10.
11.       return TRUE;  //除非将焦点设置到控件，否则返回 TRUE
```

在“成员函数实现”区的 OnQueryDragIcon()函数后添加 InitWave()函数的实现代码，如程序清单 8-5 所示。

第 3 至 8 行代码：定义一个 Rect 矩形区域实例变量，并将 IDC_STATIC_GRAPHICS 控件的窗口句柄和坐标数据保存到 Rect 变量中。

程序清单 8-5

```
1.   void CProDataDlg::InitWave()
2.   {
3.        CRect Rect;
4.        mCtrlWave.GetClientRect(Rect);
5.        mECGRect = *(LPCRECT)Rect;
6.
7.        mECGRectWidth = Rect.Width();
8.        mECGRectHeight = Rect.Height();
9.
10.       //设置初始画图位置
11.       mECGWaveX = 0;
12.       mECGWaveY = 0;
13.
14.       //创建画笔（波形画笔、擦除画笔）
15.       mECGDrawPen.CreatePen(PS_SOLID, 1, mECGWaveColor);
16.       mECGErasePen.CreatePen(PS_SOLID, 1, mECGEraseColor);
17.
18.       mECGDC = ::GetDC(mCtrlWave.m_hWnd); //获取心电波形句柄
19.       mDrawWaveInit = true; //设置初始化完成标志位
20.  }
```

在 InitWave()函数后添加 CloseWave()函数的实现代码，如程序清单 8-6 所示。

程序清单 8-6

```
1.   void CProDataDlg::CloseWave(void)
2.   {
3.        mDrawWaveInit = false;
4.        ::ReleaseDC(mCtrlWave.m_hWnd, mECGDC); //释放 DC
5.   }
```

在 CloseWave()函数后添加 DrawECGWave()函数的实现代码，如程序清单 8-7 所示，下面按照顺序对部分语句进行解释。

（1）第 3 至 6 行代码：画波形图之前需要先初始化参数并读取文件数据，否则不进行任何处理。

（2）第 11 至 16 行代码：用擦除画笔将整个波形显示区域先描绘一次，将上次的波形图擦除后再画新的波形图。

（3）第 19 至 20 行代码：通过 SelectObject()函数选择波形画笔，并通过 MoveTo()函数设置画线的起始位置。

（4）第 22 至 26 行代码：获取 mFileData 中的数据，每 3 个数据取一个，并通过 LineTo()函数来画线。为了避免数据过大超出 2048（像素），这里先减 1500（像素）再乘以一个缩放比例把数据按 2048（像素）的区间分布，最后用显示框的高度减去该坐标数据，将数据原点转换至左下角（默认的坐标原点为左上角）。

（5）第 27 至 30 行代码：只画一屏数据。

程序清单 8-7

```
1.   void CProDataDlg::DrawECGWave()
2.   {
3.       if(mDrawWaveInit == FALSE || mFileData.size() == 0)
4.       {
5.           return;
6.       }
7.
8.       CDC* pDC = CDC::FromHandle(mECGDC); //创建并附加一个临时的 CDC 对象
9.
10.      //整个界面先擦除一遍
11.      pDC->SelectObject(&mECGErasePen); //SelectObject 选择擦除画笔对象
12.      for(int i = mECGRect.left; i < mECGRect.right; i++)
13.      {
14.          pDC->MoveTo(i, mECGRect.top);
15.          pDC->LineTo(i, mECGRect.bottom);      //从上往下擦除
16.      }
17.
18.      //画波形图
19.      pDC->SelectObject(&mECGDrawPen);         //SelectObject 选择波形画笔对象
20.      pDC->MoveTo(mECGWaveX, mECGWaveY);  //画线起始位置设置
21.
22.      for(int i = 0; i < mFileData.size(); i++)
23.      {
24.          mECGWaveX++;
25.          mECGWaveY = mECGRect.bottom - (mFileData[mECGWaveX * 3] - 1500) * mECGRectHeight/
(ECGMAXVALUE / 2);
26.          pDC->LineTo(mECGWaveX, mECGWaveY); //画线
27.          if(mECGWaveX >= mECGRect.right)
28.          {
29.              break; //超出 X 轴右边则停止画线
30.          }
31.      }
32.  }
```

在 DrawECGWave()函数后添加 DrawDynamicECGWave()函数的实现代码，如程序清单 8-8 所示，下面按照顺序对部分语句进行解释。

（1）第 3 至 6 行代码：画波形图之前需要先初始化参数并读取文件数据，否则不进行任何处理。

（2）第 8 至 10 行代码：通过 SelectObject()函数选择波形画笔，并通过 MoveTo()函数设置画线的起始位置。

（3）第 12 至 21 行代码：获取 mFileData 中的数据，每 3 个数据取一个，并通过 LineTo()函数来画线。

（4）第 23 至 31 行代码：每次擦除一段波形，实现波形间隔缝隙。

（5）第 33 至 36 行代码：波形到达右边界则返回左边重新开始画，将横坐标置 0。

程序清单 8-8

```
1.  void CProDataDlg::DrawDynamicECGWave()
2.  {
3.      if(mDrawWaveInit == FALSE || mFileData.size() == 0)
4.      {
5.          return;
6.      }
7.
8.      CDC* pDC = CDC::FromHandle(mECGDC); //创建并附加一个临时的 CDC 对象
9.      pDC->SelectObject(&mECGDrawPen); //选择画笔对象
10.     pDC->MoveTo(mECGWaveX, mECGWaveY); //画线起始位置设置
11.
12.     mECGWaveX++;
13.     if(mECGWaveX * 3 >= mFileData.size()) //根据不同波形数据调整取点间隔
14.     {
15.         mECGWaveY = mECGRect.bottom;
16.     }
17.     else
18.     {
19.         mECGWaveY = mECGRect.bottom - (mFileData[mECGWaveX * 3] - 1500) * mECGRectHeight/
(ECGMAXVALUE / 2);
20.     }
21.     pDC->LineTo(mECGWaveX, mECGWaveY); //画线
22.
23.     //擦除波形图
24.     pDC->SelectObject(&mECGErasePen);
25.     int nEraseX = mECGWaveX + 10;
26.     if(mECGRect.right <= nEraseX) //擦除 X 位置超过右边界
27.     {
28.         nEraseX = 10 - (mECGRect.right - mECGWaveX); //擦除最左边
29.     }
30.     pDC->MoveTo(nEraseX, mECGRect.top); //起始点移动到该位置
31.     pDC->LineTo(nEraseX, mECGRect.bottom); //从上往下擦除
32.
33.     if(mECGWaveX >= mECGRect.right)
34.     {
35.         mECGWaveX = 0; //到达右边界，再从左边开始
36.     }
37. }
```

在 DrawDynamicECGWave()函数后，完善 OnBnClickedButtonLoad()函数的实现代码，如程序清单 8-9 所示，下面按照顺序对部分语句进行解释。

（1）第 4 至 10 行代码：定义文件的过滤器，优先显示.csv 文件。

（2）第 12 至 14 行代码：定义 CFileDialog 类的实例，参数为 TRUE 表示文件读取，设置对话框标题为 Open File，设置打开文件的过滤器。

（3）第 16 行代码：判断是否在“Open File”对话框中单击“确定”按钮。

（4）第 18 行代码：定义 CStdioFile 类的实例。

（5）第 20 至 28 行代码：判断以只读方式打开文件是否成功。

（6）第 31 至 38 行代码：逐行读取文件内容，将数据保存到临时变量 strTotal 中（以空格隔开），再转换为整型保存到 vector 中。

（7）第 40 行代码：将从文件中读取的数据显示在 IDC_EDIT_DISP 编辑框中。

（8）第 42 行代码：调用 Close()函数关闭文件。

程序清单 8-9

```
1.  void CProDataDlg::OnBnClickedButtonLoad()
2.  {
3.      //TODO: 在此添加控件通知处理程序代码
4.      char szFilters[] =
5.          "CSV file(*.csv)\0*.csv\0"\
6.          "C++ source file(*.h;*,hpp;*.cpp)\0*.h;*.hpp;*.cpp\0"\
7.          "Text File(*.txt)\0*.txt\0"\
8.          "All Typle(*.*)\0*.*\0" \
9.          "Lua source file(*.lua)\0*.lua\0"\
10.         "\0";
11.
12.     CFileDialog openDlg(TRUE);
13.     openDlg.m_ofn.lpstrTitle = _T("Open File");
14.     openDlg.m_ofn.lpstrFilter = (LPCSTR)szFilters;
15.
16.     if(IDOK == openDlg.DoModal())
17.     {
18.         CStdioFile file;
19.
20.         CFileException e;
21.         //构造文件，同时增加异常处理
22.         if(!file.Open(openDlg.GetPathName(), CFile::modeRead, &e))
23.         {
24.             CString strErr;
25.             strErr.Format(_T("File could not be opened %d\n"), e.m_cause);
26.             MessageBox(strErr);
27.             return;
28.         }
29.
30.         //读取文件内容
31.         CString str = NULL; //存储每行读取到的字符串
32.         CString strTotal = NULL; //把所有字符串拼接起来
33.
34.         while(file.ReadString(str))
35.         {
```

```
36.             mFileData.push_back(_ttoi(_T(str))); //每一行数据存储进 vector
37.             strTotal += str + " ";
38.         }
39.         //显示文件内容
40.         mCtrlEditDisp.SetWindowTextA(strTotal);
41.
42.         file.Close();
43.     }
44. }
```

添加完程序清单 8-9 中的代码后，编译器会报错，解决方法如下：执行菜单命令“项目”→“ProData 属性”，在弹出的“ProData 属性页”对话框中单击“高级”选项，将“字符集”一栏改为“使用多字节字符集”，然后单击“确定”按钮，可参考图 6-19 操作。

在 OnBnClickedButtonLoad()函数后，完善 OnBnClickedButtonStore()函数的实现代码，如程序清单 8-10 所示，下面按照顺序对部分语句进行解释。

（1）第 4 至 10 行代码：定义文件的过滤器，优先显示.csv 文件。

（2）第 12 至 14 行代码：定义 CFileDialog 类的实例，第 1 个参数为 FALSE，表示文件保存，设置对话框标题为 Save File，设置保存文件的过滤器。

（3）第 16 行代码：判断是否在“Save File”对话框中单击“确定”按钮。

（4）第 18 行代码：创建保存文件，属性为可读可写。

（5）第 20 至 27 行代码：将 mFileData 中的整型数据先转换为字符串，再逐个写入文件。

（6）第 29 行代码：调用 Flush()函数，立即写入，不缓冲。

（7）第 31 行代码：调用 Close()函数关闭文件。

程序清单 8-10

```
1.  void CProDataDlg::OnBnClickedButtonStore()
2.  {
3.      //TODO: 在此添加控件通知处理程序代码
4.      char szFilters[] =
5.          "CSV file(*.csv)\0*.csv\0"\
6.          "C++ source file(*.h;*,hpp;*.cpp)\0*.h;*.hpp;*.cpp\0"\
7.          "Text File(*.txt)\0*.txt\0"\
8.          "All Typle(*.*)\0*.*\0" \
9.          "Lua source file(*.lua)\0*.lua\0"\
10.         "\0";
11.
12.     CFileDialog fileDlg(FALSE, "csv", _T("Test"));
13.     fileDlg.m_ofn.lpstrTitle = "Save File";
14.     fileDlg.m_ofn.lpstrFilter = szFilters;
15.
16.     if(IDOK == fileDlg.DoModal())
17.     {
18.         CFile file(fileDlg.GetPathName(), CFile::modeCreate | CFile::modeReadWrite);
19.
20.         char tmp[8];
21.         //写入文件内容
22.         for(int i = 0; i < mFileData.size(); i++)
23.         {
24.             _itoa_s(mFileData[i], tmp, 10); //int 类型转为字符串
```

```
25.                 file.Write(tmp, sizeof(CString) * 1);
26.                 file.Write("\n", sizeof(CString) * 1); //换行，按列存储
27.             }
28.             //立即写入，不缓冲
29.             file.Flush();
30.             //文件操作结束，关闭文件
31.             file.Close();
32.         }
33. }
```

在 OnBnClickedButtonStore()函数后，完善 OnBnClickedRadioDynamic()函数的实现代码，如程序清单 8-11 所示。

程序清单 8-11

```
1.  void CProDataDlg:: OnBnClickedRadioDynamic()
2.  {
3.      //TODO: 在此添加控件通知处理程序代码
4.      mECGWaveX = 0; //横坐标从 0 开始
5.      SetTimer(NIDDRAW, 10, NULL); //启动 ID 为 NIDDRAW 的定时器，定时时间为 10ms
6.  }
```

在 OnBnClickedRadioDynamic()函数后，完善 OnBnClickedRadioStatic()函数的实现代码，如程序清单 8-12 所示。

程序清单 8-12

```
1.  void CProDataDlg:: OnBnClickedRadioStatic()
2.  {
3.      //TODO: 在此添加控件通知处理程序代码
4.      mECGWaveX = 0;
5.      KillTimer(NIDDRAW);  //关闭定时器
6.      DrawECGWave(); //调用静态画图函数
7.  }
```

在 OnBnClickedRadioStatic()函数后，完善 OnTimer()函数的实现代码，如程序清单 8-13 所示。

程序清单 8-13

```
1.  void CProDataDlg::OnTimer(UINT_PTR nIDEvent)
2.  {
3.      //TODO: 在此添加消息处理程序代码或调用默认值
4.      DrawDynamicECGWave(); //调用动态画图函数
5.      CDialogEx::OnTimer(nIDEvent);
6.  }
```

在 OnTimer()函数后，完善 DestroyWindow()函数的实现代码，如程序清单 8-14 所示。

程序清单 8-14

```
1.  BOOL CProDataDlg::DestroyWindow()
2.  {
3.      //TODO: 在此添加专用代码或调用父类
4.      mFileData.clear(); //释放存储数据
5.      KillTimer(NIDDRAW); //关闭定时器，不能放在析构函数中
6.      return CDialogEx::DestroyWindow();
7.  }
```

5. 编译并运行

在代码编辑完成后，单击 ▶ 本地 Windows 调试器 按钮，即可编译并运行程序，成功运行后的应用程序界面如图 8-6 所示。

图 8-6　波形绘制小工具运行结果

6. 程序验证

单击“加载数据”按钮，在弹出的“Open File”对话框中，打开资料包“04.例程资料\Material\03.ProData\StepByStep”文件夹中的“心电演示数据.csv”文件，如图 8-7 所示。

图 8-7　加载演示数据

如图 8-8 所示，在应用程序界面可看到读取的文件数据。

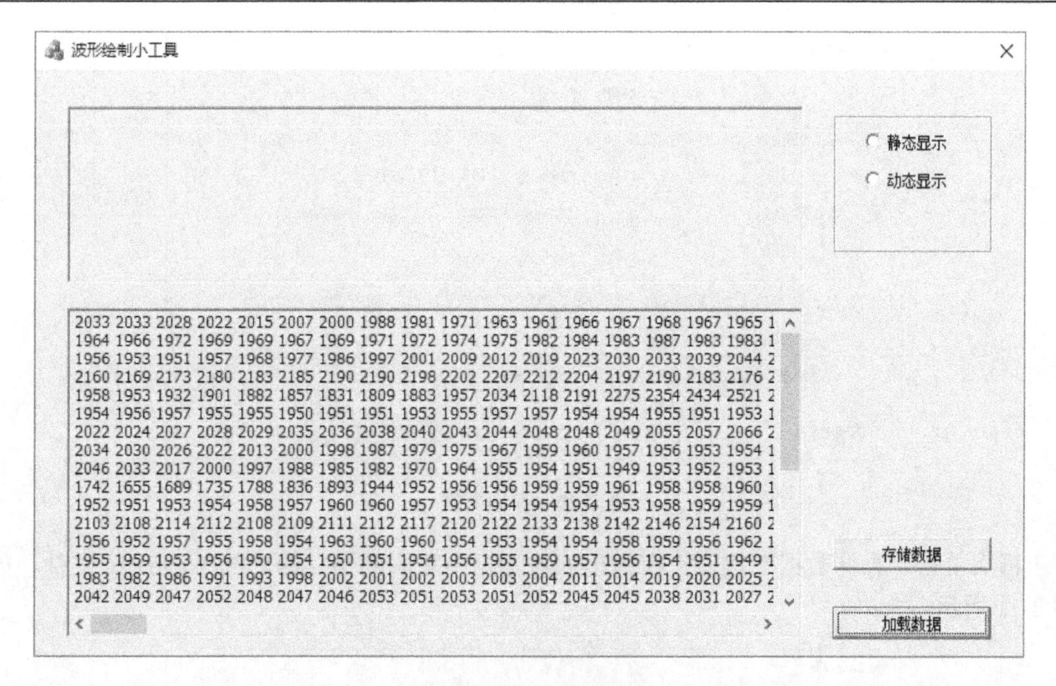

图 8-8　读取文件数据

如图 8-9 所示，单击选中“静态显示”单选按钮，在应用程序界面中可看到绘制的心电波形图。若单击选中“动态显示”单选按钮，则可看到动态的心电波形图。

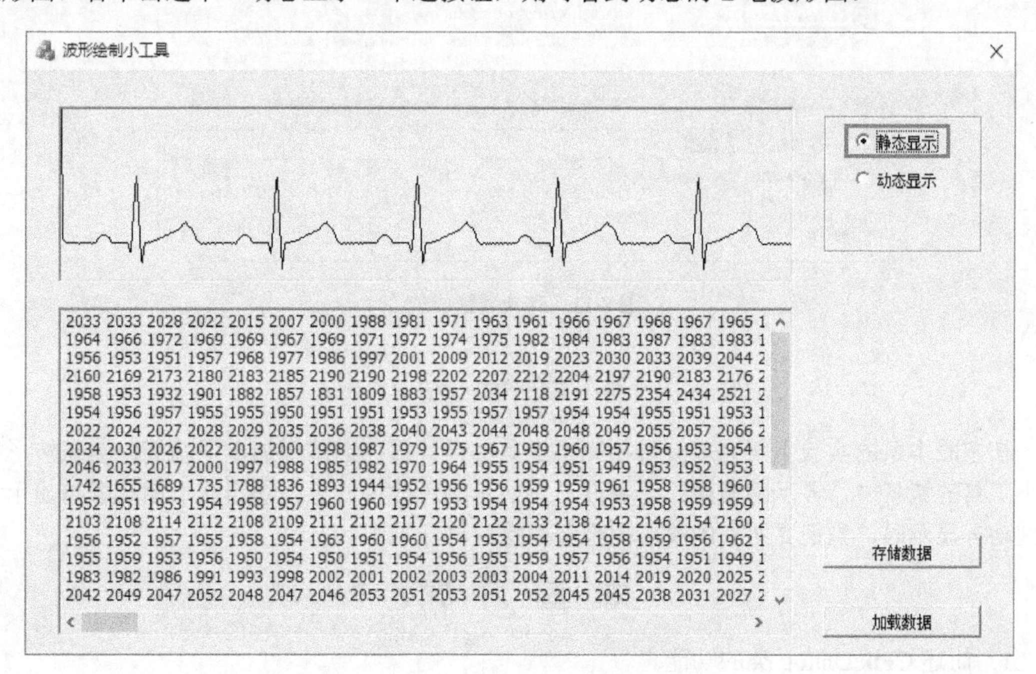

图 8-9　心电数据演示效果

然后单击“存储数据”按钮，在弹出的“Save File”对话框中设置文件名为 ECGWave，默认路径为资料包的“04.例程资料\Material\03.ProData\StepByStep”文件夹下，单击“保存”按钮，如图 8-10 所示。

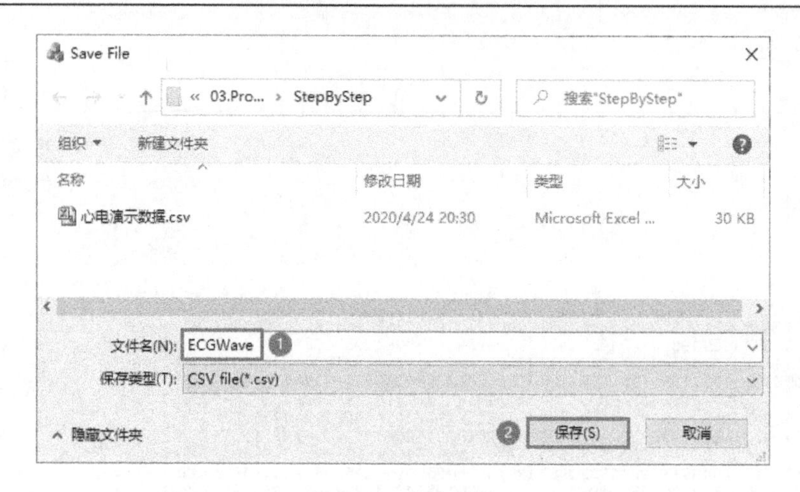

图 8-10　存储数据

再次单击“存储数据”按钮，在弹出的对话框中可看到保存的 ECGWave.csv 文件，如图 8-11 所示。

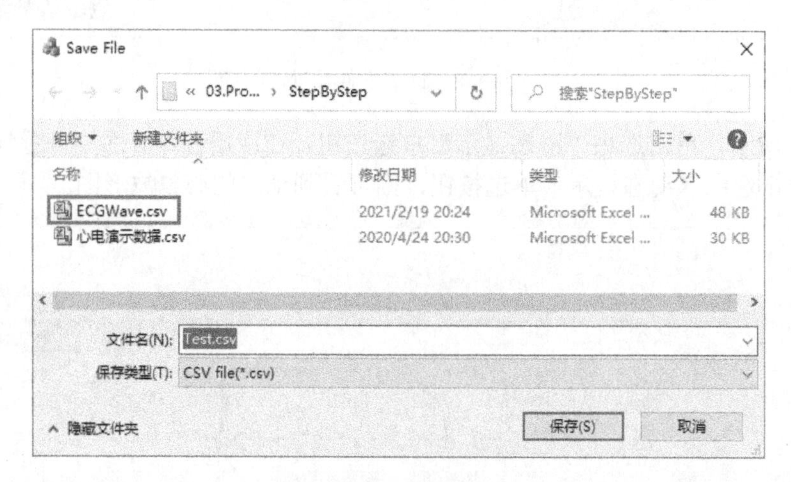

图 8-11　存储数据成功

本 章 任 务

在按照本章的实验步骤完成波形绘制小工具的设计后，继续增加以下功能：①在波形绘制小工具的背景中，显示网格线；②将波形图显示颜色改为红色；③当波形图从静态显示切换到动态显示时，先把界面上的波形图全部擦除后再开始画。

本 章 习 题

1．简述 CFileDialog 类的功能。

2．使用 CFile 类的 Open()函数打开文件时需要指定打开模式，常用的输入参数有哪些？含义分别是什么？

3．利用 CDC 类绘制图表时，主要步骤是什么？

第9章　人体生理参数监测系统软件平台布局实验

人体生理参数监测系统软件平台主要用于监测常规的人体生理参数，可以同时监测5种生理参数，分别为体温、血压、血氧、呼吸和心电。经过前面几章的学习，我们对界面布局应该有了一定的了解，本章将对人体生理参数监测系统软件平台的界面布局展开介绍。

9.1　实验内容

在资源视图下，通过双击Dialog文件夹下需要进行布局的对话框图标进入设计界面，然后将工具箱中的控件移入设计界面中，手动调整控件的位置并对各个控件的属性进行设置，具体操作可以参考2.3节。由于人体生理参数监测系统涉及的控件种类和数量众多，所以本章只介绍界面中的控件及其属性。为了便于后续一系列生理参数监测实验项目的开展，本章提供已经完成布局的基准工程，可以直接基于这个工程开展实验。

9.2　实验原理

9.2.1　设计框图

人体生理参数监测系统软件平台布局设计框图如图9-1所示。

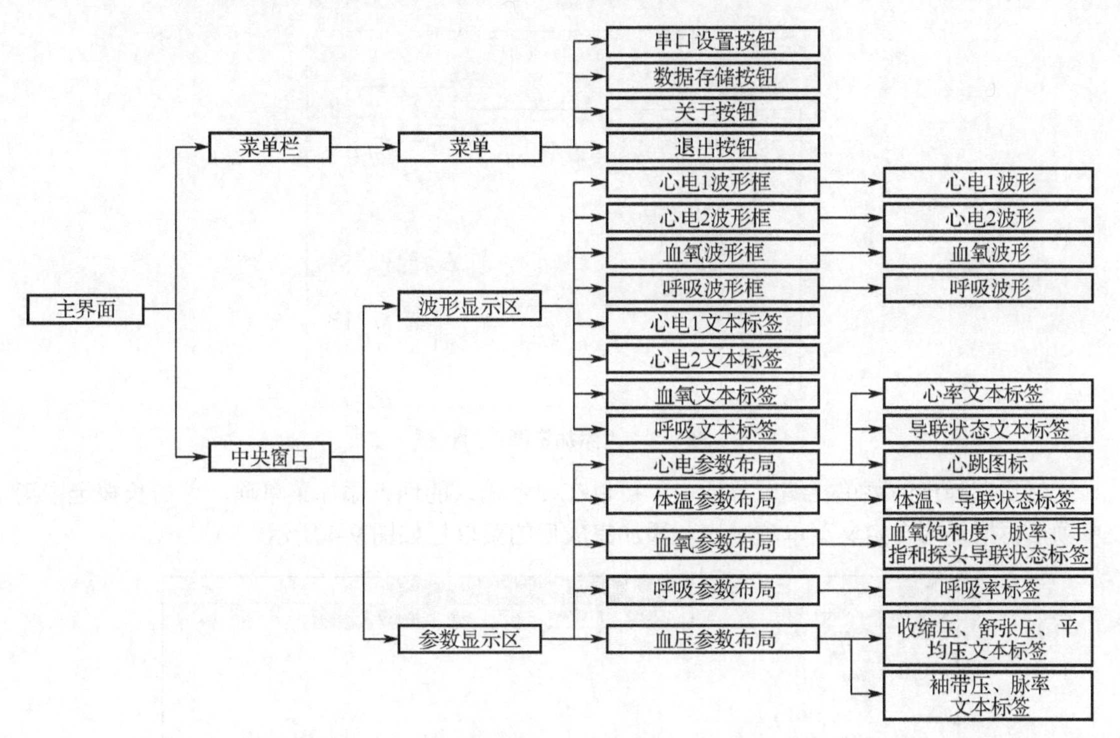

图9-1　人体生理参数监测系统软件平台布局设计框图

9.2.2　添加菜单栏

本章实验项目的对话框界面主要包括中央窗口和菜单栏两个部分，中央窗口用于放置显示五大生理参数数值和波形的控件，菜单栏提供了 4 个菜单项，分别为串口设置、数据存储、关于和退出。下面主要介绍如何向中央窗口添加菜单栏和向菜单栏中添加菜单项。

在“资源视图”窗口下，右击“ParamMonitor.rc”窗口文件，在弹出的快捷菜单中选择“添加资源”选项，如图 9-2 所示。

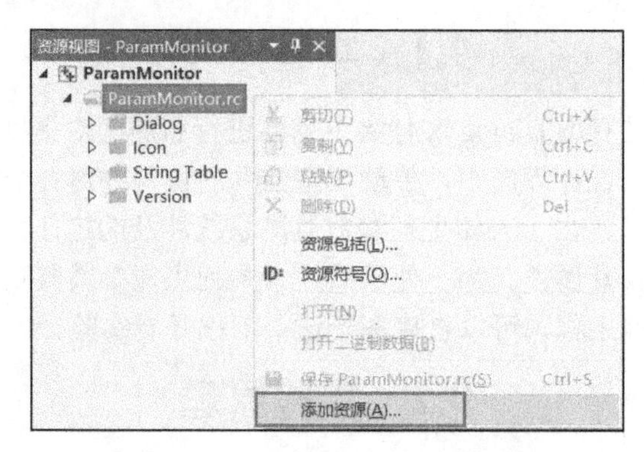

图 9-2　打开“添加资源”对话框操作

在弹出的“添加资源”对话框中选择“Menu”选项，然后单击“新建”按钮即可添加菜单栏文件，如图 9-3 所示。

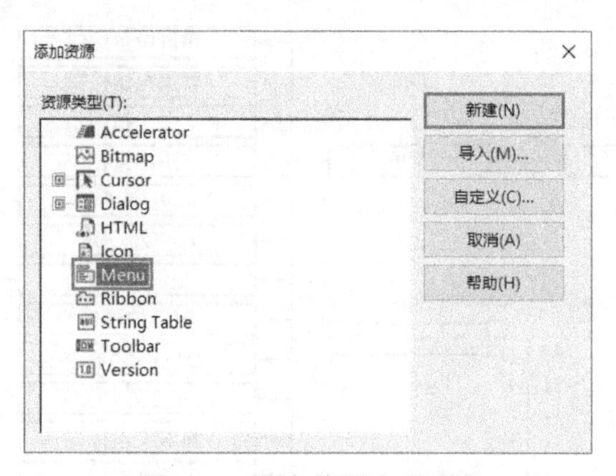

图 9-3　“添加资源”对话框

然后在弹出的菜单栏编辑界面中，可以在提示输入的地方添加菜单项，单击长按选中菜单项后再拖动可自定义菜单项顺序。添加完成后的菜单栏如图 9-4 所示。

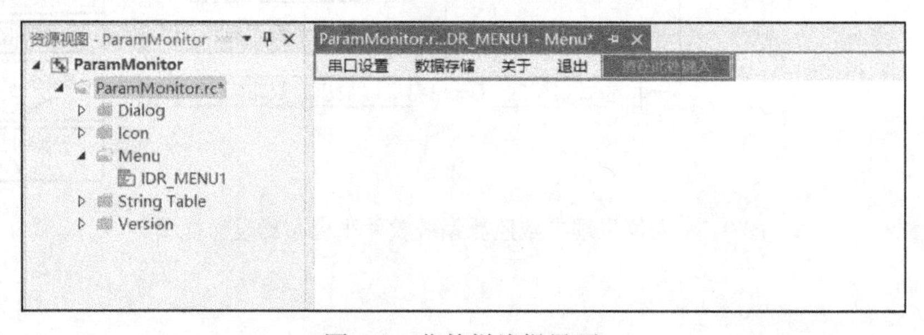

图 9-4　菜单栏编辑界面

9.2.3 人体生理参数监测系统软件平台

人体生理参数监测系统软件平台完成布局后的运行结果如图9-5所示。

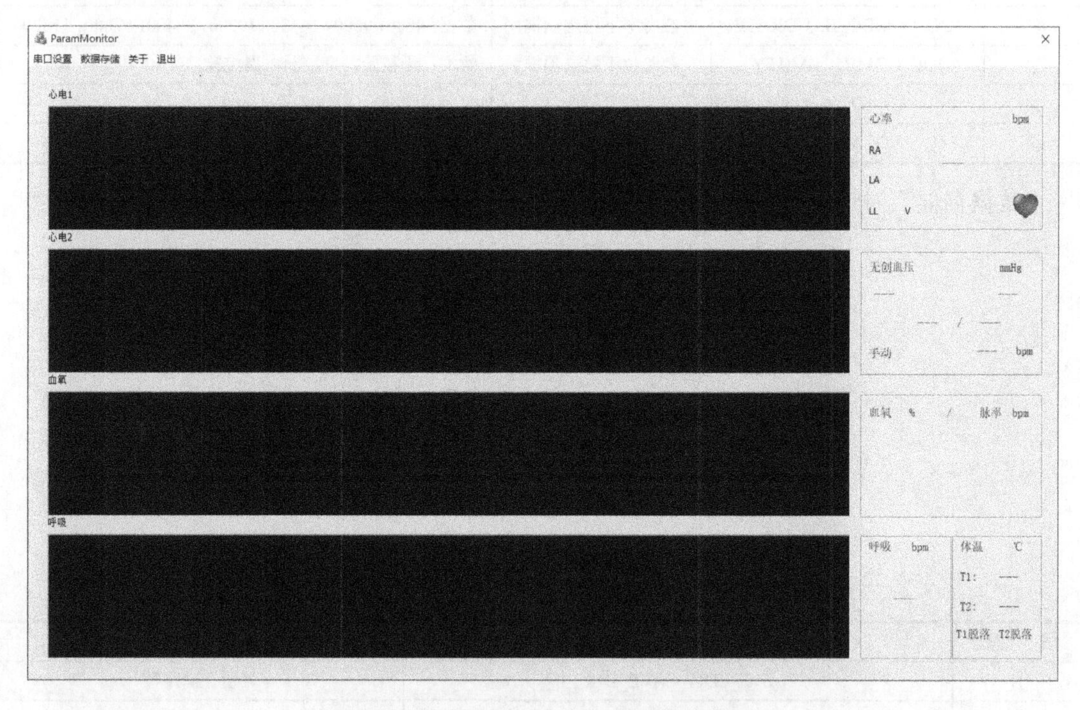

图9-5 人体生理参数监测系统软件平台

人体生理参数监测系统软件平台的菜单栏视图如图9-6所示，控件说明如表9-1所示。“串口设置”对话框如图9-7所示，控件说明如表9-2所示。

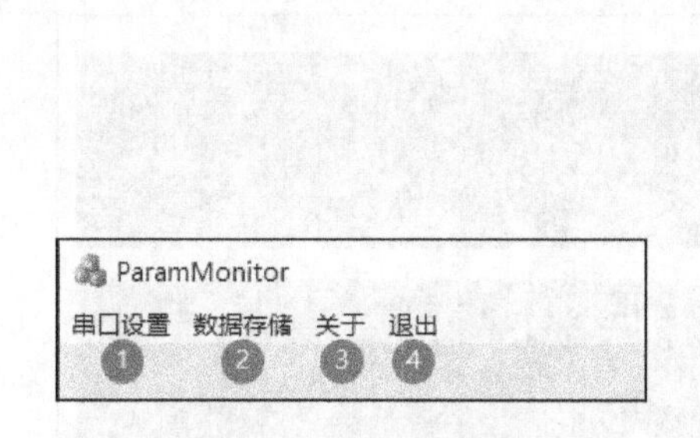

图9-6 菜单栏视图

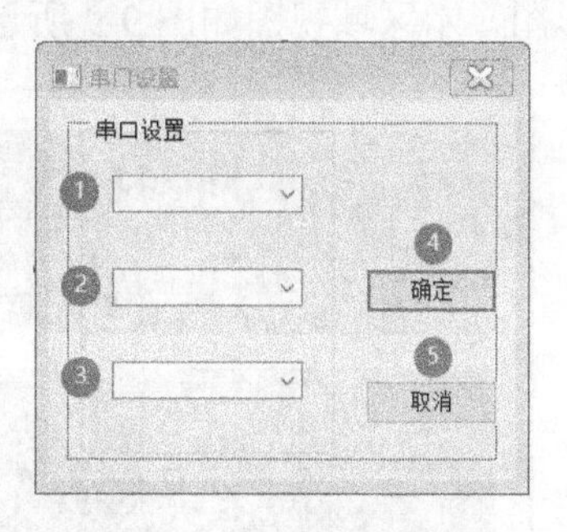

图9-7 “串口设置”对话框

表9-1 控件说明

编 号	ID	功 能
①	ID_UART_SET	打开串口设置对话框
②	ID_DATA_STORE	打开数据存储对话框
③	ID_ABOUT	打开关于对话框
④	ID_APP_EXIT	退出软件

表 9-2 控件说明

编　号	ID	功　能	属 性 设 置
①	IDC_COMBO_PORT	串口下拉选项框	数据：COM6，COM7，COM8，COM9，COM10
②	IDC_COMBO_BAUDRATE	波特率下拉选项框	数据：4800，9600，14400，19200，38400，57600，115200
③	IDC_COMBO_PARITY	校验位下拉选项框	数据：无校验，奇校验，偶校验
④	IDOK	确定按钮	—
⑤	IDCANCEL	取消按钮	—

“数据存储”对话框如图 9-8 所示，控件说明如表 9-3 所示。

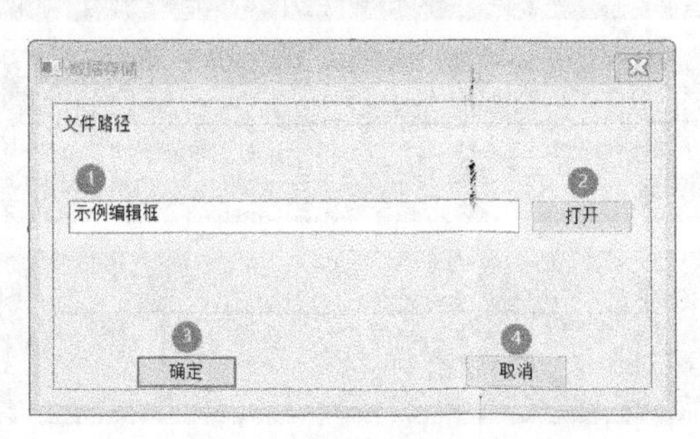

图 9-8　“数据存储”对话框

表 9-3　控件说明

编　号	ID	功　能
①	IDC_EDIT_SAVE_DIR	显示存储路径
②	IDC_BUTTON_OPEN	打开本地目录
③	IDOK	确定按钮
④	IDCANCEL	取消按钮

波形图显示区域视图如图 9-9 所示，控件说明如表 9-4 所示。

图 9-9　波形图显示区域视图

表 9-4　控件说明

编　号	ID	功　能	添加变量/响应函数
①	IDC_STATIC_WAVE1	显示 ECG1 波形图	CColorStatic mCtrlWaveECG1
②	IDC_STATIC_WAVE2	显示 ECG2 波形图	CColorStatic mCtrlWaveECG2
③	IDC_STATIC_WAVE_SPO2	显示血氧波形图	CColorStatic mCtrlWaveSPO2
④	IDC_STATIC_WAVE_RESP	显示呼吸波形图	CColorStatic mCtrlWaveResp

心电参数显示模块视图如图 9-10 所示，控件说明如表 9-5 所示。

血压参数显示模块视图如图 9-11 所示，控件说明如表 9-6 所示。

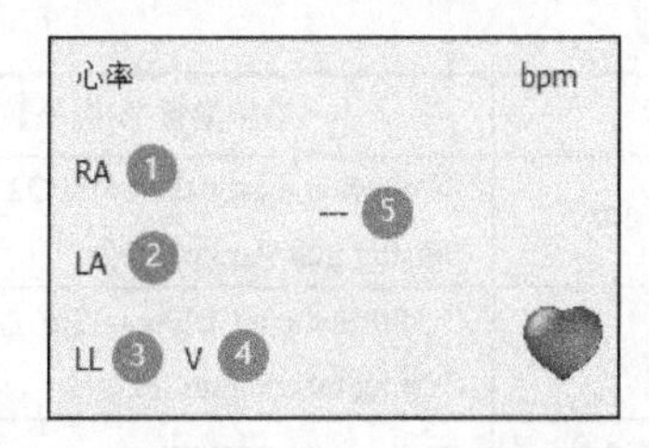

图 9-10　心电参数显示模块

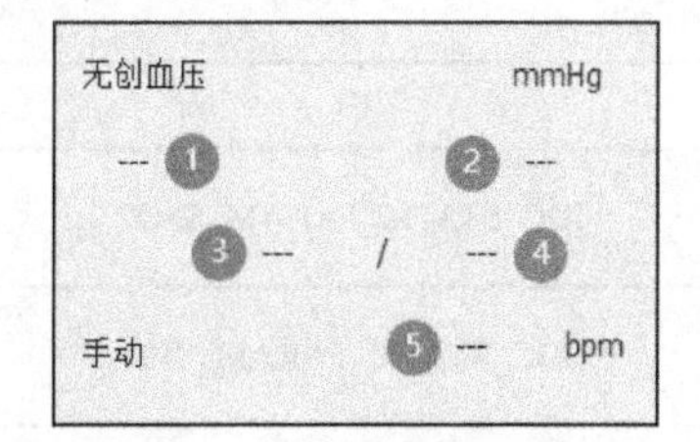

图 9-11　血压参数显示模块

表 9-5　控件说明

编　号	ID	功　能	添加变量/响应函数
①	IDC_STATIC_RA	显示 RA 导联状态	CColorStatic mCtrlRA
②	IDC_STATIC_LA	显示 LA 导联状态	CColorStatic mCtrlLA
③	IDC_STATIC_LL	显示 LL 导联状态	CColorStatic mCtrlLL
④	IDC_STATIC_V	显示 V 导联状态	CColorStatic mCtrlV
⑤	IDC_STATIC_HR	显示心率	CColorStatic mCtrlHR CString mStrHR

表 9-6　控件说明

编　号	ID	功　能	添加变量/响应函数
①	IDC_STATIC_NIBP_CUF	显示袖带压	CColorStatic mCtrlNIBPCuf CString mStrNIBPCuf
②	IDC_STATIC_PARAM_NM	显示平均压	CColorStatic mCtrlParamNm CString mStrParamNm
③	IDC_STATIC_PARAM_NS	显示收缩压	CColorStatic mCtrlParamNs CString mStrParamNs
④	IDC_STATIC_PARAM_ND	显示舒张压	CColorStatic mCtrlParamNd CString mStrParamNd
⑤	IDC_STATIC_PARAM_NPR	显示脉率	CColorStatic mCtrlParamNpr CString mStrParamNPr

血氧参数显示模块视图如图 9-12 所示，控件说明如表 9-7 所示。

呼吸和体温参数显示模块视图如图 9-13 所示，控件说明如表 9-8 所示。

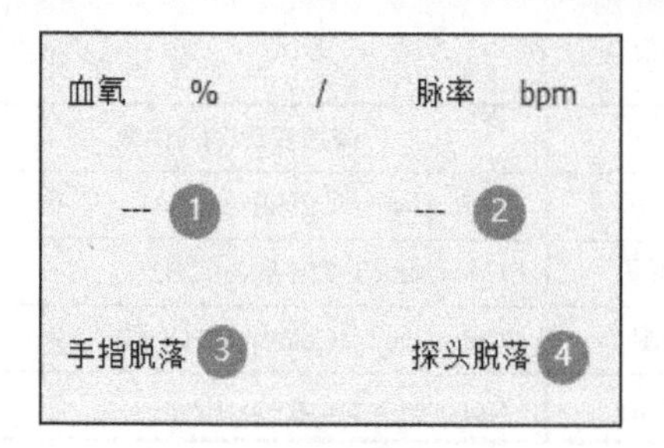

图 9-12 血氧参数显示模块

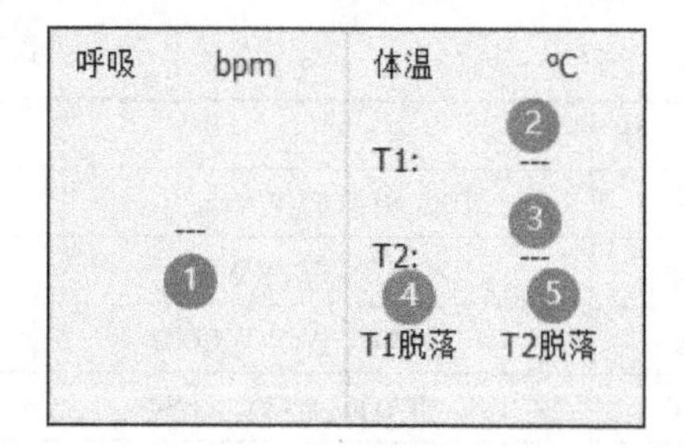

图 9-13 呼吸和体温参数显示模块

表 9-7 控件说明

编 号	ID	功 能	添加变量/响应函数
①	IDC_STATIC_PARAM_SPO2	显示血氧饱和度	CColorStatic mCtrlParamSPO2 CString mStrParamSPO2
②	IDC_STATIC_PARAM_SPR	显示脉率	CColorStatic mCtrlParamSpr CString mStrParamSPr
③	IDC_STATIC_PARAM_FINGER	显示手指连接状态	CString mStrSPO2Finger
④	IDC_STATIC_PARAM_SENSOR	显示探头连接状态	CString mStrSPO2Sensor

表 9-8 控件说明

编 号	ID	功 能	添加变量/响应函数
①	IDC_STATIC_PARAM_RR	显示呼吸率	CColorStatic mCtrlParamRr CString mStrParamRr
②	IDC_STATIC_PARAM_T1	显示探头 1 的体温	CColorStatic mCtrlParamT1 CString mStrParamT1
③	IDC_STATIC_PARAM_T2	显示探头 2 的体温	CColorStatic mCtrlParamT2 CString mStrParamT2
④	IDC_STATIC_TEMP_SENSOR1	显示探头 1 连接状态	CString mStrTempSensor1
⑤	IDC_STATIC_TEMP_SENSOR2	显示探头 2 连接状态	CString mStrTempSensor2

9.3 实验步骤

1．复制基准项目

首先，将本书配套资料包“04.例程资料\Material\04.MainWindowLayout”文件夹下的 04.MainWindowLayout 文件夹复制到“D:\MFCProject”目录下，然后打开 Visual Studio 软件，单击“打开项目或解决方案”按钮，打开“D:\MFCProject\04.MainWindowLayout\ ParamMonitor”目录下的 ParamMonitor.sln 文件。

2．添加文件对

将本书配套资料包“04.例程资料\Material\04.MainWindowLayout\StepByStep”文件夹中的 Global.h、System.h、System.cpp、UART.h 和 UART.cpp 文件复制到“D:\MFCProject\04.MainWindowLayout\ParamMonitor\ParamMonitor”目录下，并添加到项目中。

3．完善 System.h 文件

打开解决方案资源管理器视图，双击打开 System.h 文件，在“枚举结构体定义”区添加

第 1 至 9 行代码，定义串口设置相关的结构体，如程序清单 9-1 所示。

程序清单 9-1

```
1.   //系统所有的设置信息数据结构定义
2.   typedef struct
3.   {
4.       int   nPort;
5.       int   nBaudRate;
6.       int   nParity;
7.       int   nDataBit;
8.       int   nStopBit;
9.   }StructUARTConfig;
```

在“全局变量”区添加第 1 行代码，定义串口设置的结构体变量，如程序清单 9-2 所示。

程序清单 9-2

```
1.   extern StructUARTConfig gUARTConfig;
```

在“函数声明”区添加第 1 至 4 行代码，如程序清单 9-3 所示。

程序清单 9-3

```
1.   void InitConfig(void);         //系统初始化函数
2.
3.   //按照给定的符号进行字符串的分割
4.   int  SplitString(const CString str, char split, CStringArray &strArray);
```

4. 完善 System.cpp 文件

双击打开 System.cpp 文件，在“包含头文件”区添加第 1 行和第 3 行代码，如程序清单 9-4 所示。注意，在.cpp 文件的“包含头文件”区中，#include "pch.h"必须放在第一行。

程序清单 9-4

```
1.   #include "pch.h"
2.   #include "System.h"
3.   #include "UART.h"
```

在“全局变量”区添加代码，如程序清单 9-5 所示。

程序清单 9-5

```
1.   //串口配置
2.   StructUARTConfig  gUARTConfig;
```

在“一般函数”区添加 InitConfig()函数和 SplitString()函数的实现代码，如程序清单 9-6 所示，下面按照顺序对部分语句进行解释。

（1）第 1 至 8 行代码：初始化串口配置。

（2）第 17 行代码：找到分隔字符的位置。

（3）第 20 行代码：将分隔字符前的字符串添加到 strArray 数组中。

（4）第 21 行代码：去除字符串 strTemp 的分隔字符及分隔字符前的字符串。

程序清单 9-6

```
1.   void InitConfig(void)
2.   {
3.       gUARTConfig.nParity = 0;              //默认选择第 0 项：无校验
4.       gUARTConfig.nBaudRate = 6;            //默认选择第 6 项：115200
5.       gUARTConfig.nPort = 0;                //默认选择第 0 项端口
6.       gUARTConfig.nDataBit = 3;             //默认选择第 3 项：8 位数据位
```

```
7.        gUARTConfig.nStopBit = 0;              //默认选择第 0 项：1 位停止位
8.    }
9.
10.   int SplitString(const CString str, char split, CStringArray& strArray)
11.   {
12.       strArray.RemoveAll();                  //清零
13.       CString strTemp = str;
14.       int nIndex = 0;
15.       while (1)
16.       {
17.           nIndex = strTemp.Find(split);      //找到分隔字符的位置
18.           if (nIndex >= 0)
19.           {
20.               strArray.Add(strTemp.Left(nIndex));  //从左边开始获取前 nIndex 个字符
21.               strTemp = strTemp.Right(strTemp.GetLength() - nIndex - 1);
22.           }
23.           else
24.           {
25.               break;
26.           }
27.       }
28.       strArray.Add(strTemp);                 //增加最后一个字符串
29.
30.       return strArray.GetSize();
31.   }
```

5．完善 ParamMonitorDlg.h 文件

双击打开 ParamMonitorDlg.h 文件，在类 CParamMonitorDlg 的 protected 定义区添加第 5 至 14 行代码，如程序清单 9-7 所示，下面按照顺序对部分语句进行解释。

（1）第 5 至 13 行代码：定义设置字体大小类和颜色类的对象。

（2）第 14 行代码：参数初始化函数。

程序清单 9-7

```
1.    //实现
2.    protected:
3.        HICON m_hIcon;
4.
5.        CFont mNewFont;
6.        CFont mNewFontLabel;
7.        COLORREF mCrNIBP;
8.        COLORREF mCrTemp;
9.        COLORREF mCrSPO2;
10.       COLORREF mCrResp;
11.       COLORREF mCrECG1;
12.       COLORREF mCrECG2;
13.       COLORREF mCrBackground;
14.       void Initialize(void);          //初始化
15.
16.       //生成的消息映射函数
17.       virtual BOOL OnInitDialog();
18.       afx_msg void OnSysCommand(UINT nID, LPARAM lParam);
19.       afx_msg void OnPaint();
```

```
20.     afx_msg HCURSOR OnQueryDragIcon();
21.     DECLARE_MESSAGE_MAP()
```

6. 完善 ParamMonitorDlg.cpp 文件

双击打开 ParamMonitorDlg.cpp 文件，在 CParamMonitorDlg()构造函数中添加第 3 至 17 行和第 21 至 27 行代码，如程序清单 9-8 所示。

程序清单 9-8

```
1.  CParamMonitorDlg::CParamMonitorDlg(CWnd* pParent /*=nullptr*/)
2.      : CDialogEx(IDD_PARAM_DIALOG, pParent)
3.      , mStrParamT1(_T("---"))
4.      , mStrParamT2(_T("---"))
5.      , mStrTempSensor1(_T("T1 脱落"))
6.      , mStrTempSensor2(_T("T2 脱落"))
7.      , mStrNIBPCuf(_T("---"))
8.      , mStrParamNd(_T("---"))
9.      , mStrParamNm(_T("---"))
10.     , mStrParamNPr(_T("---"))
11.     , mStrParamNs(_T("---"))
12.     , mStrParamSPO2(_T(""))
13.     , mStrParamSPr(_T(""))
14.     , mStrSPO2Sensor(_T(""))
15.     , mStrSPO2Finger(_T(""))
16.     , mStrParamRr(_T("---"))
17.     , mStrHR(_T("---"))
18. {
19.     m_hIcon = AfxGetApp()->LoadIcon(IDR_MAINFRAME);
20.
21.     mCrBackground = BLACK;      //黑色
22.     mCrECG1 = LIGHTGREEN;       //亮绿色
23.     mCrECG2 = LIGHTGREEN;       //亮绿色
24.     mCrSPO2 = CYAN;             //青色
25.     mCrResp = YELLOW;           //黄色
26.     mCrTemp = BLUE;             //蓝色
27.     mCrNIBP = MAGENTA;          //品红色
28. }
```

在 OnInitDialog()函数中添加第 8 行代码，调用 Initialize()函数，该函数的功能是设置控件显示文本的字体大小和颜色，如程序清单 9-9 所示。

程序清单 9-9

```
1.  BOOL CParamMonitorDlg::OnInitDialog()
2.  {
3.      CDialogEx::OnInitDialog();
4.
5.      ……
6.
7.      //TODO: 在此添加额外的初始化代码
8.      Initialize();
9.
10.     return TRUE;  //除非将焦点设置到控件，否则返回 TRUE
11. }
```

在 OnQueryDragIcon()函数后添加 Initialize()函数的实现代码，对控件显示文本的字体大小和颜色进行设置，如程序清单 9-10 所示。

程序清单 9-10

```
1.  void CParamMonitorDlg::Initialize()
2.  {
3.      //设置字体大小
4.      mNewFont.CreateFont(20,            //1 字体大小为 20 号
5.          0,                             //2nWidth
6.          0,                             //3nEscapement
7.          0,                             //4nOrientation
8.          FW_BOLD,                       //5nWeight 在 0～1000 指定字体权值，如 400 表示标准体，
9.                                         //700 表示黑（粗）体，如果此值为 0，则使用默认的权值
10.         FALSE,                         //6TRUE-斜体
11.         FALSE,                         //7bUnderline  TRUE，字体增加下画线
12.         0,                             //8cStrikeOut TRUE，字体增加删除线
13.         ANSI_CHARSET,                  //9nCharSet  指定字符集
14.         OUT_DEFAULT_PRECIS,            //10nOutPrecision  输出精度
15.         CLIP_DEFAULT_PRECIS,           //11nClipPrecision
16.         DEFAULT_QUALITY,               //12nQuality
17.         DEFAULT_PITCH | FF_SWISS,      //13nPitchAndFamily
18.         _T("宋体"));                   //14lpszFac
19.
20.     mNewFontLabel.CreateFont(18,       //1 字体大小为 18 号
21.         0,                             //2nWidth
22.         0,                             //3nEscapement
23.         0,                             //4nOrientation
24.         FW_THIN,                       //5nWeight 在 0～1000 指定字体权值，如 400 表示标准体，
25.                                        //700 表示黑（粗）体，如果此值为 0，则使用默认的权值
26.         FALSE,                         //6TRUE-斜体
27.         FALSE,                         //7bUnderline  TRUE，字体增加下画线
28.         0,                             //8cStrikeOut TRUE，字体增加删除线
29.         ANSI_CHARSET,                  //9nCharSet  指定字符集
30.         OUT_DEFAULT_PRECIS,            //10nOutPrecision  输出精度
31.         CLIP_DEFAULT_PRECIS,           //11nClipPrecision
32.         DEFAULT_QUALITY,               //12nQuality
33.         DEFAULT_PITCH | FF_SWISS,      //13nPitchAndFamily
34.         _T("宋体"));                   //14lpszFac
35.
36.     GetDlgItem(IDC_STATIC_PARAM_T1)->SetFont(&mNewFont);     //设置体温显示字体大小
37.     GetDlgItem(IDC_STATIC_PARAM_T2)->SetFont(&mNewFont);
38.     GetDlgItem(IDC_STATIC_TEMP_LABEL1)->SetFont(&mNewFontLabel);
39.     GetDlgItem(IDC_STATIC_TEMP_LABEL2)->SetFont(&mNewFontLabel);
40.     GetDlgItem(IDC_STATIC_TEMP_LABEL3)->SetFont(&mNewFontLabel);
41.     GetDlgItem(IDC_STATIC_TEMP_LABEL4)->SetFont(&mNewFontLabel);
42.     GetDlgItem(IDC_STATIC_TEMP_SENSOR1)->SetFont(&mNewFontLabel);
43.     GetDlgItem(IDC_STATIC_TEMP_SENSOR2)->SetFont(&mNewFontLabel);
44.
45.     GetDlgItem(IDC_STATIC_PARAM_SPO2)->SetFont(&mNewFont);  //设置血氧显示字体大小
46.     GetDlgItem(IDC_STATIC_PARAM_SPR)->SetFont(&mNewFont);
47.     GetDlgItem(IDC_STATIC_PARAM_FINGER)->SetFont(&mNewFontLabel);
48.     GetDlgItem(IDC_STATIC_PARAM_SENSOR)->SetFont(&mNewFontLabel);
```

```
49.         GetDlgItem(IDC_STATIC_SPO2_LABEL1)->SetFont(&mNewFontLabel);
50.         GetDlgItem(IDC_STATIC_SPO2_LABEL2)->SetFont(&mNewFontLabel);
51.         GetDlgItem(IDC_STATIC_SPO2_LABEL3)->SetFont(&mNewFontLabel);
52.         GetDlgItem(IDC_STATIC_SPO2_LABEL4)->SetFont(&mNewFontLabel);
53.         GetDlgItem(IDC_STATIC_SPO2_LABEL5)->SetFont(&mNewFontLabel);
54.
55.         GetDlgItem(IDC_STATIC_PARAM_NS)->SetFont(&mNewFont);     //设置无创血压显示字体大小
56.         GetDlgItem(IDC_STATIC_PARAM_ND)->SetFont(&mNewFont);
57.         GetDlgItem(IDC_STATIC_PARAM_NM)->SetFont(&mNewFont);
58.         GetDlgItem(IDC_STATIC_PARAM_NPR)->SetFont(&mNewFont);
59.         GetDlgItem(IDC_STATIC_NIBP_CUF)->SetFont(&mNewFont);
60.         GetDlgItem(IDC_STATIC_NIBP_LABEL1)->SetFont(&mNewFontLabel);
61.         GetDlgItem(IDC_STATIC_NIBP_LABEL2)->SetFont(&mNewFontLabel);
62.         GetDlgItem(IDC_STATIC_NIBP_LABEL3)->SetFont(&mNewFontLabel);
63.         GetDlgItem(IDC_STATIC_NIBP_LABEL4)->SetFont(&mNewFontLabel);
64.         GetDlgItem(IDC_STATIC_NIBP_LABEL5)->SetFont(&mNewFontLabel);
65.
66.         GetDlgItem(IDC_STATIC_PARAM_RR)->SetFont(&mNewFont);     //设置呼吸显示字体大小
67.         GetDlgItem(IDC_STATIC_RESP_LABEL1)->SetFont(&mNewFontLabel);
68.         GetDlgItem(IDC_STATIC_RESP_LABEL2)->SetFont(&mNewFontLabel);
69.
70.         GetDlgItem(IDC_STATIC_HR)->SetFont(&mNewFont);           //设置心电显示字体大小
71.         GetDlgItem(IDC_STATIC_ECG_LABEL1)->SetFont(&mNewFontLabel);
72.         GetDlgItem(IDC_STATIC_ECG_LABEL2)->SetFont(&mNewFontLabel);
73.
74.         //设置字体颜色
75.         mCtrlParamT1.SetTextColor(mCrTemp);                      //设置体温显示字体颜色
76.         mCtrlParamT2.SetTextColor(mCrTemp);
77.
78.         mCtrlParamSPO2.SetTextColor(mCrSPO2);                    //设置血氧显示字体颜色
79.         mCtrlParamSpr.SetTextColor(mCrSPO2);
80.
81.         mCtrlParamNs.SetTextColor(mCrNIBP);                      //设置无创血压显示字体颜色
82.         mCtrlParamNd.SetTextColor(mCrNIBP);
83.         mCtrlParamNm.SetTextColor(mCrNIBP);
84.         mCtrlParamNpr.SetTextColor(mCrNIBP);
85.         mCtrlNIBPCuf.SetTextColor(mCrNIBP);
86.
87.         mCtrlParamRr.SetTextColor(mCrResp);        //设置呼吸显示字体颜色
88.
89.         mCtrlHR.SetTextColor(mCrECG1);             //设置心电显示字体颜色
90.
91.         mCtrlWaveECG1.SetBkColor(mCrBackground);   //设置心电波形 1 绘图背景色
92.         mCtrlWaveECG2.SetBkColor(mCrBackground);   //设置心电波形 2 绘图背景色
93.         mCtrlWaveSPO2.SetBkColor(mCrBackground);   //设置 SPO2 波形绘图背景颜色
94.         mCtrlWaveResp.SetBkColor(mCrBackground);   //设置 RESP 波形绘图背景颜色
95.  }
```

完成代码添加后，单击软件界面的 ▶ 本地 Windows 调试器 按钮编译并运行项目，验证运行效果是否与 9.2.3 节一致。

本 章 任 务

基于对本章实验的理解，分别设计体温、血压、血氧、呼吸和心电的独立参数测量界面，为后面章节的任务奠定基础。

本 章 习 题

1．简述人体生理参数监测系统软件平台的对话框界面的布局构成。

2．通过人体生理参数监测系统软件平台的血氧模块，可以获取哪些血氧参数？

第 10 章　体温监测与显示实验

完成软件平台界面的布局后，接下来开始完成系统的底层驱动程序。本章涉及的底层驱动程序包括打包解包程序、串口通信程序及体温数据处理程序。其中，打包解包程序与串口通信程序可参考第 6 章和第 7 章的内容，本章重点介绍体温数据处理过程的实现。

10.1　实验内容

了解体温数据处理过程，学习体温数据包的 PCT 通信协议和 MFC 中的部分函数和命令，完善处理体温数据的底层代码，最后通过 Windows 平台和人体生理参数监测系统硬件平台对应用程序进行验证。

10.2　实验原理

10.2.1　体温测量原理

体温指人体内部的温度，是物质代谢转化的热能。人体的一切生命活动都是以新陈代谢为基础的，而恒定的体温是保证新陈代谢和生命活动正常进行的必要条件。体温过高或过低，都会影响酶的活性，从而影响新陈代谢的正常进行，使各种细胞、组织和器官的功能发生紊乱，严重时还会导致死亡。可见，体温的相对稳定，是维持机体内环境稳定，保证新陈代谢等生命活动正常进行的必要条件。

正常人体体温不是一个具体的温度点，而是一个温度范围。临床上所说的体温是指平均深部温度。一般以口腔、直肠和腋窝的温度为代表，其中直肠温度最接近深部温度。正常值分别如下：口腔舌下温度为 36.3～37.2℃；直肠温度为 36.5～37.7℃，比口腔温度高 0.2～0.5℃；腋下温度为 36.0～37.0℃。体温会因年龄、性别等的不同而在较小的范围内变动。新生儿和儿童的体温稍高于成年人；成年人的体温稍高于老年人；女性的体温平均比男性高 0.3℃。同一个人的体温，一般凌晨 2—4 时最低，下午 2—8 时最高，但体温的昼夜差别不超过 1℃。

常见的体温计有 3 种：水银体温计、热敏电阻电子体温计和非接触式红外体温计。

水银体温计虽然价格便宜，但有诸多弊端。例如，水银体温计遇热或安置不当时容易破裂，人体接触水银后会中毒，而且采用水银体温计测量体温时需要相当长的时间（5～10min），使用不便。

热敏电阻通常用半导体材料制成，体积小，而且热敏电阻的阻值随温度变化十分灵敏，因此被广泛应用于温度测量、温度控制等。热敏电阻电子体温计具有读数方便、测量精度高、能记忆、有蜂鸣器提示和使用安全方便等优点，特别适合家庭、医院等场合使用。但采用热敏电阻电子体温计测温也需要较长的时间。

非接触式红外体温计是根据辐射原理通过测量人体辐射的红外线来测量温度的，它实现了体温的快速测量，具有稳定性好、测量安全、使用方便等特点。但非接触式红外体温计价格较高，功能较少，精度不高。

本实验以热敏电阻为测温元件，实现对温度的精确测量，以及对体温探头脱落情况的实时监测。其中，模块 ID 为 0x12、二级 ID 为 0x02 的体温数据包包含由从机向主机发送的双通道体温值和探头信息，具体可参见附录 B。计算机（主机）接收到人体生理参数监测系统（从机）发送的体温数据包后，通过应用程序窗口实时显示温度值和探头脱落状态。

10.2.2 设计框图

体温监测与显示应用程序设计框图如图 10-1 所示。

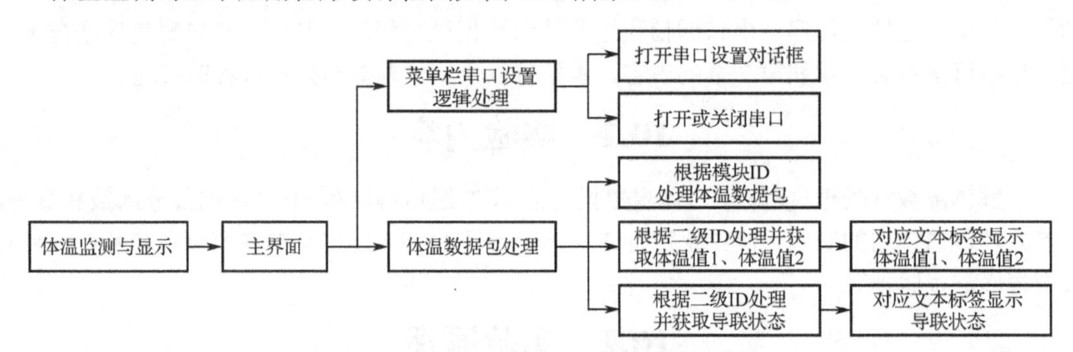

图 10-1　体温监测与显示应用程序设计框图

10.2.3 多媒体定时器

多媒体定时器不依赖消息机制，而是由 TimeSetEvent()函数产生一个独立的线程，在达到一定的中断次数后，直接调用预先设置的回调函数进行处理，而不必等待应用程序的消息队列为空，保证定时器的实时响应，是一种非常理想的高精度定时器，可以实现 1ms 的定时精度。

10.2.4 体温监测与显示应用程序运行效果

在开始程序设计前，先通过一个应用程序来了解体温监测的效果。将人体生理参数监测系统硬件平台通过 USB 线连接到计算机，并在设备管理器中查看对应的串口号（本机是 COM4），然后打开本书配套资料包中的“03.MFC 应用程序\05.TempMonitor”文件夹，双击运行 TempMonitor.exe 文件。单击如图 10-2 所示的“串口设置”菜单项，在弹出的对话框中选择硬件平台对应的串口号，并单击“确定”按钮。

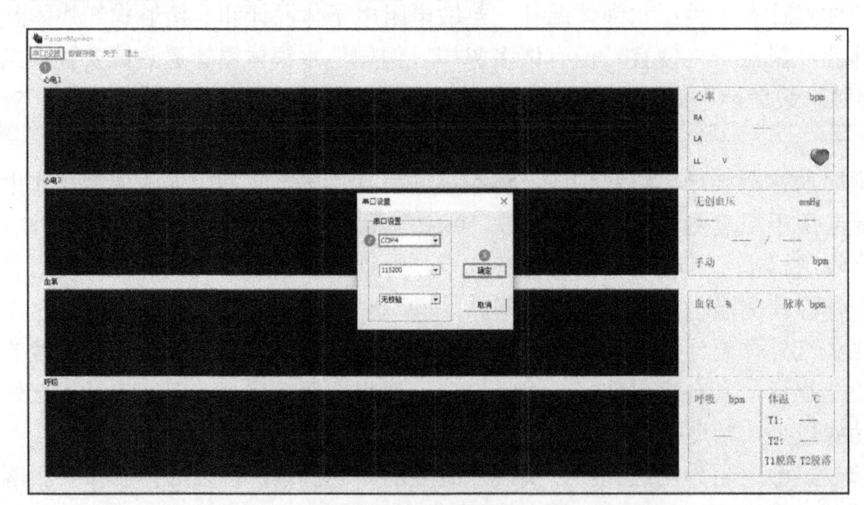

图 10-2　打开串口

将人体生理参数监测系统硬件平台设置为输出体温数据，在体温参数显示模块中可看到体温值和导联状态，如图 10-3 所示。

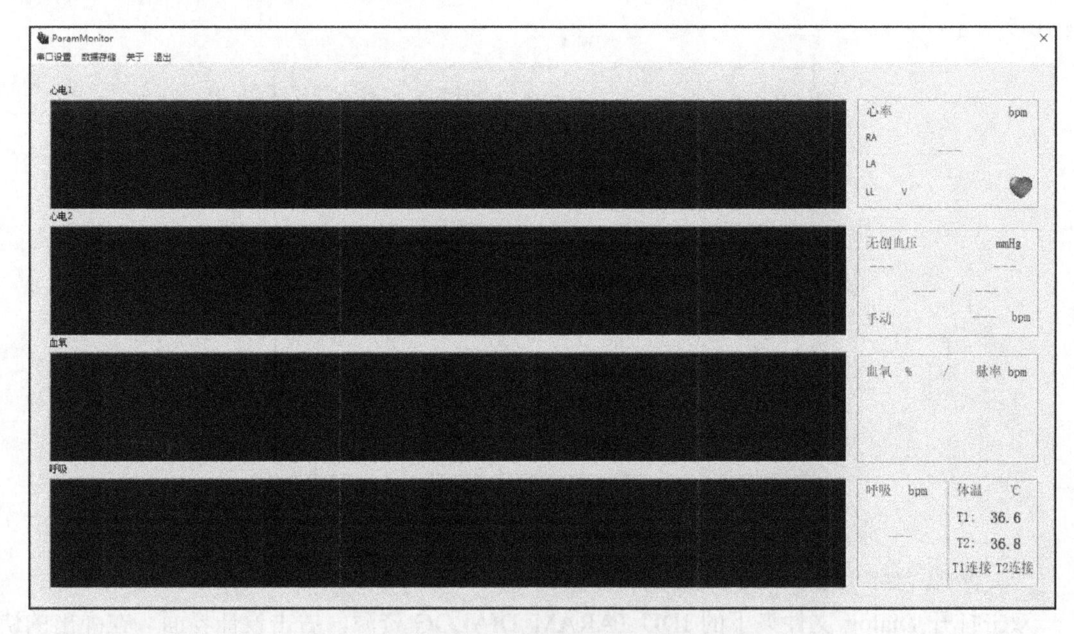

图 10-3　体温监测与显示效果图

10.3　实验步骤

1. 复制基准项目

首先，将本书配套资料包“04.例程资料\Material\05.TempMonitor”文件夹下的 05.TempMonitor 文件夹复制到“D:\MFCProject”目录下，然后打开 Visual Studio 软件，单击“打开项目或解决方案”按钮，打开“D:\MFCProject\05.TempMonitor\ParamMonitor”目录下的 ParamMonitor.sln 文件。实际上，已经打开的 ParamMonitor 项目是第 9 章已完成的项目，所以也可以基于第 9 章完成的 ParamMonitor 项目开展本章实验。

2. 添加文件对

将本书配套资料包“04.例程资料\Material\05.TempMonitor\StepByStep”文件夹中的所有文件复制到“D:\MFCProject\05.TempMonitor\ParamMonitor\ParamMonitor”目录下，并将它们添加到项目中。

3. 添加菜单的事件处理程序

（1）添加“串口设置”菜单的事件处理程序。

打开资源视图，双击打开 Menu 文件下的 IDR_MAINFRAME 对话框资源，菜单栏视图如图 10-4 所示。

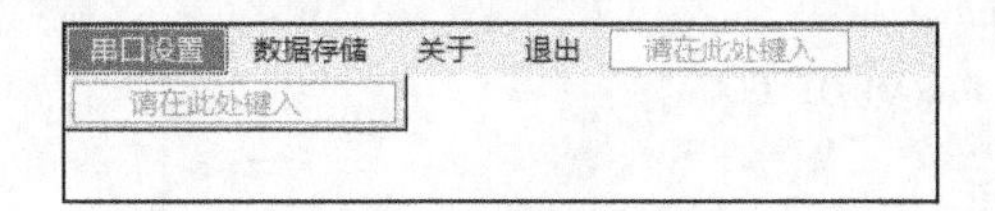

图 10-4　菜单栏视图

右击“串口设置”菜单项，在弹出的快捷菜单中选择“添加事件处理程序”选项，然后在弹出的“事件处理程序”对话框中的“类列表”栏选择“CParamMonitorDlg”选项，消息类型默认为 COMMAND，将函数名修改为 OnUARTSet，完成设置后单击“确定”按钮，如图 10-5 所示。

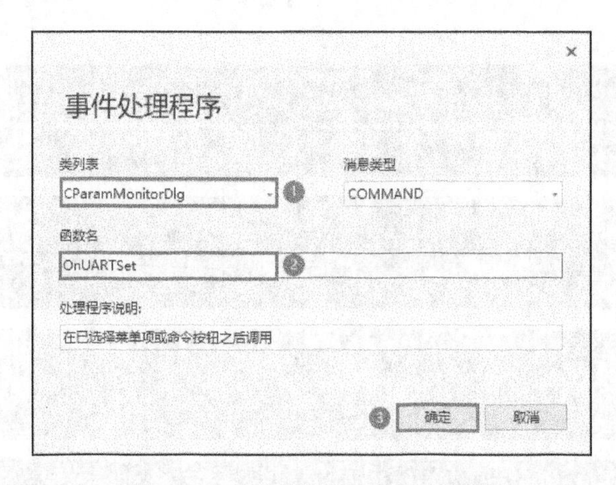

图 10-5　“事件处理程序”对话框

（2）添加 WM_DESTROY 消息处理函数。

双击打开 Dialog 文件夹下的 IDD_PARAM_DIALOG 资源，右击设计界面，在弹出的快捷菜单中选择“类向导”选项，在弹出的“类向导”对话框中，单击“消息”选项卡，在下方“消息”列表中找到并单击选择“WM_DESTROY”选项，然后单击“添加处理程序”按钮，可看到在“现有处理程序”列表中新增函数名为 OnDestroy 的一项，最后单击“确定”按钮。

4．完善 ParamMonitorDlg.h 文件

打开解决方案资源管理器视图，双击打开 ParamMonitorDlg.h 文件，在“包含头文件”区添加第 1 行和第 3 行代码，如程序清单 10-1 所示。

程序清单 10-1

```
1.   #include "UART.h"
2.   #include "ColorStatic.h"
3.   #include "PackUnpack.h"
```

在类 CParamMonitorDlg 的 public 定义区添加第 5 行代码，如程序清单 10-2 所示。

程序清单 10-2

```
1.   //构造
2.   public:
3.       CParamMonitorDlg(CWnd* pParent = nullptr);     //标准构造函数
4.
5.       CPackUnpack mPackUnpack;
6.   //对话框数据
7.   #ifdef AFX_DESIGN_TIME
8.       enum { IDD = IDD_PARAM_DIALOG };
9.   #endif
```

在类 CParamMonitorDlg 的 protected 定义区添加第 4 行、第 17 至 22 行和第 29 行代码，如程序清单 10-3 所示。

程序清单 10-3

```
1.  //实现
2.  protected:
3.      HICON m_hIcon;
4.      UINT  mTimerID;                                 //调用 timeSetEvent 返回的 ID 值
5.  
6.      CFont mNewFont;
7.      CFont mNewFontLabel;
8.      COLORREF mCrNIBP;
9.      COLORREF mCrTemp;
10.     COLORREF mCrSPO2;
11.     COLORREF mCrResp;
12.     COLORREF mCrECG1;
13.     COLORREF mCrECG2;
14.     COLORREF mCrBackground;
15.     void Initialize(void);                          //初始化
16. 
17.     void ChangeUARTPort(void);                      //串口号有改变，重新设置
18.     //显示参数
19.     void DisplayParams(void);
20. 
21.     void CreateMediaTimer(void);                    //产生、删除多媒体时钟
22.     void DeleteMediaTimer(void);
23. 
24.     //生成的消息映射函数
25.     virtual BOOL OnInitDialog();
26.     afx_msg void OnSysCommand(UINT nID, LPARAM lParam);
27.     afx_msg void OnPaint();
28.     afx_msg HCURSOR OnQueryDragIcon();
29.     afx_msg LRESULT OnSecondTimer(WPARAM, LPARAM);      //手动添加
30.     DECLARE_MESSAGE_MAP()
```

5. 完善 System.h 文件

双击打开 System.h 文件，在“宏定义”区添加第 1 至 5 行代码，如程序清单 10-4 所示。

程序清单 10-4

```
1.  //参数
2.  #define  INVALID_PARAM_INT        (-100)
3.  #define  INVALID_PARAM_FLOAT      (-100.0)
4.  #define  INVALID_PARAM            (-100)
5.  #define  INVALID_ST_PARAM         (-10000)
```

在“全局变量”区添加第 3 行代码，如程序清单 10-5 所示。

程序清单 10-5

```
1.  extern StructUARTConfig gUARTConfig;
2.  
3.  extern CWnd* gWndP;  //窗口指针
```

在“打包解包”区添加第 1 至 96 行代码，定义数据包相关的结构体和枚举，如程序清单 10-6 所示。

程序清单 10-6

```
1.  //数据包类型的结构体定义
```

```
2.  typedef enum
3.  {
4.      PC_UNDEF = 0,      //未定义的类型
5.      PC_SEND,           //发送包
6.      PC_RECEIVE,        //接收包
7.      PC_REPERR          //发送包（错误报告包）
8.  }EnumPackClass;
9.
10. //定义最大分组长度，一个分组包括分组 ID、分组实际长度、分组数据（包括 byte1）和校验和
11. enum {MAX_PACKET_LEN = 10};
12.
13. //包帧定义：1 个包由 1 字节模块 ID，1 字节二级 ID，6 字节数据组成
14. typedef union
15. {
16.     struct
17.     {
18.         UCHAR id;
19.         UCHAR id2;
20.         UCHAR data[MAX_PACKET_LEN - 2];
21.     };
22.     UCHAR buffer[MAX_PACKET_LEN];
23. }PacketFrame;
24.
25. //包信息：长度（包括 ID，但是不包括 byte1，数据包用<code>Pack</code>打包）和类型
26. typedef struct
27. {
28.     CHAR len;
29.     EnumPackClass  type;
30.     int         ackTime;  //<=0: 不需要确认
31. }StructFlowInfo;
32.
33. //数据包模块 ID 结构体定义
34. enum  ModulePackID
35. {
36.     MODULEID_BASE  = 0,
37.     //MCU 发送给 HOST 模块 ID
38.     DAT_SYS         = MODULEID_BASE + 0x01,             //系统信息
39.     DAT_ECG         = MODULEID_BASE + 0x10,             //心电信息
40.     DAT_RESP        = MODULEID_BASE + 0x11,             //呼吸信息
41.     DAT_TEMP        = MODULEID_BASE + 0x12,             //体温信息
42.     DAT_SPO2        = MODULEID_BASE + 0x13,             //血氧信息
43.     DAT_NIBP        = MODULEID_BASE + 0x14,             //血压信息
44.
45.     //HOST 给 MCU 发送命令包模块 ID
46.     CMD_SYS         = MODULEID_BASE + 0x01,             //系统命令
47.     CMD_ECG         = MODULEID_BASE + 0x10,             //心电命令
48.     CMD_RESP        = MODULEID_BASE + 0x11,             //呼吸命令
49.     CMD_TEMP_M      = MODULEID_BASE + 0x12,             //体温命令
50.     CMD_SPO2_M      = MODULEID_BASE + 0x13,             //血氧命令
51.     CMD_NIBP         = MODULEID_BASE + 0x14,            //血压命令
52.
53.     MODULEID_END,
```

```
54.      MODULE_PACKETID_MAX    = 0x80,                         //最大 ID
55.  };
56.
57.  //数据包二级 ID 枚举定义
58.  enum  SecondPackID
59.  {
60.      //MCU 发送给 HOST 二级 ID
61.      DAT_ECG_BASE          = 0,
62.      DAT_ECG_WAVE          = DAT_ECG_BASE + 0x02,           //心电波形数据
63.      DAT_ECG_LEAD          = DAT_ECG_BASE + 0x03,           //心电导联信息
64.      DAT_ECG_HR            = DAT_ECG_BASE + 0x04,           //心率
65.      DAT_ECG_END,
66.
67.      DAT_RESP_BASE         = 0,
68.      DAT_RESP_WAVE         = DAT_RESP_BASE + 0x02,          //呼吸波形数据
69.      DAT_RESP_RR           = DAT_RESP_BASE + 0x03,          //呼吸率
70.      DAT_RESP_END,
71.
72.      DAT_TEMP_BASE         = 0,
73.      DAT_TEMP_DATA         = DAT_TEMP_BASE + 0x02,          //体温数据
74.      DAT_TEMP_END,
75.
76.      DAT_SPO2_BASE         = 0,
77.      DAT_SPO2_WAVE         = DAT_SPO2_BASE + 0x02,          //血氧波形
78.      DAT_SPO2_DATA         = DAT_SPO2_BASE + 0x03,          //血氧数据
79.      DAT_SPO2_END,
80.
81.      DAT_NIBP_CUFPRE       = 0x02,                          //无创血压实时数据
82.      DAT_NIBP_RSLT1        = 0x04,                          //无创血压测量结果 1
83.      DAT_NIBP_RSLT2        = 0x05,                          //无创血压测量结果 2
84.
85.      //HOST 发送给 MCU 二级 ID
86.      CMD_NIBP_START         = 0x80,                         //NIBP 启动测量
87.      CMD_NIBP_END           = 0x81,                         //NIBP 终止测量
88.      CMD_NIBP_RST           = 0x84,                         //NIBP 模块复位
89.
90.      CMD_NIBP_QUARY_STS     = 0x86,                         //NIBP 查询状态
91.
92.      CMD_NIBP_RELT          = 0x89,                         //NIBP 查询上次测量结果
93.
94.      SECONDID_END,
95.      PACKET_SECID_MAX       = 0xff                          //二级 ID 最大
96.  };
```

在“体温测量”区添加第 1 至 14 行代码，定义体温相关的结构体和结构体变量，如程序清单 10-7 所示。

程序清单 10-7

```
1.   typedef struct
2.   {
3.       BOOL  bLeadDetachedChl1;          //体温通道 1 导联是否脱落（TRUE：脱落）
4.       BOOL  bLeadDetachedChl2;          //体温通道 2 导联是否脱落（TRUE：脱落）
5.   }StructTempStatus;
```

```
6.
7.  typedef struct
8.  {
9.      short  t1;                          //通道 1 体温值（摄氏度）
10.     short  t2;                          //通道 2 体温值（摄氏度）
11. }StructTempParams;
12.
13. extern StructTempStatus gTempStatus;
14. extern StructTempParams gTempParams;
```

在“函数声明”区添加第 2 行代码，如程序清单 10-8 所示。

程序清单 10-8

```
1.  void InitConfig(void);                  //系统初始化函数
2.  void InitializeSystem(void);            //系统初始化函数
3.  //按照给定的符号进行字符串的分割
4.  int  SplitString(const CString str, char split, CStringArray &strArray);
```

6．完善 DisplayString.h 文件

双击打开 DisplayString.h 文件，在“宏定义”区添加第 1 行代码，如程序清单 10-9 所示。

程序清单 10-9

```
1.  #define STR_LEN_MAX 100
```

在“枚举结构体定义”区添加第 1 至 8 行代码，如程序清单 10-10 所示。

程序清单 10-10

```
1.  typedef enum
2.  {
3.      TEMP_SENSOR_ON,
4.      TEMP_SENSOR_OFF,
5.      TEMP_SENSOR_STATUS_MAX
6.  }EnumTempSensorStatus;
7.
8.  extern UCHAR TempSensorStatusStr[TEMP_SENSOR_STATUS_MAX][STR_LEN_MAX];
9.
10. #endif
```

7．完善 DisplayString.cpp 文件

双击打开 DisplayString.cpp 文件，在“包含头文件”区添加第 1 行和第 3 行代码，如程序清单 10-11 所示。

程序清单 10-11

```
1.  #include "pch.h"
2.  #include "DisplayString.h"
3.  #include "System.h"
```

在“全局变量”区添加第 1 至 6 行代码，如程序清单 10-12 所示。

程序清单 10-12

```
1.  //体温探头连接状态
2.  UCHAR TempSensorStatusStr[TEMP_SENSOR_STATUS_MAX][STR_LEN_MAX] =     //STR_LEN_MAX = 64
3.  {
4.      "连接",        //TempSensorStatusStr[0]
5.      "脱落"         //TempSensorStatusStr[1]
6.  };
```

8. 完善 PacketBuf.h 文件

双击打开 PacketBuf.h 文件，在“包含头文件”区添加第 1 行代码，如程序清单 10-13 所示。

程序清单 10-13

```
1.  #include "System.h"
```

在“类的定义”区添加第 1 至 22 行代码，定义一个 CPacketBuf 类，然后在类中定义枚举和变量，并声明需要实现的函数，如程序清单 10-14 所示。

程序清单 10-14

```
1.  class CPacketBuf
2.  {
3.      enum
4.      {
5.          MAX_PACK_NUM = 100
6.      };
7.
8.  public:
9.      CPacketBuf(void);                        //构造函数
10.
11.     void  Initialize(void);                  //初始化函数
12.     bool  Get(PacketFrame * p);              //从缓冲区得到解包后的数据包
13.     bool  UnGet(void);                       //把从缓冲区取得的数据包返回缓冲区内
14.     bool  Put(PacketFrame & packet);         //把未解包的数据包放入缓冲区
15.
16.     bool  IsEmpty(void);                     //判断缓冲区是否为空
17.
18. private:
19.     int         mGetNdx;                     //读取数据的序号
20.     int         mPutNdx;                     //放入数据序号
21.     PacketFrame mBuffer[MAX_PACK_NUM];       //缓冲区
22. };
```

9. 完善 PacketBuf.cpp 文件

双击打开 PacketBuf.cpp 文件，在“包含头文件”区添加第 1 行代码，如程序清单 10-15 所示。

程序清单 10-15

```
1.  #include "pch.h"
2.  #include "PacketBuf.h"
```

在“函数实现”区添加构造函数 CPacketBuf()和初始化函数 Initialize()的实现代码，如程序清单 10-16 所示。

程序清单 10-16

```
1.  CPacketBuf::CPacketBuf(void)
2.  {
3.      Initialize();
4.  }
5.
6.  void CPacketBuf::Initialize(void)
7.  {
8.      mGetNdx = 0;
```

```
9.     mPutNdx = 0;
10. }
```

在 Initialize()函数后添加 Get()函数和 UnGet()函数的实现代码，如程序清单 10-17 所示，下面按照顺序对部分语句进行解释。

（1）第 3 至 6 行代码：若读取的数据个数等于存放的数据个数，则返回 false，即数据已完全读取。

（2）第 7 行代码：将缓冲区的数据取出。

（3）第 11 至 14 行代码：mGetNdx 每次计数到 100 时置为 0。

（4）第 23 至 26 行代码：ptr 每次减到 0 时重新置为 99。

（5）第 27 至 30 行代码：当返回缓冲区的数据个数等于原本存放的个数时，返回 false。

程序清单 10-17

```
1.  bool CPacketBuf::Get(PacketFrame* outFrame)
2.  {
3.    if (mGetNdx == mPutNdx)
4.    {
5.        return false;
6.    }
7.    *outFrame = mBuffer[mGetNdx];
8.
9.    mGetNdx++;
10.
11.   if (MAX_PACK_NUM <= mGetNdx)   //MAX_PACK_NUM = 100
12.   {
13.       mGetNdx = 0;
14.   }
15.   return true;
16. }
17.
18. bool CPacketBuf::UnGet(void)
19. {
20.   INT  ptr = mGetNdx;
21.
22.   ptr--;
23.   if (0 > ptr)
24.   {
25.       ptr = MAX_PACK_NUM - 1;    //MAX_PACK_NUM = 100
26.   }
27.   if (ptr == mPutNdx)
28.   {
29.       return false;
30.   }
31.
32.   mGetNdx = ptr;
33.
34.   return true;
35. }
```

在 UnGet()函数后添加 Put()函数和 IsEmpty()函数的实现代码，如程序清单 10-18 所示，下面按照顺序对部分语句进行解释。

（1）第 6 至 9 行代码：ptr 每次计数大于 100 时，重置为 0。

（2）第 11 至 14 行代码：若缓冲区已满，则操作失败，返回 false。

（3）第 16 行代码：将数据存入缓冲区。

程序清单 10-18

```
1.   bool  CPacketBuf::Put(PacketFrame& inFrame)
2.   {
3.       INT  ptr = mPutNdx;
4.   
5.       ptr++;
6.       if (MAX_PACK_NUM <= ptr)   //MAX_PACK_NUM = 100
7.       {
8.           ptr = 0;
9.       }
10.  
11.      if (ptr == mGetNdx)
12.      {
13.          return false;
14.      }
15.  
16.      mBuffer[mPutNdx] = inFrame;
17.  
18.      mPutNdx = ptr;
19.  
20.      return true;
21.  }
22.  
23.  bool CPacketBuf::IsEmpty( void )
24.  {
25.      return  (mGetNdx == mPutNdx);
26.  }
```

10. 完善 Procmsg.h 文件

双击打开 Procmsg.h 文件，在“包含头文件”区添加第 1 行代码，如程序清单 10-19 所示。

程序清单 10-19

```
1.   #include "System.h"
```

在“全局变量”区添加第 1 行代码，如程序清单 10-20 所示。

程序清单 10-20

```
1.   extern StructFlowInfo gPacketFlowInfoPCT[MODULE_PACKETID_MAX][PACKET_SECID_MAX];
```

在“一般函数声明”区添加第 1 至 3 行代码，如程序清单 10-21 所示。

程序清单 10-21

```
1.   void  InitMsgHandle( void );
2.   void  ProcModuleMsg( void );
3.   void  GetActiveWndPointer( void * p );
```

11. 完善 Procmsg.cpp 文件

双击打开 Procmsg.cpp 文件，在“包含头文件”区添加第 1 行和第 3 至 4 行代码，如程序清单 10-22 所示。

程序清单 10-22

```
1.   #include "pch.h"
2.   #include "Procmsg.h"
3.   #include "PackUnpack.h"
4.   #include "ParamMonitorDlg.h"
```

在“全局变量”区添加第 1 行代码，如程序清单 10-23 所示。

程序清单 10-23

```
1.   StructFlowInfo gPacketFlowInfoPCT[MODULE_PACKETID_MAX][PACKET_SECID_MAX];
```

在“内部变量”区添加第 1 至 2 行代码，如程序清单 10-24 所示。

程序清单 10-24

```
1.   //定义一组函数指针数组，当调用某一个函数时，通过 ID 执行响应的函数
2.   static MsgHandle sMsgHandle[MODULEID_END - MODULEID_BASE];
```

在“内部函数声明”区添加第 1 至 12 行代码，声明需要实现的内部函数，以及体温模块 ID 与二级 ID 的响应函数，如程序清单 10-25 所示。

程序清单 10-25

```
1.   static void DoNothing(UCHAR* msg );
2.   static bool ProcUndefPack(PacketFrame& pack);
3.   static bool ProcSendPack(PacketFrame& pack);
4.   static bool ProcReceivePack(PacketFrame& pack);
5.   static bool ProcReperrPack(PacketFrame& pack);
6.   static void RegisterMsgHandle(UCHAR msg, MsgHandle msgHandler);
7.
8.   //模块 ID 响应函数
9.   static void OnTemp                   ( UCHAR* msg );
10.
11.  //二级 ID 响应函数
12.  static void OnTempData               ( UCHAR* msg );
```

在“内部函数”区添加 DoNothing()、ProcUndefPack()、ProcSendPack()、ProcReceivePack()、ProcReperrPack()和 RegisterMsgHandle()函数的实现代码，如程序清单 10-26 所示，下面按照顺序对部分语句进行解释。

（1）第 1 至 4 行代码：在主机消息的消息处理程序 InitMsgHandle()中调用，开始时未处理任何消息。

（2）第 6 至 10 行代码：未处理数据包的命令处理判定（true 表示数据包已处理，false 表示数据包未处理）。

（3）第 12 至 15 行：发送数据包的命令处理判定（true 表示数据包已处理，false 表示数据包未处理）。

（4）第 20 至 27 行代码：通过判断模块 ID 与二级 ID 调用对应的函数对接收包进行处理。

（5）第 35 至 38 行代码：错误报告数据包的命令处理判定（true 表示数据包已处理，false 表示数据包未处理）。

（6）第 40 至 48 行代码：通过消息类型对消息进行注册处理。

程序清单 10-26

```
1.   static void DoNothing(UCHAR* msg)
2.   {
```

```
3.         NULL;
4.     }
5.
6.     static bool ProcUndefPack( PacketFrame& pack )
7.     {
8.         //nothing to do
9.         return true;
10.    }
11.
12.    static bool ProcSendPack(PacketFrame& pack)
13.    {
14.        return true;
15.    }
16.
17.    static bool ProcReceivePack(PacketFrame& pack)
18.    {
19.        //检查这个消息是否有消息处理程序
20.        if(gPacketFlowInfoPCT[pack.id][pack.id2].type == PC_RECEIVE)
21.        {
22.            //处理此消息
23.            //pack.id：RECEIVE_BASE 表示消息类型的 ID，buffer[1]表示二级 ID 首地址
24.            sMsgHandle[pack.id - MODULEID_BASE](&pack.buffer[1]);
25.
26.            return true;
27.        }
28.        else
29.        {
30.            //在此发现错误
31.            return false;
32.        }
33.    }
34.
35.    static bool ProcReperrPack( PacketFrame& pack )
36.    {
37.        return true;
38.    }
39.
40.    static  void  RegisterMsgHandle(UCHAR msg, MsgHandle msgHandler)
41.    {
42.        if((MODULEID_END > msg)
43.            && (MODULEID_BASE <= msg)
44.            && (NULL != msgHandler))
45.        {
46.            *(sMsgHandle + msg - MODULEID_BASE) = msgHandler;
47.        }
48.    }
```

在“模块 ID”区添加 OnTemp()函数的实现代码，如程序清单 10-27 所示。

第 5 至 7 行代码：当检测到 DAT_TEMP_DATA 时，调用 OnTempData()函数处理体温值和体温导联信息。

程序清单 10-27

```
1.  static void OnTemp( UCHAR* msg )
2.  {
3.      switch(*msg)
4.      {
5.      case DAT_TEMP_DATA:
6.          OnTempData(msg + 1);   //除去二级 ID，处理其余数据
7.          break;
8.      default:
9.          break;
10.     }
11. }
```

在“二级 ID”区添加 OnTempData()函数的实现代码，如程序清单 10-28 所示，下面按照顺序对部分语句进行解释。

（1）第 3 至 4 行代码：获取体温探头 1 和探头 2 显示的体温值。

（2）第 6 至 7 行代码：获取体温探头 1 和探头 2 的连接状态。

程序清单 10-28

```
1.  static void OnTempData( UCHAR* msg )
2.  {
3.      gTempParams.t1  = MAKEWORD( *(msg+2), *(msg+1) );                //体温值显示
4.      gTempParams.t2  = MAKEWORD( *(msg+4), *(msg+3) );
5.  
6.      gTempStatus.bLeadDetachedChl1 = (*msg) & 0x01 ? true : false;    //体温探头连接状态
7.      gTempStatus.bLeadDetachedChl2 = (((*msg) & 0x02) >> 1) ? true : false;
8.  }
```

在“一般函数”区添加 InitMsgHandle()、GetActiveWndPointer()和 ProcModuleMsg 函数的实现代码，如程序清单 10-29 所示，下面按照顺序对部分语句进行解释。

（1）第 3 至 7 行代码：处理模块 ID 消息。

（2）第 9 行代码：注册体温的处理函数。

（3）第 14 行代码：获取对话框的窗口类指针或置为 NULL。

（4）第 22 行代码：从缓冲区取出数据包。

（5）第 24 至 38 行代码：根据获取的数据包类型对数据包进行处理。

程序清单 10-29

```
1.  void  InitMsgHandle(void)
2.  {
3.      //处理模块 ID 消息
4.      for(int i = 0; i < MODULEID_END - MODULEID_BASE; i++)
5.      {
6.          *(sMsgHandle + i) = DoNothing;
7.      }
8.  
9.      RegisterMsgHandle( DAT_TEMP , OnTemp);
10. }
11. 
12. void GetActiveWndPointer(void * p)
13. {
14.     gWndP = p ? ((CWnd *) p) : NULL;
```

```
15. }
16.
17. void  ProcModuleMsg(void)
18. {
19.     bool result = false;
20.     PacketFrame currPack;
21.
22.     while (((CParamMonitorDlg*)gWndP)->mPackUnpack.mPacksReceived.Get(&currPack))
23.     {
24.         switch (gPacketFlowInfoPCT[currPack.id][currPack.id2].type)
25.         {
26.         case PC_UNDEF:
27.             ProcUndefPack(currPack);
28.             break;
29.         case PC_SEND:             //发送
30.             result = ProcSendPack(currPack);
31.             break;
32.         case PC_RECEIVE:          //接收
33.             result = ProcReceivePack(currPack);
34.             break;
35.         case PC_REPERR:
36.             result = ProcReperrPack(currPack);
37.             break;
38.         }
39.         if (result == false)
40.         {
41.             NULL;                 //该命令尚未被处理，在此添加代码进行处理
42.         }
43.     }
44. }
```

12. 完善 ParamMonitor.cpp 文件

双击打开 ParamMonitor.cpp 文件，在“包含头文件”区添加第 5 行代码，如程序清单 10-30 所示。

程序清单 10-30

```
1.  #include "pch.h"
2.  #include "framework.h"
3.  #include "ParamMonitor.h"
4.  #include "ParamMonitorDlg.h"
5.  #include "Procmsg.h"
```

在 InitInstance()函数中添加第 12 行和第 16 行代码，如程序清单 10-31 所示。

程序清单 10-31

```
1.  BOOL CParamMonitorApp::InitInstance()
2.  {
3.      ……
4.
5.      //标准初始化
6.      //如果未使用这些功能并希望减小最终可执行文件的大小，则应移除下列
7.      //不需要的特定初始化例程
8.      //更改用于存储设置的注册表项
```

```
9.        //TODO: 应适当修改该字符串
10.       //例如，修改为公司或组织名
11.       SetRegistryKey(_T("应用程序向导生成的本地应用程序"));
12.       ::InitializeSystem();                  //程序初始化，在对话框建立之前执行
13.
14.       CParamMonitorDlg dlg;
15.       m_pMainWnd = &dlg;
16.       ::GetActiveWndPointer(m_pMainWnd);     //获取对话框的窗口类指针
17.                                              //注意，要加在显示窗口函数 DoModal()前面
18.
19.       ……
20. }
```

13. 完善 Send.h 文件

双击打开 Send.h 文件，在"包含头文件"区添加第 1 行代码，如程序清单 10-32 所示。

程序清单 10-32

```
1.  #include "System.h"
```

在"函数声明"区添加第 1 行代码，如程序清单 10-33 所示。

程序清单 10-33

```
1.  bool  SendPacket( PacketFrame packet );
2.
3.  #endif
```

14. 完善 Send.cpp 文件

双击打开 Send.cpp 文件，在"包含头文件"区添加第 1 行和第 3 行代码，如程序清单 10-34 所示。

程序清单 10-34

```
1.  #include "pch.h"
2.  #include "Send.h"
3.  #include "ParamMonitorDlg.h"
```

在"函数实现"区添加 SendPacket()函数的实现代码，如程序清单 10-35 所示。

第 3 行代码：发送包，成功时返回 true。

程序清单 10-35

```
1.  bool  SendPacket(PacketFrame packet)
2.  {
3.      return ((CParamMonitorDlg *)gWndP)->mPackUnpack.SendPack(packet);
4.  }
```

15. 完善 Task.h 文件

双击打开 Task.h 文件，在"函数声明"区添加第 1 行代码，如程序清单 10-36 所示。

程序清单 10-36

```
1.  void CALLBACK MediaTimerProc( UINT wTimerID, UINT msg, DWORD dwUser, DWORD dw1, DWORD dw2 );
2.
3.  #endif
```

16. 完善 Task.cpp 文件

双击打开 Task.cpp 文件，在"包含头文件"区添加第 1 行和第 3 至 4 行代码，如程序清

单 10-37 所示。

程序清单 10-37

```
1.  #include "pch.h"
2.  #include "Task.h"
3.  #include "Global.h"
4.  #include "Procmsg.h"
```

在“内部变量”区添加的第 1 至 2 行代码，如程序清单 10-38 所示。

程序清单 10-38

```
1.  static int  sCounter     = 0;          //多媒体定时器
2.  static int  sSecondtimer = 0;          //1s 定时器
```

在“函数实现”区添加 MediaTimerProc()函数的实现代码，如程序清单 10-39 所示，下面按照顺序对部分语句进行解释。

（1）第 6 至 9 行代码：当定时器计数小于 400ms 时，函数返回，继续计数。

（2）第 14 至 18 行代码：当定时器计数到达 1s 时，定时器 sSecondtimer 置为 0，激活 1s 的定时处理过程。

程序清单 10-39

```
1.  void CALLBACK MediaTimerProc( UINT wTimerID, UINT msg, DWORD dwUser, DWORD dw1, DWORD dw2 )
2.  {
3.      sCounter++;
4.  
5.      //等待的结果；后面定时检查响应情况的函数延迟调用；timerCmdProc
6.      if(400 > sCounter * TIME_TICK)        //TIME_TICK 单位为 ms；定义多媒体定时器的时间间隔
7.      {
8.          return ;
9.      }
10. 
11.     sCounter = 400 / TIME_TICK + 5;
12. 
13.     sSecondtimer++;
14.     if ((1000 / TIME_TICK ) <= sSecondtimer)  //判断 1s 时间是否达到，sSecondtimer >= 50
15.     {
16.         sSecondtimer = 0;
17.         ::PostMessage(HWND(dwUser), WM_SECOND_TIMER, 0, 0);//激活 1s 的定时处理过程
18.     }
19. }
```

17. 完善 System.cpp 文件

双击打开 System.cpp 文件，在“包含头文件”区添加第 4 至 7 行代码，如程序清单 10-40 所示。

程序清单 10-40

```
1.  #include "pch.h"
2.  #include "System.h"
3.  #include "UART.h"
4.  #include "Procmsg.h"
5.  #include "DisplayString.h"
6.  #include "PackUnpack.h"
7.  #include "Send.h"
```

在“全局变量”区添加第 4 至 9 行代码，如程序清单 10-41 所示。

程序清单 10-41

```
1.   //串口配置
2.   StructUARTConfig  gUARTConfig;
3.
4.   //窗口指针
5.   CWnd *gWndP = NULL;
6.
7.   //体温配置、状态和体温参数
8.   StructTempStatus gTempStatus;
9.   StructTempParams gTempParams;
```

在“内部函数”区添加第 1 至 2 行代码，如程序清单 10-42 所示。

程序清单 10-42

```
1.   static void InitParam(void);
2.   static void InitStatus(void);
```

在“内部函数实现”区添加 InitParam()和 InitStatus()函数的实现代码，如程序清单 10-43 所示，下面按照顺序对部分语句进行解释。

（1）第 3 至 4 行代码：初始化探头 1 和探头 2 的体温值。

（2）第 9 至 10 行代码：初始化探头 1 和探头 2 的连接状态。

程序清单 10-43

```
1.   static void InitParam(void)
2.   {
3.       gTempParams.t1 = INVALID_PARAM;                          //体温值设置
4.       gTempParams.t2 = INVALID_PARAM;
5.   }
6.
7.   static void InitStatus(void)
8.   {
9.       gTempStatus.bLeadDetachedChl1 = TEMP_SENSOR_OFF;         //体温探头 1 连接状态
10.      gTempStatus.bLeadDetachedChl2 = TEMP_SENSOR_OFF;
11.  }
```

在“一般函数”区的 InitConfig()函数中添加第 9 至 78 行代码，初始化 5 个参数的包信息，如程序清单 10-44 所示。

程序清单 10-44

```
1.   void InitConfig(void)
2.   {
3.       gUARTConfig.nParity = 0;    //默认选择第 0 项：无校验
4.       gUARTConfig.nBaudRate = 6;  //默认选择第 6 项：115200
5.       gUARTConfig.nPort = 0;      //默认选择第 0 项端口
6.       gUARTConfig.nDataBit = 3;   //默认选择第 3 项：8 位数据位
7.       gUARTConfig.nStopBit = 0;   //默认选择第 0 项：1 位停止位
8.
9.       //初始化包信息
10.      //ECG
11.      gPacketFlowInfoPCT[DAT_ECG][DAT_ECG_WAVE].len     = 10;
12.      gPacketFlowInfoPCT[DAT_ECG][DAT_ECG_WAVE].type    = PC_RECEIVE;
13.      gPacketFlowInfoPCT[DAT_ECG][DAT_ECG_WAVE].ackTime = 1;
```

```
14.
15.     gPacketFlowInfoPCT[DAT_ECG][DAT_ECG_LEAD].len     = 10;
16.     gPacketFlowInfoPCT[DAT_ECG][DAT_ECG_LEAD].type    = PC_RECEIVE;
17.     gPacketFlowInfoPCT[DAT_ECG][DAT_ECG_LEAD].ackTime = 0;
18.
19.     gPacketFlowInfoPCT[DAT_ECG][DAT_ECG_HR].len     = 10;
20.     gPacketFlowInfoPCT[DAT_ECG][DAT_ECG_HR].type    = PC_RECEIVE;
21.     gPacketFlowInfoPCT[DAT_ECG][DAT_ECG_HR].ackTime = 0;
22.
23.     //RESP
24.     gPacketFlowInfoPCT[DAT_RESP][DAT_RESP_WAVE].len     = 10;
25.     gPacketFlowInfoPCT[DAT_RESP][DAT_RESP_WAVE].type    = PC_RECEIVE;
26.     gPacketFlowInfoPCT[DAT_RESP][DAT_RESP_WAVE].ackTime = 0;
27.
28.     gPacketFlowInfoPCT[DAT_RESP][DAT_RESP_RR].len     = 10;
29.     gPacketFlowInfoPCT[DAT_RESP][DAT_RESP_RR].type    = PC_RECEIVE;
30.     gPacketFlowInfoPCT[DAT_RESP][DAT_RESP_RR].ackTime = 0;
31.
32.     //Temp
33.     gPacketFlowInfoPCT[DAT_TEMP][DAT_TEMP_DATA].len     = 10;
34.     gPacketFlowInfoPCT[DAT_TEMP][DAT_TEMP_DATA].type    = PC_RECEIVE;
35.     gPacketFlowInfoPCT[DAT_TEMP][DAT_TEMP_DATA].ackTime = 0;
36.
37.     //SPO2
38.     gPacketFlowInfoPCT[DAT_SPO2][DAT_SPO2_WAVE].len     = 10;
39.     gPacketFlowInfoPCT[DAT_SPO2][DAT_SPO2_WAVE].type    = PC_RECEIVE;
40.     gPacketFlowInfoPCT[DAT_SPO2][DAT_SPO2_WAVE].ackTime = 0;
41.
42.     gPacketFlowInfoPCT[DAT_SPO2][DAT_SPO2_DATA].len     = 10;
43.     gPacketFlowInfoPCT[DAT_SPO2][DAT_SPO2_DATA].type    = PC_RECEIVE;
44.     gPacketFlowInfoPCT[DAT_SPO2][DAT_SPO2_DATA].ackTime = 0;
45.
46.     //NIBP
47.     gPacketFlowInfoPCT[DAT_NIBP][DAT_NIBP_CUFPRE].len     = 10;
48.     gPacketFlowInfoPCT[DAT_NIBP][DAT_NIBP_CUFPRE].type    = PC_RECEIVE;
49.     gPacketFlowInfoPCT[DAT_NIBP][DAT_NIBP_CUFPRE].ackTime = 0;
50.
51.     gPacketFlowInfoPCT[DAT_NIBP][DAT_NIBP_RSLT1].len     = 10;
52.     gPacketFlowInfoPCT[DAT_NIBP][DAT_NIBP_RSLT1].type    = PC_RECEIVE;
53.     gPacketFlowInfoPCT[DAT_NIBP][DAT_NIBP_RSLT1].ackTime = 0;
54.
55.     gPacketFlowInfoPCT[DAT_NIBP][DAT_NIBP_RSLT2].len     = 10;
56.     gPacketFlowInfoPCT[DAT_NIBP][DAT_NIBP_RSLT2].type    = PC_RECEIVE;
57.     gPacketFlowInfoPCT[DAT_NIBP][DAT_NIBP_RSLT2].ackTime = 0;
58.
59.     //NIBP
60.     gPacketFlowInfoPCT[CMD_NIBP][CMD_NIBP_START].len     = 10;
61.     gPacketFlowInfoPCT[CMD_NIBP][CMD_NIBP_START].type    = PC_SEND;
62.     gPacketFlowInfoPCT[CMD_NIBP][CMD_NIBP_START].ackTime = ACK_TIME/TIME_TICK;
63.
64.     gPacketFlowInfoPCT[CMD_NIBP][CMD_NIBP_END].len     = 10;
65.     gPacketFlowInfoPCT[CMD_NIBP][CMD_NIBP_END].type    = PC_SEND;
```

```
66.     gPacketFlowInfoPCT[CMD_NIBP][CMD_NIBP_END].ackTime = ACK_TIME/TIME_TICK;
67.
68.     gPacketFlowInfoPCT[CMD_NIBP][CMD_NIBP_RST].len     = 10;
69.     gPacketFlowInfoPCT[CMD_NIBP][CMD_NIBP_RST].type    = PC_SEND;
70.     gPacketFlowInfoPCT[CMD_NIBP][CMD_NIBP_RST].ackTime = ACK_TIME/TIME_TICK;
71.
72.     gPacketFlowInfoPCT[CMD_NIBP][CMD_NIBP_QUARY_STS].len     = 10;
73.     gPacketFlowInfoPCT[CMD_NIBP][CMD_NIBP_QUARY_STS].type    = PC_SEND;
74.     gPacketFlowInfoPCT[CMD_NIBP][CMD_NIBP_QUARY_STS].ackTime = ACK_TIME/TIME_TICK;
75.
76.     gPacketFlowInfoPCT[CMD_NIBP][CMD_NIBP_RELT].len     = 10;
77.     gPacketFlowInfoPCT[CMD_NIBP][CMD_NIBP_RELT].type    = PC_SEND;
78.     gPacketFlowInfoPCT[CMD_NIBP][CMD_NIBP_RELT].ackTime = ACK_TIME/TIME_TICK;
79. }
```

在 InitConfig()函数后添加 InitializeSystem()函数的实现代码，如程序清单 10-45 所示。

程序清单 10-45

```
1.  void InitializeSystem(void)
2.  {
3.      InitMsgHandle();      //在 Procmsg.cpp 中定义
4.      InitConfig();
5.
6.      InitParam();
7.      InitStatus();
8.  }
```

18. 完善 ParamMonitorDlg.cpp 文件

双击打开 ParamMonitorDlg.cpp 文件，在“包含头文件”区添加第 6 至 12 行代码，如程序清单 10-46 所示。

程序清单 10-46

```
1.  #include "pch.h"
2.  #include "framework.h"
3.  #include "ParamMonitor.h"
4.  #include "ParamMonitorDlg.h"
5.  #include "afxdialogex.h"
6.  #include "UARTSetup.h"
7.  #include "System.h"
8.  #include "Send.h"
9.  #include "mmsystem.h" //用到 TIMECAP 结构体（时间分辨率结构体）
10. #include "Task.h"
11. #include "DisplayString.h"
12. #include "Global.h"
```

在类 CParamMonitorDlg 中添加第 3 行代码，如程序清单 10-47 所示。

程序清单 10-47

```
1.  CParamMonitorDlg::CParamMonitorDlg(CWnd* pParent /*=nullptr*/)
2.      : CDialogEx(IDD_PARAM_DIALOG, pParent)
3.      , mPackUnpack(MODULE_PACKETID_MAX)
4.      , mStrParamT1(_T("---"))
5.      , mStrParamT2(_T("---"))
6.      , mStrTempSensor1(_T("T1 脱落"))
```

```
7.         , mStrTempSensor2(_T("T2 脱落"))
8.         ……
```

在 DoDataExchange()函数后的 BEGIN_MESSAGE_MAP 区添加第 7 行代码，如程序清单 10-48 所示。

程序清单 10-48

```
1.   BEGIN_MESSAGE_MAP(CParamMonitorDlg, CDialogEx)
2.         ON_WM_SYSCOMMAND()
3.         ON_WM_PAINT()
4.         ON_WM_QUERYDRAGICON()
5.         ON_COMMAND(ID_UART_SET, &CParamMonitorDlg::OnUARTSet)
6.         ON_WM_DESTROY()
7.         ON_MESSAGE(WM_SECOND_TIMER, OnSecondTimer)   //手动添加
8.   END_MESSAGE_MAP()
```

在 OnInitDialog()函数中添加第 9 行代码，更换标题栏图标，如程序清单 10-49 所示。

程序清单 10-49

```
1.   //CTempMonitorDlg 消息处理程序
2.
3.   BOOL CTempMonitorDlg::OnInitDialog()
4.   {
5.         ……
6.
7.         //设置此对话框的图标
8.         //当应用程序主窗口不是对话框时，框架将自动执行此操作
9.         m_hIcon = AfxGetApp()->LoadIcon(IDI_ICON_MONITOR); //更换标题栏图标
10.        SetIcon(m_hIcon, TRUE);                            //设置大图标
11.        SetIcon(m_hIcon, FALSE);                           //设置小图标
12.
13.        //TODO: 在此添加额外的初始化代码
14.        Initialize();
15.
16.        return TRUE;        //除非将焦点设置到控件，否则返回 TRUE
17.  }
```

在 Initialize()函数中添加第 10 行代码，通过 CreateMediaTimer()函数创建多媒体定时器线程，如程序清单 10-50 所示。

程序清单 10-50

```
1.   void CParamMonitorDlg::Initialize()
2.   {
3.         ……
4.
5.         mCtrlWaveECG1.SetBkColor(mCrBackground);  //设置心电波形 1 绘图的背景色
6.         mCtrlWaveECG2.SetBkColor(mCrBackground);  //设置心电波形 2 绘图的背景色
7.         mCtrlWaveSPO2.SetBkColor(mCrBackground);  //设置 SPO2 波形绘图背景颜色
8.         mCtrlWaveResp.SetBkColor(mCrBackground);  //设置 RESP 波形绘图背景颜色
9.
10.        CreateMediaTimer();                       //创建多媒体定时器线程
11.  }
```

在 OnUARTSet()函数中添加第 4 至 42 行代码，如程序清单 10-51 所示，下面按照顺序对

部分语句进行解释。

（1）第 8 至 13 行代码：设置“串口设置”界面选项框的默认值。

（2）第 15 行代码：打开串口设置对话框。

（3）第 17 至 22 行代码：若获取的串口号与当前的设置值不一致，则将当前值改为获取的串口号。

（4）第 24 至 29 行代码：若获取的校验位与当前的设置值不一致，则将当前值改为获取的校验位。

（5）第 31 至 36 行代码：若获取的波特率与当前的设置值不一致，则将当前值改为获取的波特率。

（6）第 41 行代码：调用 ChangeUARTPort()函数更改“串口设置”界面的串口号、波特率和校验位。

程序清单 10-51

```
1.   void CParamMonitorDlg::OnUARTSet()
2.   {
3.       //TODO: 在此添加命令处理程序代码
4.       CUARTSetup dlg;
5.       int curSel;
6.       bool needChange = false;
7.
8.       //设置默认值
9.       dlg.SetPort(gUARTConfig.nPort);
10.      dlg.SetParity(gUARTConfig.nParity);
11.      dlg.SetBaudRate(gUARTConfig.nBaudRate);
12.      dlg.SetDataBit(gUARTConfig.nDataBit);
13.      dlg.SetStopBit(gUARTConfig.nStopBit);
14.
15.      if (IDOK == dlg.DoModal())  //打开串口设置对话框
16.      {
17.          curSel = dlg.GetPort();
18.          if (curSel != gUARTConfig.nPort)
19.          {
20.              gUARTConfig.nPort = curSel;
21.              needChange = true;
22.          }
23.
24.          curSel = dlg.GetParity();
25.          if (curSel != gUARTConfig.nParity)
26.          {
27.              gUARTConfig.nParity = curSel;
28.              needChange = true;
29.          }
30.
31.          curSel = dlg.GetBaudRate();
32.          if (curSel != gUARTConfig.nBaudRate)
33.          {
34.              gUARTConfig.nBaudRate = curSel;
35.              needChange = true;
36.          }
```

```
37.     }
38. 
39.     if (needChange || (!mPackUnpack.mUART.IsOpen()))
40.     {
41.         ChangeUARTPort();
42.     }
43. }
```

在 OnDestroy()函数中添加第 6 至 12 行代码，如程序清单 10-52 所示，下面按照顺序对部分语句进行解释。

（1）第 6 至 9 行代码：若此时串口处于打开状态，则关闭串口。

（2）第 11 行代码：将窗口指针指向 NULL。

（3）第 12 行代码：调用 DeleteMediaTimer()函数删除多媒体定时器。

程序清单 10-52

```
1.  void CParamMonitorDlg::OnDestroy()
2.  {
3.      CDialogEx::OnDestroy();
4.  
5.      //TODO: 在此处添加消息处理程序代码
6.      if (mPackUnpack.mUART.IsOpen())
7.      {
8.          mPackUnpack.mUART.ClosePort();        //关闭串口
9.      }
10. 
11.     gWndP = NULL;
12.     DeleteMediaTimer();                        //删除多媒体定时器
13. }
```

在 OnDestroy()函数后添加 ChangeUARTPort()函数的实现代码，如程序清单 10-53 所示，下面按照顺序对部分语句进行解释。

（1）第 3 至 6 行代码：若此时串口处于打开状态，则先关闭串口。

（2）第 8 行代码：更改“串口设置”界面的串口号、波特率和校验位。

程序清单 10-53

```
1.  void CParamMonitorDlg::ChangeUARTPort()
2.  {
3.      if (mPackUnpack.mUART.IsOpen())
4.      {
5.          mPackUnpack.mUART.ClosePort();
6.      }
7.  
8.      mPackUnpack.OpenPort(gUARTConfig.nPort, gUARTConfig.nBaudRate, gUARTConfig.nParity);
9.  }
```

在 ChangeUARTPort()函数后添加 OnSecondTimer()函数的实现代码，如程序清单 10-54 所示。

程序清单 10-54

```
1.  LRESULT CParamMonitorDlg::OnSecondTimer(WPARAM wParam, LPARAM lParam)
2.  {
3.      DisplayParams();
```

```
4.
5.        return TRUE;
6.    }
```

在 OnSecondTimer()函数后添加 DisplayParams()函数的实现代码，如程序清单 10-55 所示，下面按照顺序对部分语句进行解释。

（1）第 5 至 15 行代码：当探头 1 的体温值为无效值时显示"---"，否则显示实际获取的探头 1 的体温值。

（2）第 17 至 27 行代码：当探头 2 的体温值为无效值时显示"---"，否则显示实际获取的探头 2 的体温值。

（3）第 30 至 33 行代码：根据获取的 bLeadDetachedChl1（TRUE 表示脱落，FALSE 表示连接）显示探头 1 的连接状态。

（4）第 35 至 38 行代码：根据获取的 bLeadDetachedChl2（TRUE 表示脱落，FALSE 表示连接）显示探头 2 的连接状态。

程序清单 10-55

```
1.    void CParamMonitorDlg::DisplayParams(void)
2.    {
3.        CWnd* pWnd;
4.        //Temp
5.        if (INVALID_PARAM == gTempParams.t1)              //INVALID_PARAM = -100，代表无效
6.        {
7.            mStrParamT1 = _T("---");                              //无效则显示---
8.        }
9.        else
10.       {
11.           mStrParamT1.Format("%4.1f", gTempParams.t1 / 10.0);     //否则显示体温值
12.       }
13.
14.       pWnd = GetDlgItem(IDC_STATIC_PARAM_T1);
15.       mCtrlParamT1.SetWindowText(mStrParamT1);
16.
17.       if (INVALID_PARAM == gTempParams.t2)
18.       {
19.           mStrParamT2 = _T("---");
20.       }
21.       else
22.       {
23.           mStrParamT2.Format("%4.1f", gTempParams.t2 / 10.0);
24.       }
25.
26.       pWnd = GetDlgItem(IDC_STATIC_PARAM_T2);
27.       mCtrlParamT2.SetWindowText(mStrParamT2);
28.
29.       //体温探头状态
30.       mStrTempSensor1 = _T("T1");
31.       mStrTempSensor1 += (CString)TempSensorStatusStr[gTempStatus.bLeadDetachedChl1];
32.       pWnd = GetDlgItem(IDC_STATIC_TEMP_SENSOR1);
33.       pWnd->SetWindowText(mStrTempSensor1);
34.
```

```
35.     mStrTempSensor2 = _T("T2");
36.     mStrTempSensor2 += (CString)TempSensorStatusStr[gTempStatus.bLeadDetachedChl2];
37.     pWnd = GetDlgItem(IDC_STATIC_TEMP_SENSOR2);
38.     pWnd->SetWindowText(mStrTempSensor2);
39. }
```

在 DisplayParams()函数后添加 CreateMediaTimer()和 DeleteMediaTimer()函数的实现代码，如程序清单 10-56 所示，下面按照顺序对部分语句进行解释。

（1）第 14 行代码：设置分辨率不超出系统的取值范围。

（2）第 15 行代码：通过 timeBeginPeriod()函数设置定时器的分辨率。

（3）第 19 至 24 行代码：创建 1s 多媒体定时器。

（4）第 26 至 29 行代码：若 mTimerID 的值为 0，则弹出定时器创建失败的提示框。

（5）第 34 至 37 行代码：在定时器使用完毕后，通过调用 timeKillEvent()函数将其释放。

程序清单 10-56

```
1.  void CParamMonitorDlg::CreateMediaTimer(void)
2.  {
3.      TIMECAPS tc;        //TIMECAPS 结构包含有关定时器分辨率的信息：wPeriodMin、wPeriodMax
4.      UINT     timerRes;
5.  
6.      MMRESULT result = ::timeGetDevCaps(&(tc), sizeof(TIMECAPS));
                                                              //查询定时器设备以确定分辨率
7.      if (TIMERR_NOERROR != result)
8.      {
9.          MessageBox("Create MediaTime Error ");
10.         return;
11.     }
12. 
13.     //wPeriodMin 表示支持的最小分辨率（以 ms 为单位），wPeriodMax 表示支持的最大分辨率
14.     timerRes = min(max(tc.wPeriodMin, TARGET_RESOLUTION), tc.wPeriodMax);
15.     timeBeginPeriod(timerRes);  //周期性定时器请求最小分辨率
16. 
17.     //调用一次 timeSetEvent 就会产生一次 ID
18.     //调用几次 timeSetEvent，就需要调用几次 timeKillEvent ，而且必须是相对应的 ID
19.     mTimerID = ::timeSetEvent(
20.         TIME_TICK,      //以 ms 指定事件的周期，TIME_TICK = 20
21.         timerRes,       //以 ms 指定延时的精度，数值越小定时器事件分辨率越高。默认值为 1ms
22.         (LPTIMECALLBACK) (::MediaTimerProc),       //指向一个回调函数
23.         (unsigned long)m_hWnd,                     //存放用户提供的回调数据
24.         TIME_PERIODIC); //指定定时器事件类型，每隔 TIME_TICK 毫秒周期性地产生事件
25. 
26.     if (mTimerID == 0)                             //创建多媒体定时器失败
27.     {
28.         MessageBox("Create MediaTime Error ");
29.     }
30. }
31. 
32. void CParamMonitorDlg::DeleteMediaTimer(void)
33. {
34.     if (mTimerID != 0)
35.     {
```

```
36.             timeKillEvent(mTimerID);//删除的 ID 必须和 timeSetEvent 的一一对应
37.         }
38. }
```

完成代码添加后，单击软件界面的 ▶ 本地 Windows 调试器 按钮编译并运行项目，验证运行效果是否与 10.2.4 节一致。

本章任务

基于知识的学习和对本章代码的理解，以及第 9 章完成的独立测量体温界面，设计一个只监测和显示体温参数的应用程序。

本章习题

1．本实验采用热敏电阻法测量人体体温，请回答：除此之外，是否还有其他方法可以测量人体体温？

2．如果体温通道 1 和体温通道 2 的探头均为连接状态，体温通道 1 和体温通道 2 的体温值分别为 36.0℃和 36.2℃，则按照图 B-14 定义的体温数据包应该是什么？

第 11 章 血压监测与显示实验

在实现体温监测的基础上，本章继续添加血压监测的底层驱动代码，并通过代码对血压数据处理过程进行详细介绍。

11.1 实验内容

了解血压数据处理过程，学习血压数据包的 PCT 通信协议和 MFC 中的部分函数和命令；完善处理血压数据的底层代码；通过 Windows 平台和人体生理参数监测系统硬件平台对应用程序进行验证。

11.2 实验原理

11.2.1 血压测量原理

血压是指血液在血管内流动时作用于血管壁单位面积的侧压力，它是推动血液在血管内流动的动力，通常所说的血压是指体循环的动脉血压。心脏泵出血液时形成的血压为收缩压，也称为高压；血液在流回心脏的过程中产生的血压为舒张压，也称为低压。收缩压与舒张压是判断人体血压正常与否的两个重要生理参数。

血压的高低不仅与心脏功能、血管阻力和血容量密切相关，而且还受年龄、季节、气候等多种因素影响。不同年龄段的血压正常范围有所不同，如正常成人安静状态下的血压范围为收缩压 90～139mmHg，舒张压 60～89mmHg；新生儿血压的正常范围为收缩压 70～100mmHg，舒张压 34～45mmHg。在一天中的不同时间段，人体血压也会有波动，正常人每日血压波动为 20～30mmHg，血压最高点一般出现在上午 9—10 时及下午 4—8 时，血压最低点在凌晨 1—3 时。

临床上采用的血压测量方法有两种，即直接测量法和间接测量法。直接测量法采用插管技术，通过外科手术把带压力传感器的探头插入动脉血管或静脉血管。这种方法会给患者带来痛苦，一般只用于危重患者。间接测量法又称为无创测量法，它从体外间接测量动脉血管中的压力，更多地用于临床。目前常见的无创自动血压测量方法有多种，如柯氏音法、示波法和光电法等。与其他方法相比，示波法有较强的抗干扰能力，能比较可靠地测量血压。

示波法又称为测振法，利用充气袖带阻断动脉血流，在放气过程中，袖带内气压跟随动脉内压力波动而出现脉搏波，这种脉搏波随袖带气压的减小而呈现先由弱变强再逐渐减弱的趋势，如图 11-1 所示。具体表现为：①当袖带压大于收缩压时，动脉被关闭，此时因近端脉搏的冲击，振荡波较小；②当袖带压小于收缩压时，波幅增大；③当袖带压等于平均压时，动脉壁处于去负荷状态，波幅达到最大值；④当袖带压小于平均动脉压时，波幅逐渐减小；⑤在袖带压小于舒张压后，动脉管腔在舒张期已充分扩张，管壁刚性增强，因而波幅维持较小的水平。

本实验通过袖带对人体肱动脉加压和减压，再通过压力传感器得到袖带压和脉搏波幅度信息，将对压力的测量转换为对电学量的测量，然后在从机上对测量的电学量进行计算，获得最终的收缩压、平均压、舒张压和脉率。其中，模块 ID 为 0x14、二级 ID 为 0x80 的血压开始测量命令包也是主机向从机发送的命令，以达到开始一次无创血压测量的目的；模块 ID 为 0x14、二级 ID 为 0x81 的血压结束测量命令包也是主机向从机发送的命令，以达到结束无创血压测量的目的；模块 ID 为 0x14、二级 ID 为 0x02 的无创血压实时数据包是由从机向主机发送的袖带压等数据；模块 ID 为 0x14、二级 ID 为 0x03 的无创血压测量结束数据包是由从机向主机发送的无创血压测量结束信息；模块 ID 为 0x14、二级 ID 为 0x04 的无创血压测量结果 1 数据包是由从机向主机发送的收缩压、舒张压和平均压数据；模块 ID 为 0x14、二级 ID 为 0x05 的无创血压测量结果 2 数据包是由从机向主机发送的脉率数据，具体可参见附录 B。通过计算机（主机）向人体生理参数监测系统（从机）发送开始和结束测量命令包，计算机在接收到人体生理参数监测系统发送的无创血压实时数据包、无创血压测量结束数据包、无创血压测量结果 1 数据包、无创血压测量结果 2 数据包后，通过应用程序窗口实时显示实时袖带压、收缩压、平均压、舒张压和脉率。

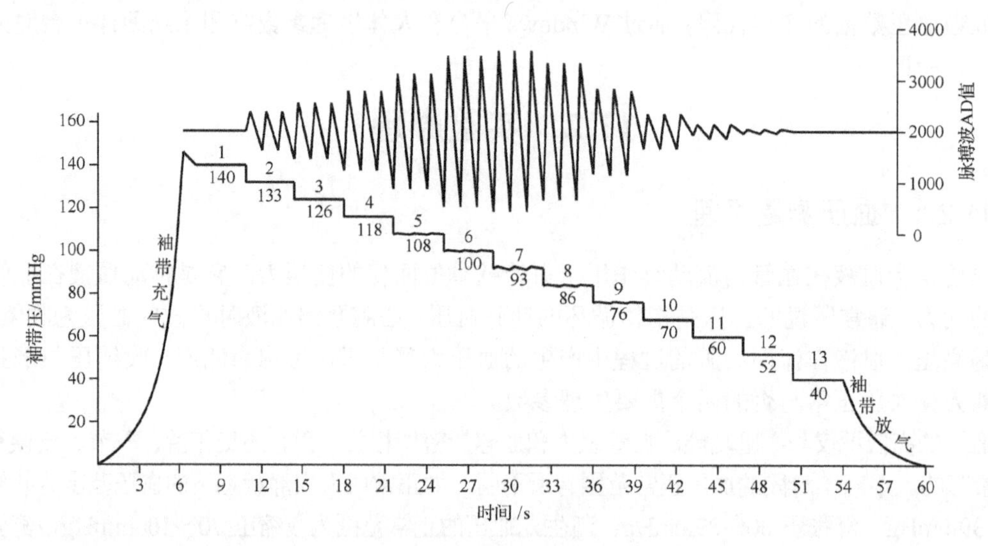

图 11-1 测振法原理图

11.2.2 设计框图

血压监测与显示应用程序设计框图如图 11-2 所示。

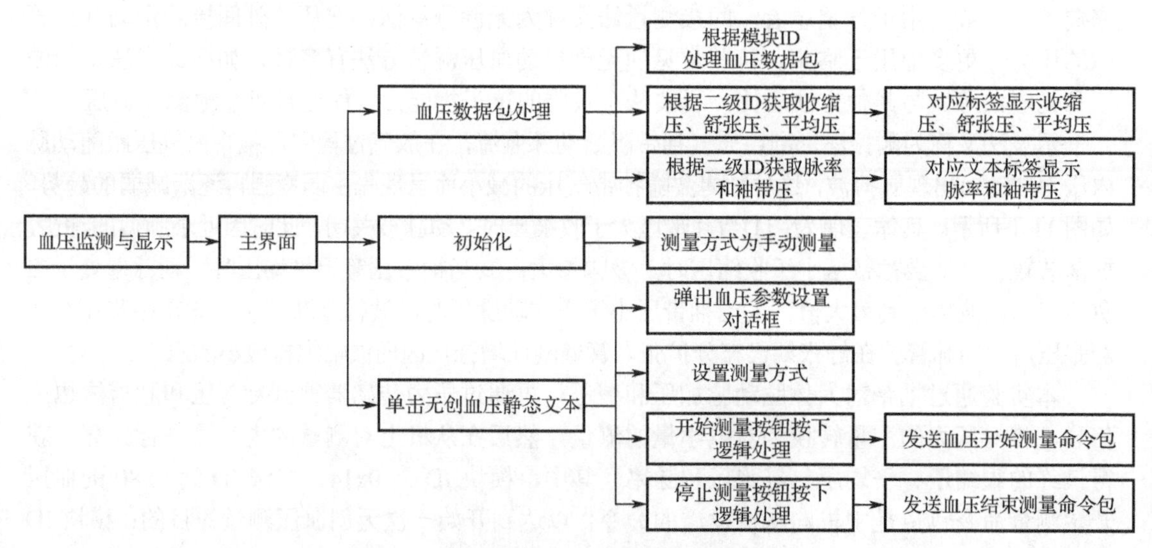

图 11-2 血压监测与显示应用程序设计框图

11.2.3　血压测量应用程序运行效果

双击运行本书配套资料包“03.MFC 应用程序\06.NIBPMonitor”文件夹下的 NIBPMonitor. exe 文件，单击“串口设置”菜单项，选择对应的串口号，然后单击“确定”按钮。将人体生理参数监测系统硬件平台通过 USB 连接到计算机，并设置为输出血压数据，单击“无创血压”静态文本控件，在弹出的对话框中，测量模式设置为“手动”，单击“开始测量”按钮，如图 11-3 所示。

图 11-3　发送血压开始测量命令

然后在血压参数显示模块中可看到动态变化的袖带压，以及最终的收缩压、舒张压、平均压和脉率，如图 11-4 所示。由于血压测量应用程序已经包含了体温监测与显示功能，因此，如果人体生理参数监测系统硬件平台处于“五参演示”模式，则可以同时监测体温和血压参数。

图 11-4　血压监测与显示效果图

11.3 实验步骤

1．复制基准项目

首先，将本书配套资料包“04.例程资料\Material\06.NIBPMonitor”文件夹下的 06.NIBPMonitor 文件夹复制到“D:\MFCProject”目录下，然后打开 Visual Studio 软件，单击“打开项目或解决方案”按钮，打开“D:\MFCProject\06.NIBPMonitor\ParamMonitor”目录下的 ParamMonitor.sln 文件。实际上，已经打开的 ParamMonitor 项目是第 10 章已完成的项目，所以也可以基于第 10 章完成的 ParamMonitor 项目开展本实验。

2．添加 NIBPSetup 文件对

将本书配套资料包“04.例程资料\Material\06.NIBPMonitor\StepByStep”文件夹下的 NIBPSetup.h 和 NIBPSetup.cpp 文件复制到“D:\MFCProject\06.NIBPMonitor\ParamMonitor\ParamMonitor”目录下，并添加到项目中。

3．添加控件的事件处理程序

（1）添加“无创血压”控件的单击响应函数。

打开资源视图，双击打开 Dialog 文件夹下的 IDD_PARAM_DIALOG 设计界面，找到无创血压模块，如图 11-5 所示。

右击“无创血压”静态文本控件，在弹出的快捷菜单中选择“添加事件处理程序”选项，然后在弹出的“事件处理程序”对话框中的“类列表”栏选择“CParamMonitorDlg”选项，消息类型默认为 STN_CLICKED，将函数名修改为 OnStnClickedStaticNIBP，完成设置后单击“确定”按钮。

（2）添加 IDD_DIALOG_NIBP_SET 设计界面中控件的事件处理程序。

在资源视图下，双击打开 Dialog 文件夹下的 IDD_DIALOG_NIBP_SET 设计界面，血压参数设置设计界面如图 11-6 所示。

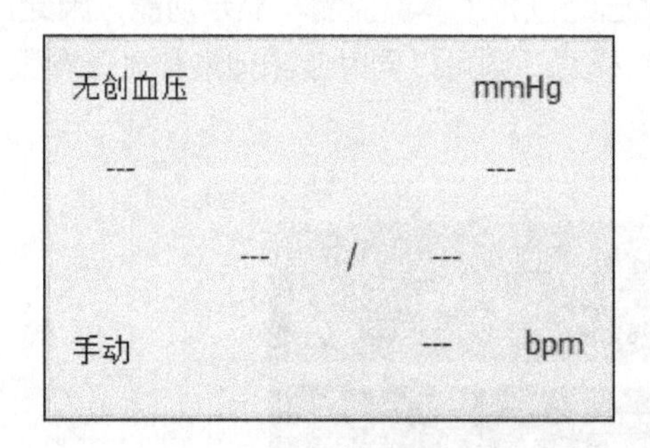

图 11-5 无创血压模块

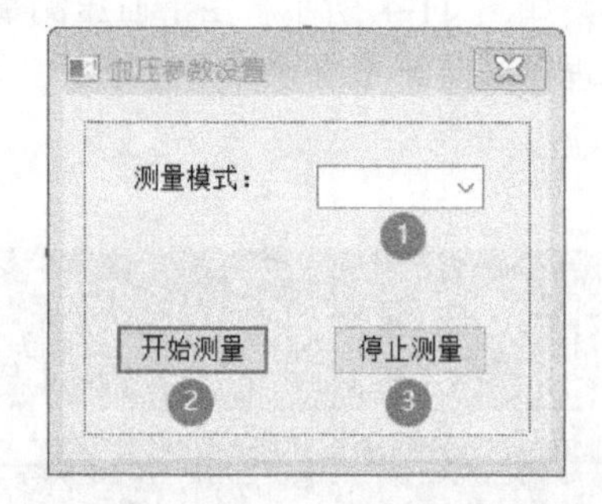

图 11-6 血压参数设置设计界面

血压参数设置设计界面的控件说明如表 11-1 所示。

表 11-1 控件说明

编　号	ID	功　能	添加变量/响应函数
①	IDC_COMBO_MODE	下拉选项框	CComboBox mCtrlMode;
②	IDOK	开始测量	OnBnClickedOk();
③	IDCANCEL	停止测量	OnBnClickedCancel();

编号为①的控件需要添加控件类型的变量 mCtrlMode，操作方法参考 5.1.3 节。编号为②和③的按钮需要添加响应函数，这些响应函数应包含在 CNIBPSetup 类中，因此，“类列表”栏应选择“CNIBPSetup”选项，函数名保持默认即可。

除了以上控件，还需要为血压参数设置界面添加 WM_CLOSE 消息的消息处理函数 OnClose()，右击设计界面，在弹出的快捷菜单中选择“类向导”选项，在弹出的“类向导”对话框中，单击“消息”选项卡，在下方“消息”列表中找到并单击“WM_CLOSE”选项，然后单击“添加处理程序”按钮，可在“现有处理程序”列表中发现新增的函数名为 OnClose 的列表项，最后单击“确定”按钮即可。

4. 完善 NIBPSetup.cpp 文件

打开 NIBPSetup.cpp 文件，在 OnInitDialog()函数中添加第 6 行代码，设置下拉选项框默认值为首个参数，如程序清单 11-1 所示。

程序清单 11-1

```
1.   BOOL CNIBPSetup::OnInitDialog()
2.   {
3.       CDialogEx::OnInitDialog();
4.   
5.       //TODO:  在此进行额外的初始化
6.       mCtrlMode.SetCurSel(0);      //设置下拉选项框默认值为首个参数
7.   
8.       return TRUE;                 //除非将焦点设置到控件，否则返回 TRUE
9.                                    //异常：OCX 属性页应返回 FALSE
10.  }
```

删除 OnClose()函数中原本的代码，添加第 4 行至 5 行代码，如程序清单 11-2 所示。

第 4 至 5 行代码：当血压参数设置对话框关闭时，将返回值设置为 6。

程序清单 11-2

```
1.   void CNIBPSetup::OnClose()
2.   {
3.       //TODO: 在此添加消息处理程序代码或调用默认值
4.       int ret = 6;
5.       EndDialog(ret);
6.   }
```

5. 完善 System.h 文件

双击打开 System.h 文件，在“包含头文件”区添加第 1 行代码，如程序清单 11-3 所示。

程序清单 11-3

```
1.   #include "DisplayString.h"
```

在“全局变量”区添加第 5 行代码，如程序清单 11-4 所示。

程序清单 11-4

```
1.   extern StructUARTConfig gUARTConfig;
2.   
3.   extern CWnd* gWndP;  //窗口指针
4.   
5.   extern SYSTEMTIME gDateTime;
```

在“血压测量”区添加第 1 至 54 行代码，定义血压相关的结构体和枚举，以及结构体对应的变量，如程序清单 11-5 所示。

程序清单 11-5

```
1.  typedef enum
2.  {
3.      NIBP_STATE_WAITING_MANUAL   = 0,
4.      NIBP_STATE_MANUAL_MEASURING = 1,
5.      NIBP_STATE_MAX
6.  }EnumNIBPState;
7.
8.  //NIBP IDC_COMBO_MODE 设置
9.  typedef enum
10. {
11.     NIBP_MANUAL,
12.     NIBP_CONTINUAL,
13.     NIBP_AUTO_MAX
14. }NIBPAUTOMEASUREPERIOD;
15.
16. //NIBP 控制信息
17. typedef enum
18. {
19.     NIBP_CMD_START_STOP,
20.     NIBP_MSG_MEASURE_FINISHED,
21.     NIBP_CMD_MSG_MAX
22. }NIBPCMDMSG;
23.
24. typedef struct
25. {
26.     short cuffPressure;           //袖带内压力
27.     short status;                 //NIBP 状态
28.
29.     BOOL bCuffTypeWrong;          //袖带类型错（TRUE：是）
30.     SYSTEMTIME  lastTestTime;     //最后一次测量时间
31. }StructNIBPStatus;
32.
33. typedef struct
34. {
35.     short sys;                    //收缩压
36.     short mean;                   //平均压
37.     short dia;                    //舒张压
38.     short pulseRate;              //脉率
39.     SYSTEMTIME testTime;          //测量时间
40. }StructNIBPParam;
41.
42. typedef struct
43. {
44.     int     iPreviousState;
45.     int     iCurrentState;
46.     int     iLatestCmdMsg;
47.
48.     BOOL    bShowCuffPressure;
49.     BOOL    bStart;               //TRUE：开始
```

```
50. }StructNIBPCtrlInfo;
51.
52. extern StructNIBPStatus   gNIBPStatus;
53. extern StructNIBPParam    gNIBPParams;
54. extern StructNIBPCtrlInfo gNIBPCtrlInfo;
```

在“函数声明”区添加第 6 至 8 行代码，如程序清单 11-6 所示。

程序清单 11-6

```
1.  void InitConfig(void);                    //系统初始化函数
2.  void InitializeSystem(void);              //系统初始化函数
3.  //按照给定的符号进行字符串的分割
4.  int  SplitString(const CString str, char split, CStringArray &strArray);
5.
6.  void InitNIBPCtrlInfo();                  //NIBP 控制信息初始化
7.  BOOL GetNIBPState(INT cmd, INT& state);   //获取 NIBP 状态
8.  BOOL IsShowCuffPressure();
```

6. 完善 System.cpp 文件

双击打开 System.cpp 文件，在“全局变量”区添加第 7 至 8 行和第 14 至 24 行代码，如程序清单 11-7 所示。

程序清单 11-7

```
1.  //串口配置
2.  StructUARTConfig gUARTConfig;
3.
4.  //窗口指针
5.  CWnd *gWndP = NULL;
6.
7.  //时间
8.  SYSTEMTIME gDateTime;
9.
10. //体温配置、状态和体温参数
11. StructTempStatus gTempStatus;
12. StructTempParams gTempParams;
13.
14. //血压配置、状态和血压参数
15. StructNIBPStatus   gNIBPStatus;
16. StructNIBPParam    gNIBPParams;
17. StructNIBPCtrlInfo gNIBPCtrlInfo;
18.
19. const static BOOL sInMeasuring[ ] =
20. {
21.     FALSE,    //NIBP_STATE_WAITING_MANUAL
22.
23.     TRUE,     //NIBP_STATE_MANUAL_MEASURING
24. };
```

在“内部函数实现”区的 InitParam()函数中添加第 6 至 9 行代码，初始化血压的舒张压、平均压、收缩压和脉率，如程序清单 11-8 所示。

程序清单 11-8

```
1.  static void InitParam(void)
2.  {
```

```
3.      gTempParams.t1 = INVALID_PARAM;           //体温值设置
4.      gTempParams.t2 = INVALID_PARAM;
5.
6.      gNIBPParams.sys       = INVALID_PARAM;    //血压值设置
7.      gNIBPParams.mean      = INVALID_PARAM;
8.      gNIBPParams.dia       = INVALID_PARAM;
9.      gNIBPParams.pulseRate = INVALID_PARAM;
10. }
```

在 InitStatus()函数中添加第 6 至 11 行代码，如程序清单 11-9 所示，下面按照顺序对部分语句进行解释。

（1）第 6 至 7 行代码：初始化血压测量时间。

（2）第 8 行代码：初始化袖带类型错误为 FALSE。

（3）第 9 行代码：初始化袖带压。

（4）第 11 行代码：初始化血压状态。

程序清单 11-9

```
1.  static void InitStatus(void)
2.  {
3.      gTempStatus.bLeadDetachedChl1 = TEMP_SENSOR_OFF;   //体温探头 1 连接状态
4.      gTempStatus.bLeadDetachedChl2 = TEMP_SENSOR_OFF;
5.
6.      gNIBPStatus.lastTestTime.wYear  = 0;
7.      gNIBPStatus.lastTestTime.wMonth = 0;
8.      gNIBPStatus.bCuffTypeWrong      = FALSE;
9.      gNIBPStatus.cuffPressure        = INVALID_PARAM;
10.
11.     gNIBPStatus.status              = INVALID_PARAM;
12. }
```

在 InitStatus()函数后添加 InitNIBPCtrlInfo()函数的实现代码，初始化血压控制信息，如程序清单 11-10 所示。

程序清单 11-10

```
1.  void InitNIBPCtrlInfo()
2.  {
3.      gNIBPCtrlInfo.iPreviousState      = NIBP_STATE_WAITING_MANUAL;
4.      gNIBPCtrlInfo.iCurrentState       = NIBP_STATE_WAITING_MANUAL;
5.      gNIBPCtrlInfo.iLatestCmdMsg       = NIBP_CMD_START_STOP;
6.
7.      gNIBPCtrlInfo.bShowCuffPressure   = FALSE;
8.      gNIBPCtrlInfo.bStart              = FALSE;
9.  }
```

在“一般函数”区的 InitializeSystem()函数中添加第 9 行代码，调用 InitNIBPCtrlInfo()函数初始化血压控制信息，如程序清单 11-11 所示。

程序清单 11-11

```
1.  void InitializeSystem(void)
2.  {
3.      InitMsgHandle();      //在 Procmsg.cpp 中定义
4.      InitConfig();
```

```
5.
6.        InitParam();
7.        InitStatus();
8.
9.        InitNIBPCtrlInfo();
10. }
```

在 InitializeSystem()函数后添加 IsShowCuffPressure()和 GetNIBPState()函数的实现代码，如程序清单 11-12 所示，下面按照顺序对部分语句进行解释。

（1）第 3 行代码：返回获取的袖带压显示标志位。

（2）第 15 行代码：设定测量模式为手动测量模式。

程序清单 11-12

```
1.  BOOL IsShowCuffPressure()
2.  {
3.      return sInMeasuring[gNIBPCtrlInfo.iCurrentState];
4.  }
5.
6.  BOOL GetNIBPState(INT cmd, INT &state)
7.  {
8.      INT status;
9.
10.     if ( NIBP_MSG_MEASURE_FINISHED >= cmd &&
11.         0 <= cmd &&
12.         NIBP_STATE_MAX > state &&
13.         0 <= state)
14.     {
15.         status = NIBP_STATE_MANUAL_MEASURING;
16.
17.         state = status;
18.         return TRUE;
19.     }
20.     else
21.     {
22.       state = NIBP_STATE_MAX;
23.       return FALSE;
24.     }
25. }
```

7. 完善 Procmsg.cpp 文件

双击打开 Procmsg.cpp 文件，在“包含头文件”区添加第 5 行代码，如程序清单 11-13 所示。

程序清单 11-13

```
1.  #include "pch.h"
2.  #include "Procmsg.h"
3.  #include "PackUnpack.h"
4.  #include "ParamMonitorDlg.h"
5.  #include "DisplayString.h"
```

在“全局变量”区添加第 2 行代码，如程序清单 11-14 所示。

程序清单 11-14

```
1.   StructFlowInfo gPacketFlowInfoPCT[MODULE_PACKETID_MAX][PACKET_SECID_MAX];
2.   CParamMonitorDlg* gPtrView = NULL;    //全局的主 View 类指针，有关显示的所有操作都在其中
```

在“内部函数声明”区添加第 3 行和第 8 至 10 行代码，声明血压模块 ID 与二级 ID 的响应函数，如程序清单 11-15 所示。

程序清单 11-15

```
1.   //模块 ID 响应函数
2.   static void OnTemp                   ( UCHAR* msg );
3.   static void OnNIBP                   ( UCHAR* msg );
4.
5.   //二级 ID 响应函数
6.   static void OnTempData               ( UCHAR* msg );
7.
8.   //NIBP
9.   static void OnNIBPData               ( UCHAR* msg );
10.  static void OnNIBPResult             ( UCHAR* msg );
```

在“模块 ID”区的 OnTemp()函数后添加 OnNIBP()函数的实现代码，如程序清单 10-16 所示，下面按照顺序对部分语句进行解释。

（1）第 6 至 8 行代码：当检测到 DAT_NIBP_CUFPRE 时，调用 OnNIBPData()函数处理袖带压数据。

（2）第 9 至 11 行代码：当检测到 DAT_NIBP_RSLT1 时，调用 OnNIBPResult()函数处理收缩压、舒张压和平均压数据。

（3）第 12 至 14 行代码：当检测到 DAT_NIBP_RSLT2 时，处理脉率数据。

程序清单 11-16

```
1.   static void OnNIBP(UCHAR* msg)
2.   {
3.       gPtrView = (CParamMonitorDlg *)gWndP;
4.       switch(*msg)
5.       {
6.       case DAT_NIBP_CUFPRE:
7.           OnNIBPData(msg + 1);          //除去二级 ID，处理其余数据
8.           break;
9.       case DAT_NIBP_RSLT1:
10.          OnNIBPResult(msg + 1);        //除去二级 ID，显示血压结果 1
11.          break;
12.      case DAT_NIBP_RSLT2:
13.          gNIBPParams.pulseRate = MAKEWORD( *(msg+2), *(msg+1) );
14.          break;
15.      default:
16.          break;
17.      }
18.  }
```

在“二级 ID”区的 OnTempData()函数后添加 OnNIBPData()函数的实现代码，如程序清单 11-17 所示，下面按照顺序对部分语句进行解释。

（1）第 7 行代码：获取袖带压数据。

（2）第 8 至 11 行代码：若获取的袖带压为无效值，则界面实时显示的袖带压为无效值。

（3）第 14 至 21 行代码：当获取的袖带压值在 0～300 的范围内时，界面实时显示的袖带压等于获取的袖带压；否则界面实时显示的袖带压为无效值。

（4）第 25 行代码：获取袖带类型信息。

（5）第 26 至 29 行代码：若获取的袖带类型为 0，则将“袖带类型错”标志位设为 FALSE。

（6）第 32 至 39 行代码：若获取的袖带类型为 1，则将“袖带类型错”标志位设为 TRUE；若为其他值，则表示接收数据错误。

程序清单 11-17

```
1.  static void OnNIBPData(UCHAR* msg)
2.  {
3.      short cuffPres;
4.      CHAR  cuffError;
5.      INT   iMeasureMode;
6.      //袖带压力
7.      cuffPres = MAKEWORD( *(msg+1), *(msg) );
8.      if (INVALID_PARAM == cuffPres)
9.      {
10.         gNIBPStatus.cuffPressure = INVALID_PARAM;
11.     }
12.     else
13.     {
14.         if (0 <= cuffPres && 300 >= cuffPres)
15.         {
16.             gNIBPStatus.cuffPressure = cuffPres;
17.         }
18.         else
19.         {
20.             gNIBPStatus.cuffPressure = INVALID_PARAM;
21.         }
22.     }
23.
24.     //袖带错误
25.     cuffError = *( msg + 2 );
26.     if (0 == cuffError)
27.     {
28.         gNIBPStatus.bCuffTypeWrong = FALSE;
29.     }
30.     else
31.     {
32.         if (1 == cuffError)
33.         {
34.             gNIBPStatus.bCuffTypeWrong = TRUE;
35.         }
36.         else
37.         {
38.             NULL; //接收数据错误
39.         }
40.     }
41. }
```

在 OnNIBPData()函数后添加 OnNIBPResult()函数的实现代码，如程序清单 11-18 所示，下面按照顺序对部分语句进行解释。

（1）第 3 至 5 行代码：获取收缩压、舒张压和平均压。

（2）第 6 至 8 行代码：获取血压测量时间和最终测量时间。

程序清单 11-18

```
1.   static void OnNIBPResult(UCHAR* msg)
2.   {
3.        gNIBPParams.sys      = MAKEWORD( *(msg+1), *(msg));
4.        gNIBPParams.dia      = MAKEWORD( *(msg+3), *(msg+2));
5.        gNIBPParams.mean     = MAKEWORD( *(msg+5), *(msg+4));
6.        gNIBPParams.testTime = gDateTime;
7.
8.        gNIBPStatus.lastTestTime = gDateTime;
9.   }
```

在“一般函数”区的 InitMsgHandle()函数中添加第 10 行代码，注册血压的处理函数，如程序清单 11-19 所示。

程序清单 11-19

```
1.   void  InitMsgHandle(void)
2.   {
3.        //处理模块 ID 消息
4.        for (int i = 0; i < MODULEID_END - MODULEID_BASE; i++)
5.        {
6.             *(sMsgHandle + i) = DoNothing;
7.        }
8.
9.        RegisterMsgHandle(DAT_TEMP, OnTemp);
10.       RegisterMsgHandle(DAT_NIBP, OnNIBP);
11.  }
```

8．完善 Send.h 文件

双击打开 Send.h 文件，在“函数声明”区添加第 3 至 7 行代码，如程序清单 11-20 所示。

程序清单 11-20

```
1.   bool  SendPacket(PacketFrame packet);
2.
3.   bool  NIBPStart();
4.   bool  NIBPStop();
5.   bool  NIBPReset();
6.   bool  ReqNIBPResult();
7.   bool  ReqNIBPStatus();
8.
9.   #endif
```

9．完善 Send.cpp 文件

双击打开 Send.cpp 文件，在 SendPacket()函数后添加 NIBPStart()、NIBPStop()、NIBPReset()、ReqNIBPResult()和 ReqNIBPStatus()函数的实现代码，如程序清单 11-21 所示，下面按照顺序对部分语句进行解释。

（1）第 1 至 9 行代码：发送血压开始测量命令。

（2）第 11 至 19 行代码：发送血压停止测量命令。

（3）第 21 至 29 行代码：发送血压复位命令。

（4）第 31 至 39 行代码：发送血压测量结果。

（5）第 41 至 49 行代码：发送请求血压状态的命令。

程序清单 11-21

```
1.  bool  NIBPStart()
2.  {
3.      PacketFrame  packSent;
4.  
5.      packSent.id  = CMD_NIBP;
6.      packSent.id2 = CMD_NIBP_START;
7.  
8.      return SendPacket(packSent);
9.  }
10. 
11. bool NIBPStop()
12. {
13.     PacketFrame  packSent;
14. 
15.     packSent.id = CMD_NIBP;
16.     packSent.id2 = CMD_NIBP_END;
17. 
18.     return SendPacket(packSent);
19. }
20. 
21. bool  NIBPReset()
22. {
23.     PacketFrame  packSent;
24. 
25.     packSent.id  = CMD_NIBP;
26.     packSent.id2 = CMD_NIBP_RST;
27. 
28.     return SendPacket(packSent);
29. }
30. 
31. bool  ReqNIBPResult()
32. {
33.     PacketFrame  packSent;
34. 
35.     packSent.id  = CMD_NIBP;
36.     packSent.id2 = CMD_NIBP_RELT;
37. 
38.     return SendPacket(packSent);
39. }
40. 
41. bool  ReqNIBPStatus()
42. {
43.     PacketFrame  packSent;
44. 
45.     packSent.id = CMD_NIBP;
46.     packSent.id2 = CMD_NIBP_QUARY_STS;
47. 
```

```
48.     return SendPacket(packSent);
49. }
```

10. 完善 ParamMonitorDlg.h 文件

双击打开 ParamMonitorDlg.h 文件，在 CParamMonitorDlg 类的 protected 定义区添加第 10 至 11 行代码，如程序清单 11-22 所示。

程序清单 11-22

```
1.  //实现
2.  protected:
3.      ……
4.  
5.      void Initialize(void);             //初始化
6.  
7.      void ChangeUARTPort(void);         //串口号有改变，重新设置
8.      //显示参数
9.      void DisplayParams(void);
10.     //NIBP 显示函数
11.     void DisplayCuffPressure();
12. 
13.     void CreateMediaTimer(void);       //产生多媒体时钟
14.     void DeleteMediaTimer(void);       //删除多媒体时钟
15.     ……
```

11. 完善 ParamMonitorDlg.cpp 文件

双击打开 ParamMonitorDlg.cpp 文件，在“包含头文件”区添加第 7 行代码，如程序清单 11-23 所示。

程序清单 11-23

```
1.  #include "pch.h"
2.  ……
3.  #include "mmsystem.h" //用到 TIMECAP 结构体（时间分辨率结构体）
4.  #include "Task.h"
5.  #include "DisplayString.h"
6.  #include "Global.h"
7.  #include "NIBPSetup.h"
```

在 DisplayParams()函数中添加第 10 至 57 行代码，如程序清单 11-24 所示，下面按照顺序对部分语句进行解释。

（1）第 11 至 14 行代码：如果获取的舒张压为无效值，则将“---”赋值给 mStrParamNd。

（2）第 17 行代码：通过 Format()函数将获取的舒张压有效值转换为字符串后赋值给 mStrParamNd。

（3）第 20 至 28 行代码：获取平均压有效值的字符串，操作同获取舒张压。

（4）第 30 至 38 行代码：获取收缩压有效值的字符串，操作同获取舒张压。

（5）第 40 至 42 行代码：在界面中分别显示收缩压、平均压和舒张压。

程序清单 11-24

```
1.  void CParamMonitorDlg::DisplayParams(void)
2.  {
3.      ……
4.  
```

```
5.      mStrTempSensor2 = _T("T2");
6.      mStrTempSensor2 += (CString)TempSensorStatusStr[gTempStatus.bLeadDetachedChl2];
7.      pWnd = GetDlgItem(IDC_STATIC_TEMP_SENSOR2);
8.      pWnd->SetWindowText(mStrTempSensor2);
9.
10.     //显示血压参数
11.     if (INVALID_PARAM == gNIBPParams.dia)
12.     {
13.         mStrParamNd = _T("---");
14.     }
15.     else
16.     {
17.         mStrParamNd.Format("%3d", gNIBPParams.dia);
18.     }
19.
20.     //NIBP mean
21.     if (INVALID_PARAM == gNIBPParams.mean)
22.     {
23.         mStrParamNm = _T("---");
24.     }
25.     else
26.     {
27.         mStrParamNm.Format("%3d", gNIBPParams.mean);
28.     }
29.
30.     //NIBP sys
31.     if (INVALID_PARAM == gNIBPParams.sys)
32.     {
33.         mStrParamNs = _T("---");
34.     }
35.     else
36.     {
37.         mStrParamNs.Format("%3d", gNIBPParams.sys);
38.     }
39.
40.     mCtrlParamNs.SetWindowText(mStrParamNs);
41.     mCtrlParamNm.SetWindowText(mStrParamNm);
42.     mCtrlParamNd.SetWindowText(mStrParamNd);
43.
44.     //NIBP pulse rate
45.     if (INVALID_PARAM == gNIBPParams.pulseRate)
46.     {
47.         mStrParamNPr = _T("---");
48.     }
49.     else
50.     {
51.         mStrParamNPr.Format("%3d", gNIBPParams.pulseRate);
52.     }
53.
54.     pWnd = GetDlgItem(IDC_STATIC_PARAM_NPR);
55.     pWnd->SetWindowText(mStrParamNPr);
56.
```

```
57.        DisplayCuffPressure(); //显示袖带压
58.    }
```

在 OnStnClickedStaticNIBP()函数中添加第 4 至 41 行代码，如程序清单 11-25 所示，下面按照顺序对部分语句进行解释。

（1）第 4 至 6 行代码：单击主界面的“无创血压”控件时，会弹出设置血压参数的对话框。

（2）第 10 至 14 行代码：将测量模式设置为手动测量模式。

（3）第 18 至 22 行代码：在血压参数设置对话框的“开始测量”按钮按下后，首先检查串口是否打开，若串口未打开，则弹出“串口未打开”提示框。

（4）第 24 至 29 行代码：若血压开始测量的标志位为 FALSE，则通过 NIBPStart()函数发送血压开始测量的命令，成功时将血压开始测量的标志位置为 TRUE。

（5）第 33 至 37 行代码：在血压参数设置对话框的“停止测量”按钮按下后，首先检查串口是否打开，若串口未打开，则弹出“串口未打开”提示框。

（6）第 38 至 39 行代码：通过 NIBPStop()函数发送血压停止测量命令，然后将血压开始测量的标志位置为 FALSE。

（7）第 41 行代码：调用 DisplayCuffPressure()函数显示实时的袖带压。

程序清单 11-25

```
1.    void CParamMonitorDlg::OnStnClickedStaticNIBP()
2.    {
3.        //TODO: 在此添加控件通知处理程序代码
4.        CNIBPSetup dlg;
5.        int ret;
6.        ret = dlg.DoModal();
7.
8.        gNIBPCtrlInfo.iPreviousState = gNIBPCtrlInfo.iCurrentState;
9.
10.       gNIBPCtrlInfo.iLatestCmdMsg = NIBP_CMD_START_STOP;
11.       if (FALSE == ::GetNIBPState(gNIBPCtrlInfo.iLatestCmdMsg, gNIBPCtrlInfo.iCurrentState))
12.       {
13.           gNIBPCtrlInfo.iCurrentState = NIBP_STATE_WAITING_MANUAL;
14.       }
15.
16.       if (IDOK == ret)
17.       {
18.           if (!mPackUnpack.mUART.IsOpen())
19.           {
20.               MessageBox("串口未打开！");
21.               return;
22.           }
23.
24.           if (FALSE == gNIBPCtrlInfo.bStart)
25.           {
26.               if (FALSE == ::NIBPStart())
27.                   return;
28.               gNIBPCtrlInfo.bStart = TRUE;
29.           }
30.       }
31.       else if (IDCANCEL == ret)
```

```
32.     {
33.         if (!mPackUnpack.mUART.IsOpen())
34.         {
35.             MessageBox("串口未打开！");
36.             return;
37.         }
38.         ::NIBPStop();
39.         gNIBPCtrlInfo.bStart = FALSE;
40.     }
41.     DisplayCuffPressure();
42. }
```

在 OnStnClickedStaticNIBP()函数后添加 DisplayCuffPressure()函数的实现代码，如程序清单 11-26 所示，下面按照顺序对部分语句进行解释。

（1）第 5 行代码：查询此时是否需要显示袖带压。

（2）第 7 至 10 行代码：若查询的 bShowCuffPressure 状态为 FALSE，则将“---”赋值给 mStrNIBPCuf。

（3）第 11 至 21 行代码：当查询的 bShowCuffPressure 状态为 TRUE 时，若袖带压无效，则将“---”赋值给 mStrNIBPCuf；若袖带压有效，则通过 Format()函数将获取的袖带压转换为字符串后赋值给 mStrNIBPCuf。

（4）第 23 行代码：通过 ID 指定主界面的控件。

（5）第 24 行代码：将 mStrNIBPCuf 显示在指定控件处。

程序清单 11-26

```
1.  void CParamMonitorDlg::DisplayCuffPressure()
2.  {
3.      CWnd* pWnd;
4.  
5.      gNIBPCtrlInfo.bShowCuffPressure = IsShowCuffPressure();
6.  
7.      if (FALSE == gNIBPCtrlInfo.bShowCuffPressure)
8.      {
9.          mStrNIBPCuf = _T("---"); //袖带压
10.     }
11.     else
12.     {
13.         if (gNIBPStatus.cuffPressure == INVALID_PARAM)
14.         {
15.             mStrNIBPCuf = _T("---");
16.         }
17.         else
18.         {
19.             mStrNIBPCuf.Format("%d", gNIBPStatus.cuffPressure);
20.         }
21.     }
22. 
23.     pWnd = GetDlgItem(IDC_STATIC_NIBP_CUF);
24.     pWnd->SetWindowText(mStrNIBPCuf);
25. }
```

完成代码添加后，单击软件界面的 ▶ 本地 Windows 调试器 按钮编译并运行项目，验证运行效果是否与 11.2.3 节一致。

本 章 任 务

基于前面学习的知识及对本章代码的理解，以及第 9 章已完成的独立测量血压界面，设计一个只监测和显示血压参数的应用程序。

本 章 习 题

1．正常成人收缩压和舒张压的范围是多少？正常新生儿收缩压和舒张压的范围是多少？
2．测量血压主要有哪几种方法？
3．完整的无创血压开始测量命令包和无创血压结束测量命令包分别是什么？

第 12 章　血氧监测与显示实验

在实现体温和血压监测的基础上，本章继续添加血氧监测的底层驱动代码，并通过代码对血氧数据处理过程进行详细介绍。

12.1　实验内容

了解血氧数据处理过程，学习血氧数据包的 PCT 通信协议和 MFC 中的部分函数和命令，以及学习如何通过 MFC 画血氧波形图；完善处理血氧数据的底层代码；通过 Windows 平台和人体生理参数监测系统硬件平台对应用程序进行验证。

12.2　实验原理

12.2.1　血氧测量原理

血氧饱和度（SpO_2）即血液中氧的浓度，它是呼吸循环的重要生理参数。临床上，一般认为 SpO_2 正常值不能低于 94%，低于 94%则被认为供氧不足。有学者将 $SpO_2<90\%$定为低氧血症的标准。

人体内的血氧浓度需要维持在一定的范围内才能够保持人体的健康，血氧不足时会导致注意力不集中、记忆力减退、头晕目眩、焦虑等症状。如果人体长期缺氧，则会导致心肌衰竭、血压下降，以致人体无法维持正常的血液循环；更有甚者，长期缺氧会直接损害大脑皮层，造成脑组织的变性和坏死。监测血氧能够帮助预防生理疾病的发生，在出现缺氧状况时，如果能够及时做出补氧决策，那么会降低因血氧导致的生理疾病发生的概率。

传统的血氧饱和度测量方法是利用血氧分析仪对人体新采集的血样进行电化学分析，然后通过相应的测量参数计算出血氧饱和度。本实验采用目前流行的指套式光电传感器测量血氧。测量时，只需将传感器套在人的手指上，然后将采集的信号处理后传到主机，即可观察到人体血氧饱和度的情况。

血氧饱和度（SpO_2）是血液中氧合血红蛋白（HbO_2）的容量占所有可结合的血红蛋白（HbO_2+Hb，氧合血红蛋白和还原血红蛋白）容量的百分比，即

$$SpO_2 = \frac{C_{HbO_2}}{C_{HbO_2} + C_{Hb}} \times 100\%$$

对同一种波长的光或不同波长的光，氧合血红蛋白（HbO_2）和还原血红蛋白（Hb）对光的吸收存在很大的差别，而且在近红外区域内，它们对光的吸收存在独特的吸收峰。在血液循环中，动脉中的血液含量会随着脉搏的跳动而产生变化。这说明光透射过血液的光程也产生了变化，而动脉血对光的吸收量会随着光程的改变而改变，由此能够推导出血氧探头输出的信号强度随脉搏波的变化而变化，从而可根据朗伯-比尔定律推导出脉搏血氧饱和度。

脉搏是指人体浅表可触摸到的动脉搏动。脉率是指每分钟的动脉搏动次数，正常情况下脉率和心率是一致的。动脉的搏动是有节律的，脉搏波结构如图 12-1 所示。升支是指脉搏波形图中由基线升至主波波峰的一条上升曲线，表示心室的快速射血时期。降支是指脉搏波形图中由主波波峰至基线的一条下降曲线，表示心室射血后期至下一次心动周期的开始。主波

是指主体波幅，一般顶点为脉搏波形图的最高峰，反映动脉内压力与容积的最大值。潮波又称为重搏前波，位于降支主波之后，一般低于主波而高于重搏波，反映左心室停止射血，动脉扩张降压，逆向反射波。降中峡，或称降中波，是主波降支与重搏波升支构成的向下的波谷，表示主动脉静压排空时间，为心脏收缩与舒张的分界点。重搏波是降支中突出的一个上升波，为主动脉瓣关闭、主动脉弹性回缩波。脉搏波中含有人体重要的生理信息，对脉搏波和脉率的分析对于测量血氧饱和度具有重要的意义。

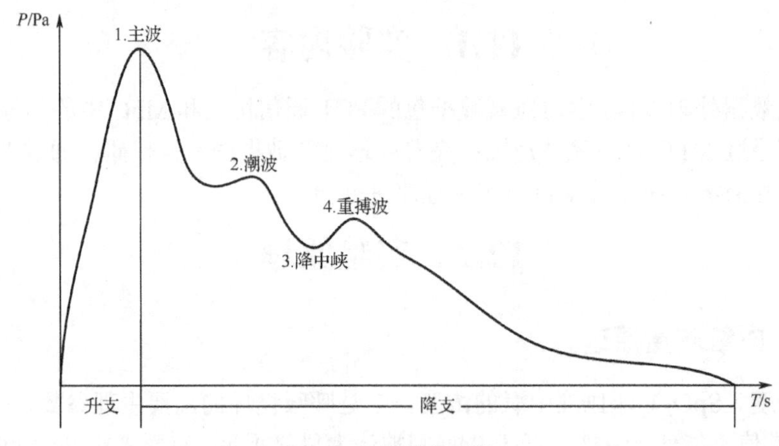

图 12-1　脉搏波结构

本实验通过透射式测量方法实现一定范围内的血氧饱和度、脉率的精确测量，以及脉搏波和手指脱落情况的实时监测。其中，模块 ID 为 0x13、二级 ID 为 0x02 的血氧波形数据包是由从机向主机发送的血氧波形数据和手指脱落状态信息；模块 ID 为 0x13、二级 ID 为 0x03 的血氧数据包是由从机向主机发送的脉率和血氧饱和度数据，具体可参见附录 B。计算机（主机）在接收到人体生理参数监测系统（从机）发送的血氧波形数据包和血氧数据包后，通过应用程序窗口实时显示脉搏波、手指脱落状态、探头导联状态、血氧饱和度和脉率值。

12.2.2　设计框图

血氧监测与显示应用程序设计框图如图 12-2 所示。

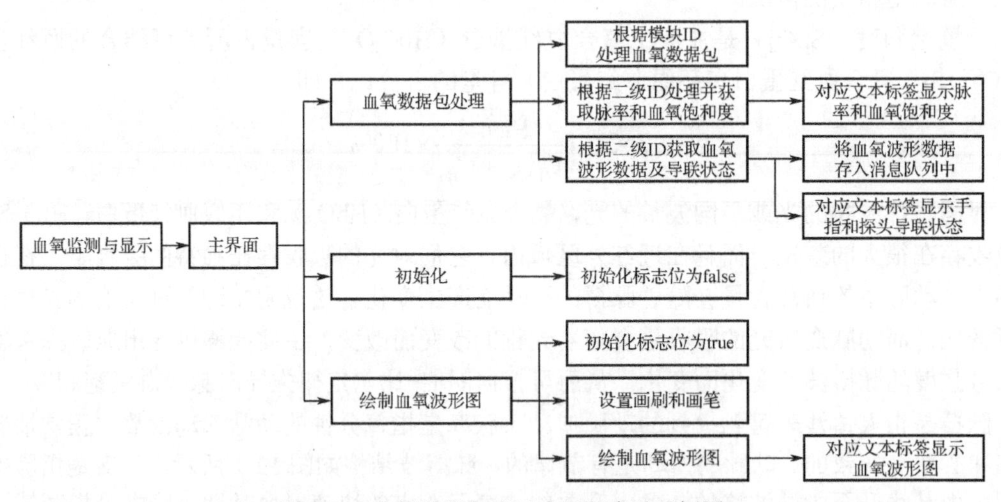

图 12-2　血氧监测与显示应用程序设计框图

12.2.3　血氧监测与显示应用程序运行效果

双击运行本书配套资料包“03.MFC 应用程序\07.SPO2Monitor”文件夹下的 SPO2Monitor.exe 文件，单击“串口设置”菜单项并选择对应的串口号，然后单击“确定”按钮。将人体生理参数监测系统硬件平台通过 USB 连接到计算机，并设置为输出血氧数据，在血氧参数显示模块中可看到动态显示的血氧波形图，以及血氧饱和度、脉率、手指和探头导联状态，如图 12-3 所示。由于血氧监测与显示应用程序已经包含了体温和血压的监测与显示功能，因此，如果人体生理参数监测系统硬件平台处于“五参演示”模式，则可以同时监测体温、血压和血氧参数。

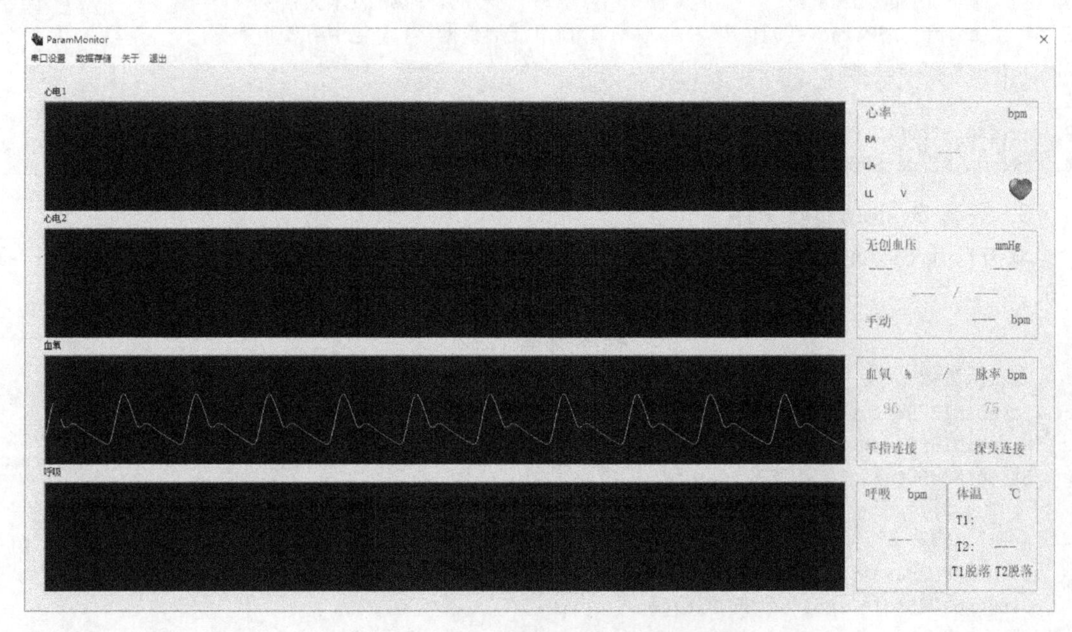

图 12-3　血氧监测与显示效果图

12.3　实验步骤

1．复制基准项目

首先，将本书配套资料包“04.例程资料\Material\07.SPO2Monitor”文件夹下的 07.SPO2Monitor 文件夹复制到“D:\MFCProject”目录下，然后打开 Visual Studio 软件，单击“打开项目或解决方案”按钮，打开“D:\MFCProject\07.SPO2Monitor\ParamMonitor”目录下的 ParamMonitor.sln 文件。实际上，已经打开的 ParamMonitor 项目是第 11 章已完成的项目，所以也可以基于第 11 章完成的 ParamMonitor 项目开展本章实验。

2．完善 System.h 文件

打开解决方案资源管理器视图，双击打开 System.h 文件，在“血氧测量”区添加第 1 至 20 行代码，定义血氧相关的结构体及结构体变量，如程序清单 12-1 所示。

程序清单 12-1

```
1.   //血氧饱和度状态信息：下降标志、搜索时间标志、信号强度
2.   typedef struct
3.   {
```

```
4.      bool bFingerShedding;              //手指脱落状态标志，1 表示脱落
5.      bool bSensorError;                 //血氧探头脱落状态标志，1 表示脱落
6.      bool bSPO2Falling;                 //血氧饱和度下降标志，1 表示下降
7.      bool bOvertimeSearching;           //搜索时间太长标志，1 表示搜索时间大于 15s
8.      char signalIntensity;              //脉搏搏动信号强度，0~8，15 表示无效值
9.  }StructSPO2State;
10.
11. //血氧参数结构体
12. typedef struct
13. {
14.     char   cSPO2;                      //血氧饱和度 0~100(%)，-100 表示无效值
15.     short  pulseRate;                  //脉率  0~255，-100 表示无效值
16.     short  nSPO2Wave[5];               //血氧波形数据，1 个包中有 5 个数据
17. }StructSPO2Params;
18.
19. extern StructSPO2Params gSPO2Params;
20. extern StructSPO2State  gStructSPO2State;
```

3. 完善 System.cpp 文件

双击打开 System.cpp 文件，在“全局变量”区添加第 6 至 8 行代码，如程序清单 12-2 所示。

程序清单 12-2

```
1.  //血压参数
2.  StructNIBPStatus   gNIBPStatus;
3.  StructNIBPParam    gNIBPParams;
4.  StructNIBPCtrlInfo gNIBPCtrlInfo;
5.
6.  //血氧参数
7.  StructSPO2Params gSPO2Params;
8.  StructSPO2State  gStructSPO2State;
9.
10. const static BOOL sInMeasuring[ ] =
11. {
12.     FALSE,  //NIBP_STATE_WAITING_MANUAL
13.
14.     TRUE,   //NIBP_STATE_MANUAL_MEASURING
15. };
```

在“内部函数实现”区的 InitParam()函数中添加第 11 至 17 行代码，初始化血氧饱和度、脉率和血氧波形数据，如程序清单 12-3 所示。

程序清单 12-3

```
1.  static void InitParam(void)
2.  {
3.      gTempParams.t1 = INVALID_PARAM;            //体温设置
4.      gTempParams.t2 = INVALID_PARAM;
5.
6.      gNIBPParams.sys       = INVALID_PARAM;   //血压设置
7.      gNIBPParams.mean      = INVALID_PARAM;
8.      gNIBPParams.dia       = INVALID_PARAM;
9.      gNIBPParams.pulseRate = INVALID_PARAM;
10.
```

```
11.       gSPO2Params.cSPO2      = INVALID_PARAM;    //血氧值设置
12.       gSPO2Params.pulseRate = INVALID_PARAM;
13.
14.       for (int i = 0; i < 5; i++)
15.       {
16.           gSPO2Params.nSPO2Wave[i] = INVALID_PARAM;
17.       }
18.   }
```

在 InitStatus()函数中添加第 13 至 17 行代码，初始化血氧导联信息及信号状态，如程序清单 12-4 所示。

程序清单 12-4

```
1.   static void InitStatus(void)
2.   {
3.       gTempStatus.bLeadDetachedChl1 = TEMP_SENSOR_OFF;    //体温探头 1 连接状态
4.       gTempStatus.bLeadDetachedChl2 = TEMP_SENSOR_OFF;
5.
6.       gNIBPStatus.lastTestTime.wYear  = 0;
7.       gNIBPStatus.lastTestTime.wMonth = 0;
8.       gNIBPStatus.bCuffTypeWrong      = FALSE;
9.       gNIBPStatus.cuffPressure        = INVALID_PARAM;
10.
11.      gNIBPStatus.status              = INVALID_PARAM;
12.
13.      gStructSPO2State.bFingerShedding    = true;         //手指脱落
14.      gStructSPO2State.bSensorError       = true;         //血氧探头连接状态
15.      gStructSPO2State.bOvertimeSearching = false;        //搜索脉搏信息
16.      gStructSPO2State.bSPO2Falling       = false;        //血氧饱和度下降
17.      gStructSPO2State.signalIntensity    = 15;           //脉搏搏动信号强度:无效
18.  }
```

4. 完善 Procmsg.cpp 文件

双击打开 Procmsg.cpp 文件，在“内部函数声明”区添加第 4 行和第 13 至 15 行代码，声明血氧模块 ID 与二级 ID 的响应函数，如程序清单 12-5 所示。

程序清单 12-5

```
1.   //模块 ID 响应函数
2.   static void OnTemp                ( UCHAR* msg );
3.   static void OnNIBP                ( UCHAR* msg );
4.   static void OnSPO2                ( UCHAR* msg );
5.
6.   //二级 ID 响应函数
7.   static void OnTempData            ( UCHAR* msg );
8.
9.   //NIBP
10.  static void OnNIBPData            ( UCHAR* msg );
11.  static void OnNIBPResult          ( UCHAR* msg );
12.
13.  //SPO2
14.  static void OnSPO2Wave            ( UCHAR* msg );
15.  static void OnSPO2Data            ( UCHAR* msg );
```

在“模块 ID”区的 OnNIBP()函数后添加 OnSPO2()函数的实现代码，如程序清单 12-6 所示，下面按照顺序对部分语句进行解释。

（1）第 5 至 7 行代码：当检测到 DAT_SPO2_WAVE 时，调用 OnSPO2Wave()函数处理血氧波形数据。

（2）第 8 至 10 行代码：当检测到 DAT_SPO2_DATA 时，调用 OnSPO2Data()函数处理血氧数据。

程序清单 12-6

```
1.  static void OnSPO2(UCHAR* msg)
2.  {
3.      switch(*msg)
4.      {
5.      case DAT_SPO2_WAVE:
6.          OnSPO2Wave(msg + 1);    //除去二级 ID，处理其余血氧波形数据
7.          break;
8.      case DAT_SPO2_DATA:
9.          OnSPO2Data(msg + 1);    //除去二级 ID，处理其余血氧数据
10.         break;
11.     default:
12.         break;
13.     }
14. }
```

在“二级 ID”区的 OnNIBPResult()函数后添加 OnSPO2Wave()和 OnSPO2Data()函数的实现代码，如程序清单 12-7 所示，下面按照顺序对部分语句进行解释。

（1）第 7 至 11 行代码：将获取的血氧波形数据置入绘制血氧波形图的消息队列中。

（2）第 13 行代码：获取手指连接信息。

（3）第 14 行代码：获取探头连接信息。

（4）第 20 行代码：获取脉率数据。

（5）第 21 行代码：获取血氧饱和度数据。

程序清单 12-7

```
1.  static void OnSPO2Wave(UCHAR* msg)
2.  {
3.      UCHAR i;
4.      UCHAR tmp = *(msg + 5);
5.
6.      // 1 个包有 5 个数据
7.      for(i = 0; i < 5; i++)
8.      {
9.          gSPO2Params.nSPO2Wave[i] = *(msg + i);
10.         gWndP ->PostMessage(WM_DRAW_SPO2_WAVE,  gSPO2Params.nSPO2Wave[i]);
11.     }
12.
13.     gStructSPO2State.bFingerShedding = (tmp >> 7) & 0x01;   //第 7 位
14.     gStructSPO2State.bSensorError = (tmp >> 4) & 0x01;      //第 4 位;
15. }
16.
17. static void OnSPO2Data(UCHAR* msg)
18. {
```

```
19.         UCHAR tmp = *msg;
20.         gSPO2Params.pulseRate = MAKEWORD(*(msg + 2), *(msg + 1));
21.         gSPO2Params.cSPO2 = *(msg + 3);
22.
23.         gStructSPO2State.bSPO2Falling = (tmp >> 5) & 0x01;          //第 5 位
24.         gStructSPO2State.bOvertimeSearching = (tmp >> 4) & 0x01;    //第 4 位
25.         gStructSPO2State.signalIntensity = tmp & 0x0f;              //第 0~3 位
26.     }
```

在"一般函数"区的 InitMsgHandle()函数中添加第 11 行代码，注册血氧处理函数，如程序清单 12-8 所示。

程序清单 12-8

```
1.  void  InitMsgHandle(void)
2.  {
3.      //处理模块 ID 消息
4.      for (int i = 0; i < MODULEID_END - MODULEID_BASE; i++)
5.      {
6.          *(sMsgHandle + i) = DoNothing;
7.      }
8.
9.      RegisterMsgHandle(DAT_TEMP, OnTemp);
10.     RegisterMsgHandle(DAT_NIBP, OnNIBP);
11.     RegisterMsgHandle(DAT_SPO2, OnSPO2);
12. }
```

5. 完善 ParamMonitorDlg.h 文件

双击打开 ParamMonitorDlg.h 文件，在 CParamMonitorDlg 类的 protected 定义区添加第 17 至 30 行代码，定义血氧相关的变量及声明绘制波形图的相关函数，如程序清单 12-9 所示。

程序清单 12-9

```
1.  //实现
2.  protected:
3.      HICON m_hIcon;
4.      UINT  mTimerID;               //调用 timeSetEvent 返回的 ID 值
5.
6.      CFont mNewFont;
7.      CFont mNewFontLabel;
8.      COLORREF mCrNIBP;
9.      COLORREF mCrTemp;
10.     COLORREF mCrSPO2;
11.     COLORREF mCrResp;
12.     COLORREF mCrECG1;
13.     COLORREF mCrECG2;
14.     COLORREF mCrBackground;
15.     void Initialize(void);        //初始化
16.
17.     //SPO2
18.     int  mSPO2WaveX;              //X 坐标
19.     int  mSPO2WaveY;              //Y 坐标
20.     RECT mSPO2Rect;               //在该矩形区域内画图
21.     int  mSPO2RectWidth;          //矩形区域宽度
22.     int  mSPO2RectHeight;         //矩形区域高度
```

```
23.      CPen mSPO2DrawPen;          //血氧波形画笔
24.      CPen mSPO2ErasePen;         //血氧擦除画笔
25.      HDC  mSPO2DC;               //设备描述表句柄
26.
27.      bool  mDrawWaveInit;        //波形初始化标志位
28.
29.      void InitWave(void);        //波形初始化
30.      void CloseWave(void);       //关闭波形显示
31.
32.      void ChangeUARTPort(void);  //串口号有改变，重新设置
33.      ……
```

在 public 定义区添加第 5 行代码，声明绘制血氧波形图的消息函数，如程序清单 12-10 所示。

程序清单 12-10

```
1.       afx_msg void OnUARTSet();
2.       afx_msg void OnDestroy();
3.       afx_msg void OnStnClickedStaticNIBP();
4.
5.       afx_msg LRESULT DrawSPO2Wave(WPARAM, LPARAM);
```

6. 完善 ParamMonitorDlg.cpp 文件

双击打开 ParamMonitorDlg.cpp 文件，在 DoDataExchange()函数后的 BEGIN_ MESSAGE_ MAP()函数中添加第 9 行代码，声明 DrawSPO2Wave 的消息命令，如程序清单 12-11 所示。

程序清单 12-11

```
1.   BEGIN_MESSAGE_MAP(CParamMonitorDlg, CDialogEx)
2.       ON_WM_SYSCOMMAND()
3.       ON_WM_PAINT()
4.       ON_WM_QUERYDRAGICON()
5.       ON_COMMAND(ID_UART_SET, &CParamMonitorDlg::OnUARTSet)
6.       ON_WM_DESTROY()
7.       ON_MESSAGE(WM_SECOND_TIMER, OnSecondTimer)    //手动添加
8.       ON_STN_CLICKED(IDC_STATIC_NIBP_LABEL1, &CParamMonitorDlg::OnStnClickedStaticNIBP)
9.       ON_MESSAGE(WM_DRAW_SPO2_WAVE, DrawSPO2Wave)
10.  END_MESSAGE_MAP()
```

在 Initialize()函数中，添加第 11 行代码，如程序清单 12-12 所示。

程序清单 12-12

```
1.   void CParamMonitorDlg::Initialize()
2.   {
3.       ……
4.
5.       mCtrlWaveECG1.SetBkColor(mCrBackground);  //设置心电波形 1 绘图背景色
6.       mCtrlWaveECG2.SetBkColor(mCrBackground);  //设置心电波形 2 绘图背景色
7.       mCtrlWaveSPO2.SetBkColor(mCrBackground);  //设置 SPO2 波形绘图背景颜色
8.       mCtrlWaveResp.SetBkColor(mCrBackground);  //设置 RESP 波形绘图背景颜色
9.
10.      CreateMediaTimer();                       //创建多媒体定时器线程
11.      InitWave();                               //初始化波形
12.  }
```

在 DisplayParams()函数中，添加第 20 至 65 行代码，如程序清单 12-13 所示，下面按照

顺序对部分语句进行解释。

（1）第 21 至 24 行代码：如果获取的血氧饱和度为无效值，则将“---”赋值给 mStrParamSPO2。

（2）第 27 行代码：通过 Format()函数将获取的血氧饱和度有效值转换为字符串后赋值给 mStrParamSPO2。

（3）第 29 行代码：在主界面的血氧饱和度显示区显示当前的血氧饱和度。

（4）第 32 至 41 行代码：处理脉率数据。

（5）第 44 至 51 行代码：当检测到的探头脱落标志位返回为 1 时，将“探头脱落”赋值给 mStrSPO2Sensor，否则赋值“探头连接”。

（6）第 53 至 54 行代码：在主界面显示探头状态。

（7）第 56 至 63 行代码：当检测到的手指脱落标志位返回为 1 时，将“手指脱落”赋值给 mStrSPO2Finger，否则赋值“手指连接”。

（8）第 64 至 65 行代码：在主界面显示手指状态。

程序清单 12-13

```
1.   void CParamMonitorDlg::DisplayParams(void)
2.   {
3.       ……
4.
5.       //NIBP 脉率
6.       if (INVALID_PARAM == gNIBPParams.pulseRate)
7.       {
8.           mStrParamNPr = _T("---");
9.       }
10.      else
11.      {
12.          mStrParamNPr.Format("%3d", gNIBPParams.pulseRate);
13.      }
14.
15.      pWnd = GetDlgItem(IDC_STATIC_PARAM_NPR);
16.      pWnd->SetWindowText(mStrParamNPr);
17.
18.      DisplayCuffPressure(); //显示袖带压
19.
20.      //SPO2
21.      if (INVALID_PARAM == gSPO2Params.cSPO2)
22.      {
23.          mStrParamSPO2 = _T("---");
24.      }
25.      else
26.      {
27.          mStrParamSPO2.Format("%3d", gSPO2Params.cSPO2);
28.      }
29.      mCtrlParamSPO2.SetWindowText(mStrParamSPO2);
30.
31.      //SPO2 脉率
32.      if (INVALID_PARAM == gSPO2Params.pulseRate)
33.      {
34.          mStrParamSPr = _T("---");
```

```
35.         }
36.         else
37.         {
38.             mStrParamSPr.Format("%3d", gSPO2Params.pulseRate);
39.         }
40.         pWnd = GetDlgItem(IDC_STATIC_PARAM_SPR);
41.         pWnd->SetWindowText(mStrParamSPr);
42.
43.         //SPO2 探头状态
44.         if (gStructSPO2State.bSensorError)
45.         {
46.             mStrSPO2Sensor = _T("探头脱落");
47.         }
48.         else
49.         {
50.             mStrSPO2Sensor = _T("探头连接");
51.         }
52.
53.         pWnd = GetDlgItem(IDC_STATIC_PARAM_SENSOR);
54.         pWnd->SetWindowText(mStrSPO2Sensor);
55.
56.         if (gStructSPO2State.bFingerShedding)
57.         {
58.             mStrSPO2Finger = _T("手指脱落");
59.         }
60.         else
61.         {
62.             mStrSPO2Finger = _T("手指连接");
63.         }
64.         pWnd = GetDlgItem(IDC_STATIC_PARAM_FINGER);
65.         pWnd->SetWindowText(mStrSPO2Finger);
66.     }
```

在 DisplayCuffPressure()函数后添加 InitWave()和 CloseWave()函数的实现代码，如程序清单 12-14 所示，下面按照顺序对部分语句进行解释。

（1）第 14 至 18 行代码：获取变量 mCtrlWaveSPO2 对应客户区的矩形框信息，将该区域的长和宽设为波形图显示区域的长和宽。

（2）第 20 至 22 行代码：初始化绘图位置。

（3）第 24 至 26 行代码：创建画笔。

（4）第 33 至 39 行代码：关闭波形显示，释放 DC（绘图环境，包括区域、画笔和颜色等）。

程序清单 12-14

```
1.  void CParamMonitorDlg::InitWave(void)
2.  {
3.      //PS_SOLID 实线
4.      //PS_DASHDOT 点画线
5.      //PS_DASH 虚线
6.      //PS_ALTERNATE 创建一个设置其他像素的画笔
7.      LOGBRUSH logBrush;                          //LOGBRUSH 定义逻辑画刷的样式、颜色和图案
8.      logBrush.lbStyle = BS_SOLID;
9.      logBrush.lbColor = RGB(144, 144, 144);
```

```
10.
11.     CRect Rect;
12.
13.     //SPO2
14.     mCtrlWaveSPO2.GetClientRect(Rect);        //获取客户区的窗口
15.
16.     mSPO2Rect = *(LPCRECT)Rect;
17.     mSPO2RectWidth = Rect.Width();
18.     mSPO2RectHeight = Rect.Height();
19.
20.     //设置初始绘图位置
21.     mSPO2WaveX = 0;
22.     mSPO2WaveY = 0;
23.
24.     //创建画笔（波形画笔、擦除画笔）
25.     mSPO2DrawPen.CreatePen(PS_SOLID, 1, mCrSPO2);
26.     mSPO2ErasePen.CreatePen(PS_SOLID, 1, mCrBackground);
27.
28.     mSPO2DC = ::GetDC(mCtrlWaveSPO2.m_hWnd);  //获取血氧波形句柄
29.
30.     mDrawWaveInit = true;                     //设置完成标志位
31. }
32.
33. void CParamMonitorDlg::CloseWave(void)
34. {
35.     mDrawWaveInit = false;
36.
37.     //记得要释放 DC
38.     ::ReleaseDC(mCtrlWaveSPO2.m_hWnd, mSPO2DC);
39. }
```

在 CloseWave()函数后添加 DrawSPO2Wave()函数的实现代码，如程序清单 12-15 所示，下面按照顺序对部分语句进行解释。

（1）第 3 至 6 行代码：若波形初始化标志位为 FALSE，则返回 FALSE。

（2）第 16 至 19 行代码：当波形数据大小超出上边界时，超出部分的 Y 坐标值等于血氧波形显示区域的顶端大小。

（3）第 20 至 23 行代码：当波形数据大小超出下边界时，超出部分的 Y 坐标值等于血氧波形显示区域的底端大小。

（4）第 28 至 31 行代码：当波形数据的 X 坐标到达波形显示区域的最右端时，重置为波形显示区域的最左端。

（5）第 39 行代码：设置 nEraseX 的值比 mSPO2WaveX 的值大 10。

（6）第 40 至 43 行代码：当 nEraseX 的值超出右边界时，nEraseX 的值等于 10-(mSPO2Rect.right-mSPO2WaveX)。

（7）第 44 行代码：设置画笔在当前 nEraseX 坐标的 Y 坐标值最大，即当前点位于上边界。

（8）第 45 行代码：画笔从上边界画到下边界，由于此时画笔的颜色为波形显示区域的背景颜色，所以这个操作实现了波形图的擦除。

程序清单 12-15

```
1.  LRESULT CParamMonitorDlg::DrawSPO2Wave(WPARAM wParam, LPARAM lParam)
2.  {
3.      if (FALSE == mDrawWaveInit)
4.      {
5.          return FALSE;
6.      }
7.
8.      CDC* pDC = CDC::FromHandle(mSPO2DC);        //创建并附加一个临时的 CDC 对象
9.      pDC->SelectObject(&mSPO2DrawPen);           //SelectObject 选择画笔对象
10.     pDC->MoveTo(mSPO2WaveX, mSPO2WaveY);        //画线起始点设置
11.
12.     //下一个 Y 的位置
13.     mSPO2WaveY = mSPO2Rect.bottom - wParam * mSPO2RectHeight / SPO2MAXVALUE;
14.
15.     //Y 数据太大或太小
16.     if (mSPO2Rect.top > mSPO2WaveY)             //超出上边界
17.     {
18.         mSPO2WaveY = mSPO2Rect.top;
19.     }
20.     if (mSPO2Rect.bottom < mSPO2WaveY)          //超出下边界
21.     {
22.         mSPO2WaveY = mSPO2Rect.bottom;
23.     }
24.
25.     mSPO2WaveX++;                               //下一个 X 的位置
26.
27.     //到框的最右端
28.     if (mSPO2Rect.right <= mSPO2WaveX)
29.     {
30.         mSPO2WaveX = mSPO2Rect.left;
31.     }
32.     else
33.     {
34.         pDC->LineTo(mSPO2WaveX, mSPO2WaveY); //画线
35.     }
36.
37.     //擦除
38.     pDC->SelectObject(&mSPO2ErasePen);
39.     int nEraseX = mSPO2WaveX + 10;
40.     if (mSPO2Rect.right <= nEraseX)             //擦除，X 位置超过右边界
41.     {
42.         nEraseX = 10 - (mSPO2Rect.right - mSPO2WaveX);     //擦除最左边
43.     }
44.     pDC->MoveTo(nEraseX, mSPO2Rect.top);
45.     pDC->LineTo(nEraseX, mSPO2Rect.bottom);                //从上擦到下
46.
47.     return TRUE;
48. }
```

完成代码添加后，单击软件界面的 ▶ 本地 Windows 调试器 按钮编译并运行项目，验证运行效果是否与 12.2.3 节一致。

本章任务

基于前面学习的知识及对本章代码的理解，以及第 9 章已完成的独立测量血氧界面，设计一个只监测和显示血氧参数的应用程序。

本章习题

1. 脉率和心率有什么区别？
2. 正常成人血氧饱和度的取值范围是什么？正常新生儿血氧饱和度的取值范围是什么？
3. 如果血氧波形数据 1～5 均为 128，血氧探头和手指均为脱落状态，则按照图 B-15 定义的血氧波形数据包应该是怎样的？

第 13 章　呼吸监测与显示实验

在实现体温、血压与血氧监测的基础上，本章继续添加呼吸监测的底层驱动代码，并通过代码对呼吸数据处理过程进行详细介绍。

13.1　实验内容

了解呼吸数据处理过程，学习呼吸数据包的 PCT 通信协议和 MFC 中的部分函数和命令，以及如何通过 MFC 画呼吸波形图；完善处理呼吸数据的底层代码；通过 Windows 平台和人体生理参数监测系统硬件平台对系统进行验证。

13.2　实验原理

13.2.1　呼吸测量原理

呼吸是人体得到氧气输出二氧化碳，调节酸碱平衡的一个新陈代谢过程，这个过程通过呼吸系统完成。呼吸系统由肺、呼吸肌（尤其是膈肌和肋间肌），以及将气体带入和带出肺的器官组成。呼吸监测技术主要监测肺部的气体交换状态或呼吸肌的效率。典型的呼吸监测参数包括呼吸率、呼气末二氧化碳分压、呼气容量及气道压力。呼吸监测仪多以风叶作为监控呼吸容量的传感器，呼吸气流推动风叶转动，用红外线发射和接收元件探测风叶转速，经电子系统处理后显示潮气量和分钟通气量。气道压力检测利用放置在气道中的压电传感器进行检测。这些检测需要在患者通过呼吸管道进行呼吸时才能测得。呼气末二氧化碳分压的监测也需要在呼吸管道中进行，而呼吸率的监测不必受此限制。

对呼吸率的测量一般并不需要测量其全部参数，只要求测量呼吸率。呼吸率指单位时间内呼吸的次数，单位为次/min。平静呼吸时新生儿为 40～60 次/min，成人为 12～18 次/min。呼吸率在监测中主要有热敏式和阻抗式两种测量方法。

热敏式呼吸测量是将热敏电阻放在鼻孔处，呼吸气流与热敏电阻发生热交换，会改变热敏电阻的阻值。当鼻孔气流周期性地流过热敏电阻时，热敏电阻阻值也周期性地改变。根据这一原理，将热敏电阻接在惠斯通电桥的一个桥臂上，就可以得到周期性变化的电压信号，电压周期就是呼吸周期。因此，经过放大处理后就可以得到呼吸率。

阻抗式呼吸测量是目前呼吸设备中应用最为广泛的一种方法，主要利用人体某部分阻抗的变化来测量某些参数，以此帮助监测及诊断。由于该方法具有无创、安全、简单、廉价且不会对患者产生任何副作用等优点，故得到了广泛的应用与发展。

本实验采用阻抗式呼吸测量法，实现了在一定范围内对呼吸的精确测量及呼吸波的实时监测。其中，模块 ID 为 0x11、二级 ID 为 0x02 的呼吸波形数据包是由从机向主机发送的呼吸波形数据，模块 ID 为 0x11、二级 ID 为 0x03 的呼吸率数据包是由从机向主机发送的呼吸率，具体可参见附录 B。计算机（主机）在接收到人体生理参数监测系统（从机）发送的呼吸波形数据包和呼吸率数据包后，通过应用程序窗口实时显示呼吸波形图和呼吸率。

13.2.2　设计框图

呼吸监测与显示应用程序的设计框图如图 13-1 所示：

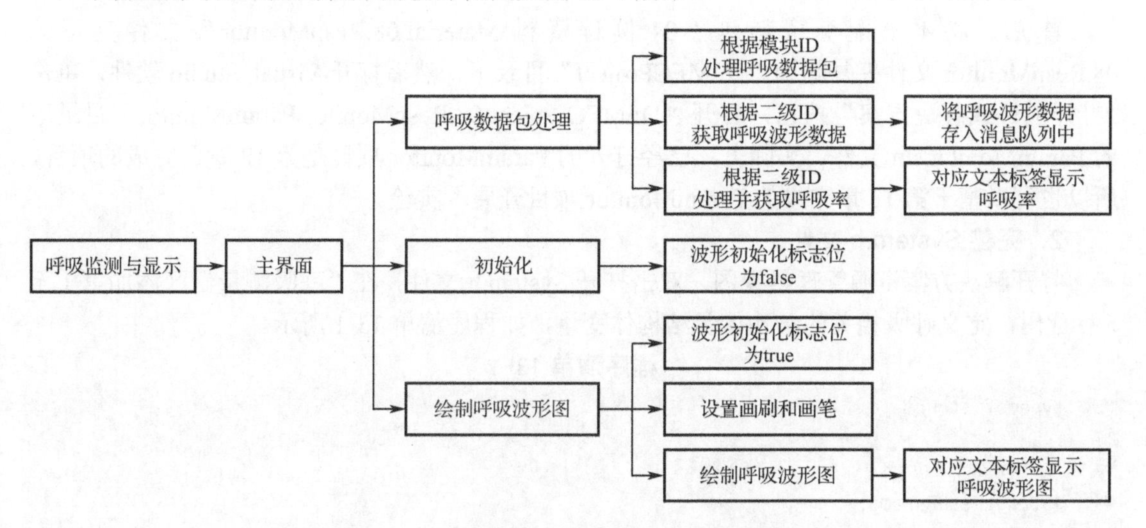

图 13-1　呼吸监测与显示应用程序设计框图

13.2.3　呼吸监测与显示应用程序运行效果

双击运行本书配套资料包“03.MFC 应用程序\08.RespMonitor”文件夹下的 RespMonitor.exe 文件，单击“串口设置”菜单项并选择对应的串口号，然后单击“确定”按钮。将人体生理参数监测系统硬件平台通过 USB 连接到计算机，并设置为输出呼吸数据，在呼吸参数显示模块中可看到动态显示的呼吸波形图和呼吸率，如图 13-2 所示。由于呼吸监测与显示应用程序已经包含了体温、血压和血氧监测与显示功能，因此，如果人体生理参数监测系统硬件平台处于“五参演示”模式，则可以同时监测体温、血压、血氧和呼吸参数。

图 13-2　呼吸监测与显示效果图

13.3　实验步骤

1. 复制基准项目

首先，将本书配套资料包“04.例程资料\Material\08.RespMonitor”文件夹下的08.RespMonitor文件夹复制到“D:\MFCProject”目录下，然后打开Visual Studio软件，单击“打开项目或解决方案”按钮，打开“D:\MFCProject\08.RespMonitor\ParamMonitor”目录下的ParamMonitor.sln文件。实际上，已经打开的ParamMonitor项目是第12章已完成的项目，所以也可以基于第12章完成的ParamMonitor项目开展本实验。

2. 完善 System.h 文件

打开解决方案资源管理器视图，双击打开System.h文件，在“呼吸测量”区添加第1至6行代码，定义呼吸相关的结构体及结构体变量，如程序清单13-1所示。

程序清单 13-1

```
1.   typedef struct
2.   {
3.       short  rr;            //呼吸率
4.   }StructRespParams;
5.
6.   extern StructRespParams gRespParams;
```

3. 完善 System.cpp 文件

双击打开System.cpp文件，在“全局变量”区添加第5至6行代码，如程序清单13-2所示。

程序清单 13-2

```
1.   //血氧参数
2.   StructSPO2Params gSPO2Params;
3.   StructSPO2State  gStructSPO2State;
4.
5.   //呼吸参数
6.   StructRespParams gRespParams;
7.
8.   const static BOOL sInMeasuring[ ] =
9.   {
10.      FALSE,  //NIBP_STATE_WAITING_MANUAL
11.
12.      TRUE,   //NIBP_STATE_MANUAL_MEASURING
13.  };
```

在“内部函数实现”区的InitParam()函数中添加第19行代码，初始化呼吸率，如程序清单13-3所示。

程序清单 13-3

```
1.   static void InitParam(void)
2.   {
3.       gTempParams.t1 = INVALID_PARAM;            //体温设置
4.       gTempParams.t2 = INVALID_PARAM;
5.
6.       gNIBPParams.sys        = INVALID_PARAM;    //血压设置
7.       gNIBPParams.mean       = INVALID_PARAM;
```

```
8.        gNIBPParams.dia       = INVALID_PARAM;
9.        gNIBPParams.pulseRate = INVALID_PARAM;
10.
11.       gSPO2Params.cSPO2     = INVALID_PARAM;    //血氧设置
12.       gSPO2Params.pulseRate = INVALID_PARAM;
13.
14.       for (int i = 0; i < 5; i++)
15.       {
16.           gSPO2Params.nSPO2Wave[i] = INVALID_PARAM;
17.       }
18.
19.       gRespParams.rr        = INVALID_PARAM;    //呼吸率设置
20.   }
```

4. 完善 Procmsg.cpp 文件

双击打开 Procmsg.cpp 文件，在“内部函数声明”区添加第 5 行和 18 至 20 行代码，声明呼吸的模块 ID 与二级 ID 的响应函数，如程序清单 13-4 所示。

程序清单 13-4

```
1.  //模块 ID 响应函数
2.  static void OnTemp                  ( UCHAR* msg );
3.  static void OnNIBP                  ( UCHAR* msg );
4.  static void OnSPO2                  ( UCHAR* msg );
5.  static void OnResp                  ( UCHAR* msg );
6.
7.  //二级 ID 响应函数
8.  static void OnTempData              ( UCHAR* msg );
9.
10. //NIBP
11. static void OnNIBPData              ( UCHAR* msg );
12. static void OnNIBPResult            ( UCHAR* msg );
13.
14. //SPO2
15. static void OnSPO2Wave              ( UCHAR* msg );
16. static void OnSPO2Data              ( UCHAR* msg );
17.
18. //RESP
19. static void OnRespWave              ( UCHAR* msg );
20. static void OnRespRr                ( UCHAR* msg );
```

在“模块 ID”区的 OnSPO2()函数后添加 OnResp()函数的实现代码，如程序清单 13-5 所示，下面按照顺序对部分语句进行解释。

（1）第 5 至 8 行代码：当检测到 DAT_RESP_WAVE 时，调用 OnRespWave()函数处理呼吸波形数据。

（2）第 9 至 11 行代码：当检测到 DAT_RESP_RR 时，调用 OnRespRr()函数处理呼吸率数据。

程序清单 13-5

```
1.  static void OnResp(UCHAR* msg)
2.  {
3.      switch (*msg)
4.      {
```

```
5.        case DAT_RESP_WAVE:
6.            if (NULL == gWndP) return;
7.            OnRespWave(msg + 1);    //除去二级 ID，处理其余呼吸波形数据
8.            break;
9.        case DAT_RESP_RR:
10.           OnRespRr(msg + 1);
11.           break;
12.       default:
13.           break;
14.       }
15.   }
```

在“二级 ID”区的 OnSPO2Data()函数后添加 OnRespWave()和 OnRespRr()函数的实现代码，如程序清单 13-6 所示，下面按照顺序对部分语句进行解释。

（1）第 4 至 7 行代码：将获取的呼吸波形数据置入绘制呼吸波形图的消息队列中。

（2）第 12 行代码：获取呼吸率。

程序清单 13-6

```
1.    static void OnRespWave( UCHAR* msg )
2.    {
3.        UCHAR i;
4.        for (i = 0 ; i < 5; i++)
5.        {
6.            gWndP ->PostMessage( WM_DRAW_RESP_WAVE , *( msg + i ));
7.        }
8.    }
9.
10.   static void OnRespRr( UCHAR* msg )
11.   {
12.       gRespParams.rr = MAKEWORD( *( msg+1 ) , *( msg ));
13.   }
```

在“一般函数”区的 InitMsgHandle()函数中添加第 12 行代码，注册呼吸的处理函数，如程序清单 13-7 所示。

程序清单 13-7

```
1.    void  InitMsgHandle(void)
2.    {
3.        //处理模块 ID 消息
4.        for (int i = 0; i < MODULEID_END - MODULEID_BASE; i++)
5.        {
6.            *(sMsgHandle + i) = DoNothing;
7.        }
8.
9.        RegisterMsgHandle(DAT_TEMP, OnTemp);
10.       RegisterMsgHandle(DAT_NIBP, OnNIBP);
11.       RegisterMsgHandle(DAT_SPO2, OnSPO2);
12.       RegisterMsgHandle(DAT_RESP, OnResp);
13.   }
```

5. 完善 ParamMonitorDlg.h 文件

双击打开 ParamMonitorDlg.h 文件，在 CParamMonitorDlg 类的 protected 定义区添加第 11

至 19 行代码，定义呼吸相关的变量，如程序清单 13-8 所示。

程序清单 13-8

```
1.       //SPO2
2.       int  mSPO2WaveX;              //X 坐标
3.       int  mSPO2WaveY;              //Y 坐标
4.       RECT mSPO2Rect;               //在该矩形区域内画图
5.       int  mSPO2RectWidth;          //矩形区域宽度
6.       int  mSPO2RectHeight;         //矩形区域高度
7.       CPen mSPO2DrawPen;            //血氧波形画笔
8.       CPen mSPO2ErasePen;           //血氧擦除画笔
9.       HDC  mSPO2DC;                 //设备描述表句柄
10.
11.      //RESP
12.      int  mRespWaveX;              //X 坐标
13.      int  mRespWaveY;              //Y 坐标
14.      RECT mRespRect;               //在该矩形区域内画图
15.      int  mRespRectWidth;          //矩形区域宽度
16.      int  mRespRectHeight;         //矩形区域高度
17.      CPen mRespDrawPen;            //Resp 波形画笔
18.      CPen mRespErasePen;           //Resp 擦除画笔
19.      HDC  mRespDC;                 //设备描述表句柄
20.
21.      bool  mDrawWaveInit;          //波形初始化标志位
```

在 public 定义区添加第 6 行代码，声明绘制呼吸波形图的消息函数，如程序清单 13-9 所示。

程序清单 13-9

```
1.       afx_msg void OnUARTSet();
2.       afx_msg void OnDestroy();
3.       afx_msg void OnStnClickedStaticNIBP();
4.
5.       afx_msg LRESULT DrawSPO2Wave(WPARAM, LPARAM);
6.       afx_msg LRESULT DrawRespWave(WPARAM, LPARAM);
```

6. 完善 ParamMonitorDlg.cpp 文件

双击打开 ParamMonitorDlg.cpp 文件，在 DoDataExchange()函数后的 BEGIN_MESSAGE_MAP 区域添加第 10 行代码，声明 DrawRespWave 的消息命令，如程序清单 13-10 所示。

程序清单 13-10

```
1.  BEGIN_MESSAGE_MAP(CParamMonitorDlg, CDialogEx)
2.       ON_WM_SYSCOMMAND()
3.       ON_WM_PAINT()
4.       ON_WM_QUERYDRAGICON()
5.       ON_COMMAND(ID_UART_SET, &CParamMonitorDlg::OnUARTSet)
6.       ON_WM_DESTROY()
7.       ON_MESSAGE(WM_SECOND_TIMER, OnSecondTimer)   //手动添加
8.       ON_STN_CLICKED(IDC_STATIC_NIBP_LABEL1, &CParamMonitorDlg::OnStnClickedStaticNIBP)
9.       ON_MESSAGE(WM_DRAW_SPO2_WAVE, DrawSPO2Wave)
10.      ON_MESSAGE(WM_DRAW_RESP_WAVE, DrawRespWave)
11. END_MESSAGE_MAP()
```

在 DisplayParams()函数中添加第 18 至 28 行代码，如程序清单 13-11 所示，下面按照顺

序对部分语句进行解释。

（1）第 19 至 22 行代码：如果获取的呼吸率为无效值，则将“---”赋值给 mStrParamRr。

（2）第 25 行代码：通过 Format()函数将获取的呼吸率有效值转换为字符串后赋值给 mStrParamRr。

（3）第 28 行代码：在主界面的呼吸率显示区显示当前呼吸率。

程序清单 13-11

```
1.  void CParamMonitorDlg::DisplayParams(void)
2.  {
3.      ……
4.      pWnd = GetDlgItem(IDC_STATIC_PARAM_SENSOR);
5.      pWnd->SetWindowText(mStrSPO2Sensor);
6.
7.      if (gStructSPO2State.bFingerShedding)
8.      {
9.          mStrSPO2Finger = _T("手指脱落");
10.     }
11.     else
12.     {
13.         mStrSPO2Finger = _T("手指连接");
14.     }
15.     pWnd = GetDlgItem(IDC_STATIC_PARAM_FINGER);
16.     pWnd->SetWindowText(mStrSPO2Finger);
17.
18.     //呼吸率判断
19.     if (INVALID_PARAM == gRespParams.rr)
20.     {
21.         mStrParamRr = _T("---");
22.     }
23.     else
24.     {
25.         mStrParamRr.Format("%3d", gRespParams.rr);
26.     }
27.
28.     mCtrlParamRr.SetWindowText(mStrParamRr);
29. }
```

在 InitWave()函数中添加第 11 至 26 行代码，初始化呼吸波形图绘制信息，如程序清单 13-12 所示。

程序清单 13-12

```
1.  void CParamMonitorDlg::InitWave(void)
2.  {
3.      ……
4.
5.      //创建画笔（波形画笔、擦除画笔）
6.      mSPO2DrawPen.CreatePen(PS_SOLID, 1, mCrSPO2);
7.      mSPO2ErasePen.CreatePen(PS_SOLID, 1, mCrBackground);
8.
9.      mSPO2DC = ::GetDC(mCtrlWaveSPO2.m_hWnd);        //获取血氧波形句柄
10.
11.     //Resp
```

```
12.        mCtrlWaveResp.GetClientRect(Rect);                //获取客户区的窗口
13.
14.        mRespRect = *(LPCRECT)Rect;
15.        mRespRectWidth = Rect.Width();
16.        mRespRectHeight = Rect.Height();
17.
18.        //设置初始画图位置
19.        mRespWaveX = 0;
20.        mRespWaveY = 0;
21.
22.        //创建画笔（波形画笔、擦除画笔）
23.        mRespDrawPen.CreatePen(PS_SOLID, 1, mCrResp);
24.        mRespErasePen.CreatePen(PS_SOLID, 1, mCrBackground);
25.
26.        mRespDC = ::GetDC(mCtrlWaveResp.m_hWnd);         //获取呼吸波形句柄
27.
28.        mDrawWaveInit = true;                             //设置完成标志位
29.    }
```

在 DrawSPO2Wave()函数后添加 DrawRespWave()函数的实现代码，如程序清单 13-13 所示，下面按照顺序对部分语句进行解释。

（1）第 3 至 6 行代码：若波形初始化标志位为 FALSE，则返回 FALSE。

（2）第 16 至 19 行代码：当波形图大小超出上边界时，超出部分的 Y 坐标值等于呼吸波形图显示区域的顶端坐标。

（3）第 20 至 23 行代码：当波形图大小超出下边界时，超出部分的 Y 坐标值等于呼吸波形图显示区域的底端坐标。

（4）第 28 至 31 行代码：当波形图的 X 坐标到达波形图显示区域的最右端时，重置为波形图显示区域的最左端。

（5）第 39 行代码：设置 nEraseX 的值比 mRespWaveX 的值大 10。

（6）第 40 至 43 行代码：当 nEraseX 的值超出右边界时，nEraseX 的值等于 10-(mRespRect.right-mRespWaveX)。

（7）第 44 行代码：设置画笔在当前 nEraseX 时的 Y 坐标值最大，即当前点位于上边界。

（8）第 45 行代码：画笔从上边界画到下边界，由于此时画笔的颜色为波形图显示区域的背景颜色，所以这个操作实现了波形图的擦除。

程序清单 13-13

```
1.    LRESULT CParamMonitorDlg::DrawRespWave(WPARAM wParam, LPARAM lParam)
2.    {
3.        if (FALSE == mDrawWaveInit)
4.        {
5.            return FALSE;
6.        }
7.
8.        CDC* pDC = CDC::FromHandle(mRespDC);         //创建并附加一个临时的 CDC 对象
9.        pDC->SelectObject(&mRespDrawPen);
10.       pDC->MoveTo(mRespWaveX, mRespWaveY);         //画线起始点设置
11.
12.       //下一个 Y 的位置
13.       mRespWaveY = mRespRect.bottom - wParam * mRespRectHeight / RESPMAXVALUE;
```

```
14.
15.     //Y 数据太大或太小
16.     if (mRespRect.top > mRespWaveY)                     //超出上边界
17.     {
18.         mRespWaveY = mRespRect.top;
19.     }
20.     if (mRespRect.bottom < mRespWaveY)                  //超出下边界
21.     {
22.         mRespWaveY = mRespRect.bottom;
23.     }
24.
25.     mRespWaveX++;                                       //下一个 X 的位置
26.
27.     //波形图到框的最右端
28.     if (mRespRect.right <= mRespWaveX)
29.     {
30.         mRespWaveX = mRespRect.left;
31.     }
32.     else
33.     {
34.         pDC->LineTo(mRespWaveX, mRespWaveY);            //画线
35.     }
36.
37.     //擦除波形图
38.     pDC->SelectObject(&mRespErasePen);
39.     int nEraseX = mRespWaveX + 10;
40.     if (mRespRect.right <= nEraseX)                     //擦除 X 位置超过右边界
41.     {
42.         nEraseX = 10 - (mRespRect.right - mRespWaveX);  //擦除最左边
43.     }
44.     pDC->MoveTo(nEraseX, mRespRect.top);
45.     pDC->LineTo(nEraseX, mRespRect.bottom);             //从上擦到下
46.
47.     return TRUE;
48. }
```

完成代码添加后，单击软件界面的 ▶ 本地 Windows 调试器 按钮编译并运行项目，验证运行效果是否与 13.2.3 节一致。

本 章 任 务

基于前面学习的知识及对本章代码的理解，以及第 9 章已完成的独立测量呼吸界面，设计一个只监测和显示呼吸参数的应用程序。

本 章 习 题

1．呼吸率的单位是次/min（bpm），说明该单位的意义。

2．正常成人呼吸率取值范围是什么？正常新生儿呼吸率取值范围是什么？

3．如果呼吸率为 25 次/min，按照图 B-11 定义的呼吸率数据包应该是怎样的？

第 14 章　心电监测与显示实验

在实现体温、血压、血氧与呼吸监测的基础上，本章继续添加心电监测的底层驱动代码，并通过代码对心电数据处理过程进行详细介绍。

14.1　实验内容

了解心电数据处理过程，学习心电数据包的 PCT 通信协议和 MFC 中的部分函数和命令，以及如何通过 MFC 画心电波形图；完善处理心电数据的底层代码；通过 Windows 平台和人体生理参数监测系统硬件平台对系统进行验证。

14.2　实验原理

14.2.1　心电测量原理

心电信号来源于心脏的周期性活动。在每个心动周期中，心脏窦房结细胞内外首先产生电位的急剧变化（动作电位），而这种电位的变化通过心肌细胞依次向心房和心室传播，并在体表不同部位形成一次有规律的电位变化。将体表不同时期的电位差信号连续采集、放大，并连续实时地显示，就形成了心电图（ECG）。

在人体不同部位放置电极，并通过导联线与心电图机放大电路的正负极相连，这种记录心电图的电路连接方法称为心电图导联。目前广泛采纳的国际通用导联体系称为常规 12 导联体系，包括与肢体相连的肢体导联和与胸部相连的胸导联。

心电测量主要有以下功能：记录人体心脏的电活动，诊断是否存在心率失常的情况；诊断心肌梗死的部位、范围和程度，有助于预防冠心病；判断药物或电解质情况对心脏的影响，例如有房颤的患者，在服用胺碘酮药物后应定期做心电测量，以便于观察疗效；判断人工心脏起搏器的工作状况。

心电图是心脏搏动时产生的生物电位变化曲线，是客观反映心脏电兴奋的发生、传播及恢复过程的重要生理指标，如图 14-1 所示。

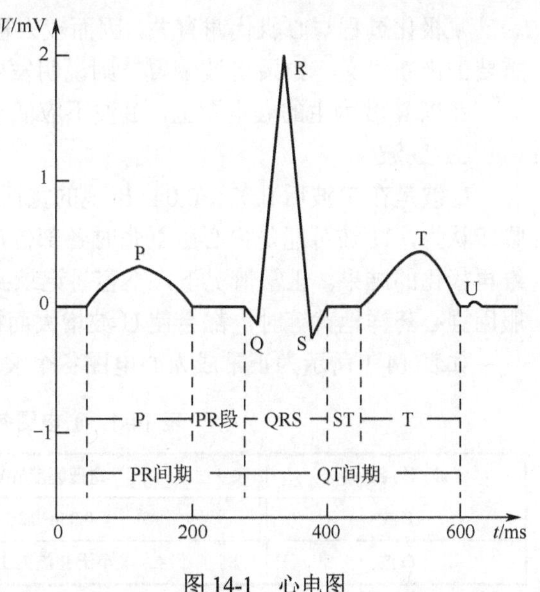

图 14-1　心电图

临床上根据心电图的形态、波幅及各波之间的时间关系，能诊断出心脏可能发生的疾病，如心律不齐、心肌梗死、期前收缩、心脏异位搏动等。

心电图信号主要包括以下几个典型波形和波段。

1. P 波

心脏的兴奋发源于窦房结，最先传至心房。因此，心电图各波中最先出现的是代表左右心房兴奋过程的 P 波。心脏兴奋在向两心房传播的过程中，其心电去极化的综合向量先指向左下肢，然后逐渐转向左上肢。如果将各瞬间心房去极化的综合向量连接起来，那么便形成一个代表心房去极化的空间向量环，简称 P 环。通过 P 环在各导联轴上的投影即得出各导联上不同的 P 波。P 波形小而圆钝，随各导联稍有不同。P 波的宽度一般不超过 0.11s，多为 0.06～0.10s。电压（幅度）不超过 0.25mV，多为 0.05～0.20mV。

2. PR 段

PR 段是从 P 波的终点到 QRS 复合波起点的间隔时间，它通常与基线为同一水平线。PR 段代表从心房开始兴奋到心室开始兴奋的时间，即兴奋通过心房、房室结和房室束的传导时间。成人的 PR 段一般为 0.12～0.20s，小儿的稍短。这一时间随着年龄的增长有加长的趋势。

3. QRS 复合波

QRS 复合波代表两心室兴奋传播过程的电位变化。由窦房结产生的兴奋波，经传导系统首先到达室间隔的左侧面，然后按一定的路线和方向，由内层向外层依次传播。随着心室各部位先后去极化形成多个瞬间综合心电向量，在额面的导联轴上的投影，便是心电图肢体导联的 QRS 复合波。典型的 QRS 复合波包括 3 个相连的波动。第一个向下的波为 Q 波，继 Q 波后一个狭窄向上的波为 R 波，与 R 波相连接的又一个向下的波为 S 波。由于这 3 个波紧密相连且总时间不超过 0.10s，故合称 QRS 复合波。QRS 复合波所占时间代表心室肌兴奋传播所需时间，正常人为 0.06～0.10s，一般不超过 0.11s。

4. ST 段

ST 段是从 QRS 复合波结束到 T 波开始的间隔时间，为水平线。它反映心室各部位在兴奋后所处的去极化状态，故无电位差。正常时接近于基线，向下偏移不应超过 0.05mV，向上偏移在肢体导联不超过 0.1mV。

5. T 波

T 波是继 QRS 复合波后的一个波幅值较低而波宽较宽的电波，它反映心室兴奋后复极化的过程。心室复极化的顺序与去极化过程相反，它缓慢地由外层向内层进行。在外层已去极化部分的负电位首先恢复到静息时的正电位，使外层为正，内层为负，因此与去极化时向量的方向基本相同。连接心室复极化各瞬间向量所形成的轨迹，就是心室复极化心电向量环，简称 T 环。T 环的投影即为 T 波。

复极化过程与心肌代谢有关，因而较去极化过程缓慢，占时较长。T 波与 ST 段同样具有重要的诊断意义。如果 T 波倒置，则说明发生心肌梗死。

在以 R 波为主的心电图上，T 波不应低于 R 波的 1/10。

6. U 波

U 波是在 T 波后 0.02～0.04s 出现的宽而低的波，波幅多小于 0.05mV，宽约 0.20s。一般临床认为，U 波可能是由心脏舒张时各部位产生的后电位而形成的，也有人认为是浦肯野纤维再极化的结果。正常情况下，不容易记录到微弱的 U 波，当血钾不足、甲状腺功能亢进或服用强心药洋地黄等时，都会使 U 波增大而被捕捉到。

如表 14-1 所示为正常成人心电图各个波形的典型值范围。

表 14-1　心电图各个波形的典型值范围

波 形 名 称	电压幅度/mV	时间/s
P 波	0.05～0.25	0.06～0.10
Q 波	小于 R 波的 1/4	小于 0.04

续表

波 形 名 称	电压幅度/mV	时间/s
R 波	0.5～2.0	—
S 波	—	0.06～0.11
T 波	0.1～1.5	0.05～0.25
PR 段	与基线同一水平	0.06～0.14
PR 间期	—	0.12～0.20
ST 段	水平线	0.05～0.15
QT 间期	—	小于 0.44

本实验通过心电导联实现一定范围内对心率的精确测量以及对心电波和导联脱落情况的实时监测。其中，模块 ID 为 0x10、二级 ID 为 0x02 的心电波形数据包是由从机向主机发送的两通道心电波形；模块 ID 为 0x10、二级 ID 为 0x03 的心电导联信息数据包是由从机向主机发送的心电导联信息；模块 ID 为 0x10、二级 ID 为 0x04 的心电波形数据包是由从机向主机发送的心率值，具体内容参见附录 B。计算机（主机）在接收到人体生理参数监测系统（从机）发送的心电波形图、心电导联信息和心率数据包后，通过应用程序窗口实时显示心电波、导联脱落状态和心率值。

14.2.2　设计框图

心电监测与显示应用程序的设计框图如图 14-2 所示：

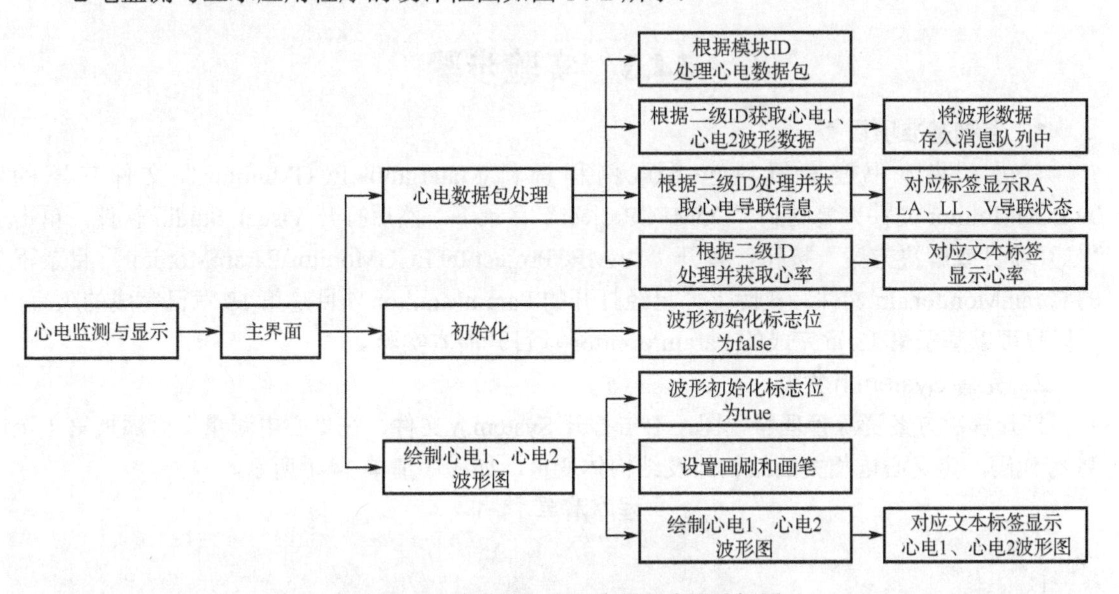

图 14-2　心电监测与显示应用程序设计框图

14.2.3　心电监测与显示应用程序运行效果

双击运行本书配套资料包“03.MFC 应用程序\09.ECGMonitor”文件夹下的 ECGMonitor.exe 文件，单击“串口设置”菜单项并选择对应的串口号，然后单击“确定”按钮。将人体生理参数监测系统硬件平台通过 USB 连接到计算机，并设置为输出心电数据，在心电参数显示模块中可看到动态显示的两通道心电波形图及心率、心电导联信息，如图 14-3 所示。由于心电监测与显示应用程序已经包含了体温、血压、血氧及呼吸监测与显示功能，因此，如果人体生理参数监测系统硬件平台处于“五参演示”模式，则可以同时监测体温、血压、血氧、呼吸和心电参数。

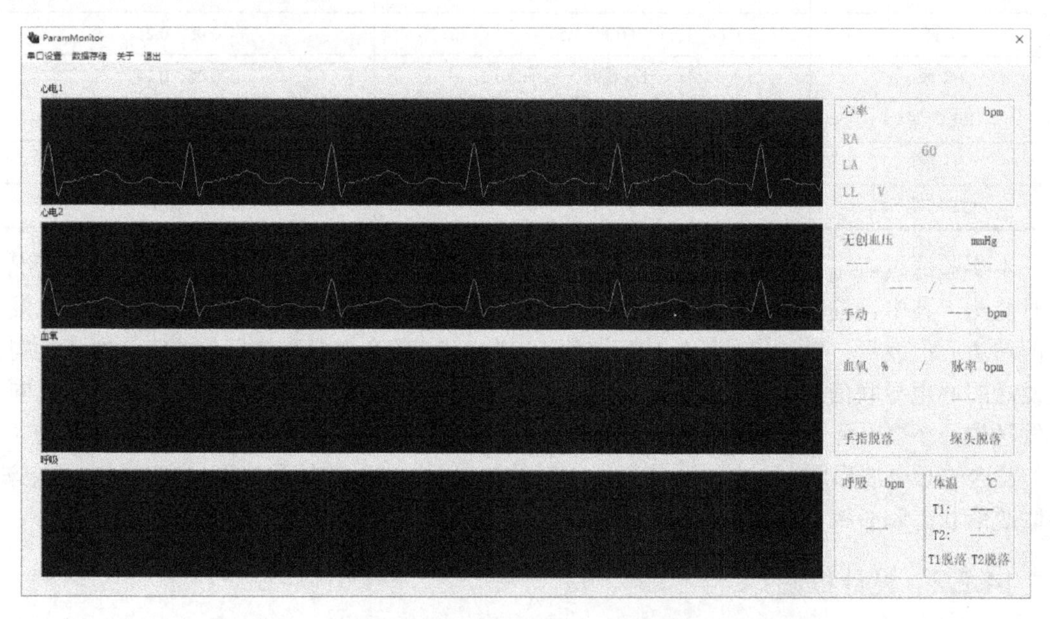

图 14-3　心电监测与显示效果图

14.3　实验步骤

1. 复制基准项目

首先，将本书配套资料包“04.例程资料\Material\09.ECGMonitor”文件夹下的 09.ECGMonitor 文件夹复制到“D:\MFCProject”目录下，然后打开 Visual Studio 软件，单击“打开项目或解决方案”按钮，打开“D:\MFCProject\09.ECGMonitor\ParamMonitor”目录下的 ParamMonitor.sln 文件。实际上，已经打开的 ParamMonitor 项目是第 13 章已完成的项目，所以也可以基于第 13 章完成的 ParamMonitor 项目开展本实验。

2. 完善 System.h 文件

打开解决方案资源管理器视图，双击打开 System.h 文件，在“心电测量”区添加第 1 至 45 行代码，定义心电相关的结构体及结构体变量，如程序清单 14-1 所示。

程序清单 14-1

```
1.   enum
2.   {
3.       OFF,
4.       ON
5.   };
6.
7.   //导联
8.   typedef enum
9.   {
10.      ECG_LEAD_3,
```

```
11.     ECG_LEAD_5
12. }EnumECGLeadType;
13.
14. //心电设置
15. typedef struct
16. {
17.     UCHAR leadSystem;            //导联选择(0:3-lead system, 1: 5-lead system)
18. }StructECGConfig;
19.
20. //ECG
21. //新协议支持 5 导联
22. typedef struct
23. {
24.     bool  bLeadDetachedRA;       //导联 RA 是否脱落（脱落：true）
25.     bool  bLeadDetachedLA;       //导联 LA 是否脱落（脱落：true）
26.     bool  bLeadDetachedLL;       //导联 LL 是否脱落（脱落：true）
27.     bool  bLeadDetachedRL;       //导联 RL 是否脱落（脱落：true）
28.     bool  bLeadDetachedV;        //导联 V 是否脱落（脱落：true）
29.
30.     bool  bOverload1;            //信号过载(true)
31.     bool  bOverload2;            //信号过载(true)
32.     bool  bCalibrating;          //是否正在校准，true：是；false：否
33. }StructECGStatus;
34.
35. typedef struct
36. {
37.     short hr;                    //心率
38.     int   wave1;                 //通道 1 波形数据
39.     int   wave2;                 //通道 2 波形数据
40. }StructECGParams;
41.
42. extern StructECGConfig gECGConfig;
43. extern StructECGStatus gECGStatus;
44. extern StructECGParams gECGParams;
45. extern const COLORREF  gColorOnOff[];
```

3. 完善 System.cpp 文件

双击打开 System.cpp 文件，在“全局变量”区添加第 4 至 12 行代码，如程序清单 14-2 所示。

程序清单 14-2

```
1.  //呼吸参数
2.  StructRespParams gRespParams;
3.
4.  //心电参数
5.  StructECGConfig gECGConfig;
6.  StructECGStatus gECGStatus;
7.  StructECGParams gECGParams;
8.
9.  const COLORREF  gColorOnOff[] = {
10.   RGB(255,0,0),         //ENUM OFF 对应红色，表示导联脱落
11.   RGB(0,255,0)          //ENUM ON 对应绿色，表示导联正常
```

```
12. };
13.
14. const static BOOL sInMeasuring[ ] =
15. {
16.       FALSE,          //NIBP_STATE_WAITING_MANUAL
17.
18.       TRUE,           //NIBP_STATE_MANUAL_MEASURING
19. };
```

在“内部函数实现”区的 InitParam()函数中添加第 21 至 24 行代码，初始化心电的心率和波形数据，如程序清单 14-3 所示。

程序清单 14-3

```
1.    static void InitParam(void)
2.    {
3.        gTempParams.t1 = INVALID_PARAM;             //体温值设置
4.        gTempParams.t2 = INVALID_PARAM;
5.
6.        gNIBPParams.sys       = INVALID_PARAM;    //血压值设置
7.        gNIBPParams.mean      = INVALID_PARAM;
8.        gNIBPParams.dia       = INVALID_PARAM;
9.        gNIBPParams.pulseRate = INVALID_PARAM;
10.
11.       gSPO2Params.cSPO2     = INVALID_PARAM;    //血氧值设置
12.       gSPO2Params.pulseRate = INVALID_PARAM;
13.
14.       for (int i = 0; i < 5; i++)
15.       {
16.           gSPO2Params.nSPO2Wave[i] = INVALID_PARAM;
17.       }
18.
19.       gRespParams.rr        = INVALID_PARAM;    //呼吸率设置
20.
21.       gECGParams.hr         = INVALID_PARAM;
22.
23.       gECGParams.wave1      = 2048;
24.       gECGParams.wave2      = 2048;
25.   }
```

在 InitStatus()函数中添加第 19 至 27 行代码，初始化心电的导联信息及信号状态，如程序清单 14-4 所示。

程序清单 14-4

```
1.    static void InitStatus(void)
2.    {
3.        gTempStatus.bLeadDetachedChl1 = TEMP_SENSOR_OFF;   //体温探头 1 连接状态
4.        gTempStatus.bLeadDetachedChl2 = TEMP_SENSOR_OFF;
5.
6.        gNIBPStatus.lastTestTime.wYear  = 0;
7.        gNIBPStatus.lastTestTime.wMonth = 0;
8.        gNIBPStatus.bCuffTypeWrong      = FALSE;
9.        gNIBPStatus.cuffPressure        = INVALID_PARAM;
10.
```

```
11.     gNIBPStatus.status                 = INVALID_PARAM;
12. 
13.     gStructSPO2State.bFingerShedding    = true;    //手指脱落
14.     gStructSPO2State.bSensorError       = true;    //血氧探头连接状态
15.     gStructSPO2State.bOvertimeSearching = false;   //搜索脉搏信息
16.     gStructSPO2State.bSPO2Falling       = false;   //血氧饱和度下降
17.     gStructSPO2State.signalIntensity    = 15;      //脉搏搏动信号强度:无效
18. 
19.     gECGStatus.bLeadDetachedRA     = true;         //RA 脱落
20.     gECGStatus.bLeadDetachedLA     = true;         //LA 脱落
21.     gECGStatus.bLeadDetachedLL     = true;         //LL 脱落
22.     gECGStatus.bLeadDetachedRL     = true;         //RL 脱落
23.     gECGStatus.bLeadDetachedV      = true;         //V 脱落
24. 
25.     gECGStatus.bOverload1          = false;        //信号过载：否
26.     gECGStatus.bOverload2          = false;        //信号过载：否
27.     gECGStatus.bCalibrating        = false;        //是否正在校准：否
28. }
```

在“一般函数”区的 InitConfig()函数中添加第 9 至 10 行代码，设置心电导联类型为 5 导联，如程序清单 14-5 所示。

程序清单 14-5

```
1.  void InitConfig(void)
2.  {
3.      ……
4. 
5.      gPacketFlowInfoPCT[CMD_NIBP][CMD_NIBP_RELT].len     = 10;
6.      gPacketFlowInfoPCT[CMD_NIBP][CMD_NIBP_RELT].type    = PC_SEND;
7.      gPacketFlowInfoPCT[CMD_NIBP][CMD_NIBP_RELT].ackTime = ACK_TIME/TIME_TICK;
8. 
9.      //心电
10.     gECGConfig.leadSystem     = ECG_LEAD_5;       //5 导
11. }
```

4. 完善 Procmsg.h 文件

双击打开 Procmsg.h 文件，在“全局变量”区添加第 3 至 4 行代码，如程序清单 14-6 所示。

程序清单 14-6

```
1.  extern StructFlowInfo gPacketFlowInfoPCT[MODULE_PACKETID_MAX][PACKET_SECID_MAX];
2. 
3.  extern int gECG1MaxValue, gECG1MinValue;
4.  extern int gECG2MaxValue, gECG2MinValue;
```

5. 完善 Procmsg.cpp 文件

双击打开 Procmsg.cpp 文件，在“全局变量”区添加第 4 至 5 行代码，如程序清单 14-7 所示。

程序清单 14-7

```
1.  StructFlowInfo gPacketFlowInfoPCT[MODULE_PACKETID_MAX][PACKET_SECID_MAX];
2.  CParamMonitorDlg* gPtrView = NULL;    //全局的主 View 类指针；有关显示的所有操作都在其中
3. 
4.  int gECG1MaxValue = 0, gECG1MinValue = 0xffff;
```

```
5.   int gECG2MaxValue = 0, gECG2MinValue = 0xffff;
```

在“内部函数声明”区添加第 6 行和第 14 至 16 行代码，声明心电的模块 ID 与二级 ID 的响应函数，如程序清单 14-8 所示。

程序清单 14-8

```
1.   //模块 ID 响应函数
2.   static void OnTemp                  ( UCHAR* msg );
3.   static void OnNIBP                  ( UCHAR* msg );
4.   static void OnSPO2                  ( UCHAR* msg );
5.   static void OnResp                  ( UCHAR* msg );
6.   static void OnECG                   ( UCHAR* msg );
7.
8.   ……
9.
10.  //RESP
11.  static void OnRespWave               ( UCHAR* msg );
12.  static void OnRespRr                ( UCHAR* msg );
13.
14.  //ECG
15.  static void OnECGWave               ( UCHAR* msg );
16.  static void OnECGLead               ( UCHAR* msg );
```

在“内部函数”区的 OnResp()函数后面添加 OnECG()函数的实现代码，如程序清单 14-9 所示，下面按照顺序对部分语句进行解释。

（1）第 5 至 7 行代码：当检测到 DAT_ECG_WAVE 时，调用 OnECGWave()函数处理心电波形数据。

（2）第 8 至 10 行代码：当检测到 DAT_ECG_LEAD 时，调用 OnECGLead()函数处理心电的导联信息。

（3）第 11 至 13 行代码：当检测到 DAT_ECG_HR 时，获取心率值。

程序清单 14-9

```
1.   static void OnECG(UCHAR* msg)
2.   {
3.       switch(*msg)
4.       {
5.       case DAT_ECG_WAVE:
6.           OnECGWave(msg + 1);
7.           break;
8.       case DAT_ECG_LEAD:
9.           OnECGLead(msg + 1);
10.          break;
11.      case DAT_ECG_HR:
12.          gECGParams.hr = MAKEWORD(*(msg + 2), *(msg + 1));
13.          break;
14.      default:
15.          break;
16.      }
17.  }
```

在“二级 ID”区的 OnRespRr()函数后添加 OnECGWave()函数和 OnECGLead()函数的实现代码，如程序清单 14-10 所示，下面按照顺序对部分语句进行解释。

（1）第 3 至 4 行代码：获取 ECG1 和 ECG2 波形数据。

（2）第 28 行代码：将获取的心电波形数据置入绘制心电波形图的消息队列中。

（3）第 31 至 42 行代码：判断心电的导联状态和信号状态。

程序清单 14-10

```
1.  static void OnECGWave( UCHAR* msg )
2.  {
3.      gECGParams.wave1 = MAKEWORD( *(msg + 1), *msg);
4.      gECGParams.wave2 = MAKEWORD(*(msg + 3), *(msg + 2));
5.
6.      //计算峰峰值
7.      if (gECG1MaxValue < gECGParams.wave1)
8.      {
9.          gECG1MaxValue = gECGParams.wave1;
10.     }
11.
12.     if (gECG1MinValue > gECGParams.wave1)
13.     {
14.         gECG1MinValue = gECGParams.wave1;
15.     }
16.
17.     //计算峰峰值
18.     if (gECG2MaxValue < gECGParams.wave2)
19.     {
20.         gECG2MaxValue = gECGParams.wave2;
21.     }
22.
23.     if (gECG2MinValue > gECGParams.wave2)
24.     {
25.         gECG2MinValue = gECGParams.wave2;
26.     }
27.
28.     gWndP->PostMessage(WM_DRAW_ECG_WAVE, gECGParams.wave1, gECGParams.wave2);
29. }
30.
31. static void OnECGLead( UCHAR* msg )
32. {
33.     //导联连接信息
34.     gECGStatus.bLeadDetachedLL = ((*msg) & 0x01) ? true : false; //第 1 位
35.     gECGStatus.bLeadDetachedLA = ((*msg) & 0x02) ? true : false; //第 2 位
36.     gECGStatus.bLeadDetachedRA = ((*msg) & 0x04) ? true : false; //第 3 位
37.     gECGStatus.bLeadDetachedV  = ((*msg) & 0x08) ? true : false; //第 4 位
38.
39.     //过载信息
40.     gECGStatus.bOverload1 = (*(msg + 1) & 0x01) ? true : false;  //第 1 位
41.     gECGStatus.bOverload2 = (*(msg + 1) & 0x02) ? true : false;  //第 2 位
42. }
```

在“一般函数”区的 InitMsgHandle()函数中添加第 13 行代码，注册心电的处理函数，如程序清单 14-11 所示。

程序清单 14-11

```
1.  void  InitMsgHandle(void)
2.  {
3.      //处理模块 ID 消息
4.      for (int i = 0; i < MODULEID_END - MODULEID_BASE; i++)
5.      {
6.          *(sMsgHandle + i) = DoNothing;
7.      }
8.
9.      RegisterMsgHandle(DAT_TEMP, OnTemp);
10.     RegisterMsgHandle(DAT_NIBP, OnNIBP);
11.     RegisterMsgHandle(DAT_SPO2, OnSPO2);
12.     RegisterMsgHandle(DAT_RESP, OnResp);
13.     RegisterMsgHandle(DAT_ECG, OnECG);
14. }
```

6. 完善 ParamMonitorDlg.h 文件

双击打开 ParamMonitorDlg.h 文件，在 CParamMonitorDlg 类的 protected 定义区添加第 11 至 28 行和第 41 至 42 行代码，声明心电相关的变量与函数，如程序清单 14-12 所示。

程序清单 14-12

```
1.      //RESP
2.      int  mRespWaveX;          //X 坐标
3.      int  mRespWaveY;          //Y 坐标
4.      RECT mRespRect;           //在该矩形区域内画图
5.      int  mRespRectWidth;      //矩形区域宽度
6.      int  mRespRectHeight;     //矩形区域高度
7.      CPen mRespDrawPen;        //Resp 波形画笔
8.      CPen mRespErasePen;       //Resp 擦除画笔
9.      HDC  mRespDC;             //设备描述表句柄
10.
11.     //ECG
12.     int  mECG1WaveX;          //X 坐标
13.     int  mECG1WaveY;          //Y 坐标
14.     RECT mECG1Rect;           //在该矩形区域内画图
15.     int  mECG1RectWidth;      //矩形区域宽度
16.     int  mECG1RectHeight;     //矩形区域高度
17.     CPen mECG1DrawPen;        //ECG1 波形画笔
18.     CPen mECG1ErasePen;       //ECG1 擦除画笔
19.     HDC  mECG1DC;             //设备描述表句柄
20.
21.     int  mECG2WaveX;          //X 坐标
22.     int  mECG2WaveY;          //Y 坐标
23.     RECT mECG2Rect;           //在该矩形区域内画图
24.     int  mECG2RectWidth;      //矩形区域宽度
25.     int  mECG2RectHeight;     //矩形区域高度
26.     CPen mECG2DrawPen;        //ECG2 波形画笔
27.     CPen mECG2ErasePen;       //ECG2 擦除画笔
28.     HDC  mECG2DC;             //设备描述表句柄
29.
30.     bool  mDrawWaveInit;      //波形初始化标志位
31.
```

```
32.     void InitWave(void);              //波形初始化
33.     void CloseWave(void);             //关闭波形图
34.
35.     void ChangeUARTPort(void);        //串口号有改变，重新设置
36.     //显示参数
37.     void DisplayParams(void);
38.     //NIBP 显示函数
39.     void DisplayCuffPressure();
40.
41.     void RefreshECGLeadStatus(void);
42.     void InitECGLeadStatus(void);
43.
44.     void CreateMediaTimer(void);  //产生、删除多媒体时钟
45.     void DeleteMediaTimer(void);
```

在 public 定义区添加第 7 行代码，声明绘制心电波形图的消息函数，如程序清单 14-13 所示。

程序清单 14-13

```
1.      afx_msg void OnUARTSet();
2.      afx_msg void OnDestroy();
3.      afx_msg void OnStnClickedStaticNIBP();
4.
5.      afx_msg LRESULT DrawSPO2Wave(WPARAM, LPARAM);
6.      afx_msg LRESULT DrawRespWave(WPARAM, LPARAM);
7.      afx_msg LRESULT DrawECGWave(WPARAM, LPARAM);
```

7. 完善 ParamMonitorDlg.cpp 文件

双击打开 ParamMonitorDlg.cpp 文件，在“包含头文件”区添加第 7 行和第 14 行代码，如程序清单 14-14 所示。

程序清单 14-14

```
1.  #include "pch.h"
2.  ……
3.  #include "mmsystem.h" //用到 TIMECAP 结构体（时间分辨率结构体）
4.  #include "Task.h"
5.  #include "DisplayString.h"
6.  #include "Global.h"
7.  #include "Procmsg.h"
8.  #include "NIBPSetup.h"
9.
10. #ifdef _DEBUG
11. #define new DEBUG_NEW
12. #endif
13.
14. static int sCnt = 0;
```

在 DoDataExchange()函数后的 BEGIN_MESSAGE_MAP 区域添加第 11 行代码，声明 DrawECGWave 的消息命令，如程序清单 14-15 所示。

程序清单 14-15

```
1.  BEGIN_MESSAGE_MAP(CParamMonitorDlg, CDialogEx)
2.      ON_WM_SYSCOMMAND()
```

```
3.        ON_WM_PAINT()
4.        ON_WM_QUERYDRAGICON()
5.        ON_COMMAND(ID_UART_SET, &CParamMonitorDlg::OnUARTSet)
6.        ON_WM_DESTROY()
7.        ON_MESSAGE(WM_SECOND_TIMER, OnSecondTimer)    //手动添加
8.        ON_STN_CLICKED(IDC_STATIC_NIBP_LABEL1, &CParamMonitorDlg::OnStnClickedStaticNIBP)
9.        ON_MESSAGE(WM_DRAW_SPO2_WAVE, DrawSPO2Wave)
10.       ON_MESSAGE(WM_DRAW_RESP_WAVE, DrawRespWave)
11.       ON_MESSAGE(WM_DRAW_ECG_WAVE, DrawECGWave)
12.   END_MESSAGE_MAP()
```

在 Initialize()函数中添加第 9 行代码，调用 InitECGLeadStatus()函数初始化心电的导联状态，如程序清单 14-16 所示。

程序清单 14-16

```
1.    void CParamMonitorDlg::Initialize()
2.    {
3.        ……
4.        mCtrlWaveECG1.SetBkColor(mCrBackground);  //设置心电波形 1 绘图背景色
5.        mCtrlWaveECG2.SetBkColor(mCrBackground);  //设置心电波形 2 绘图背景色
6.        mCtrlWaveSPO2.SetBkColor(mCrBackground);  //设置 SPO2 波形绘图背景颜色
7.        mCtrlWaveResp.SetBkColor(mCrBackground);  //设置 RESP 波形绘图背景颜色
8.
9.        InitECGLeadStatus();
10.       CreateMediaTimer();                       //创建多媒体定时器线程
11.       InitWave();                               //初始化绘图波形
12.   }
```

在 OnSecondTimer()函数中添加第 4 至 15 行代码，如程序清单 14-17 所示，下面按照顺序对部分语句进行解释。

（1）第 4 行代码：调用 RefreshECGLeadStatus()函数更新导联模式和颜色设置。

（2）第 6 至 9 行代码：当标志位 sCnt 小于 1 时，标志位加 1，显示界面的红色心形图。

（3）第 11 至 15 行代码：当标志位 sCnt 不小于 1 时，隐藏界面的红色心形图，之后将标志位置 0。

程序清单 14-17

```
1.    LRESULT CParamMonitorDlg::OnSecondTimer(WPARAM wParam, LPARAM lParam)
2.    {
3.        DisplayParams();
4.        RefreshECGLeadStatus();  //更新导联模式和颜色设置
5.        //红色心形图闪烁，1s 闪烁一次
6.        if (sCnt < 1)
7.        {
8.            sCnt++;
9.            ((CWnd*)GetDlgItem(IDC_STATIC_HEART))->ShowWindow(SW_SHOW);
10.       }
11.       else
12.       {
13.           ((CWnd*)GetDlgItem(IDC_STATIC_HEART))->ShowWindow(SW_HIDE);
14.           sCnt = 0;
15.       }
16.       return TRUE;
17.   }
```

在 DisplayParams()函数中添加第 17 至 29 行代码，如程序清单 14-18 所示，下面按照顺序对部分语句进行解释。

（1）第 18 至 22 行代码：当接收的心率为无效值或心电处于校准状态时，将“---”赋值给 mStrHR。

（2）第 25 行代码：通过 Format()函数将获取的心率有效值转换为字符串后赋值给 mStrHR。

（3）第 28 至 29 行代码：修改界面的静态文本控件 IDC_STATIC_HR，显示当前心率。

程序清单 14-18

```
1.  void CParamMonitorDlg::DisplayParams(void)
2.  {
3.      ……
4.  
5.      //Resp RR
6.      if (INVALID_PARAM == gRespParams.rr)
7.      {
8.          mStrParamRr = _T("---");
9.      }
10.     else
11.     {
12.         mStrParamRr.Format("%3d", gRespParams.rr);
13.     }
14. 
15.     mCtrlParamRr.SetWindowText(mStrParamRr);
16. 
17.     //ECG HR
18.     if (INVALID_PARAM == gECGParams.hr
19.         || gECGStatus.bCalibrating)
20.     {
21.         mStrHR = _T("---");
22.     }
23.     else
24.     {
25.         mStrHR.Format("%3d", gECGParams.hr);
26.     }
27. 
28.     pWnd = GetDlgItem(IDC_STATIC_HR);
29.     pWnd->SetWindowText(mStrHR);
30. }
```

在 InitWave()函数中添加第 11 至 43 行代码，初始化 ECG1 和 ECG2 波形绘制信息，如程序清单 14-19 所示。

程序清单 14-19

```
1.  void CParamMonitorDlg::InitWave(void)
2.  {
3.      ……
4.  
5.      //创建画笔（波形画笔、擦除画笔）
6.      mRespDrawPen.CreatePen(PS_SOLID, 1, mCrResp);
7.      mRespErasePen.CreatePen(PS_SOLID, 1, mCrBackground);
8.  
```

```
9.       mRespDC = ::GetDC(mCtrlWaveResp.m_hWnd);       //获取呼吸波形句柄
10.
11.      //ECG1
12.      mCtrlWaveECG1.GetClientRect(Rect);             //获取客户区的窗口
13.
14.      mECG1Rect = *(LPCRECT)Rect;
15.      mECG1RectWidth = Rect.Width();
16.      mECG1RectHeight = Rect.Height();
17.
18.      //设置初始画图位置
19.      mECG1WaveX = 0;
20.      mECG1WaveY = 0;
21.
22.      //创建画笔（波形画笔、擦除画笔）
23.      mECG1DrawPen.CreatePen(PS_SOLID, 1, mCrECG1);
24.      mECG1ErasePen.CreatePen(PS_SOLID, 1, mCrBackground);
25.
26.      mECG1DC = ::GetDC(mCtrlWaveECG1.m_hWnd);       //获取心电波形句柄
27.
28.      //ECG2
29.      mCtrlWaveECG2.GetClientRect(Rect);             //获取客户区的窗口
30.
31.      mECG2Rect = *(LPCRECT)Rect;
32.      mECG2RectWidth = Rect.Width();
33.      mECG2RectHeight = Rect.Height();
34.
35.      //设置初始画图位置
36.      mECG2WaveX = 0;
37.      mECG2WaveY = 0;
38.
39.      //创建画笔（波形画笔、擦除画笔）
40.      mECG2DrawPen.CreatePen(PS_SOLID, 1, mCrECG2);
41.      mECG2ErasePen.CreatePen(PS_SOLID, 1, mCrBackground);
42.
43.      mECG2DC = ::GetDC(mCtrlWaveECG2.m_hWnd);       //获取心电波形句柄
44.
45.      mDrawWaveInit = true;                          //设置完成标志位
46. }
```

在 DrawRespWave()函数后添加 DrawECGWave()函数的实现代码，如程序清单 14-20 所示，下面按照顺序对部分语句进行解释。

（1）第 3 至 6 行代码：若波形初始化标志位为 FALSE，则返回。

（2）第 16 至 19 行代码：当波形图大小超出上边界时，超出部分的 Y 坐标值等于心电 1 波形图显示区域的顶端坐标。

（3）第 20 至 23 行代码：当波形图大小超出下边界时，超出部分的 Y 坐标值等于心电 1 波形图显示区域的底端坐标。

（4）第 28 至 31 行代码：当波形图的 X 坐标到达波形图显示区域的最右端时，重置为波形图显示区域的最左端。

（5）第 39 行代码：设置 nEraseX 的值比 mECG1WaveX 的值大 10。

（6）第 40 至 43 行代码：当 nEraseX 的值超出右边界时，nEraseX 的值等于 10-(mECG1Rect.right-mECG1WaveX)。

（7）第 44 行代码：设置画笔在当前 nEraseX 时的 Y 坐标值最大，即当前点位于上边界。

（8）第 45 行代码：画笔从上边界画到下边界，由于此时画笔的颜色为波形图显示区域的背景颜色，所以这个操作实现了波形图的擦除。

（9）第 47 至 90 行代码：画 ECG2 的操作同画 ECG1。

程序清单 14-20

```
1.  LRESULT CParamMonitorDlg::DrawECGWave(WPARAM wParam, LPARAM lParam)
2.  {
3.      if (FALSE == mDrawWaveInit)
4.      {
5.          return FALSE;
6.      }
7.
8.      CDC* pDC = CDC::FromHandle(mECG1DC);        //创建并附加一个临时的 CDC 对象
9.      pDC->SelectObject(&mECG1DrawPen);
10.     pDC->MoveTo(mECG1WaveX, mECG1WaveY);        //画线起始点设置
11.
12.     //下一个 Y 的位置
13.     mECG1WaveY = mECG1Rect.bottom - (wParam - 1500) * mECG1RectHeight / (ECGMAXVALUE / 2);
14.
15.     //Y 数据太大或太小
16.     if (mECG1Rect.top > mECG1WaveY)             //超出上边界
17.     {
18.         mECG1WaveY = mECG1Rect.top;
19.     }
20.     if (mECG1Rect.bottom < mECG1WaveY)          //超出下边界
21.     {
22.         mECG1WaveY = mECG1Rect.bottom;
23.     }
24.
25.     mECG1WaveX++;                               //下一个 X 的位置
26.
27.     //波形图到框的最右端
28.     if (mECG1Rect.right <= mECG1WaveX)
29.     {
30.         mECG1WaveX = mECG1Rect.left;
31.     }
32.     else
33.     {
34.         pDC->LineTo(mECG1WaveX, mECG1WaveY); //画线
35.     }
36.
37.     //擦除波形图
38.     pDC->SelectObject(&mECG1ErasePen);
39.     int nEraseX = mECG1WaveX + 10;
40.     if (mECG1Rect.right <= nEraseX)             //擦除 X 位置超过右边界
41.     {
42.         nEraseX = 10 - (mECG1Rect.right - mECG1WaveX); //擦除最左边
43.     }
```

```
44.     pDC->MoveTo(nEraseX, mECG1Rect.top);
45.     pDC->LineTo(nEraseX, mECG1Rect.bottom);                     //从上擦到下
46.
47.     //ECG2
48.     if (ECG_LEAD_3 == gECGConfig.leadSystem)                    //3 导联不画波形图 2
49.     {
50.         return FALSE;
51.     }
52.
53.     pDC = CDC::FromHandle(mECG2DC);                             //创建并附加一个临时的 CDC 对象
54.     pDC->SelectObject(&mECG2DrawPen);
55.     pDC->MoveTo(mECG2WaveX, mECG2WaveY);                        //画线起始点设置
56.
57.     //下一个 Y 的位置
58.     mECG2WaveY = mECG2Rect.bottom - (lParam - 1500) * mECG2RectHeight / (ECGMAXVALUE / 2);
59.
60.     //Y 数据太大或太小
61.     if (mECG2Rect.top > mECG2WaveY)                             //超出上边界
62.     {
63.         mECG2WaveY = mECG2Rect.top;
64.     }
65.     if (mECG2Rect.bottom < mECG2WaveY)                          //超出下边界
66.     {
67.         mECG2WaveY = mECG2Rect.bottom;
68.     }
69.
70.     mECG2WaveX++;                                               //下一个 X 的位置
71.
72.     //波形图到框的最右边
73.     if (mECG2Rect.right <= mECG2WaveX)
74.     {
75.         mECG2WaveX = mECG2Rect.left;
76.     }
77.     else
78.     {
79.         pDC->LineTo(mECG2WaveX, mECG2WaveY);                    //画线
80.     }
81.
82.     //擦除波形图
83.     pDC->SelectObject(&mECG2ErasePen);
84.     nEraseX = mECG2WaveX + 10;
85.     if (mECG2Rect.right <= nEraseX)                             //擦除 X 位置超过右边界
86.     {
87.         nEraseX = 10 - (mECG2Rect.right - mECG2WaveX); //擦除最左边
88.     }
89.     pDC->MoveTo(nEraseX, mECG2Rect.top);
90.     pDC->LineTo(nEraseX, mECG2Rect.bottom);                     //从上擦到下
91.
92.     return TRUE;
93. }
```

在 DrawECGWave()函数后添加 RefreshECGLeadStatus()函数的实现代码，如程序清

单 14-21 所示，下面按照顺序对部分语句进行解释。

（1）第 6 行代码：将获取的 RA 状态赋值给 nLeadState。

（2）第 7 至 8 行代码：根据 nLeadState 的值设定 RA 的颜色（OFF 表示红；ON 表示绿）。

（3）第 9 行代码：根据类的对象 mNewFont 设置 RA 的字体信息，mNewFont 在 Initialize()函数中初始化。

（4）第 11 至 24 行代码：分别设置 LA、LL、V 的状态。

程序清单 14-21

```
1.  void CParamMonitorDlg::RefreshECGLeadStatus(void)
2.  {
3.      COLORREF  color;
4.      int       nLeadState;
5.
6.      nLeadState = gECGStatus.bLeadDetachedRA ? OFF : ON;
7.      color = gColorOnOff[nLeadState];
8.      mCtrlRA.SetTextColor(color);
9.      GetDlgItem(IDC_STATIC_RA)->SetFont(&mNewFont);  //设置 RA 的字体大小
10.
11.     nLeadState = gECGStatus.bLeadDetachedLA ? OFF : ON;
12.     color = gColorOnOff[nLeadState];
13.     mCtrlLA.SetTextColor(color);
14.     GetDlgItem(IDC_STATIC_LA)->SetFont(&mNewFont);  //设置 LA 的字体大小
15.
16.     nLeadState = gECGStatus.bLeadDetachedLL ? OFF : ON;
17.     color = gColorOnOff[nLeadState];
18.     mCtrlLL.SetTextColor(color);
19.     GetDlgItem(IDC_STATIC_LL)->SetFont(&mNewFont);  //设置 LL 的字体大小
20.
21.     nLeadState = gECGStatus.bLeadDetachedV ? OFF : ON;
22.     color = gColorOnOff[nLeadState];
23.     mCtrlV.SetTextColor(color);
24.     GetDlgItem(IDC_STATIC_V)->SetFont(&mNewFont);   //设置 V 的字体大小
25. }
```

在 RefreshECGLeadStatus()函数后添加 InitECGLeadStatus()函数的实现代码，设置心电初始导联状态为脱落，在主界面显示为红色，如程序清单 14-22 所示。

程序清单 14-22

```
1.  void CParamMonitorDlg::InitECGLeadStatus(void)
2.  {
3.      COLORREF  color;
4.
5.      color = gColorOnOff[OFF];
6.      mCtrlRA.SetTextColor(color);
7.
8.      color = gColorOnOff[OFF];
9.      mCtrlLA.SetTextColor(color);
10.
11.     color = gColorOnOff[OFF];
12.     mCtrlLL.SetTextColor(color);
13.
```

```
14.         color = gColorOnOff[OFF];
15.         mCtrlV.SetTextColor(color);
16.  }
```

完成代码添加后，单击软件界面的▶ 本地 Windows 调试器 按钮编译并运行项目，验证运行效果是否与 14.2.3 节一致。

本 章 任 务

基于前面学习的知识及对本章代码的理解，以及第 9 章已完成的独立测量心电界面，设计一个只监测和显示心电参数的应用程序。

本 章 习 题

1．心电的 RA、LA、RL、LL 和 V 分别代表什么？

2．正常成人心率取值范围是什么？正常新生儿心率取值范围是什么？

3．如果心率为 80 次/min，按照图 B-7 定义的心率数据包应该是怎样的？

第 15 章　数据存储实验

通过第 10 章至第 14 章的 5 个实验，实现了五大生理参数的监测功能。本章将在其基础上进一步完善应用程序的数据存储功能，然后通过代码对应用程序的数据存储功能进行详细介绍。

15.1　实验内容

数据存储功能主要用于保存各个生理参数的实时监测数据，通过多次记录不同时刻的各生理参数的实际测量情况，可对比了解人体各个时间段的生理参数变化趋势。本实验要求了解数据存储功能的逻辑处理过程，然后完善处理数据存储的底层代码，实现人体生理参数检测系统软件平台的数据存储功能。

15.2　实验原理

15.2.1　设计框图

数据存储应用程序的设计框图如图 15-1 所示。

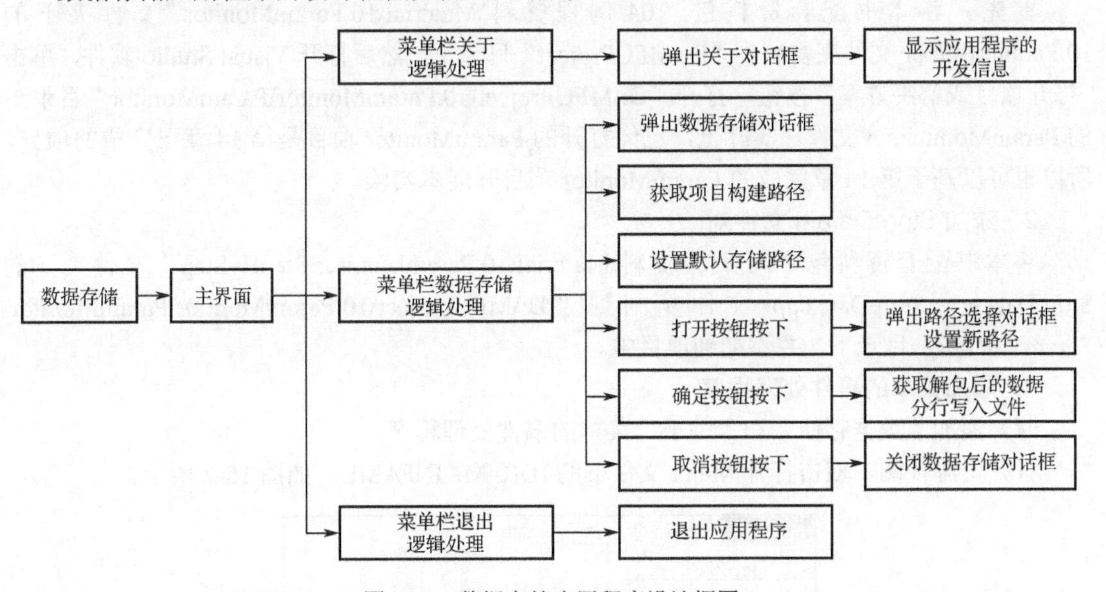

图 15-1　数据存储应用程序设计框图

15.2.2　数据存储与文件保存

在第 8.2.2 节介绍了实现文件读取所需要的类与函数，本节数据存储与文件保存的实现方法与文件读取类似。

通过 CFileDialog 类的模态对话框，设置文件名和保存路径，然后通过 GetPathName()函数获取文件名和保存路径，示例如下：

```
CFileDialog fileDlg(FALSE, "csv", _T("Test"));
fileDlg.m_ofn.lpstrTitle = "Save File";
fileDlg.m_ofn.lpstrFilter = szFilters;
if (IDOK == fileDlg.DoModal())
{
    ……
    gSaveDir = fileDlg.GetPathName();
}
```

通过 ofstream 的 open()函数打开文件，并指定打开模式为 std::ios::ate | std::ios::out，此时若要打开的文件不存在，则会先新建该文件再打开。

若要向文件中写入数据，则可以使用“<<”操作符，用法示例如下：

```
mWirteFile.open( “out.txt”, std::ios::ate | std::ios::out);
mWirteFile << “hello”;
mWirteFile.close();
```

以只写模式打开 out.txt 文件，若不存在则新建 out.txt，然后向 out.txt 中写入“hello”并换行，最后通过 close()函数关闭文件。

15.3　实验步骤

1．复制基准项目

首先，将本书配套资料包“04.例程资料\Material\10.ParamMonitor”文件夹下的 10.ParamMonitor 文件夹复制到“D:\MFCProject”目录下，然后打开 Visual Studio 软件，单击“打开项目或解决方案”按钮，打开“D:\MFCProject\10.ParamMonitor\ParamMonitor”目录下的 ParamMonitor.sln 文件。实际上，已经打开的 ParamMonitor 项目是第 14 章已完成的项目，所以也可以基于第 14 章完成的 ParamMonitor 项目开展本实验。

2．添加 StoreData.h 文件对

将本书配套资料包“04.例程资料\Material\10.ParamMonitor\StepByStep”文件夹下的 StoreData.h、StoreData.cpp 文件复制到“D:\MFCProject\10.ParamMonitor\ParamMonitor\ParamMonitor”目录下，并添加到项目中。

3．添加菜单的事件处理程序

（1）添加“数据存储”和“关于”菜单的事件处理程序。

打开资源视图，双击打开 Menu 文件下的 IDR_MAINFAME，如图 15-2 所示。

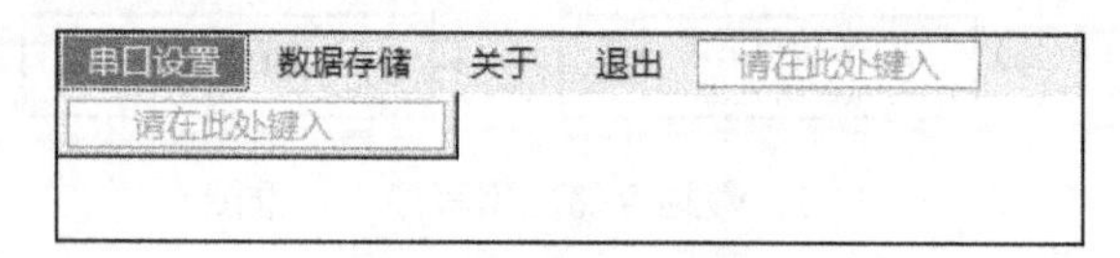

图 15-2　菜单栏视图

右击“数据存储”菜单，在弹出的快捷菜单中选择“添加事件处理程序”选项，然后在弹出的对话框中的“类列表”栏选择“CParamMonitorDlg”选项，消息类型默认为 COMMAND，函数名默认为 OnDataStore，完成设置后单击“确定”按钮，如图 15-3 所示。

同理，为“关于”菜单添加事件处理程序，“类列表”栏选择“CParamMonitorDlg”选项，其他选项保持默认即可。

（2）添加 IDD_DIALOG_STOREDATA 设计界面中控件的事件处理程序。

在资源视图下，双击打开 Dialog 文件下的 IDD_DIALOG_STOREDATA 设计界面，如图 15-4 所示，控件说明如表 15-1 所示。

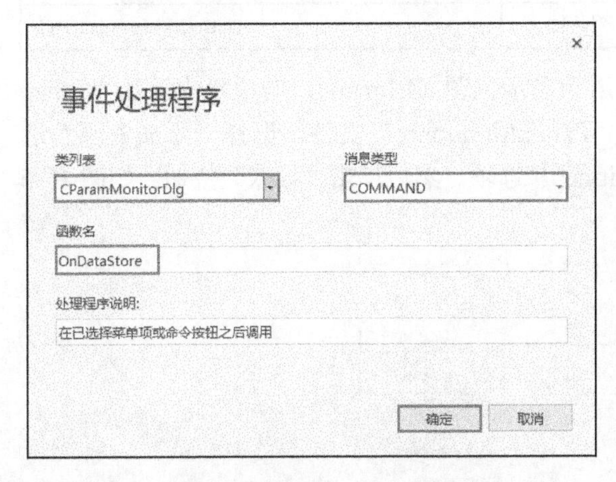

图 15-3 “数据存储”菜单的事件处理程序设置

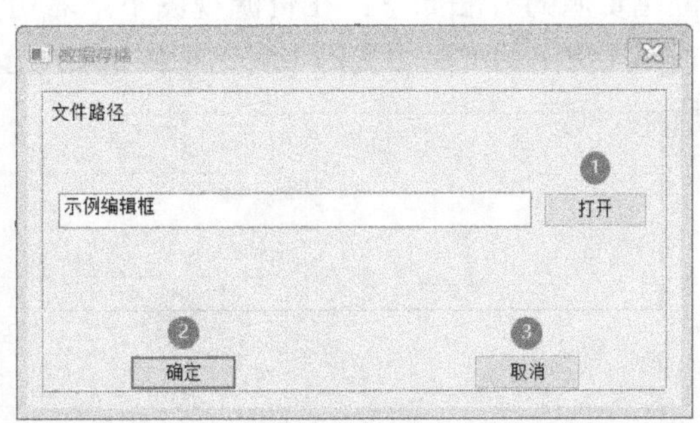

图 15-4 数据存储设计界面视图

表 15-1 控件说明

编　号	ID	功　能	添加变量/响应函数
①	IDC_BUTTON_OPEN	打开文件保存路径	OnBnClickedButtonOpen()
②	IDOK	确定保存	OnBnClickedOk()
③	IDCANCEL	取消保存	OnBnClickedCancel()

编号为①、②、③的按钮都需要添加单击响应函数，操作方法参考 2.3.1 节。这些响应函数应包含在 CStoreData 类中，因此，“类列表”一栏应选择 CStoreData。

4．完善“关于”界面

在资源视图下，双击打开 Dialog 文件下的 IDD_ABOUTBOX 设计界面，并将其中的所有控件删除，然后参考图 15-5 和表 15-2 进行界面布局并修改控件属性。

图 15-5 关于设计界面视图

表 15-2 控件说明

编　号	控 件 类 型	ID	功能	属 性 设 置	添加变量/响应函数
①	—	IDD_ABOUTBOX	关于对话框	描述文字：关于 字体：宋体（12），粗体	—

续表

编　号	控件类型	ID	功能	属性设置	添加变量/响应函数
②	Picture Control	IDC_STATIC	显示位图（Bitmap）	类型：Bitmap	—
③	Button	IDC_ABOUT_OK	退出对话框	—	OnBnClickedAboutOk()

编号为②为 Picture Control 控件，这里用于显示位图（Bitmap），向项目中添加 Bitmap 位图资源的方法如下：在资源视图下，右击“ParamMonitor.rc”文件，选择“添加资源”选项，在弹出的“添加资源”对话框中选择“Bitmap”选项，然后单击“导入”按钮，如图 15-6 所示。

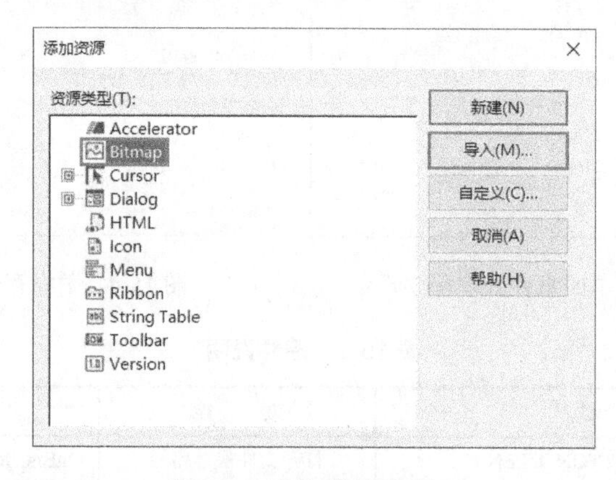

图 15-6　添加位图步骤 1

在弹出的“导入”对话框中打开“图片”文件夹（这里默认打开项目所在的路径），将文件类型设置为“所有文件”，然后选择“乐育图标”选项，单击“打开”按钮将其导入项目，如图 15-7 所示。

图 15-7　添加位图步骤 2

将位图添加至项目的资源文件中后，即可将其显示在 Picture Control 控件上，操作方法参考 2.3.9 节。

编号为③的按钮需要添加单击响应函数，操作方法参考 2.3.1 节。该响应函数应包含在 CAboutDlg 类中，因此，“类列表”一栏应选择 CAboutDlg。

完成 IDD_ABOUTBOX 设计界面的布局后，右击 Dialog 文件下的 IDD_ABOUTBOX 文件图标，选择“保存 ParamMonitor.rc”文件，在弹出如图 15-8 所示的对话框中，单击“是”按钮。

图 15-8　保存资源文件

5. 完善 System.h 文件

打开解决方案资源管理器视图，双击打开 System.h 文件，在“函数声明”区添加第 5 行代码，如程序清单 15-1 所示。

程序清单 15-1

```
1.  void InitConfig(void);                      //系统初始化函数
2.  void InitializeSystem(void);                //系统初始化函数
3.  //按照给定的符号进行字符串的分割
4.  int  SplitString(const CString str, char split, CStringArray &strArray);
5.  void PackToStr(PacketFrame Pack, int PackLen, CString& str);
6.  
7.  void InitNIBPCtrlInfo();                    //NIBP 控制信息初始化
8.  BOOL GetNIBPState(INT cmd, INT& state);     //获取 NIBP 状态
9.  BOOL IsShowCuffPressure();
```

6. 完善 System.cpp 文件

双击打开 System.cpp 文件，在“一般函数”区的 SplitString()函数后添加 PackToStr()函数的实现代码，该函数的主要功能为把数据转换成字符串，如程序清单 15-2 所示。

（1）第 6 行代码：将 1 字节数据转换为两个十六进制数。

（2）第 8 至 15 行代码：每转换一个包的数据后换行，否则通过逗号分隔数据。

程序清单 15-2

```
1.  void PackToStr(PacketFrame Pack, int PackLen, CString& str)
2.  {
3.      CString strTmp;
4.      for (int i = 0; i < PackLen; i++)
5.      {
6.          strTmp.Format(_T("%02X"), Pack.buffer[i]);   //02X 换成两个十六进制数
7.          str = str + strTmp;
8.          if(i < PackLen-1)                            //一个包占一行
9.          {
10.             str = str + ",";
```

```
11.         }
12.         else
13.         {
14.             str = str + "\n";
15.         }
16.     }
17. }
```

7. 完善 PackUnpack.h 文件

双击打开 PackUnpack.h 文件，在“包含头文件”区添加第 4 行代码，在宏定义区添加第 9 至 10 行代码，在类的定义区添加第 23 行和第 28 行代码，如程序清单 15-3 所示。

程序清单 15-3

```
1.  #include "PacketBuf.h"
2.  #include "UART.h"
3.  #include "Afxmt.h"   //用到 CCriticalSection 类
4.  #include <fstream>
5.
6.  ……
7.  //定义一个函数指针类型 MsgHandle，该函数类型为：返回值 void 参数：uchar*
8.  typedef void (*MsgHandle)(UCHAR*);
9.  extern BOOL gSaveFlag;
10. extern CString gSaveDir;
11.
12. ……
13. public:
14.
15.     CPacketBuf  mPacksReceived;                              //接收 buffer
16.     CUART       mUART;
17.     int         mErrorPack;
18.
19.     int OpenPort(int port, int baudRate, int parity);    //打开串口
20.
21.     CPackUnpack(int maxPackID);
22.     virtual ~CPackUnpack();
23.     std::ofstream mWirteFile;
24.
25.     void  Initialize(void);                                  //这个模块中的变量在这里初始化
26.     void  ReceivePack(UCHAR *pData, DWORD dwLen);         //从字节流中创建数据包
27.     bool  SendPack(PacketFrame);                             //发送包
28.     void  WriteUARTData();
29.     static int ReceiveProc(void *pData, DWORD dwLen, void *pThis);
```

8. 完善 PackUnpack.cpp 文件

双击打开 PackUnpack.cpp 文件，在“内部变量”区添加第 1 至 2 行代码，如程序清单 15-4 所示。

程序清单 15-4

```
1.  BOOL gSaveFlag = false;
2.  CString gSaveDir;
```

在“成员函数实现”区的~CPackUnpack()析构函数中添加第 3 至 6 行代码，程序退出时关闭已打开的文件，如程序清单 15-5 所示。

程序清单 15-5

```
1.   CPackUnpack::~CPackUnpack( )
2.   {
3.       if (mWirteFile)
4.       {
5.           mWirteFile.close();
6.       }
7.   }
```

在 ReceivePack()函数中添加第 12 至 15 行代码，解包成功时保存数据，如程序清单 15-6 所示。

程序清单 15-6

```
1.   void  CPackUnpack::ReceivePack(UCHAR *pData, DWORD dwLen)
2.   {
3.       ……
4.                   //整个数据包被接收
5.                   if(0 >= mRestByte)
6.                   {
7.                       result = UnpackWithCheckSum(&mCurrPack.buffer[0]);
8.   
9.                       if(result)  //成功解包
10.                      {
11.                          mPacksReceived.Put(mCurrPack);
12.                          if (!gSaveDir.IsEmpty())
13.                          {
14.                              WriteUARTData();
15.                          }
16.                      }
17.      ……
18.  }
```

在 OpenPort()函数后添加 WriteUARTData()函数的实现代码，如程序清单 15-7 所示。下面按照顺序对部分语句进行解释。

（1）第 3 行代码：通过变量 gSaveFlag 来判断是否进行数据保存。

（2）第 5 至 8 行代码：当前如果有文件正在写，则先把它关闭。

（3）第 9 至 11 行代码：以覆盖方式打开文件，并把标志位置反，每次只打开一次。

（4）第 15 至 17 行代码：调用 PackToStr()函数把数据转换为字符串，再写入文件中。

程序清单 15-7

```
1.   void CPackUnpack::WriteUARTData()
2.   {
3.       if (gSaveFlag)
4.       {
5.           if (mWirteFile)
6.           {
7.               mWirteFile.close();
8.           }
9.           //mWirteFile.open(gSaveDir, std::ios::app); //在文件末尾追加
10.          mWirteFile.open(gSaveDir, std::ios::ate | std::ios::out);
11.          gSaveFlag = false;
12.      }
```

```
13.     else
14.     {
15.         CString strValue;
16.         ::PackToStr(mCurrPack, mCurrPackLen, strValue);
17.         mWirteFile << strValue;
18.     }
19. }
```

9．完善 StoreData.cpp 文件

双击打开 StoreData.cpp 文件，在“包含头文件”区添加第 5 行代码，如程序清单 15-8 所示。

程序清单 15-8

```
1.  #include "pch.h"
2.  #include "ParamMonitor.h"
3.  #include "StoreData.h"
4.  #include "afxdialogex.h"
5.  #include "PackUnpack.h"
```

在 OnInitDialog()函数中添加第 6 至 11 行代码，如程序清单 15-9 所示。

第 6 至 11 行代码：在初始化“数据存储”界面时，若获取的文件保存路径不为空，则直接显示在“数据存储”界面的文本编辑框中。

程序清单 15-9

```
1.  BOOL CStoreData::OnInitDialog()
2.  {
3.      CDialogEx::OnInitDialog();
4.
5.      //TODO:  在此添加额外的初始化
6.      if (!gSaveDir.IsEmpty())
7.      {
8.          CWnd* pWnd;
9.          pWnd = GetDlgItem(IDC_EDIT_SAVE_DIR);
10.         pWnd->SetWindowText(gSaveDir);   //显示文件路径
11.     }
12.
13.     return TRUE;        //除非将焦点设置到控件，否则返回 TRUE
14.                         //异常：OCX 属性页应返回 FALSE
15. }
```

在 OnBnClickedButtonOpen()函数中添加第 4 至 22 行代码，如程序清单 15-10 所示，下面按照顺序对部分语句进行解释。

（1）第 5 至 11 行代码：定义可以保存的文件类型。

（2）第 13 行代码：设置保存的文件类型为“csv”，文件名为“Test”。

（3）第 14 行代码：设置保存文件时的窗口标题为“Save File”。

（4）第 15 行代码：设定可以保存的文件类型。

（5）第 16 至 22 行代码：将获取的文件保存路径显示在“数据存储”对话框界面的文本编辑框里。

程序清单 15-10

```
1.  void CStoreData::OnBnClickedButtonOpen()
2.  {
3.      //TODO: 在此添加控件通知处理程序代码
4.      CWnd* pWnd;
5.      char szFilters[] =
6.          "CSV file(*.csv)\0*.csv\0"\
7.          "C++ source file(*.h;*,hpp;*.cpp)\0*.h;*.hpp;*.cpp\0"\
8.          "Text File(*.txt)\0*.txt\0"\
9.          "All Typle(*.*)\0*.*\0" \
10.         "Lua source file(*.lua)\0*.lua\0"\
11.         "\0";
12.
13.     CFileDialog fileDlg(FALSE, "csv", _T("Test"));
14.     fileDlg.m_ofn.lpstrTitle = "Save File";
15.     fileDlg.m_ofn.lpstrFilter = szFilters;
16.     if (IDOK == fileDlg.DoModal())
17.     {
18.         pWnd = GetDlgItem(IDC_EDIT_SAVE_DIR);
19.         pWnd->SetWindowText(fileDlg.GetPathName()); //显示文件路径
20.         gSaveDir = fileDlg.GetPathName();
21.
22.     }
23. }
```

在 OnBnClickedOk()函数中添加第 4 至 5 行代码，如程序清单 15-11 所示，下面按照顺序对部分语句进行解释。

（1）第 4 行代码：将保存文件标志位置为 true。

（2）第 5 行代码：关闭“数据存储”对话框。

程序清单 15-11

```
1.  void CStoreData::OnBnClickedOk()
2.  {
3.      //TODO: 在此添加控件通知处理程序代码
4.      gSaveFlag = true;
5.      CDialogEx::OnOK();
6.  }
```

10. 完善 ParamMonitorDlg.cpp 文件

双击打开 ParamMonitorDlg.cpp 文件，在“包含头文件”区添加第 6 行代码，如程序清单 15-12 所示。

程序清单 15-12

```
1.  #include "pch.h"
2.  ……
3.  #include "Global.h"
4.  #include "Procmsg.h"
5.  #include "NIBPSetup.h"
6.  #include "StoreData.h"
```

在 OnDataStore()函数中添加第 4 至 5 行代码，如程序清单 15-13 所示。

第 4 至 5 行代码：声明一个 CStoreData 类对象，然后通过声明的对象调用 DoModal()函数打开“数据存储”对话框。

程序清单 15-13

```
1.  void CParamMonitorDlg::OnDataStore()
2.  {
3.      //TODO: 在此添加命令处理程序代码
4.      CStoreData dlg;
5.      dlg.DoModal();
6.  }
```

在 OnAbout()函数中添加第 4 至 5 行代码，如程序清单 15-14 所示。

第 4 至 5 行代码：声明一个 CAboutDlg 类对象，然后通过声明的对象调用 DoModal()函数打开“关于”对话框。

程序清单 15-14

```
1.  void CParamMonitorDlg::OnAbout()
2.  {
3.      //TODO: 在此添加命令处理程序代码
4.      CAboutDlg dlg;
5.      dlg.DoModal();
6.  }
```

在 OnBnClickedAboutOk()函数中添加第 4 行代码，当按下“关于”对话框界面的“确定”按钮时，关闭“关于”对话框，如程序清单 15-15 所示。

程序清单 15-15

```
1.  void CAboutDlg::OnBnClickedAboutOk()
2.  {
3.      //TODO: 在此添加控件通知处理程序代码
4.      CDialogEx::OnOK();
5.  }
```

11. 程序验证

完成代码添加后，单击软件界面的 ▶ 本地 Windows 调试器 按钮编译并运行项目。单击“串口设置”菜单项然后单击“打开串口”按钮。然后将人体生理参数监测系统硬件平台设置为输出五参数据，即可看到体温、呼吸、血氧和心电的参数及动态波形图，血压参数需要单独测量。

单击“数据存储”菜单项，弹出“数据存储”对话框，然后单击“打开”按钮，在弹出的 Save File 对话框中，选择保存文件的路径，这里选择保存在解决方案所在的路径，下一次单击“打开”按钮时会默认跳转到该路径。文件名默认为“Text”，保存类型默认为 CSV file，完成设置后单击“保存”按钮，如图 15-9 所示。

路径选择完成后可以在“数据存储”界面的文本编辑框中看到选择的存储路径，然后单击“确定”按钮开始保存数据，如图 15-10 所示。注意，在保存数据的过程中，只要程序还在运行，数据会一直保存，需要退出程序才能终止保存。

退出程序完成数据存储，打开相应文件夹，可见已成功新建 Test.csv 文件，表明存储数据成功，如图 15-11 所示。

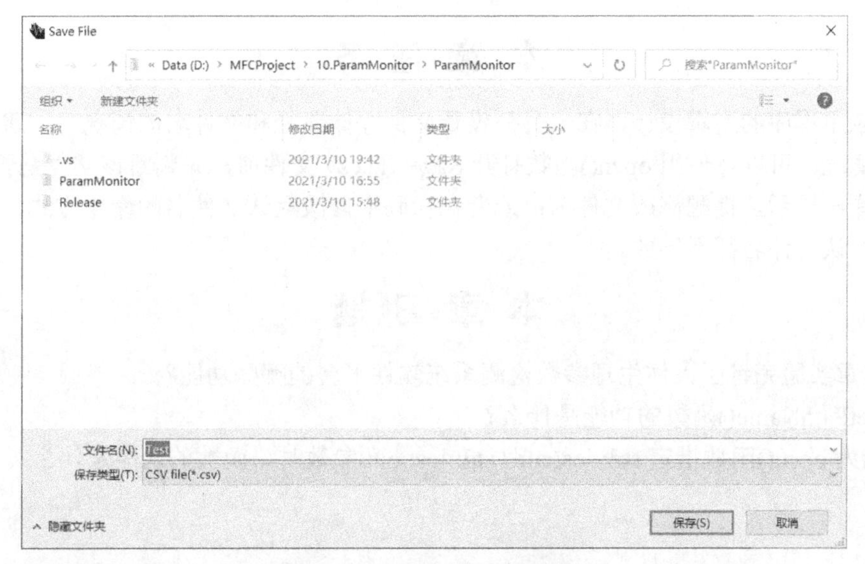

图 15-9　选择文件存储路径

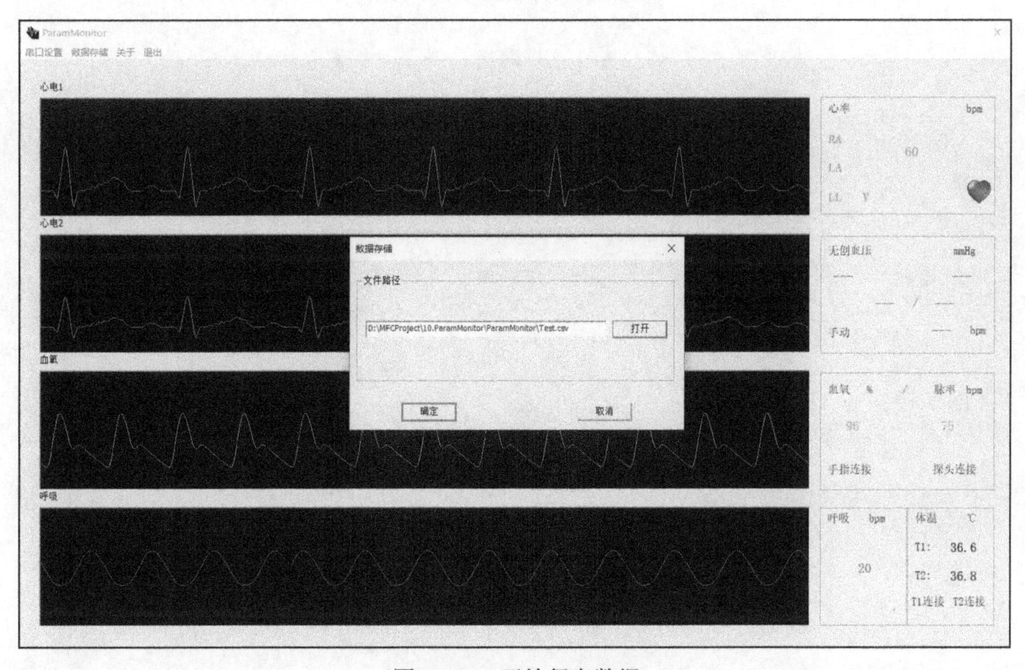

图 15-10　开始保存数据

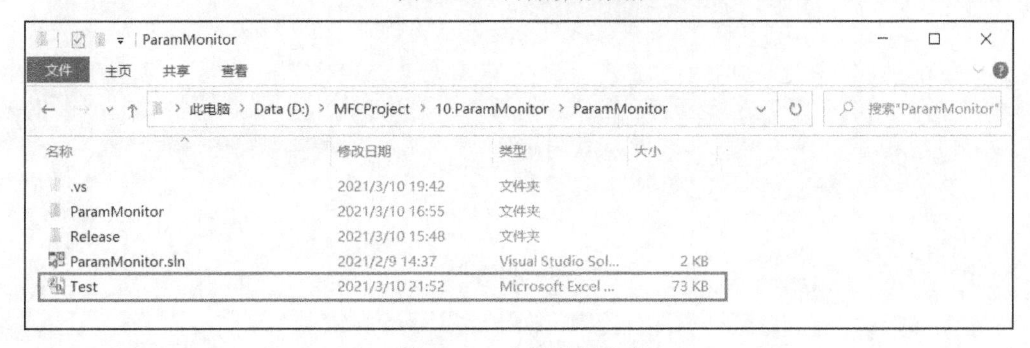

图 15-11　文件保存成功

本 章 任 务

完善应用程序的逻辑设计，在未另外设置文件存储路径和文件名的情况下，避免发生数据覆盖的情况。可以在使用 open()函数打开 SaveFile.csv 文件前，先判断该文件是否已存在，若存在则弹出提示，提醒修改文件名；或者在代码中修改默认文件名的命令方式，使得每次保存时的默认文件名都不一致。

本 章 习 题

1．本章实验完善了人体生理参数检测系统软件平台的哪些功能？

2．GetPathName()函数的功能是什么？

3．当为 open()函数指定 std::ios::ate | std::ios::out 参数时，函数的功能是什么？

附录 A　人体生理参数监测系统使用说明

人体生理参数监测系统（型号：LY-M501）用于采集人体五大生理参数（体温、血氧、呼吸、心电、血压）信号，并对这些信号进行处理，最终将处理后的数字信号通过 USB 连接线、蓝牙或 Wi-Fi 发送到不同的主机平台，如医疗电子单片机开发系统、医疗电子 FGPA 开发系统、医疗电子 DSP 开发系统、医疗电子嵌入式开发系统、emWin 软件平台、MFC 软件平台、WinForm 软件平台、Matlab 软件平台和 Android 移动平台等，实现人体生理参数监测系统与各主机平台之间的交互。

图 A-1 是人体生理参数监测系统正面视图，其中，左键为“功能”按键，右键为“模式”按键，中间的显示屏用于显示一些简单的参数信息。

图 A-2 是人体生理参数监测系统的按键和显示界面，通过“功能”按键可以控制人体生理参数监测系统按照“背光模式”→“数据模式”→“通信模式”→“参数模式”的顺序在不同模式之间循环切换。

图 A-1　人体生理参数监测系统正面视图

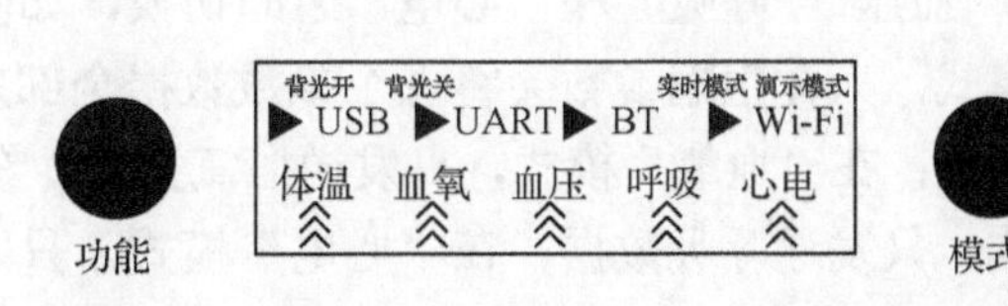

图 A-2　人体生理参数监测系统的按键和显示界面

“背光模式”包括“背光开”和“背光关”，系统默认为“背光开”；“数据模式”包括“实时模式”和“演示模式”，系统默认为“演示模式”；“通信模式”包括 USB、UART、BT 和 Wi-Fi，系统默认为 USB；“参数模式”包括“五参”“体温”“血氧”“血压”“呼吸”和“心电”，系统默认为“五参”。

通过“功能”按键，切换到“背光模式”，然后通过“模式”按键切换人体生理参数监测系统显示屏背光的开启和关闭，如图 A-3 所示。

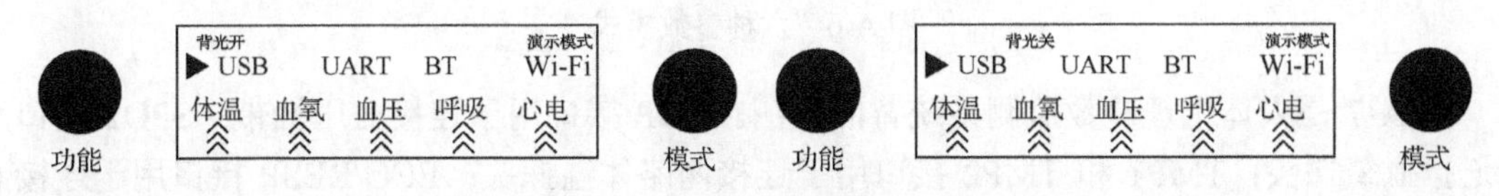

图 A-3　背光开启和关闭模式

通过“功能”按键，切换到“数据模式”，然后通过“模式”按键在“演示模式”和“实时模式”之间切换，如图 A-4 所示。在“演示模式”，人体生理参数监测系统不连接模拟器，也可以向主机发送人体生理参数模拟数据；在“实时模式”，人体生理参数监测系统需要连接模拟器，向主机发送模拟器的实时数据。

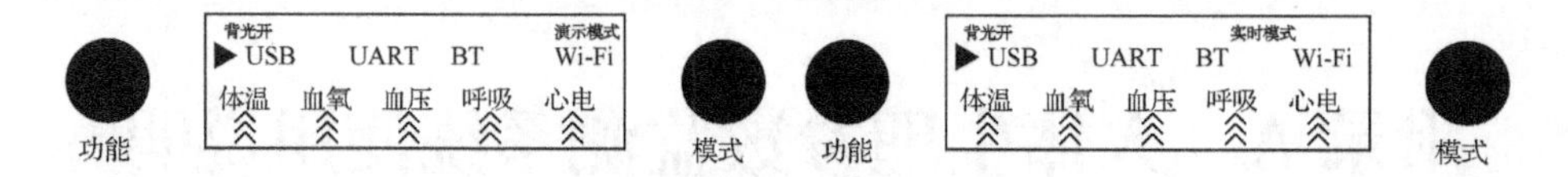

图 A-4　演示模式和实时模式

通过“功能”按键，切换到“通信模式”，然后通过“模式”按键在 USB、UART、BT 和 Wi-Fi 之间切换，如图 A-5 所示。在 USB 通信模式，人体生理参数监测系统通过 USB 连接线与主机平台进行通信，USB 连接线上的信号是 USB 信号；在 UART 通信模式，人体生理参数监测系统通过 USB 连接线与主机平台进行通信，USB 连接线上的信号是 UART 信号；在 BT 通信模式，人体生理参数监测系统通过蓝牙与主机平台进行通信；在 Wi-Fi 通信模式，人体生理参数监测系统通过 Wi-Fi 与主机平台进行通信。

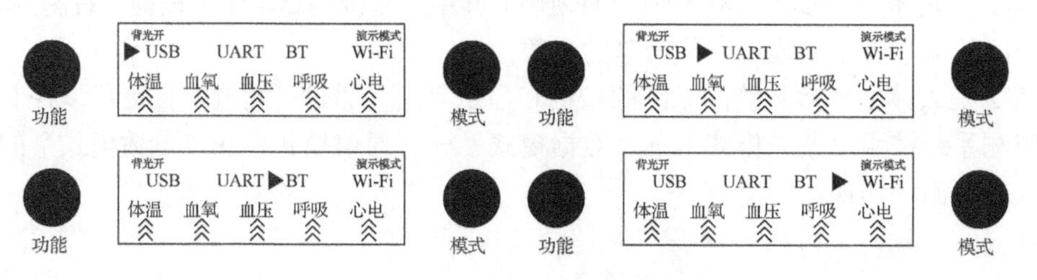

图 A-5　四种通信模式

通过“功能”按键，切换到“参数模式”，然后通过“模式”按键在“五参”“体温”“血氧”“血压”“呼吸”和“心电”之间切换，如图 A-6 所示。系统默认为“五参”模式，在这种模式，人体生理参数会将五个参数数据全部发送至主机平台；在“体温”模式，只发送体温数据；在“血氧”模式，只发送血氧数据；在“血压”模式，只发送血压数据；在“呼吸”模式，只发送呼吸数据；在“心电”模式，只发送心电数据。

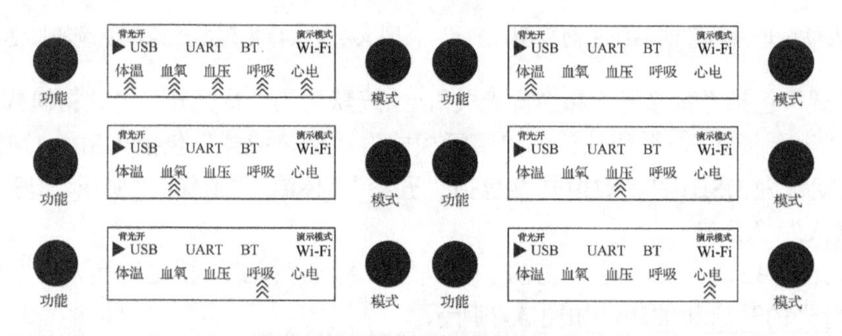

图 A-6　六种参数模式

图 A-7 是人体生理参数监测系统背面视图。NBP 接口用于连接血压袖带；SPO2 接口用于连接血氧探头；TMP1 和 TMP2 接口用于连接两路体温探头；ECG/RESP 接口用于连接心电线缆；USB/UART 接口用于连接 USB 连接线；12V 接口用于连接 12V 电源适配器；拨动开关用于控制人体生理参数监测系统的电源开关。

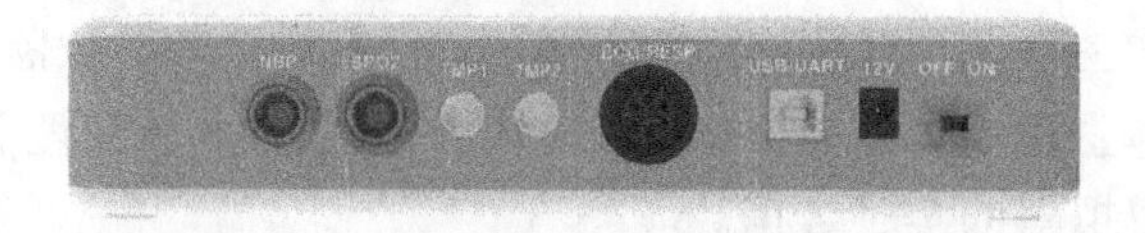

图 A-7　人体生理参数监测系统背面视图

附录 B　PCT 通信协议应用在人体生理参数监测系统说明

该说明由深圳市乐育科技有限公司在 2019 年发布，版本为 LY-STD008—2019。该说明详细介绍了 PCT 通信协议在 LY-M501 型人体生理参数监测系统上的应用。

B.1　模块 ID 定义

LY-M501 型人体生理参数监测系统包括 6 个模块，分别是系统模块、心电模块、呼吸模块、体温模块、血氧模块和无创血压模块，因此模块 ID 也有 6 个。LY-M501 型人体生理参数监测系统的模块 ID 定义如表 B-1 所示。

表 B-1　模块 ID 定义

序　号	模 块 名 称	ID　号	模块宏定义
1	系统模块	0x01	MODULE_SYS
2	心电模块	0x10	MODULE_ECG
3	呼吸模块	0x11	MODULE_RESP
4	体温模块	0x12	MODULE_TEMP
5	血氧模块	0x13	MODULE_SPO2
6	无创血压模块	0x14	MODULE_NIBP

二级 ID 又分为从机发送给主机的数据包类型 ID 和主机发送给从机的命令包类型 ID。下面分别按照从机发送给主机的数据包类型 ID 和主机发送给从机的命令包类型 ID 进行介绍。

B.2　从机发送给主机数据包类型 ID

从机发送给主机数据包的模块 ID、二级 ID 的解释说明如表 B-2 所示。

表 B-2　从机发送给主机数据包的模块 ID、二级 ID 的解释说明

序　号	模块 ID	二级 ID 宏定义	二级 ID	发 送 帧 率	说　明
1	0x01	DAT_RST	0x01	从机复位后发送，若主机无应答，则每秒重发一次	系统复位信息
2		DAT_SYS_STS	0x02	1 次/s	系统状态
3		DAT_SELF_CHECK	0x03	按请求发送	系统自检结果
4		DAT_CMD_ACK	0x04	接收到命令后发送	命令应答
5	0x10	DAT_ECG_WAVE	0x02	125 次/s	心电波形数据
6		DAT_ECG_LEAD	0x03	1 次/s	心电导联信息
7		DAT_ECG_HR	0x04	1 次/s	心率
8		DAT_ST	0x05	1 次/s	心电 ST 值
9		DAT_ST_PAT	0x06	当模板更新时每 30ms 发送 1 次（整个模板共 50 个包，每 10s 更新 1 次）	心电 ST 模板波形

续表

序　号	模块 ID	二级 ID 宏定义	二级 ID	发 送 帧 率	说　明
10	0x11	DAT_RESP_WAVE	0x02	25 次/s	呼吸波形数据
11		DAT_RESP_RR	0x03	1 次/s	呼吸率
12		DAT_RESP_APNEA	0x04	1 次/s	窒息报警
13		DAT_RESP_CVA	0x05	1 次/s	呼吸 CVA 报警信息
14	0x12	DAT_TEMP_DATA	0x02	1 次/s	体温数据
15	0x13	DAT_SPO2_WAVE	0x02	25 次/s	血氧波形数据
16		DAT_SPO2_DATA	0x03	1 次/s	血氧数据
17	0x14	DAT_NIBP_CUFPRE	0x02	5 次/s	无创血压实时数据
18		DAT_NIBP_END	0x03	测量结束发送	无创血压测量结束
19		DAT_NIBP_RSLT1	0x04	接收到查询命令或测量结束发送	无创血压测量结果 1
20		DAT_NIBP_RSLT2	0x05	接收到查询命令或测量结束发送	无创血压测量结果 2
21		DAT_NIBP_STS	0x06	接收到查询命令发送	无创血压测量状态

下面按照顺序对从机发送给主机数据包进行详细介绍。

1. 系统复位信息（DAT_RST）

系统复位信息数据包由从机向主机发送，以达到从机和主机同步的目的。因此，从机复位后，从机会主动向主机发送此数据包，如果主机无应答，则每秒重发一次，直到主机应答。图 B-1 即为系统复位信息数据包的定义。

模块ID	HEAD	二级ID	DAT1	DAT2	DAT3	DAT4	DAT5	DAT6	CHECK
01H	数据头	01H	保留	保留	保留	保留	保留	保留	校验和

图 B-1　系统复位信息数据包

人体生理参数监测系统的默认设置参数如表 B-3 所示。

表 B-3　人体生理参数监测系统的默认设置参数

序　号	选　项	默 认 参 数
1	患者信息设置	成人
2	3/5 导联设置	5 导联
3	导联方式选择	通道 1-II 导联；通道 2-I 导联
4	滤波方式选择	诊断方式
5	心电增益选择	×1
6	1mV 校准信号设置	关
7	工频抑制设置	关
8	起搏分析开关	关
9	ST 测量的 ISO 和 ST 点	ISO-80ms；ST-108ms
10	呼吸增益选择	×1
11	窒息报警时间选择	20s

续表

序　号	选　项	默认参数
12	体温探头类型设置	YSI
13	SPO2 灵敏度设置	中
14	NIBP 手动/自动设置	手动
15	NIBP 设置初次充气压力	160mmHg

2. 系统状态（DAT_SYS_STS）

系统状态数据包是由从机向主机发送的数据包，图 B-2 即为系统状态数据包的定义。

模块ID	HEAD	二级ID	DAT1	DAT2	DAT3	DAT4	DAT5	DAT6	CHECK
01H	数据头	02H	电压监测	保留	保留	保留	保留	保留	校验和

图 B-2　系统状态数据包

电压监测为 8 位无符号数，其定义如表 B-4 所示。系统状态数据包每秒发送一次。

表 B-4　电压监测的解释说明

位	解释说明
7:4	保留
3:2	3.3V 电压状态：00，3.3V 电压正常；01，3.3V 电压太高；10，3.3V 电压太低；11，保留
1:0	5V 电压状态：00，5V 电压正常；01，5V 电压太高；10，5V 电压太低；11，保留

3. 系统的自检结果（DAT_SELF_CHECK）

系统自检结果数据包是由从机向主机发送的数据包，图 B-3 即为系统自检结果数据包的定义。

模块ID	HEAD	二级ID	DAT1	DAT2	DAT3	DAT4	DAT5	DAT6	CHECK
01H	数据头	03H	自检结果 1	自检结果 2	版本号	模块标识 1	模块标识 2	模块标识 3	校验和

图 B-3　系统自检结果数据包

自检结果 1 定义如表 B-5 所示，自检结果 2 定义如表 B-6 所示。系统自检结果数据包按请求发送。

表 B-5　自检结果 1 的解释说明

位	解释说明
7:5	保留
4	Watchdog 自检结果：0，自检正确；1，自检错
3	A/D 自检结果：0，自检正确；1，自检错
2	RAM 自检结果：0，自检正确；1，自检错
1	ROM 自检结果：0，自检正确；1，自检错
0	CPU 自检结果：0，自检正确；1，自检错

表 B-6　自检结果 2 的解释说明

位	解 释 说 明
7:5	保留
4	NIBP 自检结果：0，自检正确；1，自检错
3	SPO2 自检结果：0，自检正确；1，自检错
2	TEMP 自检结果：0，自检正确；1，自检错
1	RESP 自检结果：0，自检正确；1，自检错
0	ECG 自检结果：0，自检正确；1，自检错

4．命令应答（DAT_CMD_ACK）

命令应答数据包是从机在接收到主机发送的命令后，向主机发送的命令应答数据包，主机在向从机发送命令的时候，如果没收到命令应答数据包，应再发送两次命令，如果第三次发送命令后还未收到从机的命令应答数据包，则放弃命令发送，图 B-4 即为命令应答数据包的定义。

模块ID	HEAD	二级ID	DAT1	DAT2	DAT3	DAT4	DAT5	DAT6	CHECK
01H	数据头	04H	模块ID	二级ID	应答消息	保留	保留	保留	校验和

图 B-4　命令应答数据包

应答消息定义如表 B-7 所示。

表 B-7　应答消息的解释说明

位	解 释 说 明
7:0	应答消息：0，命令成功；1，校验和错误；2，命令包长度错误； 3，无效命令；4，命令参数数据错误；5，命令不接受

5．心电波形数据（DAT_ECG_WAVE）

心电波形数据包是由从机向主机发送的两通道心电波形数据，如图 B-5 所示。

模块ID	HEAD	二级ID	DAT1	DAT2	DAT3	DAT4	DAT5	DAT6	CHECK
10H	数据头	02H	ECG1 波形数据 高字节	ECG1 波形数据 低字节	ECG2 波形数据 高字节	ECG2 波形数据 低字节	ECG 状态	保留	校验和

图 B-5　心电波形数据包

ECG1、ECG2 心电波形数据是 16 位无符号数，波形数据以 2048 为基线，数据范围为 0～4095，心电导联脱落时发送的数据为 2048。心电数据包每 2ms 发送一次。

6．心电导联信息（DAT_ECG_LEAD）

心电导联信息数据包是由从机向主机发送的心电导联信息，如图 B-6 所示。

模块ID	HEAD	二级ID	DAT1	DAT2	DAT3	DAT4	DAT5	DAT6	CHECK
10H	数据头	03H	导联信息	过载报警	保留	保留	保留	保留	校验和

图 B-6　心电导联信息数据包

导联信息定义如表B-8所示。

表B-8　导联信息的解释说明

位	解释说明
7:4	保留
3	V导联连接信息：1，导联脱落；0，连接正常
2	RA导联连接信息：1，导联脱落；0，连接正常
1	LA导联连接信息：1，导联脱落；0，连接正常
0	LL导联连接信息：1，导联脱落；0，连接正常

在3导联模式下，由于只有RA、LA、LL共3个导联，不能处理V导联的信息。5导联模式下，由于RL作为驱动导联，不检测RL的导联连接状态。

过载报警定义如表B-9所示。过载信息表明ECG信号饱和，主机必须根据该信息进行报警。心电导联信息数据包每秒发送1次。

表B-9　过载报警的解释说明

位	解释说明
7:2	保留
1	ECG通道2过载信息：0，正常；1，过载
0	ECG通道1过载信息：0，正常；1，过载

7. 心率（DAT_ECG_HR）

心率数据包是由从机向主机发送的心率值，图B-7即为心率数据包的定义。

模块ID	HEAD	二级ID	DAT1	DAT2	DAT3	DAT4	DAT5	DAT6	CHECK
10H	数据头	04H	心率高字节	心率低字节	保留	保留	保留	保留	校验和

图B-7　心率数据包

心率是16位有符号数，有效数据范围为0～350次/min，-100代表无效值。心率数据包每秒发送1次。

8. 心电ST值（DAT_ST）

心电ST值数据包是由从机向主机发送的心电ST值，图B-8即为ST值数据包的定义。

模块ID	HEAD	二级ID	DAT1	DAT2	DAT3	DAT4	DAT5	DAT6	CHECK
10H	数据头	05H	ST1偏移高字节	ST1偏移低字节	ST2偏移高字节	ST2偏移低字节	保留	保留	校验和

图B-8　心电ST值数据包

ST偏移值为16位的有符号数，所有的值都扩大100倍。例如，125代表1.25mv，-125代表-1.25mv。-10000代表无效值。心电ST值数据包每秒发送1次。

9. 心电ST模板波形（DAT_ST_PAT）

心电ST模板波形数据包是由从机向主机发送的心电ST模板波形，图B-9即为心电ST模板波形数据包的定义。

模块ID	HEAD	二级ID	DAT1	DAT2	DAT3	DAT4	DAT5	DAT6	CHECK
10H	数据头	06H	顺序号	ST模板数据1	ST模板数据2	ST模板数据3	ST模板数据4	ST模板数据5	校验和

图 B-9　心电 ST 模板波形数据包

顺序号定义如表 B-10 所示。

表 B-10　顺序号的解释说明

位	解 释 说 明
7	通道号：0，通道 1；1，通道 2
6:0	顺序号：0～49，每个 ST 模板波形分 50 次传送，每次 5 字节，共计 250 字节

ST 模板数据 1～5 均为 8 位无符号数，250 字节的 ST 模板波形数据组成长度为 1s 的心电波形，波形基线为 128，第 125 个数据为 R 波位置，上位机可以根据模板波形进行 ISO 和 ST 设置。心电 ST 模板波形数据包在 ST 模板更新完成后每 30ms 发送 1 次，整个模板共 50 个包，ST 模板波形每 10s 更新一次。

10. 呼吸波形数据（DAT_RESP_WAVE）

呼吸波形数据包是由从机向主机发送的呼吸波形，图 B-10 即为呼吸波形数据包的定义。

模块ID	HEAD	二级ID	DAT1	DAT2	DAT3	DAT4	DAT5	DAT6	CHECK
11H	数据头	02H	呼吸波形数据1	呼吸波形数据2	呼吸波形数据3	呼吸波形数据4	呼吸波形数据5	保留	校验和

图 B-10　呼吸波形数据包

呼吸波形数据为 8 位无符号数，有效数据范围为 0～255，当 RA/LL 导联脱落时波形数据为 128。呼吸波形数据包每 40ms 发送一次。

11. 呼吸率（DAT_RESP_RR）

呼吸率数据包是由从机向主机发送的呼吸率，图 B-11 即为呼吸率数据包的定义。

模块ID	HEAD	二级ID	DAT1	DAT2	DAT3	DAT4	DAT5	DAT6	CHECK
11H	数据头	03H	呼吸率高字节	呼吸率低字节	保留	保留	保留	保留	校验和

图 B-11　呼吸率数据包

呼吸率为 16 位有符号数，有效数据范围为 6～120 次/min，-100 代表无效值，导联脱落时呼吸率等于-100，窒息时呼吸率为 0。呼吸率数据包每秒发送 1 次。

12. 窒息报警（DAT_RESP_APNEA）

窒息报警数据包是由从机向主机发送的呼吸窒息报警信息，图 B-12 即为窒息报警数据包的定义。

模块ID	HEAD	二级ID	DAT1	DAT2	DAT3	DAT4	DAT5	DAT6	CHECK
11H	数据头	04H	报警信息	保留	保留	保留	保留	保留	校验和

图 B-12　窒息报警数据包

报警信息：0代表无报警，1代表有报警，窒息时呼吸率为0。窒息报警数据包每秒发送1次。

13．呼吸CVA报警信息（DAT_RESP_CVA）

呼吸CVA报警信息数据包是由从机向主机发送的CVA报警信息，图B-13即为呼吸CVA报警信息数据包的定义。

模块ID	HEAD	二级ID	DAT1	DAT2	DAT3	DAT4	DAT5	DAT6	CHECK
11H	数据头	05H	CVA检测	保留	保留	保留	保留	保留	校验和

图B-13　呼吸CVA报警信息数据包

CVA报警信息：0代表没有CVA报警信息，1代表有CVA报警信息。CVA（Cardio Vascular Artifact）为心动干扰，是心电信号叠加在呼吸波形上的干扰，如果模块检测到该干扰存在，则发送该报警信息。CVA报警时呼吸率为无效值（-100）。呼吸CVA报警信息数据包每秒发送1次。

14．体温数据（DAT_TEMP_DATA）

体温数据包是由从机向主机发送的双通道体温值和探头信息，图B-14即为体温数据包的定义。

模块ID	HEAD	二级ID	DAT1	DAT2	DAT3	DAT4	DAT5	DAT6	CHECK
12H	数据头	02H	体温探头状态	体温通道1高字节	体温通道1低字节	体温通道2高字节	体温通道2低字节	保留	校验和

图B-14　体温数据包

体温探头状态定义如表B-11所示，需要注意的是，体温数据为16位有符号数，有效数据范围为0～500，数据扩大10倍，单位是摄氏度。例如，368代表36.8℃，-100代表无效数据。体温数据包每秒发送1次。

表B-11　体温探头状态的解释说明

位	解释说明
7:2	保留
1	体温通道2：0，体温探头接上；1，体温探头脱落
0	体温通道1：0，体温探头接上；1，体温探头脱落

15．血氧波形数据（DAT_SPO2_WAVE）

血氧波形数据包是由从机向主机发送的血氧波形数据，图B-15即为血氧波形数据包的定义。

模块ID	HEAD	二级ID	DAT1	DAT2	DAT3	DAT4	DAT5	DAT6	CHECK
13H	数据头	02H	血氧波形数据1	血氧波形数据2	血氧波形数据3	血氧波形数据4	血氧波形数据5	血氧测量状态	校验和

图B-15　血氧波形数据包

血氧测量状态定义如表B-12所示。血氧波形为8位无符号数，数据范围为0～255，探头脱落时血氧波形为 0。血压波形数据包每 40ms 发送一次。

表 B-12　血氧测量状态的解释说明

位	解释说明
7	SPO2 探头手指脱落标志：1 代表探头手指脱落
6	保留
5	保留
4	SPO2 探头脱落标志：1 代表探头脱落
3:0	保留

16．血氧数据（DAT_SPO2_DATA）

血氧数据包是由从机向主机发送的血氧数据，如脉率和氧饱和度，图 B-16 即为血氧数据包的定义。

模块ID	HEAD	二级ID	DAT1	DAT2	DAT3	DAT4	DAT5	DAT6	CHECK
13H	数据头	03H	氧饱和度信息	脉率高字节	脉率低字节	氧饱和度数据	保留	保留	校验和

图 B-16　血氧数据包

氧饱和度信息定义如表 B-13 所示。脉率为 16 位有符号数，有效数据范围为 0～255 次/min，-100 代表无效值。氧饱和度为 8 位有符号数，有效数据范围为 0～100%，-100 代表无效值。血氧数据包每秒发送 1 次。

表 B-13　氧饱和度信息的解释说明

位	解释说明
7:6	保留
5	氧饱和度下降标志：1 代表氧饱和度下降
4	搜索时间太长标志：1 代表搜索脉搏的时间大于 15s
3:0	信号强度（0～8，15 代表无效值），表示脉搏搏动的强度

17．无创血压实时数据（DAT_NIBP_CUFPRE）

无创血压实时数据包是由从机向主机发送的袖带压等数据，图 B-17 即为无创血压实时数据包的定义。

模块ID	HEAD	二级ID	DAT1	DAT2	DAT3	DAT4	DAT5	DAT6	CHECK
14H	数据头	02H	袖带压高字节	袖带压低字节	袖带类型错误标志	测量类型	保留	保留	校验和

图 B-17　无创血压实时数据包

袖带类型错误标志如表 B-14 所示，测量类型定义如表 B-15 所示。需要注意的是，袖带压力为 16 位有符号数，数据范围为 0～300mmHg，-100 代表无效值。无创血压实时数据包每秒发送 5 次。

表 B-14　袖带类型错误标志的解释说明

位	解释说明
7:0	袖带类型错误标志： 0，表示袖带使用正常； 1，表示在成人/儿童模式下，检测到新生儿袖带； 上位机在该标志为1时应该立即发送停止命令停止测量

表 B-15　测量类型的解释说明

位	解释说明
7:0	测量类型： 1，在手动测量方式下； 2，在自动测量方式下； 3，在 STAT 测量方式下； 4，在校准方式下； 5，在漏气检测中

18．无创血压测量结束（DAT_NIBP_END）

无创血压测量结束数据包是由从机向主机发送的无创血压测量结束信息，图 B-18 即为无创血压测量结束数据包的定义。

模块ID	HEAD	二级ID	DAT1	DAT2	DAT3	DAT4	DAT5	DAT6	CHECK
14H	数据头	03H	测量类型	保留	保留	保留	保留	保留	校验和

图 B-18　无创血压测量结束数据包

测量类型定义如表 B-16 所示，无创血压测量结束数据包在测量结束后发送。

表 B-16　测量类型的解释说明

位	解释说明
7:0	测量类型： 1，手动测量方式下测量结束； 2，自动测量方式下测量结束； 3，STAT 测量结束； 4，在校准方式下测量结束； 5，在漏气检测中测量结束； 6，STAT 测量方式中单次测量结束； 10，系统错误，具体错误信息见 NIBP 状态包

19．无创血压测量结果 1（DAT_NIBP_RSLT1）

无创血压测量结果 1 数据包是由从机向主机发送的无创血压收缩压、舒张压和平均压，图 B-19 即为无创血压测量结果 1 数据包的定义。

模块ID	HEAD	二级ID	DAT1	DAT2	DAT3	DAT4	DAT5	DAT6	CHECK
14H	数据头	04H	收缩压 高字节	收缩压 低字节	舒张压 高字节	舒张压 低字节	平均压 高字节	平均压 低字节	校验和

图 B-19　无创血压测量结果 1 数据包

需要注意的是，收缩压、舒张压、平均压均为 16 位有符号数，数据范围为 0～300mmHg，-100 代表无效值，无创血压测量结果 1 数据包在测量结束后和接收到查询测量结果命令后发送。

20. 无创血压测量结果 2（DAT_NIBP_RSLT2）

无创血压测量结果 2 数据包是由从机向主机发送的无创血压脉率值，图 B-20 即为无创血压测量结果 2 数据包的定义。

模块ID	HEAD	二级ID	DAT1	DAT2	DAT3	DAT4	DAT5	DAT6	CHECK
14H	数据头	05H	脉率 高字节	脉率 高字节	保留	保留	保留	保留	校验和

图 B-20　无创血压测量结果 2 数据包

需要注意的是，脉率为 16 位有符号数，-100 代表无效值，无创血压测量结果 2 数据包在测量结束和接收到查询测量结果命令后发送。

21. 无创血压测量状态（DAT_NIBP_STS）

无创血压测量状态数据包是由从机向主机发送的无创血压状态、测量周期、测量错误、剩余时间，图 B-21 即为无创血压测量状态数据包的定义。

模块ID	HEAD	二级ID	DAT1	DAT2	DAT3	DAT4	DAT5	DAT6	CHECK
14H	数据头	06H	无创血压 状态	测量周期	测量错误	剩余时间 高字节	剩余时间 低字节	保留	校验和

图 B-21　无创血压测量状态数据包

无创血压状态定义如表 B-17 所示，无创血压测量周期定义如表 B-18 所示，无创血压测量错误定义如表 B-19 所示。无创血压剩余时间为 16 位无符号数，单位为秒。无创血压状态数据包在接收到查询命令或复位后发送。

表 B-17　无创血压状态的解释说明

位	解 释 说 明
7:6	保留
5:4	患者信息：00，成人模式；01，儿童模式；10，新生儿模式
3:0	无创血压状态： 0000，无创血压待命； 0001，手动测量中； 0010，自动测量中； 0011，STAT 测量中； 0100，校准中； 0101，漏气检测中； 0110，无创血压复位； 1010，系统出错，具体错误信息见测量错误字节

表 B-18 无创血压测量周期的解释说明

位	解释说明
7:0	无创血压测量周期（8位无符号数）： 0，在手动测量方式下； 1，在自动测量方式下，对应周期为1min； 2，在自动测量方式下，对应周期为2min； 3，在自动测量方式下，对应周期为3min； 4，在自动测量方式下，对应周期为4min； 5，在自动测量方式下，对应周期为5min； 6，在自动测量方式下，对应周期为10min； 7，在自动测量方式下，对应周期为15min； 8，在自动测量方式下，对应周期为30min； 9，在自动测量方式下，对应周期为1h； 10，在自动测量方式下，对应周期为1.5h； 11，在自动测量方式下，对应周期为2h； 12，在自动测量方式下，对应周期为3h； 13，在自动测量方式下，对应周期为4h； 14，在自动测量方式下，对应周期为8h； 15，在STAT测量方式下

表 B-19 无创血压测量错误的解释说明

位	解释说明
7:0	无创血压测量错误（8位无符号数）： 0，无错误； 1，袖带过松，可能是未接袖带或气路中漏气； 2，漏气，可能是阀门或气路中漏气； 3，气压错误，可能是阀门无法正常打开； 4，弱信号，可能是测量对象脉搏太弱或袖带过松； 5，超范围，可能是测量对象的血压值超过了测量范围； 6，过分运动，可能是测量时信号中含有太多干扰； 7，过压，袖带压超过范围，成人300mmHg，儿童240mmHg，新生儿150mmHg； 8，信号饱和，由于运动或其他原因使信号幅度太大； 9，漏气检测失败，在漏气检测中，发现系统气路漏气； 10，系统错误，充气泵、A/D采样、压力传感器出错； 11，超时，某次测量超过规定时间，成人/儿童袖带压超过200mmHg时为120s，未超过时为90s，新生儿为90s

B.3 主机发送给从机命令包类型ID

主机发送给从机命令包的模块ID、二级ID的解释说明如表B-20所示。

表 B-20 主机发送给从机命令包的模块ID、二级ID的解释说明

序号	模块ID	二级ID定义	ID号	定义	说明
1	0x01	CMD_RST_ACK	0x80	格式同模块发送数据格式	模块复位信息应答
2		CMD_GET_POST_RSLT	0x81	查询下位机的自检结果	读取自检结果
3		CMD_PAT_TYPE	0x90	设置患者类型为成人、儿童或新生儿	患者类型设置

续表

序　号	模块 ID	二级 ID 定义	ID 号	定　义	说　明
4	0x10	CMD_LEAD_SYS	0x80	设置 ECG 导联为 5 导联或 3 导联模式	3/5 导联设置
5		CMD_LEAD_TYPE	0x81	设置通道 1 或通道 2 的 ECG 导联：Ⅰ、Ⅱ、Ⅲ、AVL、AVR、AVF、V	导联方式设置
6		CMD_FILTER_MODE	0x82	设置通道 1 或通道 2 的 ECG 滤波方式：诊断、监护、手术	心电滤波方式设置
7		CMD_ECG_GAIN	0x83	设置通道 1 或通道 2 的 ECG 增益：×0.25、×0.5、×1、×2	ECG 增益设置
8		CMD_ECG_CAL	0x84	设置 ECG 波形为 1Hz 的校准信号	心电校准
9		CMD_ECG_TRA	0x85	设置 50/60Hz 工频干扰抑制的开关	工频干扰抑制开关
10		CMD_ECG_PACE	0x86	设置起搏分析的开关	起搏分析开关
11		CMD_ECG_ST_ISO	0x87	设置 ST 计算的 ISO 和 ST 点	ST 测量 ISO、ST 点
12		CMD_ECG_CHANNEL	0x88	选择心率计算为通道 1 或通道 2	心率计算通道
13		CMD_ECG_LEADRN	0x89	重新计算心率	心率重新计算
14	0x11	CMD_RESP_GAIN	0x80	设置呼吸增益为：×0.25、×0.5、×1、×2、×4	呼吸增益设置
15		CMD_RESP_APNEA	0x81	设置呼吸窒息的报警延迟时间：10～40s	呼吸窒息报警时间设置
16	0x12	CMD_TEMP	0x80	设置体温探头的类型：YSI/CY-F1	Temp 参数设置
17	0x13	CMD_SPO2	0x80	设置 SPO2 的测量灵敏度	SPO2 参数设置
18	0x14	CMD_NIBP_START	0x80	启动一次血压手动/自动测量	NIBP 启动测量
19		CMD_NIBP_END	0x81	结束当前的测量	NIBP 中止测量
20		CMD_NIBP_PERIOD	0x82	设置血压自动测量的周期	NIBP 测量周期设置
21		CMD_NIBP_CALIB	0x83	血压进入校准状态	NIBP 校准
22		CMD_NIBP_RST	0x84	软件复位血压模块	NIBP 模块复位
23		CMD_NIBP_CHECK_LEAK	0x85	血压气路进行漏气检测	NIBP 漏气检测
24		CMD_NIBP_QUERY_STS	0x86	查询血压模块的状态	NIBP 查询状态
25		CMD_NIBP_FIRST_PRE	0x87	设置下次血压测量的首次充气压力	NIBP 首次充气压力设置
26		CMD_NIBP_CONT	0x88	开始 5min 的 STAT 血压测量	开始 5min 的 STAT 血压测量
27		CMD_NIBP_RSLT	0x89	查询上次血压的测量结果	NIBP 查询上次测量结果

下面按照顺序对主机发送给从机命令包进行详细讲解。

1. 模块复位信息应答（CMD_RST_ACK）

模块复位信息应答命令包是通过主机向从机发送的命令，当从机给主机发送复位信息，主机收到复位信息后就会发送模块复位信息应答命令包给从机，图 B-22 为模块复位信息应答命令包的定义。

模块ID	HEAD	二级ID	DAT1	DAT2	DAT3	DAT4	DAT5	DAT6	CHECK
01H	数据头	80H	保留	保留	保留	保留	保留	保留	校验和

图 B-22　模块复位信息应答命令包

2. 读取自检结果（CMD_GET_POST_RSLT）

读取自检结果命令包是通过主机向从机发送的命令，从机会返回系统的自检结果数据包，同时从机还应返回命令应答包。图B-23即为读取自检结果命令包的定义。

模块ID	HEAD	二级ID	DAT1	DAT2	DAT3	DAT4	DAT5	DAT6	CHECK
01H	数据头	81H	保留	保留	保留	保留	保留	保留	校验和

图B-23　读取自检结果命令包

3. 患者类型设置（CMD_PAT_TYPE）

患者类型设置命令包是通过主机向从机发送的命令，以达到对患者类型进行设置的目的，图B-24即为患者类型设置命令包的定义。

模块ID	HEAD	二级ID	DAT1	DAT2	DAT3	DAT4	DAT5	DAT6	CHECK
01H	数据头	90H	病人类型	保留	保留	保留	保留	保留	校验和

图B-24　患者类型设置命令包

患者类型定义如表B-21所示，需要注意的是，复位后，患者类型默认值为成人。

表B-21　患者类型的解释说明

位	解释说明
7:0	患者类型：0，成人；1，儿童；2，新生儿

4. 3/5导联设置（CMD_LEAD_SYS）

3/5导联设置命令包是通过主机向从机发送的命令，以达到对3/5导联设置的目的，图B-25即为心电3/5导联设置命令包说明。

模块ID	HEAD	二级ID	DAT1	DAT2	DAT3	DAT4	DAT5	DAT6	CHECK
10H	数据头	80H	3/5导联设置	保留	保留	保留	保留	保留	校验和

图B-25　心电3/5导联设置命令包

3/5导联设置定义如表B-22所示，由3导联设置为5导联时通道1的导联设置为I导，通道2的导联设置为Ⅱ导。由5导联设置为3导联时通道1的导联设置为Ⅱ导。复位后的默认值为5导联。注意，3导联状态下ECG只有通道1有波形，通道2的波形为默认值2048。导联设置只能设置通道1且只有Ⅰ、Ⅱ、Ⅲ这3种选择，心率计算通道固定为通道1。

表B-22　3/5导联设置的解释说明

位	解释说明
7:0	导联设置：0，3导联；1，5导联

5. 导联方式设置（CMD_LEADTYPE）

导联方式设置命令包是通过主机向从机发送的命令，以达到对导联方式设置的目的，图B-26即为导联方式设置命令包的定义。

模块ID	HEAD	二级ID	DAT1	DAT2	DAT3	DAT4	DAT5	DAT6	CHECK
10H	数据头	81H	导联方式	保留	保留	保留	保留	保留	校验和

图 B-26　导联方式设置命令包

导联方式设置定义如表 B-23 所示。复位后默认设置为通道 1 为Ⅱ导联，通道 2 为Ⅰ导联。需要注意的是，3 导联状态下 ECG 只有通道 1 有波形，不能发送通道 2 的导联设置，通道 1 的导联设置只有Ⅰ、Ⅱ、Ⅲ这 3 种选择。否则下位机会返回命令错误信息。

表 B-23　导联方式设置的解释说明

位	解 释 说 明
7:4	通道选择：0，通道 1；1，通道 2
3:0	导联选择：0，保留；1，I 导联；2，II 导联；3，III 导联；4，AVR 导联；5，AVL 导联；6，AVF 导联；7，V 导联

6．心电滤波方式设置（CMD_FILTER_MODE）

心电滤波方式设置命令包是通过主机向从机发送的命令，以达到对滤波方式进行选择的目的，图 B-27 即为心电滤波方式设置命令包的定义。

模块ID	HEAD	二级ID	DAT1	DAT2	DAT3	DAT4	DAT5	DAT6	CHECK
10H	数据头	82H	心电滤波方式	保留	保留	保留	保留	保留	校验和

图 B-27　心电滤波方式设置命令包

心电滤波方式定义如表 B-24 所示。复位后默认设置为诊断方式。

表 B-24　心电滤波方式的解释说明

位	解 释 说 明
7:4	保留
3:0	滤波方式：0，诊断；1，监护；2，手术；3，保留

7．心电增益设置（CMD_ECG_GAIN）

心电增益设置命令包是通过主机向从机发送的命令，以达到对心电波形进行幅值调节的目的，图 B-28 即为心电增益设置命令包的定义。

模块ID	HEAD	二级ID	DAT1	DAT2	DAT3	DAT4	DAT5	DAT6	CHECK
10H	数据头	83H	心电增益	保留	保留	保留	保留	保留	校验和

图 B-28　心电增益设置命令包

心电增益定义如表 B-25 所示，需要注意的是，复位时，主机向从机发送命令，将通道 1 和通道 2 的增益设置为×1。

表 B-25　心电增益的解释说明

位	解 释 说 明
7:4	通道设置：0，通道 1；1，通道 2
3:0	增益设置：0，×0.25；1，×0.5；2，×1；3，×2；4，×4

8．心电校准（CMD_ECG_CAL）

心电校准命令包是通过主机向从机发送的命令，以达到对心电波形进行校准的目的，图 B-29 即为心电校准命令包的定义。

模块ID	HEAD	二级ID	DAT1	DAT2	DAT3	DAT4	DAT5	DAT6	CHECK
10H	数据头	84H	心电校准	保留	保留	保留	保留	保留	校验和

图 B-29　心电校准命令包

心电校准设置定义如表 B-26 所示。复位后默认设置为关。从机在收到心电校准命令后会设置心电信号为频率为 1Hz、幅度为 1mV 大小的方波校准信号。

表 B-26　心电校准设置的解释说明

位	解释说明
7:0	导联设置：1，开；0，关

9．工频干扰抑制开关（CMD_ECG_TRA）

工频干扰抑制开关命令包是通过主机向从机发送的命令，以达到对心电进行校准的目的，图 B-30 即为工频干扰抑制开关命令包的定义。

模块ID	HEAD	二级ID	DAT1	DAT2	DAT3	DAT4	DAT5	DAT6	CHECK
10H	数据头	85H	限波开关	保留	保留	保留	保留	保留	校验和

图 B-30　工频干扰抑制开关命令包

陷波开关定义如表 B-27 所示，复位后默认设置为关。

表 B-27　陷波开关的解释说明

位	解释说明
7:0	陷波开关：1，开；0，关

10．起搏分析开关（CMD_ECG_PACE）

起搏分析开关设置命令包是通过主机向从机发送的命令，以达到对心电进行起搏分析设置的目的，图 B-31 即为起搏分析开关设置命令包定义。

模块ID	HEAD	二级ID	DAT1	DAT2	DAT3	DAT4	DAT5	DAT6	CHECK
10H	数据头	86H	分析开关	保留	保留	保留	保留	保留	校验和

图 B-31　起搏分析开关设置命令包

起搏分析开关设置定义如表 B-28 所示，复位后默认值为关。

表 B-28　起搏分析开关设置的解释说明

位	解释说明
7:0	导联设置：1，起搏分析开；0，起搏分析关

11. ST 测量的 ISO、ST 点（CMD_ECG_ST_ISO）

ST 测量的 ISO、ST 点设置命令包是通过主机向从机发送命令，改变等电位点和 ST 测量点相对于 R 波顶点的位置，图 B-32 即为 ST 测量的 ISO、ST 点设置命令包的定义。

模块ID	HEAD	二级ID	DAT1	DAT2	DAT3	DAT4	DAT5	DAT6	CHECK
10H	数据头	87H	ISO点 高字节	ISO点 低字节	ST点 高字节	ST点 低字节	保留	保留	校验和

图 B-32　ST 测量的 ISO、ST 点设置命令包

ISO 点偏移量即为等电位点相对于 R 波顶点的位置，单位为 4ms，ST 点偏移量即为 ST 测量点相对于 R 波顶点的位置，单位为 4ms。复位后，ISO 点偏移量默认设置为 20×4=80ms，ST 点偏移量默认设置为 27×4=108ms。

12. 心率计算通道（CMD_ECG_CHANNEL）

心率计算通道设置命令包是通过主机向从机发送的命令，以达到选择心率计算通道的目的，图 B-33 即为心率计算通道设置命令包的定义。

模块ID	HEAD	二级ID	DAT1	DAT2	DAT3	DAT4	DAT5	DAT6	CHECK
10H	数据头	88H	心率 计算通道	保留	保留	保留	保留	保留	校验和

图 B-33　心率计算通道设置命令包

心率计算通道定义如表 B-29 所示，复位后默认值为通道 1。

表 B-29　心率计算通道的解释说明

位	解 释 说 明
7:0	导联设置：0，通道 1；1，通道 2；2，自动选择

13. 心率重新计算（CMD_ECG_LEARN）

心率重新计算命令包是通过主机向从机发送的命令，以达到心率重新计算的目的，图 B-34 即为心率重新计算命令包的定义。

模块ID	HEAD	二级ID	DAT1	DAT2	DAT3	DAT4	DAT5	DAT6	CHECK
10H	数据头	89H	保留	保留	保留	保留	保留	保留	校验和

图 B-34　心率重新计算命令包

14. 呼吸增益设置（CMD_RESP_GAIN）

呼吸增益设置命令包是通过主机向从机发送的命令，以达到对呼吸波形进行幅值调节的目的，图 B-35 即为呼吸增益设置命令包的定义。

模块ID	HEAD	二级ID	DAT1	DAT2	DAT3	DAT4	DAT5	DAT6	CHECK
11H	数据头	80H	呼吸增益	保留	保留	保留	保留	保留	校验和

图 B-35　呼吸增益设置命令包

呼吸增益具体设置如表 B-30 所示，复位时，主机向从机发送命令，将呼吸增益设置为×1。

表 B-30　呼吸增益具体设置的解释说明

位	解释说明
7:0	增益设置：0，×0.25；1，×0.5；2，×1；3，×2；4，×4

15．窒息报警时间设置（CMD_RESP_APNEA）

窒息报警时间设置命令包是通过主机向从机发送的命令，以达到对窒息报警时间进行设置的目的，图 B-36 即为窒息报警时间设置命令包的定义。

模块ID	HEAD	二级ID	DAT1	DAT2	DAT3	DAT4	DAT5	DAT6	CHECK
11H	数据头	81H	窒息报警时间	保留	保留	保留	保留	保留	校验和

图 B-36　窒息报警时间设置命令包

窒息报警延迟时间设置如表 B-31 所示，复位后窒息报警延迟时间默认设置为 20s。

表 B-31　窒息报警延迟时间设置的解释说明

位	解释说明
7:0	窒息报警延迟时间设置： 0，不报警；1，10s；2，15s；3，20s；4，25s；5，30s；6，35s；7，40s

16．体温参数设置（CMD_TEMP）

体温参数设置命令包是通过主机向从机发送的命令，以达到对体温模块进行参数设置的目的，图 B-37 即为体温参数设置命令包的定义。

模块ID	HEAD	二级ID	DAT1	DAT2	DAT3	DAT4	DAT5	DAT6	CHECK
12H	数据头	80H	探头类型	保留	保留	保留	保留	保留	校验和

图 B-37　体温参数设置命令包

探头类型如表 B-32 所示，复位时，主机向从机发送命令，将体温探头类型设置为 YSI 探头类型。

表 B-32　探头类型的解释说明

位	解释说明
7:0	探头类型：0，YSI 探头；1，CY 探头

17．血氧参数设置（CMD_SPO2）

血氧参数设置命令包是通过主机向从机发送的命令，以达到对血氧模块进行参数设置的目的，图 B-38 即为血氧参数设置命令包的定义。

模块ID	HEAD	二级ID	DAT1	DAT2	DAT3	DAT4	DAT5	DAT6	CHECK
13H	数据头	80H	计算灵敏度	保留	保留	保留	保留	保留	校验和

图 B-38　血氧参数设置命令包

计算灵敏度定义如表 B-33 所示，复位时，主机向从机发送命令，将计算灵敏度设置为中灵敏度。

表 B-33 计算灵敏度的解释说明

位	解 释 说 明
7:0	计算灵敏度：1，高；2，中；3，低

18. 无创血压启动测量（CMD_NIBP_START）

无创血压启动测量命令包是通过主机向从机发送的命令，以达到启动一次无创血压测量的目的，图 B-39 即为无创血压启动测量命令包的定义。

模块ID	HEAD	二级ID	DAT1	DAT2	DAT3	DAT4	DAT5	DAT6	CHECK
14H	数据头	80H	保留	保留	保留	保留	保留	保留	校验和

图 B-39 无创血压启动测量命令包

19. 无创血压中止测量（CMD_NIBP_END）

无创血压中止测量命令包是通过主机向从机发送的命令，以达到中止无创血压测量的目的，图 B-40 即为无创血压中止测量命令包的定义。

模块ID	HEAD	二级ID	DAT1	DAT2	DAT3	DAT4	DAT5	DAT6	CHECK
14H	数据头	81H	保留	保留	保留	保留	保留	保留	校验和

图 B-40 无创血压中止测量命令包

20. 无创血压测量周期设置（CMD_NIBP_PERIOD）

无创血压测量周期设置命令包是通过主机向从机发送的命令，以达到设置自动测量周期的目的，图 B-41 即为无创血压测量周期设置命令包的定义。

模块ID	HEAD	二级ID	DAT1	DAT2	DAT3	DAT4	DAT5	DAT6	CHECK
14H	数据头	82H	测量周期	保留	保留	保留	保留	保留	校验和

图 B-41 无创血压测量周期设置命令包

测量周期定义如表 B-34 所示，复位后，默认值为手动方式。

表 B-34 测量周期的解释说明

位	解 释 说 明
7:0	0，设置为手动方式； 1，设置自动测量周期为 1min； 2，设置自动测量周期为 2min； 3，设置自动测量周期为 3min； 4，设置自动测量周期为 4min； 5，设置自动测量周期为 5min； 6，设置自动测量周期为 10min； 7，设置自动测量周期为 15min； 8，设置自动测量周期为 30min； 9，设置自动测量周期为 60min； 10，设置自动测量周期为 90min； 11，设置自动测量周期为 120min； 12，设置自动测量周期为 180min； 13，设置自动测量周期为 240min； 14，设置自动测量周期为 480min

21．无创血压校准（CMD_NIBP_CALIB）

无创血压校准命令包是通过主机向从机发送的命令，以达到启动一次校准的目的，图B-42即为无创血压校准命令包定义。

模块ID	HEAD	二级ID	DAT1	DAT2	DAT3	DAT4	DAT5	DAT6	CHECK
14H	数据头	83H	保留	保留	保留	保留	保留	保留	校验和

图B-42　无创血压校准命令包

22．无创血压模块复位（CMD_NIBP_RST）

无创血压模块复位命令包是通过主机向从机发送的命令，以达到模块复位的目的，无创血压模块复位主要是执行打开阀门、停止充气、回到手动测量方式操作，图B-43即为无创血压模块复位命令包定义。

模块ID	HEAD	二级ID	DAT1	DAT2	DAT3	DAT4	DAT5	DAT6	CHECK
14H	数据头	84H	保留	保留	保留	保留	保留	保留	校验和

图B-43　无创血压模块复位命令包

23．无创血压漏气检测（CMD_NIBP_CHECK_LEAK）

无创血压漏气检测命令包是通过主机向从机发送的命令，以达到启动漏气检测的目的，图B-44即为无创血压漏气检测命令包定义。

模块ID	HEAD	二级ID	DAT1	DAT2	DAT3	DAT4	DAT5	DAT6	CHECK
14H	数据头	85H	保留	保留	保留	保留	保留	保留	校验和

图B-44　无创血压漏气检测命令包

24．无创血压查询状态（CMD_NIBP_QUERY）

无创血压查询状态命令包是通过主机向从机发送的命令，以达到查询无创血压状态的目的，图B-45即为无创血压查询状态命令包定义。

模块ID	HEAD	二级ID	DAT1	DAT2	DAT3	DAT4	DAT5	DAT6	CHECK
14H	数据头	86H	保留	保留	保留	保留	保留	保留	校验和

图B-45　无创血压查询状态命令包

25．无创血压首次充气压力设置（CMD_NIBP_FIRST_PRE）

无创血压首次充气压力设置命令包是通过主机向从机发送的命令，以达到设置首次充气压力的目的，图B-46即为无创血压首次充气压力设置命令包定义。

模块ID	HEAD	二级ID	DAT1	DAT2	DAT3	DAT4	DAT5	DAT6	CHECK
14H	数据头	87H	病人类型	压力值	保留	保留	保留	保留	校验和

图B-46　无创血压首次充气压力设置命令包

患者类型定义如表B-35所示，初次充气压力定义如表B-36所示。成人模式的压力范围为80～250mmHg，儿童模式的压力范围为80～200mmHg，新生儿模式的压力范围为60～

120mmHg，该命令包只有在相应的测量对象模式时才有效。当切换患者模式时，初次充气压力会设为各模式的默认值，即成人模式初次充气的压力的默认值为 160mmHg，儿童模式初次充气的压力的默认值为 120mmHg，新生儿模式初次充气的压力的默认值为 70mmHg。另外，系统复位后的默认设置为成人模式，初次充气压力为 160mmHg。

表 B-35　患者类型的解释说明

位	解 释 说 明
7:0	患者类型：0，成人；1，儿童；2，新生儿

表 B-36　初次充气压力的解释说明

位	解 释 说 明
7:0	新生儿模式下，压力范围：60～120mmHg 儿童模式下，压力范围：80～200mmHg 成人模式下，压力范围：80～240mmHg 60，设置初次充气压力为 60mmHg 70，设置初次充气压力为 70mmHg 80，设置初次充气压力为 80mmHg 100，设置初次充气压力为 100mmHg 120，设置初次充气压力为 120mmHg 140，设置初次充气压力为 140mmHg 150，设置初次充气压力为 150mmHg 160，设置初次充气压力为 160mmHg 180，设置初次充气压力为 180mmHg 200，设置初次充气压力为 200mmHg 220，设置初次充气压力为 220mmHg 240，设置初次充气压力为 240mmHg

26. 无创血压启动 STAT 测量（CMD_NIBP_CONT）

无创血压启动 STAT 测量命令包是通过主机向从机发送的命令，以达到启动 STAT 测量的目的，图 B-47 即为无创血压启动 STAT 测量命令包定义。

模块ID	HEAD	二级ID	DAT1	DAT2	DAT3	DAT4	DAT5	DAT6	CHECK
14H	数据头	88H	保留	保留	保留	保留	保留	保留	校验和

图 B-47　无创血压启动 STAT 测量命令包

27. 无创血压查询测量结果（CMD_NIBP_RSLT）

无创血压查询测量结果命令包是通过主机向从机发送的命令，以达到查询测量结果的目的，图 B-48 即为无创血压查询测量结果命令包定义。

模块ID	HEAD	二级ID	DAT1	DAT2	DAT3	DAT4	DAT5	DAT6	CHECK
14H	数据头	89H	保留	保留	保留	保留	保留	保留	校验和

图 B-48　无创血压查询测量结果命令包

附录 C　C++语言（MFC 版）软件设计规范（LY-STD012—2021）

该规范是由深圳市乐育科技有限公司于 2019 年发布的 C++语言（MFC 版）软件设计规范，版本为 LY-STD012—2021。该规范详细介绍了 MFC 中 C++语言的书写规范，包括排版、注释、命名规范等，还详细介绍了 CPP 文件模板和 H 文件模板。使用代码书写规则和规范可以使程序更加规范和高效，对代码的理解和维护起到至关重要的作用。

C.1　文件结构

每个 C++程序模块通常由两个文件构成。一个文件用于保存程序的声明（Declaration），称为头文件。另一个文件用于保存程序的实现（Implementation），称为定义（Definition）文件。C++程序的头文件以.h 为后缀，C++程序的定义文件通常以.cpp 为后缀。

1．版权和版本的声明

版权和版本的声明位于头文件和定义文件的开头，主要内容有：

（1）版权信息。

（2）文件名称，标识符，摘要。

（3）当前版本号，作者/修改者，完成日期。

（4）版本历史信息等。

2．头文件结构

文件结构从上至下依次为：

（1）版权和版本的声明。

（2）预处理块：#pragma once 方式。

（3）用#include 格式来引用标准库的头文件。

（4）宏定义：定义变量等。

（5）枚举结构体定义。

（6）函数和类结构声明等。

注意事项：

（1）为了防止头文件被重复引用，应当用#pragma once 方式结构产生预处理块。

（2）头文件中只存放“声明”而不存放“定义”。在 C++语法中，类的成员函数可以在声明的同时被定义，并且自动成为内联函数。这虽然会带来书写上的方便，但却造成了风格不一致，弊大于利。建议将成员函数的定义与声明分开，不论该函数体有多小。

（3）不建议使用全局变量，尽量不要在头文件中出现像 extern int value 这类声明。

（4）头文件的作用，通过头文件来调用库功能。在很多场合，源代码不便（或不允许）向用户公布，只要向用户提供头文件和二进制的库即可。用户只需要按照头文件中的接口声明来调用库功能，而不必关心接口如何实现。编译器会从库中提取相应的代码。

头文件能加强类型安全检查。如果某个接口被实现或被使用时，其方式与头文件中的声明不一致，编译器就会指出错误，这个简单的规则能很大程度地减轻程序员调试和改错的负担。

3．定义文件结构

定义文件有五部分内容：

（1）版权和版本声明。

（2）头文件的引用。

（3）宏定义。

（4）内部变量定义。

（5）程序的实现体（包括数据和代码）。

C.2 命名规范

标识符的命名要清晰、明了，有明确含义，同时使用完整的单词或大家基本可以理解的缩写，避免使人产生误解。

较短的单词可通过去掉“元音”形成缩写，较长的单词可取单词的头几个字母形成缩写；一些单词有大家公认的缩写。

例如：message 可缩写为 msg；flag 可缩写为 flg；increment 可缩写为 inc。

1．三种常用命名方式介绍

（1）骆驼命名法（camelCase）

骆驼命名法，正如它的名称所表示的那样，是指混合使用大小写字母来构成变量和函数的名字。例如，用骆驼命名法命名的函数为 printEmployeePayCheck()。

（2）帕斯卡命名法（PascalCase）

与骆驼命名法类似。只不过骆驼命名法是首字母小写，而帕斯卡命名法是首字母大写，如 InitRecData。

（3）匈牙利命名法（Hungarian）

匈牙利命名法通过在变量名前面加上相应的小写字母的符号标识作为前缀，标识出变量的作用域、类型等。这些符号可以多个同时使用，顺序是先 m_（成员变量），再简单数据类型，再其他。例如，m_iFreq 表示整型成员变量。匈牙利命名法关键是，标识符的名字以一个或多个小写字母开头作为前缀；前缀之后的是首字母大写的一个单词或多个单词组合，该单词要指明变量的用途。

2．文件命名

（1）.cpp 与.h 类名尽量保持一致。

（2）头文件不能与标准头文件重名。

（3）内联函数文件名为 xxx_inl.h。

3．宏定义

全部为大写字母，下画线连接。

4．常量命名

常量使用宏的形式存在，全部为大写字母。如#define MAX_VALUE 100。

5．类型命名

（1）类型包括类、结构体、类型定义（typedef）和枚举。

（2）类的命名要求首字母大写，若是多个单词的缩写形式，则所有单词的首字母都要大写，如 WinApp（window 应用程序类）、FrameWnd（框架窗口对象类）、FormSetUART（串口设置窗口类）和 FormECG（心电窗口类）。

（3）枚举类型名应按照 AbcXyz 的格式，且枚举常量均为大写，不同单词之间用下画线隔开。例如：

```
typedef enum
{
    TIME_VAL_HOUR = 0,
    TIME_VAL_MIN,
    TIME_VAL_SEC,
    TIME_VAL_MAX
}EnumTimeVal;
```

（4）结构体命名时，结构体类型名应按照 AbcXyz 的格式，且结构体的成员变量应按照骆驼命名法。例如：

```
typedef struct
{
    short hour;
    short min;
    short sec;
}StructTimeVal;

typedef struct
{
    int patientType;
    int measureMode;
}StructCortrol;
```

6. 变量命名

（1）类的成员变量都以 m 开头，m 是 member 的首字母，以标识它是一个成员变量，在 m 后面命名变量（首字母大写），例如 int 型的成员变量 mEdit。

（2）静态变量有两类，函数外定义的静态变量称为文件内部静态变量，函数内定义的静态变量称为函数内部静态变量。注意，文件内部静态变量均定义在“内部变量”区。这两种静态变量命名格式一致，即“s+变量名（首字母大写）”。

例如：sHour，sADCConvertedValue[10]，sHeartRate。

（3）全局变量以 g 为前缀。

（4）其他变量和参数用小写字母开头的单词组合而成。例如函数内部变量采用骆驼命名法：

```
bool flag;
int drawMode;
```

注意，尽可能在定义变量的同时初始化该变量（就近原则，类的成员变量除外），如果变量的引用处和定义处相隔比较远，变量的初始化会很容易被忘记。如果引用了未被初始化的变量，可能会导致程序错误，而且很难找到出错处。

7. 函数

（1）函数名应该能体现函数完成的功能，可采用“动词+名词”的形式。关键部分应该采用完整的单词，辅助部分若太常见可采用缩写，缩写应符合英文的规范。每个单词的第一个字母小写，如 sendDataToPC()。

（2）首个单词小写字母开头，后面单词的首字母都要大写，没有下画线。

（3）存取函数小写字母以下画线连接，命名应与变量匹配，如 void set_num_entries(int num_entries)。

（4）内联函数小写字母以下画线连接。

C.3 注释

1. 文件注释

（1）所有的源文件都需要在开头有一个注释，其中列出作者、日期和版本号等。例如：

```
/*****************************************************************************************
* 模块名称:
* 摘    要:
* 当前版本: 1.0.0
* 作    者:
* 完成日期: 20XX 年 XX 月 XX 日
* 内    容:
* 注    意:
******************************************************************************************
* 取代版本:
* 作    者:
* 完成日期:
* 修改内容:
* 修改文件:
*****************************************************************************************/
```

（2）头文件还需要添加其他的注释。例如：

```
/*****************************************************************************************
*                                      包含头文件
*****************************************************************************************/

/*****************************************************************************************
*                                       宏定义
*****************************************************************************************/

/*****************************************************************************************
*                                    枚举结构体定义
*****************************************************************************************/

/*****************************************************************************************
*                                      类的定义
*****************************************************************************************/
```

（3）.cpp 文件需要再添加其他的注释。例如：

```
/*****************************************************************************************
*                                      包含头文件
*****************************************************************************************/

/*****************************************************************************************
*                                    成员函数实现
*****************************************************************************************/
```

2. 函数注释

每一个函数都应包含如下格式的注释，包括当前函数的用途，当前函数参数的含义，当前函数返回值的内容和抛出异常的列表。例如：

```
/*****************************************************************************************
* 函数名称:
* 函数功能:
* 输入参数:
* 输出参数:
* 返 回 值:
* 创建日期:
* 注     意:
*****************************************************************************************/
```

3. 其他注释

注释是源码程序中非常重要的部分，通常情况下规定有效的注释量不得少于 20%。其原则是有助于对程序的阅读理解，所以注释语言必须准确、简明扼要。注释不宜太多也不宜太少，内容要一目了然，意思表达准确，避免有歧义。总之该加注释的一定要加，不必要的地方就一定别加。在 C++语言中，程序块的注释采用“/*… */”方式，行注释采用“//…”方式。

注释通常用于：

（1）版本、版权声明。

（2）函数接口说明。

（3）重要的代码行或段落提示。

注释遵循原则如下：

（1）边写代码边注释，修改代码同时修改注释，以保证注释与代码的一致性。无用的注释要删除。

（2）注释的内容要清楚、明了，含义准确，防止注释二义性。

（3）避免在注释中使用缩写，特别是非常用的缩写。

（4）注释应考虑程序易读及外观排版的因素，使用的语言若是中、英兼有的，建议多使用中文，除非能用非常流利准确的英文表达。

（5）对代码的注释应放在其上方或右方（对单条语句的注释）相邻的位置，如放在上方则需要与其上面的代码用空行隔开。对数据结构中的每个域的注释放在此域的右方。另外上下文的注释要对齐。

（6）全局变量

全局变量应对其功能、取值范围、哪些函数或过程存取它及存取时的注意事项等进行说明。

（7）类

类的定义说明：每个类的定义要描述类的功能和用法。若有任何同步前提、可被多线程访问，务必加以说明。

类的数据成员：每个类数据成员应注释说明用途，如果变量可以接受 NULL 或-1 等警戒值，须说明。

（8）函数注释

函数的声明处注释描述函数功能，定义处描述函数实现。

（9）块结束标志

在程序块的结束行右方加注释标志，以表明某程序块的结束。当代码段较长，特别是多重嵌套时，这样做可以使代码更清晰，更便于阅读。

```
if(…)
{
    while(1)
    {
    }/*end of while(1)*/
}/* end of if(…)*/
```

C.4　排版

版式虽然不会影响程序的功能，但会影响可读性。程序的版式追求清晰、美观，使看代码的人能一目了然。

1．缩进格式

须将 Tab 键设定为 2 个空格，以免用不同的编辑器阅读程序时，因 Tab 键所设置的空格数目不同而造成程序布局不整齐。对于由开发工具自动生成的代码可以有不一致。

2．空格格式

（1）不留冗余空格。

static int Foo(char *str);每个单词相隔一个空格，不需要太多空格，但是为了对齐格式可以多加空格。例如：

```
short timer;
bool mStart;
int  mPressure;
```

（2）添加空格。

逗号后面加空格：int a, b, c;。

二目、三目运算符加空格：a = b + c; a *= 2; a = b ^ 2;。

逻辑运算符前后加空格：if(a >= b && c > d)。

（3）不添加空格。

左括号后、右括号前不加空格：if(a >= b && c > d)。

单目操作符前后不加空格：i++; p = &mem; *p = ‘a’ ; flag = !isEmpty;。

“->”“.”前后不加空格：p->id = pid; p.id = pid;。

3．空行格式

相对对立的程序块之间、变量说明之后必须加空行，同一类型的代码则放在一起，使代码看起来整洁美观。

（1）示例 1：

```
void Foo()
{
int a = 10;
------------------------空行隔开--------------------------------
printfB( “-” );
------------------------空行隔开--------------------------------
setA(a);
}
```

（2）示例2：

```
int tick;
int hour;
--------------------------空行隔开--------------------------------
hour = tick / 3600;
--------------------------空行隔开--------------------------------
if(hour >= 59)
{
     //program code
}
```

4. 换行格式

（1）不允许把多个短语句写在一行中，即一行代码只做一件事情，如只定义一个变量，或只写一条语句。例如：

```
int recData1 = 0;  int recData2 = 0;
```

应该写为：

```
int recData1 = 0;
int recData2 = 0;
```

（2）长表达式。

代码行最大长度宜控制在70至80个字符以内。代码行不要过长，否则不便于观看，也不便于打印。长表达式要在低优先级操作符处划分新行，操作符放在新行之首（以便突出操作符），划分出的新行要进行适当的缩进，使排版整齐，语句可读。例如：

```
if((1 == A.value) && (!B.enable)
&& (c.current_status != STATUS_CONNECT))
{
    return 0;
}

for(very_longer_initialization;
very_longer_condition;
very_longer_update)
{
    dosomething();
}
```

（3）打印换行。例如：

```
void Foo()
{
    printf(“Warnning this is a long printf with”
“3parameters a:%u b:%u”
“c: %u \n”, a, b, c);
}
```

（4）不留2行以上的空行。

5. 条件语句格式

if、for、do、while、case、switch、default等语句自占一行，且if、for、do、while等语

句的执行语句部分无论多少都要加花括号{}。

例如：

```
if(sFreqVal > 60)
return;
```

应该写为：

```
if(sFreqVal > 60)
{
    return;
}
```

6. 指针变量

在声明指针变量或参数时，*与变量名之间没有空格。例如：

```
char *c;
const int *a;
```

7. 预处理指令

预处理指令不要缩进，从行首开始。即使预处理指令位于缩进代码块中，指令也应该从行首开始。

```
if(…)
{
#if DISASTER_PENDING
    Set();
#endif
    Reset();
}
```

8. 括号格式

注意运算符的优先级，并用括号来明确表达式的操作顺序，避免使用默认优先级。

```
word = (high << 8) | low
if((a | b) < (c & d))
```

如果书写为：

```
word = high << 8 | low
if(a | b < c & d)
```

由于表达式 high << 8 | low 与 (high << 8) | low 的运算顺序是一样的，所以第一条语句不会出错。

但是表达式 a | b < c & d 的运算顺序与(a | b) < (c & d)不一样，所以造成判断条件出错。

9. 宏格式

（1）用宏定义表达式时，应使用括号避免运算出错。

例如以下定义的宏都存在一定的风险：

```
#define AREA(a, b) a * b
#define AREA(a, b) (a * b)
#define AREA(a, b) (a) * (b)
```

假设 a = c + d，则第一条语句为 AREA(a, b) = c + d * b；第二条为 AREA(a, b) = (c + d * b)；

再假设 L = M / AREA(a, b)，则第三条语句为 L = M / (c + d) * (b)。三条运算都出错。

其正确定义应为：

```
#define AREA(a, b) ( (a) * (b) )
```

（2）将宏定义的多条表达式放在花括号中。例如：

```
#define INTI_RECT_VALUE(a, b)
{
    a = 0;
    b = 0;
}
```

（3）使用宏定义时，不允许参数发生变化。例如：

```
#define SQUARE(a) ((a) * (a))
int a = 5;
int b;
b = SQUARE(a++);    //结果：a = 7,即执行了两次加一
```

正确的用法：

```
b = SQUARE(a);
a++;
```

10. 对齐

（1）程序的分界符“{”和“}”应独占一行并且位于同一列，同时与引用它们的语句左对齐。

（2）{ }之内的代码块通常在“{”右边 2 格处左对齐。例如：

```
void Function(int x)
{
  ……// program code
}
```

C.5 表达式和基本语句

1. if 语句

1）布尔变量与零值比较

（1）不可以将布尔变量直接与 TRUE、FALSE 或 1、0 进行比较。

（2）根据布尔类型的语义，零值为“假”（记为 FALSE），任何非零值都为“真”（记为 TRUE）。TRUE 的值究竟是什么并没有统一的标准。

假设布尔变量名字为 flag，它与零值比较的标准 if 语句如下：

```
if(flag)   // 表示 flag 为真
if(!flag)  // 表示 flag 为假
```

其他的用法尽量避免。例如：

```
if(flag == TRUE)
if(flag == 1)
if(flag == FALSE)
if(flag == 0)
```

2）整型变量与零值比较

（1）应当将整型变量用“==”或“!=”直接与 0 比较。

（2）假设整型变量的名字为 value，它与零值比较的标准 if 语句如下：

```
if(0 == value)
if(0 != value)
```

不可以模仿布尔变量的风格写成：

```
if(value)   // 会让人误解 value 是布尔变量
if(!value)
```

3）浮点变量与零值比较

（1）不可以将浮点变量用“==”或“!=”与任何数字比较。

（2）需要注意的是，无论是 float 还是 double 类型的变量，都有精度限制。所以一定要避免将浮点变量用“==”或“!=”与数字比较，应该设法转化成“>=”或“<=”形式。

（3）假设浮点变量的名字为 x，应当将

```
if(x == 0.0) // 隐含错误的比较
```

表示为：

```
if(0 == (x - x)) 或者 if(x <1e-6 )
```

其中，1e-6 是一个很小的数。

4）指针变量与零值比较

（1）应当将指针变量用“==”或“!=”与 null 比较。

（2）指针变量的零值是“空”（记为 null）。尽管 null 的值与 0 相同，但是两者意义不同。假设指针变量的名字为 p，它与零值比较的标准 if 语句如下：

```
if(p == null)   // p 与 null 显式比较，强调 p 是指针变量
if(p != null)
```

不要写成：

```
if(p == 0)      // 容易让人误解 p 是整型变量
if(p != 0)
```

或者

```
if(p)           // 容易让人误解 p 是布尔变量
if(!p)
```

补充说明：有时候可能会看到 if (null == p)这样的格式，不是程序写错了，是程序员为了防止将 if (p == null)误写成 if (p = null)，而有意把 p 和 null 颠倒。编译器认为 if (p = null)是合法的，但是会指出 if(null = p)是错误的，因为 null 不能被赋值。

2．循环语句

（1）在 C++循环语句中，for 语句使用频率最高，while 语句其次，do 语句很少用。提高循环体效率的基本办法是降低循环体的复杂性。

（2）在多重循环中，如果可以，应当将最长的循环放在最内层，最短的循环放在最外层，以减少 CPU 跨切循环层的次数。

（3）如果循环体内存在逻辑判断，并且循环次数很大，应将逻辑判断移到循环体的外面。示例①的程序比示例②多执行了 N-1 次逻辑判断。并且由于前者经常要进行逻辑判断，打断了循环"流水线"作业，使得编译器不能对循环进行优化处理，降低了效率。如果 N 非常大，建议采用示例②的写法，可以提高效率。如果 N 非常小，两者效率差别并不明显，采用示例①的写法比较好，因为程序更加简洁。

示例①：

```
for(i=0; i<N; i++)
{
    if(condition)
    {
        DoSomething();
    }
    else
    {
        DoSomething();
    }
}
```

示例②：

```
if(condition)
{
    for(i=0;i<N;i++)
    {
        DoSomething();
    }
}
else
{
    for(i=0; i<N; i++)
    {
        DoSomething();
    }
}
```

3. switch 语句

（1）switch 是多分支选择语句，if 语句只有两个分支可供选择。虽然可以用嵌套的 if 语句来实现多分支选择，但使得程序冗长难读。switch 语句的基本格式是：

```
switch (variable)
{
case value1 :
    ……
    break;
case value2 :
    ……
    break;
    ……
default :
    ……
```

```
    break;
}
```

（2）每个 case 语句的结尾需加 break，否则将导致多个分支重叠（除非有意使多个分支重叠）。

（3）最后还需加 default 分支。即使程序真的不需要 default 处理，也应该保留 default : break;语句。

C.6　常量

常量是一种标识符，它的值在运行期间恒定不变。C++语言可以用#define 和 const 来定义常量（称为 const 常量）。

尽量使用含义直观的常量来表示那些将在程序中多次出现的数字或字符串。这样可以避免在很多地方需要用到同样的数字或字符串时发生书写错误，而且如果需要修改时，只需要更改一个地方即可。

```
#define MAX 100         //宏常量
const int MAX = 100;    //C++语言的 const 常量
```

1. const 与#define 比较

C++语言可以用 const 和#define 来定义常量。但是 const 比#define 更有优势：

（1）const 常量有数据类型，而宏常量没有数据类型。编译器可以对 const 常量进行类型安全检查，而对宏常量只进行字符替换，没有类型安全检查，并且在字符替换时可能会产生意想不到的错误（边际效应）。

（2）有些集成化的调试工具可以对 const 常量进行调试，但是不能对宏常量进行调试；因此在 C++程序中只使用 const 常量而不使用宏常量，即 const 常量完全取代宏常量。

2. 常量定义的规则

（1）需要对外公开的常量放在头文件中，不需要对外公开的常量放在定义文件的“常量定义”区。为便于管理，可以把不同模块的常量集中存放在一个公共的头文件中。

（2）如果某一常量与其他常量密切相关，应在定义中包含这种关系，而不应给出一些孤立的值。例如：

```
const float RADIUS = 100;
const float DIAMETER = RADIUS * 2;
```

3. 类中的常量

有时某些常量只在类中有效。由于#define 定义的宏常量是全局的，不能达到目的，可以用 const 修饰数据成员来实现。const 数据成员只在某个对象生存期内是常量，而对于整个类而言却是可变的，因为类可以创建多个对象，不同的对象其 const 数据成员的值可以不同。

注意，不能在类声明中初始化 const 数据成员。以下用法是错误的，因为类的对象未被创建时，编译器不知道 SIZE 的值是什么。

```
class A
{   ……
    const int SIZE = 100; //错误，企图在类声明中初始化 const 数据成员
    int array[SIZE];      // 错误，未知的 SIZE
};
```

const 数据成员的初始化只能在类构造函数的初始化表中进行，例如：

```
class A
{    ……
     A(int size); // 构造函数
     const int SIZE ;
};
A::A(int size) : SIZE(size) // 构造函数的初始化表
{
     ……
}
A a(100);                    // 对象 a 的 SIZE 值为 100
A b(200);                    // 对象 b 的 SIZE 值为 200
```

可以用类中的枚举常量来建立在整个类中都恒定的常量。例如：

```
class A
{    ……
     enum
     {
          SIZE1 = 100,    // 枚举常量
          SIZE2 = 200
     };
     int array1[SIZE1];
     int array2[SIZE2];
};
```

枚举常量不会占用对象的存储空间，它们在编译时被全部求值。枚举常量的缺点是，它的隐含数据类型是整数，其最大值有限，且不能表示浮点数（如 PI = 3.14159）。

C.7　类

1. 对象的初始化

（1）类的数据成员是不能在声明类时初始化的，下面的用法是错误的：

```
class Time
{
     int hour = 0;
     int minute = 0;
     int sec = 0;
}
```

因为类不是一个实体，而是一种抽象的类型，并不占存储空间，所以无处容纳数据。

（2）public 的数据成员可以在定义对象的时候进行初始化，但是 private 或 protected 的成员不可以，只能通过调用类的成员函数来对其进行操作。例如：

```
Time t1 = {14, 20, 45};  //公用数据成员
```

2. 类的设计

类是面向对象设计的基础，一个好的类应该职责单一、接口清晰、少而完备，类间低耦合、类内高聚合，并且很好地展现封装、继承、多态、模块化等特性；为了使程序规范，类的命名要清晰明了，有明确的含义，最好具有充分的自注释性。

（1）类的职责单一。

如果一个类的职责过多，往往难以设计、实现、使用和维护。随着功能的扩展，类的职责范围自然也扩大，但职责不应该发散。用小类代替巨类。小类易于编写、测试、使用和维护。巨类会削弱封装性，巨类往往承担过多职责。

（2）隐藏信息。

① 封装是面向对象设计和编程的核心概念之一。隐藏实现的内部数据，减少调用代码与具体实现代码之间的依赖。

② 尽量减少全局和共享数据。

③ 禁止成员函数返回成员可写的引用或指针。

④ 将数据成员设为私有的（struct 除外），并提供相关存取函数。

⑤ 避免为每个类数据成员提供访问函数。

⑥ 运行时多态，将内部实现（派生类提供）与对外接口（基类提供）分离。

⑦ 在头文件中只对类的成员函数进行声明，且要在源文件中实现。

3. 类的版式

类可以将数据和函数封装在一起，其中函数表示类的行为（或称服务）。类提供关键字 public、protected 和 private，分别用于声明哪些数据和函数是公有的、受保护的或私有的。这样可以达到信息隐藏的目的，即让类仅公开必须要让外界知道的内容，而隐藏其他一切内容。

版式：将 public 类型的函数写在前面，将 private 类型的数据写在后面。采用这种版式的程序员主张类的设计"以行为为中心"，重点关注的是类应该提供什么样的接口（或服务）。这样做不仅让程序员在设计类时思路清晰，而且方便用户阅读。因为用户最关心的是接口，而不是一堆私有的数据。

```
class A
{
public:
    void func1(void);
    void func2(void);
    ……

private:
    int i, j;
    float x, y;
    ……
}
```

4. 构造、赋值和析构

（1）包含成员变量的类，须定义构造函数或默认构造函数。

说明：如果类有成员变量，没有定义构造函数，又没有定义默认构造函数，编译器将自动生成一个构造函数，但是编译器生成的构造函数并不会对成员变量进行初始化，使对象处于一种不确定状态。例如：如果这个类是从另一个类继承下来的，且没有增加成员变量，则不用提供默认构造函数。

（2）在复制构造函数、赋值操作符中对所有数据成员赋值。

说明：确保构造函数、赋值操作符的对象完整性，避免初始化不完全。

（3）避免在构造函数和析构函数中调用虚函数，因为会导致未定义的行为。

（4）在析构函数中集中释放资源。

使用析构函数来集中处理资源清理工作。如果在析构函数之前，资源被释放（如release函数），要将资源设置为NULL，以保证析构函数不会被重复释放。

5. 继承

一个新类从已有的类那里获得已有的特性，这种现象称为类的继承。派生类继承了父类的所有数据成员和成员函数，并可以对成员做必要的增加调整。

（1）避免使用多重继承。

多重继承可重用更多的代码，但多重继承会显著增加代码的复杂性，程序可维护性差，且父类转换时容易出错。

（2）使用public继承，尽量减少protected/private继承。

（3）最后的派生类不仅要对其直接基类进行初始化，还要对虚基类初始化。

（4）派生类重定义的虚函数也要声明virtual关键字。

C.8　杜绝“野指针”

“野指针”不是NULL指针，而是指向“垃圾”内存的指针。

一般不会错用NULL指针，因为用if语句很容易判断。但是“野指针”是很危险的，if语句对它不起作用。“野指针”的成因主要有3种：

（1）指针变量没有被初始化。

任何指针变量刚被创建时不会自动成为NULL指针，它的默认值是随机的。所以指针变量在创建的同时应当被初始化，要么将指针设置为NULL，要么让它指向合法的内存。例如：

```
char *p = NULL;
char *str = (char *) malloc(100);
```

（2）指针p被free或delete之后，没有置为NULL，就会被误以为是个合法的指针。

（3）指针操作超越了变量的作用范围。

C.9　C++文件模板

每个.cpp文件模块由头文件、变量和函数组成。下面是C++文件demo的示例。

（1）main.cpp文件的demo示例。

```
1.    /*************************************************************************************
2.    * 模块名称: main.cpp
3.    * 使用说明:
4.    * 摘    要: 主函数文件
5.    * 当前版本: 1.0.0
6.    * 作    者:
7.    * 完成日期: 20XX年XX月XX日
8.    * 内    容:
9.    * 注    意: none
10.   **************************************************************************************
11.   * 取代版本:
12.   * 作    者:
13.   * 完成日期:
14.   * 修改内容:
```

```
15.  * 修改文件:
16.  ***************************************************************************************/
17.
18.  /***************************************************************************************
19.  *                                    包含头文件
20.  ***************************************************************************************
21.  /#include <iostream>
22.  #include "Test.h"
23.  using namespace std;
24.
25.  /*
26.   * 文件结构:
27.   * 每个文件的开头都需要文字注释说明;
28.   * using 语句;
29.   * namespace 命名空间
30.   * 类或接口的定义，在类或接口定义的上面进行一些文字注释;
31.   * 每个部分之间使用空行作为间隔
32.   * */
33.
34.  /***************************************************************************************
35.   *                                    宏定义
36.  ***************************************************************************************/
37.
38.  /***************************************************************************************
39.   *                                    常量定义
40.  ***************************************************************************************/
41.  const int WAVE_X_SIZE = 1078;         //常量，所有单词大写，以下画线隔开
42.
43.  /***************************************************************************************
44.   *                                    函数定义
45.  ***************************************************************************************/
46.
47.  /***************************************************************************************
48.   * 函数名称: main
49.   * 函数功能: 主函数
50.   * 输入参数: void
51.   * 输出参数: void
52.   * 返 回 值: int
53.   * 创建日期: 20XX 年 XX 月 XX 日
54.   * 注    意:
55.  ***************************************************************************************/
56.  int main()
57.  {
58.      /*变量声明示例*/
59.      int moduleID;
60.
61.      //定义一个类，自动调用构造函数
62.      Test tempTest;
63.
64.      //调用类的函数函数
65.      tempTest.printPackData();
66.
```

```
67.     /*
68.     //如果建立的是 MFC 项目，则 MFC 的控件关联变量
68.     CButton   mCtrlSavePulse;          //CBotton 类型：mCtrl+变量名
69.     CString   mStrPulse;               //CString 类型：mStr+变量名
70.     CComboBox mCtrlMode;               //Control 类型：mCtrl+变量名
71.     BOOL flag;                         //其他关联变量和参数用小写字母开头的单词组合而成
72.     int  drawMode;
73.
74.     return 0;
75. }
```

（2）Test.h 文件的 demo 示例。

```
1.  /*****************************************************************************
2.  * 模块名称: Test.h
3.  * 使用说明:
4.  * 摘    要: 类头文件
5.  * 当前版本: 1.0.0
6.  * 作    者:
7.  * 完成日期: 20XX 年 XX 月 XX 日
8.  * 内    容:
9.  * 注    意: none
10. *****************************************************************************/
11. #pragma once
12.
13. //*.cpp 与.h 类名尽量保持一致
14. //*头文件不与标准头文件重名，头文件为防止重编译须使用类似于_SET_CLOCK_H_的格式，
15.
16. /*****************************************************************************
17. *                                包含头文件
18. *****************************************************************************/
19. #include <iostream>
20. #include "String.h"
21.
22. /*****************************************************************************
23. *                                 宏定义
24. *****************************************************************************/
25.
26. /*****************************************************************************
27. *                               枚举结构体定义
28. *****************************************************************************/
29. typedef enum
30. {
31.   TIME_VAL_HOUR = 0,                   //枚举常量：均为大写，不同单词间采用下画线隔开
32.   TIME_VAL_MIN,
33.   TIME_VAL_SEC,
34.   TIME_VAL_MAX
35. }EnumTimeVal;                          //枚举名称：帕斯卡命名法，Enum+名称
36.
37. typedef enum                           //普通情况每个单词间只有一个空格，水平对齐除外
38. {
39.   DAT_SYS     = 0x01,                  //枚举常量通过增加空格来达到水平对齐
40.   DAT_ECG     = 0x10,
```

```
41.   DAT_RESP    = 0x11,
42.
43.   MAX_PACK_ID = 0x80
44. }EnumPackID;
45.
46. typedef struct
47. {
48.   char* portNumItem;                         //结构体变量：骆驼命名法
49.   int   portNum;
50.   int   baudRate;
51.   int   dataBits;
52.   int   stopBits;
53.   char* parity;
54.   bool  isOpened;
55. }StructUARTInfo;                             //结构体名称：帕斯卡命名法，Struct+名称
56.
57.
58. /*****************************************************************************************
59. *                                      类的定义
60. *****************************************************************************************/
61. //定义类名一般为：首字母大写，并且类名需要跟类的功能有关
62. class Test
63. {
1.      /*
2.     * 多个类和成员变量的修饰符，排版顺序如下：
3.     * public、protected、private、static
4.     * */
5.
6.  public:       //公有成员变量，类内部和外部都可以调用
7.      Test();   //构造函数
8.      ~Test();  //析构函数
9.
10.     int mErrorPack;
11.
12.     //其他公有成员函数
13.     void PrintPackData();        //普通函数命名：帕斯卡命名法
14.
15. protected:                       //保护成员变量，仅类内部和继承类内部可以调用
16.      bool mIsRealMode;           //变量命名：m+变量名
17.
18.      static int sPackLen;        //静态变量：s+变量名，变量名首字母大写
19. private:                         //私有成员变量，仅类内部可以调用
20.         int mECG1Data;               //类的成员变量：m+变量名，变量名首字母大写
21.
64. };
```

（3）Test.cpp 文件的 demo 示例。

```
1.   /*****************************************************************************************
2.   * 模块名称: Test.cpp
3.   * 使用说明:
4.   * 摘    要: 类成员函数文件
5.   * 当前版本: 1.0.0
```

```
6.  * 作    者:
7.  * 完成日期: 20XX 年 XX 月 XX 日
8.  * 内    容:
9.  * 注    意: none
10. ********************************************************************************
11. * 取代版本:
12. * 作    者:
13. * 完成日期:
14. * 修改内容:
15. * 修改文件:
16. *******************************************************************************/
17. /*******************************************************************************
18. *                                  包含头文件
19. *******************************************************************************/
20. #include "Test.h"
21. using namespace std;
22.
23. /*******************************************************************************
24. *                                  全局变量
25. *******************************************************************************/
26. //CWnd *gWndP = NULL;
27.
28.
29. /*******************************************************************************
30. *                                  内部变量
31. *******************************************************************************/
32. //静态数据成员初始化
33. int Test::sPackLen = 0;
34.
35. /*******************************************************************************
36. *                                  成员函数实现
37. *******************************************************************************/
38. /*******************************************************************************
39. * 函数名称: Test
40. * 函数功能: 构造函数
41. * 输入参数: void
42. * 输出参数: void
43. * 返 回 值: void
44. * 创建日期: 20XX 年 XX 月 XX 日
45. * 注    意:
46. *******************************************************************************/
47. Test::Test()
48. {
49.     //在构造函数一般进行对成员变量的初始化
50.     mIsRealMode  = true;
51.     mErrorPack = 0;
52. }
53.
54. /*******************************************************************************
55. * 函数名称: ~Test
56. * 函数功能: 析构函数
57. * 输入参数: void
```

```
58.  * 输出参数: void
59.  * 返 回 值: void
60.  * 创建日期: 20XX 年 XX 月 XX 日
61.  * 注    意:
62.  *********************************************************************************/
63.  Test::~Test()
64.  {
65.  
66.  }
67.  
68.  /*********************************************************************************
69.  * 函数名称: PrintPackData
70.  * 函数功能: Test 类的成员函数
71.  * 输入参数: void
72.  * 输出参数: void
73.  * 返 回 值: void
74.  * 创建日期: 20XX 年 XX 月 XX 日
75.  * 注    意:
76.  *********************************************************************************/
77.  void Test::PrintPackData()
78.  {
79.      int a, b, c;        //在一行定义多个变量时，逗号后面添加一个空格
80.      float x = 3.5F;     //浮点型变量赋值需要在数值后面+F
81.  
82.      a = 2;              //二目、三目运算符加空格
83.      b = 3;
84.      c = b + a;
85.      a *= 2;
86.      a = b ^ 2;
87.  
88.      /* 逻辑运算符前后应加空格，左括号后、右括号前不加空格
89.      * if… else，for， do…while 语句，即使只有一条语句甚至空语句，也需要使用花括号
90.      * */
91.      if(a >= b && c > b)
92.      {
93.          //Tab 设置为 2 个空格
94.      }
95.  
96.      /* 单目操作符前后不加空格，如：i++;  p = &mem;  *p = 'a';  flag = !isEmpty;
97.      *  “->”“.”前后不加空格，如：p->id = pid;  p.id = pid;
98.      * for 循环语句中的变量一般在循环里面定义，避免在外面定义;
99.      * 尽量不要使用 i、j、k 这些没有含义的单个字符变量，除 for 循环或一次性临时变量外
100.     * */
101.     for(int i = 0; i < 10; i++)
102.     {
103.     }
104. 
105.     /* 不可将布尔变量直接与 TRUE、FALSE 或 1、0 进行比较
106.     * 下面为真的正确写法，为假正确写法为 if(!mIsRealMode)
107.     * */
108.     if(mIsRealMode)
109.     {
```

```
110.     }
111.
112.     /* 将整型变量用“==”或“!=”直接与 0 比较
113.     * 把 0 放在前面，为了避免写成赋值语句“a = 0”出现错误
114.     * */
115.     if(0 == a)
116.     {
117.     }
118.
119.     /* 不可将浮点变量用“==”或“!=”与任何数字比较；
120.     * 无论是 float 还是 double 类型的变量，都有精度限制，
121.     * 所以一定要避免将浮点变量用“==”或“!=”与数字比较，应该设法转化成“>=”或“<=”形式。
122.     * */
123.     if(0 == (x - x))
124.     {
125.     }
126.
127.     /* 每个 case 语句的结尾不要忘了加 break
128.     * 最后 default 分支，即使程序真的不需要 default 处理，也应该保留语句 default : break;
129.     * */
130.     switch(b)
131.     {
132.     case 1:
133.         break;
134.
135.     case 2:
136.         break;
137.
138.     default:
139.         break;
140.     }
141. }
```

参 考 文 献

[1] 侯俊杰. 深入浅出 MFC[M]. 2 版. 武汉：华中科技大学出版社，2010.
[2] 斯特朗斯特鲁普. C++程序设计语言[M]. 北京：机械工业出版社，2010.
[3] 李琳娜. Visual C++编程实战宝典[M]. 北京：清华大学出版社，2014.
[4] 斯特朗斯特鲁普. C++程序设计原理与实践[M]. 北京：机械工业出版社，2010.
[5] George Shepherd，Scot Wingo. 深入解析 MFC[M]. 北京：中国电力出版社，2003.
[6] 刘晓华. 精通 MFC[M]. 北京：电子工业出版社，2003.
[7] 姚领田，高守传，等. MFC 窗口程序设计[M]. 北京：中国水利水电出版社，2007.
[8] 任哲. MFC Windows 应用程序设计[M]. 2 版. 北京：清华大学出版社，2007.
[9] 姚领田. 精通 MFC 程序设计[M]. 北京：人民邮电出版社，2006.
[10] 仇谷烽. 基于 Visual C++的 MFC 编程[M]. 北京：清华大学出版社，2015.